环境科学技术

学科发展报告（大气环境）

REPORT ON ADVANCES IN ATMOSPHERIC
ENVIRONMENTAL SCIENCE AND TECHNOLOGY

中国科学技术协会　主编
中国环境科学学会　编著

中国科学技术出版社
·北　京·

图书在版编目（CIP）数据

2014—2015环境科学技术学科发展报告（大气环境）/中国科学技术协会主编；中国环境科学学会编著 . —北京：中国科学技术出版社，2016.2

（中国科协学科发展研究系列报告）

ISBN 978-7-5046-7085-4

Ⅰ. ① 2… Ⅱ. ① 中… ② 中… Ⅲ. ① 环境科学—学科发展—研究报告—中国— 2014—2015 ② 大气环境—学科发展—研究报告—中国— 2014—2015 Ⅳ. ① X-12

中国版本图书馆 CIP 数据核字（2016）第 026158 号

策划编辑	吕建华　许　慧
责任编辑	高立波
装帧设计	中文天地
责任校对	何士如
责任印制	张建农

出　　版	中国科学技术出版社
发　　行	科学普及出版社发行部
地　　址	北京市海淀区中关村南大街16号
邮　　编	100081
发行电话	010-62103130
传　　真	010-62179148
网　　址	http://www.cspbooks.com.cn

开　　本	787mm×1092mm　1/16
字　　数	408千字
印　　张	18.25
版　　次	2016年4月第1版
印　　次	2016年4月第1次印刷
印　　刷	北京盛通印刷股份有限公司
书　　号	ISBN 978-7-5046-7085-4 / X·127
定　　价	74.00元

2014—2015
环境科学技术学科发展报告（大气环境）

首席科学家　　高　翔

顾 问 组　　郝吉明　魏复盛　岑可法　孟　伟　曲久辉
　　　　　　　　任南琪　刘文清　张远航

专 家 组

　　组　长　高　翔　邵　敏　刘建国　阚海东　王书肖
　　　　　　易　斌

　　成　员　（按姓氏笔画排序）

王　鸣	王　涛	王宝琳	王建栋	王雪梅
牛　贺	方镜尧	甘婷婷	田贺忠	付　晓
宁　森	朱传勇	乔寿锁	刘　平	刘文彬
李　悦	李柏豪	李俊华	杨宇栋	吴　烨
张　帅	张　昕	张涌新	陆思华	陆胜勇
陈仁杰	陈运法	陈忠明	陈臻懿	林晓青
竺新波	周志颖	郑成航	赵　斌	赵金镯
胡仁志	桂华侨	徐　晋	黄冠聪	常化振
童晶晶	谢品华	蓝　虹	雷　宇	魏秀丽

学术秘书组　　张　昕　韩佳慧　王　睿　高　强

党的十八届五中全会提出要发挥科技创新在全面创新中的引领作用，推动战略前沿领域创新突破，为经济社会发展提供持久动力。国家"十三五"规划也对科技创新进行了战略部署。

要在科技创新中赢得先机，明确科技发展的重点领域和方向，培育具有竞争新优势的战略支点和突破口十分重要。从2006年开始，中国科协所属全国学会发挥自身优势，聚集全国高质量学术资源和优秀人才队伍，持续开展学科发展研究，通过对相关学科在发展态势、学术影响、代表性成果、国际合作、人才队伍建设等方面的最新进展的梳理和分析以及与国外相关学科的比较，总结学科研究热点与重要进展，提出各学科领域的发展趋势和发展策略，引导学科结构优化调整，推动完善学科布局，促进学科交叉融合和均衡发展。至2013年，共有104个全国学会开展了186项学科发展研究，编辑出版系列学科发展报告186卷，先后有1.8万名专家学者参与了学科发展研讨，有7000余位专家执笔撰写学科发展报告。学科发展研究逐步得到国内外科学界的广泛关注，得到国家有关决策部门的高度重视，为国家超前规划科技创新战略布局、抢占科技发展制高点提供了重要参考。

2014年，中国科协组织33个全国学会，分别就其相关学科或领域的发展状况进行系统研究，编写了33卷学科发展报告（2014—2015）以及1卷学科发展报告综合卷。从本次出版的学科发展报告可以看出，近几年来，我国在基础研究、应用研究和交叉学科研究方面取得了突出性的科研成果，国家科研投入不断增加，科研队伍不断优化和成长，学科结构正在逐步改善，学科的国际合作与交流加强，科技实力和水平不断提升。同时本次学科发展报告也揭示出我国学科发展存在一些问题，包括基础研究薄弱，缺乏重大原创性科研成果；公众理解科学程度不够，给科学决策和学科建设带来负面影响；科研成果转化存在体制机制障碍，创新资源配置碎片化和效率不高；学科制度的设计不能很好地满足学科多样性发展的需求；等等。急切需要从人才、经费、制度、平台、机制等多方面采取措施加以改善，以推动学科建设和科学研究的持续发展。

中国科协所属全国学会是我国科技团体的中坚力量，学科类别齐全，学术资源丰富，汇聚了跨学科、跨行业、跨地域的高层次科技人才。近年来，中国科协通过组织全国学会开展学科发展研究，逐步形成了相对稳定的研究、编撰和服务管理团队，具有开展学科发展研究的组织和人才优势。2014—2015 学科发展研究报告凝聚着 1200 多位专家学者的心血。在这里我衷心感谢各有关学会的大力支持，衷心感谢各学科专家的积极参与，衷心感谢付出辛勤劳动的全体人员！同时希望中国科协及其所属全国学会紧紧围绕科技创新要求和国家经济社会发展需要，坚持不懈地开展学科研究，继续提高学科发展报告的质量，建立起我国学科发展研究的支撑体系，出成果、出思想、出人才，为我国科技创新夯实基础。

2016 年 3 月

中国环境科学学会（以下简称"学会"）自 2006 年起开始承接中国科协"学科发展研究"项目，组织联合领域内的专家学者编制环境科学技术学科发展报告。"十一五"末期，学会理事会确定将学科发展研究及报告编写工作作为一项长期和基础性工作。

环境科学技术学科领域综合交叉，面向不同环境要素和环境问题，可分为水环境、大气环境、土壤环境、生态环境、噪声与辐射环境、固体废物等多个以科学研究和技术研发为基础的领域；与国家环境保护管理结合，有环境法学、环境监测学、环境规划学、环境管理学、环境经济学等服务于社会治理的领域；同时，环境科学技术不断借鉴化学、生物学、地学、物理学、医学等传统学科的理论、方法和工具来促进自身发展，并逐渐形成以认识和解决环境问题为主要导向的环境化学、环境生物学、环境地学、环境物理学等基础学科。不论是学科知识体系或是环境科技工作实际，都体现了高度复杂交叉的特点。我国环境科学技术处于快速发展时期，亟须定期对学科发现、知识积累、重大工程技术发展、管理学技术方法发展以及学科结构体系变化进行梳理和总结，为广大环境科技工作者特别是年轻研究人员，并对国家环境治理提供系统性的参考。

由于学科规模较为庞大，在有限的篇幅中深入浅出地描绘学科发展整体情况难以实现。在经过几次编制全学科领域发展报告的尝试之后，编者试图探索逐次聚焦于环境科学技术中一个重要且体量合适的领域，如从环境要素出发，逐一对大气环境、水环境、土壤环境等分支学科进行详细梳理和系统总结，在未来几年间形成环境科学技术学科发展的系列报告。

近年来，我国的大气环境污染问题成为国内国际关注的热点和焦点，大气环境治理深刻关系到国计民生。"十二五"期间，我国陆续出台了一系列促进大气环境质量改善的政策和措施，相关科研资金逐年递增、科技产业发展迅速，产生了大批科研成果，获得了丰富的实践经验，大气环境学科内容得到很大扩展。为充分、及时地反映大气环境科学技术学科的发展和变化，编者首先从这一领域着手研究，尝试编制学科发展报告。

本报告由领域内专家学者负责编写，全书分为一个综合报告和五个专题报告，综合报告和专题报告"大气污染治理技术研究"由本项目首席科学家、浙江大学高翔教授负责；专题报告"大气环境基础研究"由北京大学邵敏教授负责；专题报告"大气环境监测技术研究"由中国科学院合肥物质科学研究院刘建国研究员负责；专题报告"大气环境与健康研究"由复旦大学阚海东教授负责；专题报告"大气环境质量管理技术与实践研究"由清华大学王书肖教授负责。综合报告作为全书总论，而五个专题报告则从科学研究、技术研发、管理技术和实践等方面反映了我国 2011—2015 年大气环境科技的重要研究和应用进展。

科学理性认知和解决大气环境问题，需要广大环保科技工作者和来自不同学科背景的专家学者共同努力。在报告编撰过程中，编者们经过了反复的研究和讨论，也充分地意识到团队的学识和视野仍然有限，疏漏和不妥之处在所难免。因此，恳请广大读者批评指正，也希望本书出版可以作为一个契机，促进我国大气环境科学技术的研究与开发创新更加蓬勃发展。

中国环境科学学会

2015 年 12 月

>>>> 目录

ABSTRACTS IN ENGLISH

综合报告

大气环境科学技术发展现状与展望

一、引言

党的十八届五中全会通过科学精确把握我国现阶段经济社会发展的特征，首次将生态文明建设列入我国五年规划，并明确提出："十三五"期间中国经济社会发展将确立"四个全面"战略布局，形成"五位一体"总体布局，以创新、协调、绿色、开放、共享五大发展理念引领我国阔步迈向"两个一百年"的奋斗目标。"十三五"规划首次提出"绿色"的发展理念，把生态文明建设作为我国经济社会发展的要义，这一国家战略思路的发展，势将深刻影响我国环境科学技术学科未来的发展。

"十二五"以来，我国经济发展形势和环境保护问题发生了显著的变化，推动环境科技呈现出一系列新的发展方向和态势。作为环境学科的核心内容之一，大气环境科学技术学科近年来取得了长足的发展，学科研究范围从自然科学、工程与技术科学不断向与社会学融合的跨学科领域拓展；研究重点从支撑污染物总量控制逐步向全面支撑环境质量改善转变；研究手段从传统技术方法向大力发展交叉学科促进技术创新转变，现代信息技术、生物技术、新能源技术、新材料和先进制造技术等的融合发展为大气环境科学技术创新创造了新的机遇。

"十二五"期间，通过贯彻落实新修订的《环境空气质量标准》《重点区域大气污染防治"十二五"规划》《大气污染防治行动计划》及颁布实施系列重点行业污染物排放新标准等，引导和推动了行业技术创新及产业转型升级，我国大气污染防治工作取得了积极进展；2015年8月新修订的《中华人民共和国大气污染防治法》的颁布则为大气污染防治和解决现阶段区域性复合型大气环境问题提供了法律依据。在国家自然科学基金、"973"计划、"863"计划、科技支撑计划、国际科技合作项目等科技项目支持下，我国大气环境科学技术学科各研究领域取得显著进展，通过加强原始创新、集成创新和引进消化吸收再创新，突破了一批关键核心技术，推广示范了一批先进适用的技术和产品，部分成果实现了产业化应用；先进技术成果的转化应用推广，有力推动了重点行业大气污染物减排，也为京津冀、长三角、珠三角等重点城市与区域的大气污染防治实践提供了关键科技支撑。在大气环境科学技术学科相关科研成果的支持下，区域大气污染联防联控逐步推进，圆满完成了亚太经济合作组织（APEC）峰会、纪念抗日战争胜利 70 周年大阅兵、第二届世界互联网大会等重大活动空气质量保障工作，为我国大气污染防治积累了宝贵经验。初步构建了具备国际竞争力的大气环保技术装备供应体系，部分关键共性技术达到国际先进水平，为我国实施大气环保装备"走出去"战略提供了有力支持。

针对"十二五"期间大气环境科学技术学科的重点关注问题和发展历程，本报告综述了我国大气环境学科 2011—2015 年的研究进展和成果，比较了大气环境学科国内外研究进展，并对我国大气环境学科未来发展方向进行了展望，旨在通过众多大气环保工作者共同思考和探索，科学认知大气环境问题，寻求理性解决之路。

二、我国大气环境学科近年研究进展

（一）大气污染的来源成因和传输规律

我国近年来大气环境状况令人担忧，逐渐体现出了区域性和复合性两大特征，夏季高浓度的光化学臭氧污染和各个季节的颗粒物霾污染【编者注：在本领域科学研究中一般不使用"雾霾"一词，雾和霾涉及不同的科学概念；霾（haze）指空气中悬浮的颗粒物（particulate matters）造成的空气浑浊现象；雾（fog）是空气中水蒸气在近地面一定气象条件下凝结于颗粒物表面形成大量液滴，从而降低大气能见度的现象；固态或液态颗粒物悬浮于大气中形成稳定的混合体系，具有胶体性质，也称为气溶胶（aerosol）】问题日趋严重，不同原因导致的污染耦合及跨城市跨区域的污染传输，使我国空气质量面临严峻挑战，也给研究者提出了更多的难题。

大气环境的持续恶化和蔓延促使政策制定者将改善空气质量提升为国家的重大战略，2013 年国务院发布《大气污染防治行动计划》（国十条），体现了扭转大气污染态势的坚定的国家意志。行动计划从顶层设计到具体实施方案，充分考虑我国的污染来源和特征，力求构建科学有效的防治体系。"863"计划在"十一五"期间设立了"重点城市群大气污染综合防治技术与集成示范"重大项目。而在国务院《大气污染防治行动计划》颁布后，国家自然科学基金委又于 2015 年启动了"中国大气复合污染的成因、健康影响和应对机制"的联合重大研究计划。

大气环境基础研究针对复合污染为防治体系提供了以下基础：现有污染源的排放特征、大气污染的成因机理、大气污染与环境健康效应、污染控制措施与效果等，并对污染物控制减排的政策制定、环境—经济效应综合评价做出前瞻性预测，为更多污染物的更深层次控制提供指导性意见。近年来，我国研究者通过外场观测、实验室模拟和数值模型等方法对大气环境的物理过程、化学过程等进行了多角度多层次的研究，其中关注的主要问题包括：大气复合污染的来源研究、大气环境的氧化过程和污染成因以及大气污染的传输输送等。

大气污染物来源研究的方法主要包括"自下而上"源清单法，针对各类污染源源谱、排放因子的直接测量，以及"自上而下"基于观测数据的来源反演或来源解析方法。污染源清单是大气污染科学研究和管理决策均亟需的关键信息，但长期以来一直是我国大气污染领域的一个薄弱环节。近年来，国内研究者针对我国社会经济快速变化的特点，构建了适宜我国的大气污染源清单编制技术方法，并广泛地应用于空气污染、气象、能源和控制决策等各方面。以清华大学为主建立的中国多尺度排放清单模型（MEIC）[1-3]，对现有主要人为污染源进行了较为系统的分类和归纳，受到了广泛关注，为包括空气质量管理甚至是气候变化分析等多领域科学问题提供了基础支持。同时，众多研究机构针对我国污染现状进行的本地化源谱测量，不仅提供了第一手的研究资料，也提高了源清单、源解析的准确性，在污染源的精确控制过程中起到了关键作用。源清单与源谱的准确测量可以帮助建立系统的大气污染总量控制理论，包括大气污染临界水平量化、排放与环境目标之间源—受体关系、总量控制目标确定及总量分配方法、总量控制的环境效果评估方法等。这一理论体系在国家 SO_2 和酸沉降控制实践中发挥了坚实的支撑作用，并将逐步扩展到大气污染防控的其他领域。来源解析工作作为基于环境观测数据的分析，为源清单不确定分析和更新，建立来源与污染之间的定量关系提供了重要佐证。近五年来，我国研究者针对颗粒物、挥发性有机物（volatile organic compounds, VOCs）等多种污染物应用 CMB、PMF 和 ME-2 等多种源解析方式进行了大量研究，发表高水平 SCI 论文数量逐渐增加。如 2014 年发表分别发表在 Nature[4] 和 PNAS[5] 期刊上的研究分析了重污染条件下颗粒物的二次来源的重要贡献，指出除了严格控制一次颗粒物的排放外，还必须对 VOCs 在内的二次气溶胶前体物进行有效控制。

大气氧化过程尤其是大气氧化性的研究成为研究焦点，其对包括光化学烟雾、灰霾问题及酸沉降等多种污染研究都有重要意义。针对光化学污染及其导致的臭氧超标情况，研究者对臭氧与前体物的非线性关系[6]、VOCs 的活性与化学消耗[7] 以及 HO_x 自由基化学的量化研究[8] 进行了深入的探讨。通过臭氧与 NO_x、VOCs 之间的非线性关系以及在区域、时间尺度上的变化趋势研究，研究者发现现有控制策略在部分区域和较长时间内可能一定程度上促进了臭氧的升高；对 VOCs 活性[9] 的直接测量以及 VOCs 化学转化的化学量化研究发现，现有 VOCs 的观测尚不足以解释光化学过程中臭氧的变化趋势和重污染过程中二次有机气溶胶（SOA）的快速增长，仍亟须加强对包括含氧挥发性有机物（OVOCs）和半挥发性有机物（SVOCs）的研究；针对 HO_x 自由基的外场观测研究取得了丰硕的成果，以北京大学为主的国内研究团队在和包括德国于利希研究中心在内的国际研究团队合作过程中，在 Nature Geoscience 等杂志上发表多篇备受瞩目的论文[10]，对 OH 自由基、HONO 的闭合研究提出了多种新的理论假设，相关研究成果在国际学术界具有十分重要的影响。

对灰霾过程的主要污染物——颗粒物的闭合研究则是研究灰霾特征和成因的重要基础。闭合研究包括对颗粒物光学性质、吸湿性等物理性质、化学组成的闭合研究以及其来源研究。研究者通过对颗粒物分粒径、分化学组成的光学、吸湿性等物理性质的测量，并与其总光学、吸湿性等物理性质进行比对分析，研究在不同化学组成、不同氧化过程、不同老化状态下，颗粒物的理化性质的变化。采用颗粒物光学性质的闭合实验方法[11]，基本掌握了大气能见度下降的关键因素。成功实现了微米级颗粒物化学组分实测，发现污染大气条件下新粒子生成的新特征，对于揭示大气颗粒物的生成机制具有重大意义。针对氮氧化物、SO_2 向硝酸盐、硫酸盐的转化研究逐渐转向其耦合过程、非均相反应，以及对 VOCs 向 SOA 的转化研究发现[12]，实验室模拟与外场观测数据的分析往往有数量级以上的差异，传统的氧化机制不足以解释观测到的 SOA 生成。在此基础上，不同的研究者针对性地提出多种可能的机制或机理，试图对包括 2013 年初在内的一系列大规模空气污染事件做出解释和分析。

近年来，我国在大气污染物的传输领域也开展了卓有成效的研究，发表了近千篇论文，一定程度上揭示了区域性污染的特征和成因，为有效管控提供了科学依据。多环芳烃、多氯联苯等持久性有机物、汞在跨区域尺度上乃至全球输送的观测、模型分析不断深化[13-16]。同时对于大气复合污染中的臭氧及前体物的跨区域传输、$PM_{2.5}$ 的区域输送研究也逐渐开展[17, 18]。研究者发现在我国东部地区逐渐形成一个具有高氧化性的"氧化池"，而在特定条件下，臭氧及前体物的传输对城市地区高浓度污染的贡献率可能达到一半以上。众多研究表明，秋冬季节的灰霾问题，京津冀、长三角等区域内的传输甚至是跨区域的传输起到了十分重要的作用，包括空气质量模型、后向轨迹、印痕分析、源解析和各种示踪物的观测均为此提供了有力证据。

对气象过程和大气化学过程的深入研究也极大促进了数值模型的发展，为污染的预报预测奠定了坚实基础。在过去几年里，我国在京津冀、长三角、珠三角建立了大气监测预报预警中心并已经开始业务化运行。多个省份也积极开展预报预警工作，建立了空气质量预报和污染天气预警制度。而民间性质的"矮马预报"的发布则填补了多年来全国性空气质量预报的空白。从典型城市群的长期定点研究到各省份各城市的具体研究，针对大气复合污染的特征，我国已逐渐形成了包括监测网络—源排放—预测预报—防控方案在内的大气复合污染研究技术体系。此外，为提高模式预报的准确性并为空气污染治理提供有效的科学支持，近年来还发展了来源识别、资料同行、污染源反演、集合预报等一系列空气质量模拟、预报新技术。全面系统的空气质量预报有望在未来的科研和业务工作中起到更为重要的作用。

（二）大气污染的健康效应

1. 大气污染暴露评价

暴露评价是环境管理工作、健康风险评估和流行病学研究的基础。大气污染物成分复杂、种类繁多，我国目前只有多环芳烃的暴露生物标志（如 1- 羟基芘和 DNA 加合物）报道较多，而对 $PM_{2.5}$ 等常规污染物却鲜有报道。随着《中国人群暴露参数手册》的发布，我国人群暴露于大气污染物的呼吸速率、行为和特征的参数日渐明朗，为我国开展进一步的大气污染暴露评价工作提供了第一手的基础数据[19]。空气污染存在较强的时空变异性，因而不同的地点、室内外、不同季节的污染水平存在差异。土地利用回归模型和卫星遥感等国外先进暴露评价技术已逐步引入国内，尽管相关研究仍处于初步探索阶段，但为我国科研工作者实现高时空分辨率的大气污染模拟提供了新的发展方向[20]。上述先进的暴露评价手段已逐步应用于我国的大气污染流行病学研究工作中。

2. 大气污染毒理学

毒理学以实验室研究为基础，探究大气污染健康危害的致病机制。我国科学工作者开展了大量的体外实验和体内实验，观察大气污染物染毒后对机体及组织的损害作用。在呼吸系统方面，国内学者研究发现了 $PM_{2.5}$ 与几个相关炎症因子的关系，揭示了 $PM_{2.5}$ 造成肺部炎性反应的分子机制和免疫反应机制，并进一步评估了 $PM_{2.5}$ 和臭氧在引起肺部损伤效应中的联合作用[21]；同时，研究评估了沙尘天气（沙尘暴）中 $PM_{2.5}$ 对人体和哺乳类动物的肺细胞毒作用[22]。在心血管系统方面，国内学者发现气颗粒物可引起大鼠心脏组织和心肌细胞的损伤，抑制心肌细胞间缝隙连接通讯，引起自主神经系统功能紊乱、氧化应激和炎症反应、血管内皮结构与功能的改变[23]。在致癌性方面，国内学者发现 PM 及其成分具有遗传毒性和促细胞增殖效应，其中涉及 DNA 修复系统和细胞凋亡系统活性的抑制[24]。

其他 SO_2、NO_2、O_3 等污染物也可以引起血管内皮损伤和炎性反应。此外，国内学者研究还发现颗粒物可导致胰岛素抵抗、糖耐量异常和免疫系统损伤。总的来说，我国毒理学的研究发现与国外基本一致。

3. 大气污染流行病学

流行病学研究能直接回答空气污染暴露与人体健康的关系，能提供大气污染危害性的最直接科学依据。大气污染流行病学研究成果对于我国优化环境管理、标准制定和风险交流具有重要意义。

从研究方法来看，近年来，以时间序列和病例交叉研究为代表的"新型"生态学研究在我国得到了蓬勃开展，尤其是大规模多中心研究的开展，基本上回答了空气污染短期暴露与居民日死亡率的暴露反应关系曲线问题；固定群组追踪研究（又称 panel 研究或定群研究）在我国逐渐兴起，在个体水平分析了大气污染短期暴露与一系列临床 / 亚临床 / 病理生理指标的关联，为阐明我国大气污染对人体的致病机制提供了直接的科学证据[25]；首次出现了几项大气污染的回顾性队列研究，初步证实了大气污染长期暴露与居民死亡率的显著性关联[26]；几项干预研究显示，政府主导的空气质量改善以及口罩和空气净化器等个体防护措施可使一系列心肺系统临床和亚临床指标得到改善，产生潜在的健康收益[27]。

从研究范围来看，从单个城市研究，逐步发展到多个城市的协同研究，尤其是有了横跨数十个城市的大规模多中心研究，从而有效地避免了发表偏倚的问题，使得研究结果更具说服力。此外，我国研究的健康结局已有明显拓展，不仅通过大规模多中心研究证实了空气污染物与居民心肺系统疾病死亡和医院就诊人次的关系，还通过 panel 研究等设计发现空气污染物与多种亚临床指标相关，包括肺功能、呼吸道炎症指标、血压、心率变异性，以及十数项循环系统炎症因子、凝血因子和微血管收缩因子和尿液氧化应激指标等，上述研究为深入理解我国大气污染与人群健康损害的关系提供了宏观和微观的直接证据。研究还发现我国人群中女性、老年人、社会经济地位较低的人对空气污染健康效应更易感。尽管流行病学研究结果大小不一，但总体结论与国外基本一致。

颗粒物是我国最主要的一种大气污染物，其来源、成分和粒径谱等特征复杂，对健康的影响也存在差异。对于粒径谱，研究显示颗粒物粒径越小，其与人群死亡率和循环系统效应生物标志的关联越强，尤其是粒径小于 $0.5\mu m$ 的颗粒物[28]。对于颗粒物成分，我国有时间序列研究显示 OC、EC 和一些水溶性盐类对居民日死亡率和急诊就医人次之间存在显著性关系[29]；另一项定群研究发现 $PM_{2.5}$ 中 OC、EC 和一些金属元素对肺功能、血压和循环系统效应生物标志的效应更强[30]。不同颗粒物来源对健康效应的影响程度不一，但是对于不同种类的健康效应，具有重要影响的颗粒物来源不太一致[31]。

（三）大气环境监测技术

我国大气环境监测技术研究在国家和地方强劲的科技需求推动下，取得了显著进展。大气环境监测单项技术已取得重要突破，初步形成了满足常规监测业务需求的技术体系。我国先后研发的 $PM_{2.5}$、O_3、VOCs 等污染物监测技术和设备，基本满足了城市空气质量自动监测等需求，有效支撑了我国"十二五"空气质量新标准的实施；研发的部分高端科研仪器如气溶胶雷达、单颗粒气溶胶飞行时间质谱仪等已开始得到应用。

1. 常规环境监测技术

在气态污染物在线监测技术方面，建立了差分吸收光谱法 SO_2、NO_2 等气体在线监测标准[32]，完善了标定技术体系。在颗粒物在线监测技术方面，国内主流的 β – 射线方法经过不断完善和改进，在仪器性能指标和日常操作维护易用性方面已经达到较高水平，建立了较为先进的网络化质控技术体系。在污染源在线监测领域，国内通过不断进行技术升级，在提高现有污染源监测仪器性能的同时，推动了现有技术向超低排放领域应用发展。针对垃圾焚烧烟气组分复杂、高腐蚀的特点，采用傅立叶红外光谱技术为主的多组分在线测量技术；对于以机动车为代表的流动污染源发展了以非分散红外技术为代表的机动车尾气遥测技术。在大气氧化性（NO_3、OH 自由基等）监测领域[33, 34]，完成了大气 NO_3 自由基现场监测技术系统研制，并进行了夜间化学过程研究[35]。成功研发单颗粒气溶胶飞行时间质谱仪[36]、大气颗粒物激光雷达，并在京津冀综合观测实验等场合得到应用[37]。

2. 大气环境遥感监测技术

在地基遥感方面，地基激光雷达作为一种主动式地基遥感设备，通过硬件设备和算法的不断改进，提高了气溶胶成分的探测精度、进一步降低了探测盲区，并在沙尘暴、灰霾探测中得到了应用。发展了多轴差分吸收光谱仪，实现了 SO_2、NO_2 等气体柱浓度的在线监测[38]，并开始大规模推广应用。在机载遥感方面，研发的机载激光雷达、机载差分吸收光谱仪和机载多角度偏振辐射计，已在天津、唐山地区进行了飞行试验，在获取大气气溶胶、云物理特性、大气成分、污染气体、颗粒物等大气成分有效信息的同时，相互补充并共同描述了大气环境实时状况。2014 年，平流层大气环境监测载荷参加了飞艇平台搭载试飞，实现了艇载平台的大气环境遥测。在星载遥感监测方面，国内已研发了大气痕量气体差分吸收光谱仪、大气主要温室气体监测仪以及大气气溶胶多角度偏振探测仪，可望实现航空平台上对污染气体（SO_2、NO_2 等）、温室气体（CO_2、CO 等）以及气溶胶颗粒物分布的遥感监测[39]。

3. 大气环境应急监测技术

我国自行研发的傅里叶变换红外光谱扫描成像遥测系统，能对多组分气体同时进行分析，具有速度快、自动化程度高、环境影响小、样品无需预处理和分析维护成本低等特点，可用于大气环境应急监测的定性和定量分析。从事色谱质谱仪器研究的企事业单位不断增多，并在核心技术和产品上取得了系列突破，包括矩形离子阱技术、数字离子阱技术、阵列离子阱技术、飞行时间质谱仪、色谱—四极杆质谱联用仪、色谱仪等；自主研发的便携式气相色谱仪也取得了一定的成绩[40, 41]。此外，大气环境应急监测车作为环境应急监测工作的重要组成部分，已逐渐发展为目前功能较为齐全、仪器设备配置较完整、初步能够满足环境应急监测要求的现代化流动的现场指挥部、实验室和专家响应系统[42]。

（四）重点污染源大气污染治理技术

当前，我国主要大气污染物排放已远超环境承载容量，多种污染物同时以高浓度存在，形成过程相互影响，频发灰霾等区域性环境污染问题。从污染物主要来源看，主要是电力、冶金、建材、化工等工业排放，机动车、船舶等交通运输排放，城市扬尘、散烧煤、农畜业等面源排放。改善空气质量关键是有效控制这些污染源的排放，大幅降低大气污染负荷。"十二五"期间，在国家"863"计划等科研任务支持下，大气污染治理技术研发方面取得了显著进展，有力支撑了重点行业主要大气污染物的总量减排控制。

1. 工业源大气污染治理技术

颗粒物治理技术方面，近年来主要在颗粒物凝并长大动力学机理研究、基于强化细颗粒脱除的静电／布袋增效技术研究以及多场协同作用下颗粒物高效控制新技术开发等方面取得了重大进展。颗粒物在声场、磁场、温度场和相变等作用下的团聚长大行为规律研究[43-49]，为进一步深入利用这些规律对颗粒进行控制打下了良好的基础，为研发具有自主知识产权的技术提供了基础数据，部分细颗粒物凝并技术已获得工程示范应用；针对高温电除尘器工程应用开展了一系列研究[50-52]，为高温气氛下的颗粒物控制奠定了基础；电袋复合除尘、低低温电除尘和湿式静电除尘等关键技术均已实现国产化，完成了从中小热电到百万燃煤电站的工程示范和推广应用。

硫氧化物治理技术方面，近年来主要在湿法烟气脱硫、半干法脱硫，以及污染物资源化利用等方面取得了重大进展，针对 SO_3 的排放控制研究逐步引起重视。通过对湿法烟气脱硫的强化传质[53-61]与多种污染物协同脱除机理[62-65]的研究，为pH值分区控制、单塔/双塔双循环、双托盘/筛板/棒栅塔内构件强化传质、脱硫添加剂等系列脱硫增效关键技术的开发提供了支撑，相关技术在燃煤机组上已实现规模化应用。通过对半干法脱硫过程反应机理、温度调控、高活性钙基吸收剂制备、气固混合优化等方面的研究[66-70]，发展了基于半干法的高效脱硫、脱硫除尘一体化、多种污染物协同脱除等关键技术。活性焦法、氨法、有机胺法等资源化脱硫技术研究较为活跃，其中活性焦脱硫技术与有机胺脱硫技术在国内初步实现了工程示范。同时，针对 SO_3 测试及排放控制技术的研究[71-73]，仍处于起步阶段，有待进一步深化。

氮氧化物治理技术方面，近年来在高效低氮燃烧技术、烟气脱硝系统喷氨混合、流场优化以及 SCR 催化剂配方设计、催化剂再生处置等多项基础研究和关键技术上取得了重要进展。针对不同炉型及不同负荷工况的影响条件，对低氮燃烧器进行了大量改进和优化[74-77]，与烟气脱硝技术联用可以实现 NO_x 高效控制。通过数值模拟和冷态模化技术研究优化了烟气流动特性[78-81]，开发了系列喷氨混合装置[82, 83]，使 SNCR 和 SCR 烟气系统的混合均匀度 Cv 值显著降低。SCR 催化剂配方设计理论的发展[84, 85]为我国脱硝催化剂的设计及优化改性提供了指导，通过稀土、过渡金属、类金属等元素的掺杂改性[86-93]，提升了催化剂的抗中毒、单质汞氧化能力及低温区间的反应活性，在此基础上开发了适合我国复杂多变煤质特性的高效抗碱金属/碱土金属/重金属等中毒、宽温度窗口的系列催化剂配方，初步解决了燃用复杂煤质、污泥等锅炉的高效催化脱硝及锅炉低负荷脱硝难题。在催化剂生产制造工艺方面也取得了重大突破，形成了具有完全自主知识产权的原料、生产设备及工艺国产化的催化剂成套生产工艺及技术。针对废旧催化剂再生与处置问题，根据 SCR 催化剂不同的失活机理，开展了再生工艺方法研究[94-97]，目前已形成了具有自主知识产权的脱硝催化剂再生工艺技术及装备，并成功应用于燃煤发电机组、热电联产机组等重点行业烟气脱硝工程的催化剂再生项目。

汞等重金属治理技术方面，近年来我国以汞为代表的重金属污染物排放控制技术取得长足发展，在重金属吸附机理及吸附剂改性、 Hg^0 的强化氧化等研究方面取得突破，基于常规污染物控制设备的重金属协同控制技术已成功实现工程应用。通过对汞等重金属强化吸附的机理研究[98-102]，为改性吸附剂的研发提供了理论支撑；过渡金属与卤素的添加[103-105]，以及气、液等多相氧化及光催化技术的使用[106-111]，有效强化了对 Hg^0 到 Hg^{2+} 的氧化能力；常规污染物控制设备的重金属协同控制技术研究不断深入，通过优化除尘器设计可有效提高含汞飞灰的捕捉效果；改性催化剂的研发和应用实现了 SCR 硝汞协同控制[112, 113]；与汞的强化氧化技术耦合，并添加有机硫、新型螯合剂等[114]抑制汞的再释放，提高了湿法脱硫装置协同脱汞的效率。

挥发性有机物（VOCs）治理技术方面，近年来我国 VOCs 控制理论不断发展，VOCs

控制正向从源头控制到末端治理的全工艺流程治理转变，以吸附技术、催化燃烧技术、生物技术、低温等离子体技术以及几种典型组合技术为代表的 VOCs 控制技术得到初步应用发展。在源头控制方面，泄漏检测与修复（leak detection and repair，LDAR）技术、密闭收集技术、原料替代等[115-117]在工业源 VOCs 治理方面得到了推广。在末端治理方面，吸附技术、冷凝技术等[118-121]常用回收技术的发展推动了高浓度 VOCs 的回收和资源化利用；针对催化燃烧技术研究热点，通过催化剂制备方法的调变[122]和金属元素掺杂改性[123]，提升了催化剂低温区间的反应活性、稳定性及抗中毒能力，进而开发了高效抗硫/氯中毒、宽温度窗口的系列催化剂配方，为高湿度、复杂成分、含硫/氯有机废气的工业化处理提供支撑；蓄热燃烧技术在高性能蓄热材料研发及燃烧室结构优化方面得到发展[124, 125]，实现了 VOCs 高效高热回收效率处理；生物技术在菌种的驯化、填料改性等[126-128]研究方面取得一定进展，已在制药、化工、纺织等行业实现工程应用；低温等离子体催化技术在高效复合等离子体电源、等离子体与催化剂协同脱除技术相关理论研究等[129-131]方面取得了一定进展，已在制药、有机化工、烟草厂等行业实现了初步应用。

二噁英控制技术方面，目前针对二噁英的有效控制技术主要包括燃料分选破碎等燃烧前处理，添加抑制剂等燃烧过程控制，以及活性炭—布袋联用系统和催化降解等燃烧后控制。自主开发的新型硫氨基复合抑制技术[132, 133]在国内焚烧炉上实现了工业示范应用，测试结果表明可达 60% 以上的抑制效果；开发的水泥窑协同处置垃圾二噁英控制技术，可以显著减少垃圾焚烧过程中二噁英的生成[134, 135]，该技术在国内已实现初步推广应用。

温室气体控制技术方面，目前我国的碳排放控制技术研究主要包括燃烧后捕集，燃烧前捕集及新型燃烧技术。燃烧后捕集技术相对成熟，以化学吸收法、吸附法及膜分离法为代表的捕集技术[136-138]得到进一步进展，适用于各类改造和新建的 CO_2 排放源，包括电力、钢铁、水泥等行业；对于新建电站，燃烧前捕集以及新型燃烧方式（富氧燃烧、化学链燃烧）技术是更为有效控制 CO_2 排放的路线之一，未来有望在新型吸附剂的研究开发以及基于水合物的碳分离技术上取得一定进展[139-142]。

2. 移动源大气污染治理技术

近年来，移动源大气污染防治在控制传统 CO 和 HC 等单一污染物的基础上，进一步强化了对低温 HC 污染物的去除，以及对 NO_x 以及碳烟颗粒的协同控制；核心技术路线正逐步向适应我国油品和实际路况的高效机内净化以及后处理控制技术的精细化、集成化、系统化发展。针对多种处理技术耦合的研究已逐步开展，如适用于轻型柴油车的"EGR+DPF"技术，以及适用于中、重型柴油发动机的"燃烧优化+SCR"和"EGR+DPF"技术路线等。船舶、工程机械等非道路移动源污染排放控制技术领域则尚处于初级阶段。

清洁燃料与替代技术方面，主要通过燃油添加剂改善燃油品质，实验开发了葡萄糖水溶液乳化柴油、DMF–柴油混合燃料等[143, 144]多种新型替代燃料，在降低油耗的基础上减少了机动车大气污染物排放。

机内处理技术方面，主要通过精确控制发动机工作过程、优化缸内燃烧过程来降低内

燃机 NO_x、PM 等污染物的排放。缸内直喷技术（GDI）得到了长足发展，实现了缸内直喷快速、高效和低排放的启动[145]；实现了 GDI 汽油机分层控制及高 EGR 稀释的高效清洁燃烧方式[146, 147]；结合直喷式和涡流室式柴油机的优点，优化加速混合气形成，为降低柴油机 NO_x 和 PM 排放提供了新的途径[148, 149]。柴油机燃油喷射雾化以及缸内机械过程优化取得一定进展，优化了柴油机的燃烧以及排放性能[150]；研究发现改变进气门升程差可实现对发动机缸内气体运动的调控组织[151]，进而实现对发动机燃烧性能、废气排放的全面优化[152]。废气再循环技术（EGR）得到进一步深入研究，确定了满足 EGR 分区条件下燃烧边界参数阈值范围[153, 154]，提出了燃烧效率与有害排放协同优化准则控制下的扩展燃烧模式使用工况范围[155]；揭示了不同大气压力下、不同 EGR 率的生物柴油—乙醇—柴油（BED）燃料在高压共轨柴油机燃烧的变化规律，为柴油机在高原实现高效低污染的燃烧提供了理论依据[156]。

排放后处理技术方面，随着移动源相关法律的颁布实施以及环保标准的日益严格，我国移动源排放后处理技术得到进一步发展，主要包括颗粒物过滤技术（DPF）、选择性催化还原技术（SCR）、稀燃氮捕集技术（LNT）以及多污染物协同脱除技术等；目前我国已在 DPF 再生技术、催化剂配方设计、热稳定性及抗中毒性能、催化剂涂覆工艺、催化载体及吸附材料研发、多场耦合技术等方面取得重大突破。

针对发动机颗粒物污染物控制技术，在柴油车源颗粒物生成以及排放特性、DPF 抗失效与再生问题以及多场协同作用等机理研究方面取得突破，自主研发的主动再生颗粒过滤器系统已成功应用于 ART 型柴油车。

移动源气态污染物中氮氧化物控制技术正向适合我国路况的全工况脱硝、高效协同污染物控制等方向不断发展。探索了烟气温度、喷嘴形式、喷射速率及压力等对尿素分解效率的影响[157, 158]；开展了对尿素溶液的喷雾特性与碰壁问题的研究[159]，为移动源 Urea-SCR 系统的高效稳定运行奠定了基础。对 Urea-SCR 催化剂配方进行了进一步优化改进研究，发现蜂窝状 SCR 催化剂以及 Ce-Cu 等[90, 160]新型催化剂配方具有良好的低温和抗硫性能，可应用于船舶、工程机械等非道路移动源的尾气控制。HC-SCR、H_2-SCR 技术研究也取得一定进展。当前，国内自主研发的 Urea-SCR 系统完全可满足国 IV 排放法规要求；针对沿海中小型船舶的 SCR 脱硝系统也在国内渔船上实现应用，满足国际海事组织（IMO）制定的 Tier III 排放标准。此外，稀燃氮氧化物捕集器（lean NO_x trap，LNT）技术得到进一步研究，LNT 结合 DPF 等耦合技术已在机动车上实现 NO_x 产业化应用。针对汽油机开发的汽油车尾气低成本全 Pd 型三元催化剂，可严格满足国 VI 排放要求，已成功实现工业化生产。

PM 和 NO_x 污染物协同脱除技术方面，研究建立了柴油机排气中 NO_x 催化氧化反应及 NO_x–PM 反应中间产物的评价方法[161-163]；针对低温等离子体（NTP）对柴油机碳烟和 NO_x 的协同脱除作用，研究揭示了 NTP-NC 系统脱除 NO_x 的催化机制及实现 PM 低温燃烧的作用机理[164]，为 NTP 催化同时控制 NO_x 和 PM 排放的技术发展提供理论基础。

3. 面源及室内空气污染净化技术

面源大气污染控制技术方面，近年来随着大气污染集中攻坚行动的全面展开，面源大气污染受到政府和社会的广泛关注。目前，我国主要在煤改气及天然气锅炉低氮燃烧、生物质炉灶利用、餐饮业油烟分解、路面扬尘净化、农畜业氨排放控制等面源污染物控制方面取得了一定进展。推进煤改气及低氮燃烧技术在治理原煤散烧过程中得到了应用，并进一步研究开发了低 NO_x 的燃气锅炉[165]；生物质炉灶在新型炉具市场呈增长趋势，采用二次进风半气化燃烧方式，研究设计了热效率较高的生物炉灶[166]；催化臭氧氧化、介质阻挡放电等[167, 168]技术在餐饮业油烟净化中得到应用，可同时抑制二次污染的产生；纳膜抑尘技术、气雾抑尘技术等[169, 170]已开始应用于扬尘治理；通过低氮饲料喂养、饲养房改造及构建农畜业污染物减排控制技术体系，有望解决我国农畜业的氨排放问题。

室内空气污染物净化技术方面，"十二五"期间，我国在室内空气中的挥发性有机污染物（VOCs）、超细颗粒物以及有毒有害微生物防治方面取得了显著进展。低温下催化分解甲醛、苯等挥发性有机污染物的治理研究得到了迅速的发展；典型循环"存储—放电"（cycled storage-discharge，CSD）等离子体可实现室温条件下所有湿度范围内甲醛和苯系物的完全氧化[171, 172]。研究开发了高效空气过滤器（high efficiency particulate air，HEPA）和静电驻极体过滤器等除尘设备，可有效去除室内空气中的超细颗粒物。研究开发的新型高中效空气过滤、高强度风管紫外线辐照和室内空气动态离子杀菌组合空气卫生工程技术等有害微生物净化新方法，均显示出优良的空气除菌效果。

（五）空气质量管理决策支撑技术

近年来，我国大气污染特征发生了显著变化，我国大气环境质量总体上进入了以多污染物共存、多污染源叠加、多尺度关联、多过程耦合、多介质影响为特征的复合型大气污染阶段。我国大气污染的规模、严重性和复杂程度在世界上少有先例，这一问题的控制和管理也没有成熟的经验可以借鉴。大气污染单因子监管以及行政条块化监管模式不适应当前的大气污染形势，依靠传统的"每个问题逐一解决"和"各地区各自为政"的环境管理方式已无法有效解决区域性大气复合污染问题[173]。如何突破行政边界，统一协调各部门职责，开展多部门、多污染物协同减排，成为大气环境质量管理的迫切问题。面对国家重大需求，"十二五"期间，我国在开展国内科研和总结国际经验的基础上，进行了大气环境质量管理的理论创新和技术实践。

2010 年 5 月，环境保护部等九部委共同制定了《关于推进大气污染联防联控工作改善区域空气质量的指导意见》（以下简称《意见》）。《意见》在充分吸收国内外环境管理经验的基础上，指出"解决区域大气污染问题，必须尽早采取区域联防联控措施"的思路，并提出"到 2015 年，建立大气污染联防联控机制，形成区域大气环境管理的法规、标准和政策体系"的工作目标。2013 年国务院发布的《大气污染防治行动计划》（"国十条"），正式标志着我国大气污染控制向总量控制与质量控制相结合、城市空气质量管理和区域联防联控相结合的模式转变。

我国大气复合污染防治的总体目标是：2030 年全国大多数地级及以上城市 $PM_{2.5}$ 年均浓度达到国家环境空气质量标准（GB 3095—2012）；2050 年基本达到世界卫生组织（WHO）环境空气质量浓度指导值，满足保护公众健康和生态安全的要求[174,175]。

为实现上述目标，需要发展出一套综合排放控制规划方案，构建相应的复合污染控制法规和管理体系，通过多部门、多污染物协同控制，解决 $PM_{2.5}$、O_3、酸沉降和温室气体排放等多个大气环境问题，就是大气复合污染防治理论，或称为气候友好型的空气污染控制理论[176]。

大气复合污染防治理论的实施需要强有力的技术支撑，包括多尺度高分辨率动态排放清单技术、天地空相结合的立体观测技术、大气污染预报预警与过程分析技术、大气污染多维效应综合评估技术、大气污染控制成本效益分析和决策支持技术等。

1. 大气污染源排放清单技术

在国家"863"计划、"973"计划、环保公益性行业科研专项的支持下，清华大学、北京大学、北京工业大学、华南理工大学等单位的研究人员以北京奥运会、上海世博会、广州亚运会为契机进行了较为系统的排放源清单研究，取得了具有国际影响力的重要成果。

基于大量现场测试，初步建立了基于工艺和控制技术的中国大气污染源排放因子库[177,178]。开发了基于动态过程的高分辨率排放清单技术，包括基于工艺过程的工业源排放表征技术、基于道路和行驶工况的移动源排放表征技术、基于气象和卫星遥感的农业源排放表征技术，使主要污染物排放的不确定性降低了 50% ~ 70%[179-183]；集成能源利用、技术演进和污染控制建立区域污染物控制情景与排放预测的动态源清单技术方法，实现排放预测从行业到工艺技术的提升[184]。

开发了具有自主知识产权的多尺度高分辨率排放源模式，通过源分类细化升级、GIS空间分配、源特征谱—化学机制映射关系建立等，可将源清单时空分辨率、化学物种辨识精度和源识别种类提高一个数量级，并实现源清单的快速动态更新[185,186]；建立的在线排放清单计算和网格化处理技术平台，实现了多年度、多尺度、多化学组分的排放清单集成计算处理与大气化学模式之间的无缝链接（http://www.meicmodel.org/）。

建立了集成不确定性分析、卫星遥感、地面观测、模型模拟的排放清单多维校验技术[187]。建立了基于自展模拟方法的自下而上清单不确定性追踪和定量技术，实现了不确定性分析从定性或半定量到定量水平的提升[188]。发展了利用卫星遥感数据评估点源排放的方法，并用于评估中国大点源排放变化[189]。

针对京津冀[190]、长三角[191,192]、珠三角[188,193,194]等重点区域，利用"自下而上"的方法，开发了高精度本地化排放清单，大大提高了重点区域排放清单的时空分辨率。

2. 大气污染预报预警与过程分析技术

"十二五"期间，在国家"863"计划、科技支撑计划、"973"计划、中科院先导专项、环保和气象公益性行业科研专项、国家自然科学基金等支持下，开展了大气污染监测、预警预报与数据共享技术研发与示范。

随着对大气中物理过程和化学反应认识的不断提高，第三代空气质量模型集合了多种污染物的复杂反应及多因素的相互作用，其可靠性大大提高。近年来，CMAQ、CAM$_x$以及中国科学院大气物理所自主研发的嵌套网格空气质量预报模式（NAQPMS）等模型在全国和重点城市得到了快速发展和大量应用[195-197]。GATOR-GCMOM、WRF-Chem、MIRAGE 以及 Two-way WRF-CMAQ 等以"气候（气象）—污染双向耦合"为特征的新一代模型也在开发和完善中[198]。

NAQPMS 嵌套网格空气质量预报模式系统在郑州、北京、上海、广州、沈阳、兰州、西安、哈尔滨、长春、苏州、株洲、台北等城市都得到了应用[199]。多模式空气质量集合预报系统（EMS）[200]，也成功用于北京奥运会、广州亚运会、上海世博会等的空气质量预报。除此之外，还有许多单一的空气质量模型被应用于空气质量预报，如 WRF-Chem[201]、CMAQ[202] 等。

源排放清单法、空气质量模型法和受体模型是颗粒物源解析的三种主要方法[203]。国内已经有 30 多个城市开展 PM$_{2.5}$ 来源解析工作，主要采用 CMB 和 PMF 等受体模型方法。此外，TSSA（tagged species source apportionment）[204]、CMAQ ISAM（the integrated source apportionment method）[205]、CAM$_x$ 颗粒物源解析技术（PSAT）等示踪技术对不同部门或不同区域的污染源设定示踪因子，并对其在大气中的全过程进行追踪，相对较为准确，但计算量较大，计算成本高。清华大学开发的臭氧 RSM 模型和颗粒物 RSM 模型能够进行快速污染源解析，特别是对于非线性系统，已经应用于中国东部、长三角及珠三角地区[206]。

3. 大气环境规划与决策支持技术

"十二五"期间，通过国家科技支撑计划、环保部公益性项目等，针对重点地区大气污染联防联控需求，开展了珠江三角洲空气质量精细化管理支撑技术与示范、空气质量管理决策支持系统等研究，在大气污染多维效应综合评估技术和大气污染控制成本效益分析技术方面都取得了较大进步。

清华大学在之前的大气污染控制效果实时评估系统基础上，开发了拓展的响应表面模型（ERSM），并应用该技术建立了长三角地区 PM$_{2.5}$ 及其组分浓度与多区域、多部门、多污染物排放量之间的非线性响应关系[207]。

在大气污染控制成本效益评估方面，目前关于大气污染控制成本的研究主要集中于电力、交通等重点行业的大气污染控制成本[208, 209]；华南理工大学和清华大学联合研发了新一代空气污染与健康效益评估工具 BenMAP CE[210]。《2010 年全球疾病负担评估》公布 2010 年我国大气 PM$_{2.5}$ 污染导致 123.4 万人过早死亡[211, 212]，而其他研究则认为我国因室外空气污染造成每年 35 万～50 万人的死亡[213, 214]。与发达国家相比，我国统计生命值（VSL）相对较小[215, 216]，导致我国大气污染控制效益的计算值较小。由于现有评估方法的限制，这方面的评估仍有较大的不确定性。

清华大学、华南理工大学、美国环保署和田纳西大学联合研发了中国空气污染控制成本效益与达标评估系统（ABaCAS），主要包括：①排放控制—实时空气质量响应工具（RSM / CMAQ）；②空气污染控制的健康和经济效益评估工具（BenMAP-CE）；③大气污染控制成本评估工具（COST-CE）；④空气质量达标评估工具（SMAT-CE）。目前，ABaCAS-China 已经在北京、上海、广州等城市的空气污染研究与规划管理中得到应用，并为重点区域大气污染防治"十二五"规划的制定提供了技术支持（http://www.abacas-dss.com）。

针对大气环境规划技术方法与模式，中国环境规划院和清华大学等基于 CAM_x 空气质量模型的颗粒物来源追踪技术（PSAT）定量模拟了全国 $PM_{2.5}$ 的跨区域输送规律，建立了全国 31 个省市（源）向 333 个地级城市（受体）的 $PM_{2.5}$ 传输矩阵，为区域大气污染控制提供了重要决策支撑[217]。

（六）典型成果的集成示范应用

1. 大气质量综合管理制度创新

为应对大气复合污染的严峻形势，保障大气污染防治措施的实施，我国进行了《中华人民共和国大气污染防治法》的第三次修订，并于 2015 年 8 月颁布。同时，还结合管理要求，国家陆续颁布了一系列配套的法规标准。2012 年 2 月 29 日，我国新的环境空气质量标准颁布，将于 2016 年开始在全国全面实施。新空气质量标准体现了对公众健康的进一步保护，及对保护生态环境和社会物质财富的更加重视。

空气质量指数（AQI）的颁布和推行是我国近年来管理实践进步的一个案例。2012 年，随着新修订的《环境空气质量标准》（GB 3095—2012），空气质量指数（AQI）也替代了原有的空气污染指数（API），除了 SO_2、NO_2 和 PM_{10} 外，$PM_{2.5}$、O_3 和 CO 也列入评价范围。AQI 采用的标准更严、污染物指标更多，其评价结果也更加接近公众的真实感受。随着 $PM_{2.5}$ 污染引起的各方关注日益增加，我国在最近的大气污染防治控制政策中更加强调了 $PM_{2.5}$ 等大气污染物环境质量浓度的控制目标。这意味着除了 SO_2、NO_x 等污染物排放总量的控制要求外，大气环境质量更多地作为污染防治的最终目标被纳入了大气污染防治管理制度的设计之中。

近年来，由于大气污染严重，国家针对大气质量提高出台了一系列经济金融相关的政策法规，具体包括脱硫脱硝经济政策、油品升级税费政策、排污交易相关政策、PPP 相关政策等。

为实现国家中长期环境空气质量改善目标提供全面技术支撑，带动区域和城市空气质量改善，在"973""863"计划、环保部公益项目、国家自然科学基金等项目的支持下，实施开展了大气污染源排放清单与综合减排、空气质量监测与污染来源解析、重污染预报预警和应急调控、区域空气质量管理和环境经济政策创新等重点工作。2015 年，我国开始实施大气污染防治重点专项。拟通过 17 项专项任务，构建我国大气污染精细认知—高效治理—科学监管贯通的区域雾霾防治技术体系和管理决策支撑体系，实施重点区域大气污染联防联控技术示范区，引领大气环保产业发展，形成可考核可复制可推广的污染治理技术方案，全面提升大气污染综合防治能力，支撑重点区域环境质量有效改善，保障国家重大活动空气质量。

2. 我国重点城市与区域的大气污染防治

区域大气复合污染给现行环境管理模式带来了巨大挑战，单个城市大气污染防治的管理模式已经难以有效解决当前越来越复杂的大气污染问题。因此，需要加快加强区域复合大气污染控制战略研究，制定多污染物综合控制方案，逐步建立区域协调机制和管理模式[218]。

以京津冀地区为例，基于研究分析结果，以及奥运会空气质量保障行动提供的成功案例，京津冀等多个省市正逐步推进地区一体化，通过统一规划、统一治理、统一监管保障空气质量。2013 年 9 月 17 日，环境保护部、国家发展和改革委等 6 部门联合印发《京津冀及周边地区落实大气污染防治行动计划实施细则》。提出"经过五年努力，京津冀及周边地区空气质量明显好转，重污染天气较大幅度减少。力争再用五年或更长时间，逐步消除重污染天气，空气质量全面改善"的总体目标。尽管北京、天津、河北的行动措施的落实将带来明显的减排效果，但依然存在北京 $PM_{2.5}$ 年均浓度达不到 $60\mu g/m^3$ 的风险，天津市与河北省的部分地区也存在 2017 年 $PM_{2.5}$ 浓度不能降低 25% 的风险[219]。此外，区域发展不平衡，补偿与激励机制没到位等问题的存在依然是京津冀联防联控协同控制大气污染面临的挑战。解决问题需要加强制度创新，着重进行产业结构布局和调整，强化污染物协同控制和公众参与等。

3. 我国重大空气质量保障行动案例

北京奥运会空气质量保障行动是我国首个区域联防联控和多污染物协同控制的成功案例。该行动从科学分析区域大气污染特征出发，创立了跨省区市的协调机制，有针对性地制定了完整的管控实施方案，通过一系列强有力措施的实施取得了预期减排效果，保障了奥运会期间空气质量，对大气复合污染控制具有重要的借鉴意义。数据表明，经过不懈努力，奥运会期间北京市环境空气质量得到明显改善，并创造了近 10 年来北京市空气质量的历史最好水平[219]。奥运会空气质量保障行动为我国的大气质量管理积累了以下重要经验：第一，奥运会大气环境应急管理措施拓展了我国大气环境应急管理制度的范畴，促进了我国大气环境应急管理的规范化和制度化。第二，加强首都大气环境科学研究，突出以污染减排为抓手，狠抓重点污染治理。第三，突出加强环境法制建设，完善大气污染排放标准，促进污染减排和引领减排技术升级。第四，通过开展广泛宣传，扩大全社会的参与程度，社会各界的积极参与为绿色奥运营造了良好的氛围。

上海世博会是我国区域联防联控保障重大活动空气质量的另一典型案例。世博会空气质量保障为区域联动监测共享信息共创成果新模式进行了有益探索，为联防联控措施的常态化执行积累了经验。世博期间长三角区域共享系统充分发挥了环境预警监测的公共服务能力，为区域联动监测共享信息共创成果新模式进行了有益探索，是一次跨省数据共享尝试。长三角区域空气质量自动监测网络和数据共享平台的成功搭建和有效运行，为探索长三角区域空气质量预测预警长期合作模式提供了宝贵的经验和启示[220]。

近年来，我国几次重大空气质量保障行动的经验表明，由于燃煤电厂、工业锅炉、道路扬尘排放等污染源的有效控制，一次污染物排放明显下降，空气质量均有较明显的改善。许多研究者对 2008 年北京奥运会、2010 年上海世博会和广州亚运会等事件前后的大气污染物进行了监测分析，结合空气质量模型等厘清了污染物演化规律，对保障措施的减排进行了有效评估并提出了建议，相关成果发表在国内外优秀学术期刊上，引起了广泛关注[221-225]。

北京奥运会、上海世博会和广州亚运会的空气质量保障行动留给我们的主要经验可以归结为以下几点：

（1）加强区域联防联控，建立有效的协调机制，区域内各级各地方政府积极参与，联合制定区域空气质量保障措施。

（2）积极改善能源结构，推进清洁燃料替代。

（3）严格控制污染源排放，淘汰落后产能。

（4）统一机动车排放标准，加强机动车管理。

（5）构建完善的空气质量监测体系。

4. 我国大气环境监测先进技术装备应用案例

随着环境问题在我国得到越来越多的关注和重视，一批新的研究成果也开始应用在环境监测领域。针对重点城市（如北京、上海、广州、南京、重庆等）、热点区域（京津冀地区、长三角地区、珠三角地区、中部地区等）和重点关注行业（电厂、化工厂、钢铁厂等），地面监测技术、地面遥测技术等对大气环境污染进行了全方位、立体化的监测，以便获取大气污染时空变化信息。其中，激光雷达技术、多轴 DOAS 技术、车载 DOAS 技术、车载 SOF 技术等是新兴的光学遥测技术，能够实现对大气污染气体的遥感监测，弥补现有地面监测技术的不足。

在上海世博会、广州亚运会、南京青奥会、北京 APEC 会议期间，重点观测了大气颗粒物和气态污染物 SO_2、NO_2、O_3 的立体分布特征，建立了重点工业区污染源排放移动观测平台，实现了对高架源、区域 NO_2、SO_2 排放的立体监测，获取了污染源排放特征并评估了减排措施效果[226-231]。通过外场观测的示范应用，使得大气环境监测技术在环境监测领域的应用潜力得到发挥；同时利用地基遥感的方法，有效弥补了地面点式数据监测的不足，从立体角度获取大气污染信息，识别污染物的来源和时空变化规律。特别是，在2014 年北京 APEC 会议期间，通过多方共同努力实现了"APEC 蓝"，为我国实现"阅兵蓝"、后续空气质量保障任务以及开展区域大气污染联防联控积累了丰富的经验[232]。

（七）清洁空气产业发展

随着我国环境保护和资源节约相关法规、政策、标准的建立健全，环境监管力度的不断加大以及环保投融资主体不断多元化，驱动我国节能环保产业总体快速发展，目前已形成门类相对齐全的产品体系，拥有了一批较为成熟的常规环保技术装备，基本能够满足国内市场需求，一批环境友好型污染防治关键零部件和材料的研制取得突破，产业服务能力进一步增强、服务内容进一步完善，服务质量进一步提高。据环保部发布的《新常态下环境保护对经济的影响分析》（下简称《分析》）显示，2011—2013年我国环保投入共计2.33万亿元，拉动GDP增加2.56万亿元，占前三年GDP的1.64%；拉动国民经济总产出增加8.87万亿元，占全国同期总产出的1.84%；增加居民收入1.09亿元，占居民总收入的1.56%。环保资金投入催生节能环保产业快速发展，"十二五"期间我国节能环保产业增速达到15% ~ 20%。另据《分析》测算，《大气污染防治行动计划》的实施将拉动我国GDP增长1.94万亿元，增加就业196万人。《大气污染防治行动计划》的实施对产业结构也具有明显优化作用，火电、钢铁、水泥、化工等重点工业行业比重显著下降，涉及大气的高新技术及装备制造业、环保产业等新兴产业比重将有所上升。

"十二五"期间，国家通过自然科学基金、"973"计划、"863"计划、国家科技支撑计划、环保部公益性项目、国家重大科学仪器设备开发专项等科技项目投入了大量经费用于支持先进大气污染物控制技术及先进大气污染监测技术的研究工作，在大气污染防治技术研发及产业化应用方面取得了重大突破。

颗粒物（PM）控制技术方面，发展了静电除尘、袋式除尘和电袋复合除尘等除尘技术，其中现有近75%的火电机组安装了静电除尘器[233]，湿式静电除尘（WESP）、移动极板电除尘、低低温电除尘、高效凝并、烟气调质、高效供电电源等多种高效除尘技术也得到了完善开发和应用；通过在湿法烟气脱硫塔后采用新型湿式静电除尘技术，形成脱硫塔前除尘、脱硫塔内除尘及脱硫塔后除尘的多级$PM_{2.5}$控制系统，$PM_{2.5}$总捕集效率可达到99%以上，烟尘排放浓度小于5mg/Nm³；某2×1000MW机组采用湿式静电除尘技术实现了粉尘排放浓度2mg/m³的水平。袋式除尘器（含电袋复合除尘器）大型化进展显著，其纤维、滤料、配件和自动控制的技术水平也都得到了一定的发展，如电袋复合除尘技术已在1000MW规模燃煤机组获得应用，出口粉尘浓度小于20 mg/m³，压力损失低于1100Pa。近年来，袋式除尘器在水泥行业的使用比例已达80%以上，在钢铁、有色金属行业的使用比例已达95%左右，在火电行业的应用也呈逐步上升趋势[234]。据统计仅2014年，加快燃煤机组实施超低排放的迫切需求推动了火电行业2.4亿千瓦现有除尘装备的升级改造[235]。此外，据不完全统计，2014年我国电除尘行业总产值约为123.6亿元，袋式除尘行业总产值约为132.67亿元。

二氧化硫（SO_2）控制技术方面，在脱硫效率、吸收剂品质适应性、煤质和硫分适应性等多方面研究取得突破，使石灰石/石灰—石膏湿法（含白泥、电石渣）、循环流化床干法/半干法、氨法、海水法等主要烟气脱硫技术及其标准化、产业化都取得了重大进展。其中石灰石/石灰—石膏湿法烟气脱硫技术在我国已投运燃煤脱硫机组中占90%以上的份额，其脱硫效率一般可达95%以上；针对当前量大面广的石灰石/石灰—石膏湿法脱硫机组难以满足环保新要求的现状，我国通过研究湿法烟气脱硫的强化传质与多种污染物协同脱除机理，在此基础上开发了一系列脱硫增效关键技术，并在50 ~ 1000MW燃煤机组上实现了示范应用，脱硫效率突破了99%，SO_2 排放浓度可低于 $20mg/m^3$。在烟气循环流化床脱硫技术研究方面也取得突破，研发了多级增湿（MSH）强化污染物脱除新技术，突破了半干法烟气净化技术在脱硫效率和多种污染物协同控制上的局限，目前已形成具有自主知识产权的循环流化床半干法烟气脱硫除尘及多污染物协同净化技术，并在燃煤电厂、工业锅炉、钢铁烧结机、污泥焚烧等重点行业实现了规模化、产业化应用，同时该技术已出口国外；某 $6 \times 100MW$ 燃煤机组循环流化床半干法烟气脱硫装置改造后，脱硫系统出口 SO_2 排放浓度小于 $200mg/Nm^3$，某 800t/d 玻璃熔窑采用半干法脱硫工艺，出口二氧化硫从 $1000mg/Nm^3$ 降到 $50mg/Nm^3$ 以下。据统计，2014 年我国实际新增电力行业脱硫改造 1.3 亿千瓦，脱硫装机容量占比达到 95%；3.6 万平方米钢铁烧结机新增烟气脱硫设施，占比达81%[235]。

氮氧化物（NO_x）控制技术方面，发展了低 NO_x 燃烧技术、选择性非催化还原法（SNCR）烟气脱硝技术、选择性催化还原法（SCR）烟气脱硝技术和 SNCR–SCR 耦合脱硝技术等。低氮燃烧的应用十分广泛，某 330MW 发电机组上采用高效低 NO_x 燃烧器 + 二次可控燃烧组合对 NO_x 排放进行控制，并确保锅炉原有性能，测试结果表明该项目系统脱硝效率达到 60% 以上（改造前 NO_x 浓度约 $540mg/Nm^3$，改造后 NO_x 浓度 $210mg/Nm^3$）。SNCR脱硝技术被广泛应用于循环流化床锅炉、水泥窑、煤粉炉、中小型工业锅炉等领域的脱硝上，某 300MW 循环流化床锅炉加装了 SNCR 脱硝工程，脱硝效率达到 70% 以上；某 5000t/d 水泥窑炉采用SNCR烟气脱硝技术，脱硝效率可达到 60% 以上，氨逃逸 < $8mg/Nm^3$；某 85t/h 煤粉炉上加装了 SNCR 脱硝装置，NO_x 排放浓度可控制在 $180mg/Nm^3$。SCR 脱硝技术已广泛应用于燃煤电站锅炉烟气脱硝（占 95% 以上的份额），针对当前部分燃煤机组 NO_x 排放超标，尤其是低负荷下超标现象严重，大量废烟气脱硝催化剂面临再生等问题，开发形成了具有高脱硝效率、高 Hg^0/Hg^{2+} 转化率、低 SO_2/SO_3 转化率、宽温度窗口、高抗磨性能的催化剂配方及其活性恢复方法，在含 1000MW 等级燃煤机组上实现了产业化推广应用；开发了具有自主知识产权的脱硝催化剂再生改性工艺技术及装备，已成功应用于 300MW 及1000MW 机组等催化剂再生改性项目，在实现 NO_x 高效脱除的同时可协同控制 Hg 等其他污染物；某 1000MW 机组采用硝汞协同脱除技术，NO_x 排放浓度低于 $50mg/m^3$，同时实现了 Hg 排放浓度低于 $0.003mg/Nm^3$。据统计，2014 年我国实际新增电力行业脱硝改造为 2.6 亿千瓦，脱硝装机容量占比达到 82%；6.5 亿吨水泥熟料产能新型干法生产线新建脱硝设施，占比达 83%[235]。

挥发性有机物（VOCs）治理技术方面，VOCs 排放污染具有复杂性、复合型和区域性等特点，且涉及行业众多，主要包括石化、有机化工、医药化工、表面涂装、溶剂使用和储运等。近年来我国重点行业和重点污染源的治理工作已逐步展开，VOCs 治理技术得到了快速发展。回收技术应用领域，目前吸附—脱附回收技术已应用于氯仿废气回收工程，系统排放指标满足大气污染综合排放标准，净化效率平均达到 98% 以上；冷凝技术适用于高浓度（> 10000ppm）（$1ppm=10^{-6}$，下同）有机溶剂蒸气的分离回收，在工程应用中冷凝技术常作为预处理技术与其他技术联用，如冷凝与变压吸附联用技术已应用于 500m³ 石油储运行业油气回收，使系统出口尾气指标满足排放标准要求，非甲烷总烃回收效率高达到 98%。销毁技术应用领域，近年来发展的蓄热式热力焚烧（RTO）技术可提高系统热效率，降低系统的运行成本，主要应用于较高浓度（2000 ～ 20000 mg/m³ 之间）有机废气的净化；转轮吸附—蓄热燃烧技术已应用于半导体行业有机废气治理，该技术热回收效率可达 95% 以上，非甲烷总烃脱除效率高达 95%；催化燃烧技术近年来已成为中高浓度有机废气治理的主要技术手段，我国自主开发的高效抗硫/氯中毒、宽温度窗口系列催化剂配方，为高湿度、复杂成分、含硫/氯有机废气的工业化处理提供了支撑，某 8 万吨/年丙烯酸尾气处理项目采用催化燃烧技术，催化反应后的高温尾气经过废热锅炉和热交换器余热利用后通过烟囱排空，尾气排放达到我国相关的大气污染物排放标准。生物技术和低温等离子体技术在不同行业有机废气治理中也已实现工程应用。据粗略统计，我国 2014 年 VOCs 治理行业的总产值已达 70 亿元以上[236]。

机动车污染排放控制技术方面，近年来我国机动车尾气处理装置行业在产品技术水平、产业装备和制造水平上均有明显提升[237]。以柴油车尾气处理领域为例，发展了大尺寸 SCR 催化剂载体（直径 ≥ 250mm）制备技术与关键设备；合成了高效 Cu 基小孔分子筛 SCR 催化剂；实现了小孔分子筛 SCR 催化剂千克级放大合成；成功开发了超低膨胀堇青石和钛酸铝材质颗粒物捕集器，研制了 CDPF 再生催化剂和催化涂层涂覆工艺；研发了具有 OBD 功能的柴油机通用排放后处理控制器，实现了系统与实车集成、匹配与验证；搭建了集成 DOC、SCR 和 DPF 后处理系统的原理性样机；形成了满足国 IV 排放标准的成套后处理技术与装备，在国产柴油车上实现了规模化应用，有效支撑了全国范围内柴油车国四标准实施。上述关键技术的突破与应用带动了我国柴油车污染排放控制领域产业的发展，"十二五"期间已建成 600 万升/年的大尺寸 SCR 催化剂载体生产线，建立了年产 70 万套的 SCR 催化转化器生产线，建成了产能 300 万升/年的 DOC 生产线，以及 20 万件/年的 CDPF 涂覆生产线。

室内空气净化技术方面，近年来我国在大气污染人群暴露行为模式及室内外空气污染对人群健康影响的贡献率研究基础上，针对小型室内、大型建筑中央空调及城市地下空间等多种室内及密闭空间环境研发了空气净化技术并进行了产品转化。以苯系物及机动车污染物的净化处理为例，在小型室内环境空气净化技术与产品方面，建成了自然光催化水性涂料、天然矿物基吸附材料生产线，研制开发了真空紫外线空气净化器、吸附/原位再生空气净化器；在大型建筑中央空调空气质量改善技术与设备方面，建成了年产吸附功能模块、室温催化甲醛模块、紫外强化杀菌净化组件等净化装置；在城市地下空间机动车污染净化技术与工程示范方面，研发的 CO、THC 和 NO_x 复合污染净化材料具备 500m³/a 的产能，治理设备对 PM 的净化效率 ≥ 92%，CO ≥ 70%，NO_x ≥ 65%，THC ≥ 60%。

大气环境监测技术方面，"十二五"期间我国环境空气污染物监测指标的扩容有效驱动了我国大气监测技术与装备的发展；2012 年《环境空气质量标准》（GB 3095-2012）的颁布，使我国在 SO_2、NO_x 和 PM_{10} 三项监测项目的基础上，新增了 $PM_{2.5}$、O_3 和 CO 三项指标；2014 年《关于印发石化行业挥发性有机物综合整治方案的通知》的颁布及 VOCs 被纳入"十三五"规划编制指南，标志着我国 VOCs 监测正式启动，当前我国正在完善的VOCs 排放标准体系也为 VOCs 监测治理提供了参考依据。同时，"十二五"期间近 1500 个$PM_{2.5}$ 监测国控站点的建设也有效带动了我国大气监测设备的推广应用。据统计，2014 年我国烟气监测设备的销量达到约 1.1 万余台[238]。

环保服务能力建设方面，2015 年国务院出台的《关于推行环境污染第三方治理的意见》要求推行环境污染第三方治理，走市场化、专业化、产业化之路，其基本原则是污染者付费、市场化运作和政府引导推动。以火电厂为例，据统计，截至 2014 年年底，我国已签订火电厂烟气脱硫特许经营合同和委托运营合同的机组容量分别为 1.17 亿千瓦和2130 万千瓦，其中 9636.5 万千瓦机组已按照特许经营模式运营；已签订火电厂烟气脱硝特许经营合同和委托运营合同的机组容量分别为 1970 万千瓦和 691 万千瓦，其中 1397万千瓦机组已按特许经营模式投入运营[239]。2015 年环保部出台《关于推进环境监测服务社会化的指导意见》，意见指出全面放开服务性监测市场，有序开放公益性、监督性监测领域，扶持环境监测行业协会或第三方机构发展；环境监测服务社会化已成为新趋势。

上述先进技术的规模化应用以及大气环保服务行业能力建设的不断完善有效支撑和催动了我国清洁空气产业的发展。在重点工业源如大型燃煤电站、燃煤工业锅炉、工业炉窑，移动源如柴油车等行业已实现多项污染物排放控制技术示范与产业化；在大气污染监测仪器如环境质量和污染原位、现场监测设备、大气污染物立体监测设备、大气污染物的高端科研仪器产业化方面已取得重要进展。如：典型燃煤电站烟气污染物超低排放技术实现了 $PM < 5mg/Nm^3$、$SO_2 < 35mg/Nm^3$、$NO_x < 50mg/Nm^3$；恶臭自动在线监测预警仪器、大气细颗粒物化学成分在线监测设备、大气细粒子与臭氧时空探测激光雷达系统、环境大气中细粒子（$PM_{2.5}$）监测设备等已实现产业化示范。此外，我国自主开发的大气污染源排放清单技术及大气化学模式等已广泛应用于国家和重点区域大气污染防治工作，为多项国家政策、技术文件颁布实施和业务平台运行提供了关键科技支撑。典型大气污染防治技术应用案例已形成《大气污染防治先进技术汇编》[240]《工业烟气（脱硫\脱硝\除尘）污染物防治最佳可行技术案例汇编》等。

（八）大气环境学科建设

1. 专业与学位

2012 年教育部颁布了新修订的《普通高等学校本科专业目录》，与旧版 1998 年的专业目录相比，环境类专业发生了较大变化（见附件表 1）。新版专业目录合并了原来理学环境科学类专业和工学环境与安全类中的环境类专业，在工学学科门类中形成了环境科学与工程类专业类别。

作为综合性很强的交叉学科，在本科专业设置上，环境科学技术与农学、经济学、地理科学、海洋科学以及其他工学类如能源动力类、土木类和农业工程类有着广泛的学科交集。在这些专业类中都有与环境科学技术直接相关的专业设置，并且在总体上体现出了环境与资源、能源的相关性。1998—2012年，这些专业在名称设置上也发生了变化，总体趋势是环境与资源、能源的交联更为广泛、更为清晰。

教育部学位与研究生教育发展研究中心于2004年、2009年、2012年组织开展了三次学科评估，对具有研究生培养和学位授予资格的一级学科进行整体水平评估。环境科学与工程学科具有"博士一级"授权的高校从2009年的35所增加至2012年50所。2012年参评的高校中，环境科学与工程学科评分排名前十位的依次为清华大学、哈尔滨工业大学、同济大学、南京大学、北京大学、大连理工大学、浙江大学、北京师范大学、南开大学、天津大学。

近年来教育部评选的全国优秀博士学位论文中，与环境科学技术类相关的论文每年均有入选（见附件表2）。

以上这些变化和现状表明，经过过去若干年的发展，环境科学与工程专业的教育教学已逐渐成熟稳定，并跨专业地构成了学科网络。

2. 国家环境保护重点实验室

国家环境保护重点实验室（以下简称"重点实验室"）是国家环境保护科技创新体系的重要组成部分，是国家组织环境科学基础研究和应用基础研究、聚集和培养优秀科技人才、开展学术交流的重要基地。截至2015年10月，通过验收并命名的重点实验室有22个，批准建设的重点实验室有17个。其中2011—2015年通过验收8个，批准建设17个，近五年间重点实验室发展迅速（见附件表3）。

3. 国家环境保护工程技术中心

国家环境保护工程技术中心（以下简称"工程技术中心"）是国家环境科技创新体系的组成部分，是国家组织重大环境科技成果工程化、产业化、聚集和培养科技创新人才、组织科技交流与合作的重要基地。截至2015年10月，通过验收并命名的工程技术中心有19个，批准建设的工程技术中心有23个。其中2011—2015年通过验收7个，批准建设19个，近五年间工程技术中心发展迅速（见附件表4）。

4. 学术期刊

学术期刊是最重要的学术交流平台，根据中国科学技术信息研究所历年发布的《中国科技期刊引证报告（核心版）》，图1对比显示了8种环境科学技术核心期刊2010年、2011年、2013年、2014年评价指标的变化情况。这8种核心期刊分别是 *Journal of Environmental Sciences*（简写为"JES"）、《环境工程学报》《环境科学》《环境科学学报》《环境科学研究》《环境科学与技术》《中国环境监测》《中国环境科学》，其中 *JES* 为英文期刊，其他为中文期刊。

8种核心期刊核心总被引频次呈明显上升趋势；核心影响因子各期刊差异较大，总体较为平稳；综合评分呈下降趋势；学科扩散指标呈上升趋势；核心即年指标总体呈上升趋势；核心被引半衰期除中国环境科学外，呈上升趋势；来源文献量除环境科学研究、环境科学与技术外，呈上升趋势；引用半衰期总体呈上升趋势；海外论文比基本保持稳定，但7种中文期刊该比例均很低；基金论文比总体呈下降趋势；平均作者数和机构分布数呈上升趋势。

根据这些评价指标的意义（见图1注），来源文献量及核心总被引频次的上升说明期刊文献被使用程度和科学交流需求度呈上升趋势；核心即年指标上升说明期刊文献正在被更为快速的阅读和使用；平均作者数和机构分布数的上升说明更多的科研单位参与到科研交流且科研合作程度在加强；JES海外论文比约为三分之一，而其他中文期刊总体上很难吸引海外论文（海外中文作者）发表，表明国际影响力有待提升；在近几年科研投入增加的同时，基金论文比的下降或许表明更多的优质学术论文发表到国际英文期刊上，客观上造成了中文优质文献的流失；核心被引半衰期和引用半衰期的上升分别从期刊文献本身和论文作者两个方面说明新发表文献的被使用程度略逊于较旧文献的使用程度，一方面可能说明学科知识在不断积淀，知识更新周期在加长，另一方面也可能表明新文献的学术价值并未凸显（尽管前述的核心即年指标表明在数量上当年文献被使用度在增加），这两个半衰期指标尚不稳定，需要在未来持续关注其趋势变化，而中国环境科学核心被引半衰期下降说明近年间该刊新文献的学术价值在不断提升。

学科扩散指标上升说明环境科学技术与其他学科的交融程度在提升，跨学科研究在不断增加。然而也应注意到，在跨学科研究增加的同时，8种期刊核心影响因子变化不一，总体上保持稳定但并没有明显的上升趋势，综合评分呈现下降趋势（除环境科学与技术外），表明环境科学技术领域的国内核心期刊作为重要学术研究交流平台的发展趋势不容乐观，在与其他学科的竞争中也处于较为落后的位置。

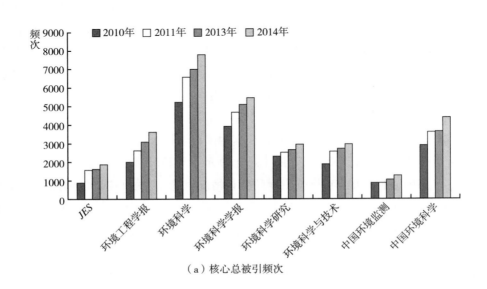

（a）核心总被引频次

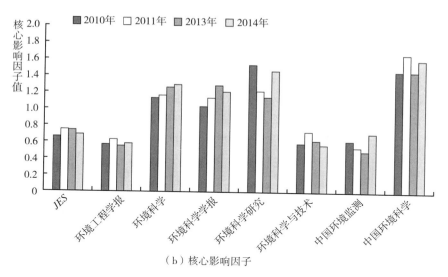

（b）核心影响因子

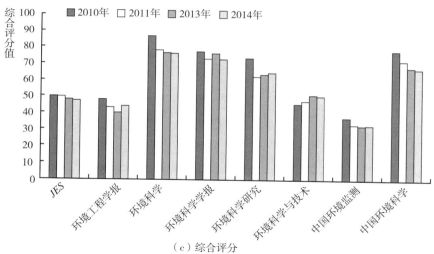

（c）综合评分

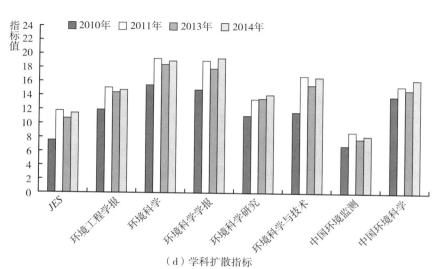

（d）学科扩散指标

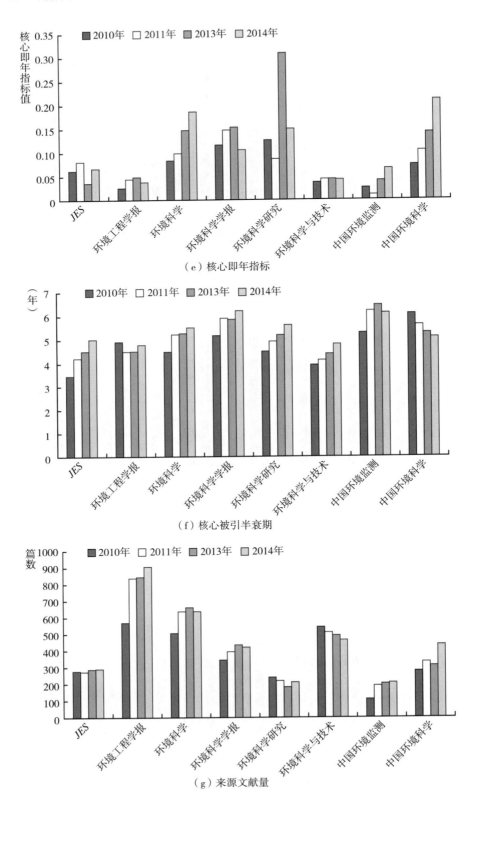

（e）核心即年指标

（f）核心被引半衰期

（g）来源文献量

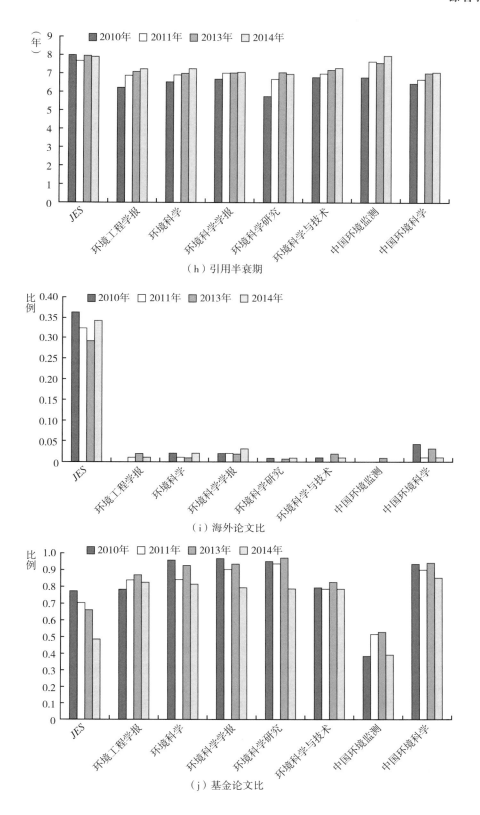

（h）引用半衰期

（i）海外论文比

（j）基金论文比

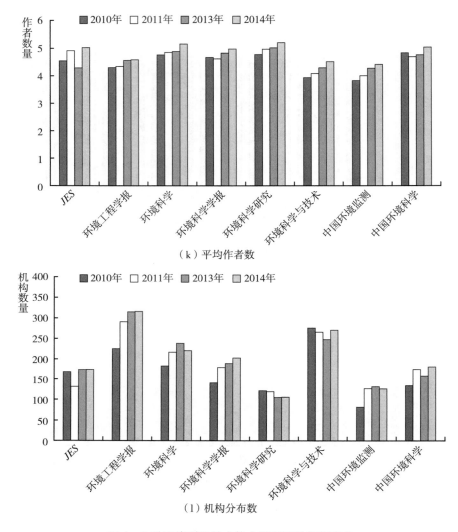

（k）平均作者数

（l）机构分布数

图1　8种环境科学技术核心期刊评价指标变化

图注：

核心总被引频次：指该期刊自创刊以来所登载的全部论文在统计当年被引用的总次数。可以显示该期刊被使用和受重视的程度，以及在科学交流中的作用和地位。

核心影响因子：表示评价前2年期刊平均每篇论文被引用的次数（该刊前两年发表论文在统计当年被引用的总次数除以该刊前两年发表论文总数）。通常，期刊影响因子越大，它的学术影响力和作用也越大。

核心即年指标：表征期刊即时反应速率的指标（该期刊当年发表论文的被引用次数除以该期刊当年发表论文总数），主要描述期刊当年发表的论文在当年被引用的情况。

学科扩散指标：在统计源期刊范围内，引用该刊的期刊数量与其所在学科全部期刊数量之比。

核心被引半衰期：指该期刊在统计当年被引用的全部次数中，较新一半是在多长一段时间内发表的。

来源文献量：指符合统计来源论文选取原则（报道科学发现和技术创新成果的学术技术类文献）的文献的数量。

平均作者数：指来源期刊每一篇论文平均拥有的作者数。

机构分布数：指来源期刊论文的作者所涉及的机构数。

海外论文比：指来源期刊中，海外作者发表论文占全部论文的比例，用以衡量期刊国际交流程度。

基金论文比：指来源期刊中，国家、省部级以上及其他各类重要基金资助的论文占全部论文的比例，用以衡量期刊论文学术质量的重要指标。

引用半衰期：指该期刊引用的全部参考文献中，较新一半是在多长一段时间内发表的，可以反映作者利用文献的新颖度。

综合评分：根据科学计量学原理，系统性地综合考虑被评价期刊的各影响力指标在其所在学科中的相对位置，并按照一定的权重系数将这些指标进行综合集成。该指标屏蔽了各个学科之间总体指标背景值的差异，可以进行跨学科比较。

5. 科技奖励

环境保护科学技术奖是我国环境保护科研领域中的重要奖项，每年评定一次。经统计，2011—2015 年间，环境保护科学技术奖共颁发 308 项，其中一等奖 30 项，二等奖 120 项，三等奖 158 项。大气环境领域共获奖 68 项，占总数的 22%，其中一等奖 9 项（占一等奖总数 30%），二等奖 24 项（占二等奖总数 20%），三等奖 35 项（占三等奖总数 22%）。

国家自然科学奖、国家技术发明奖、国家科学技术进步奖是国家最高科技奖励，每年评定一次。经统计，2011—2014 年间，国家自然科学奖共颁发 177 项，国家技术发明奖共颁发 212 项，国家科学技术进步奖共颁发 662 项。环境科学技术、生态环境保护相关领域共获得 8 项国家自然科学奖（占该奖项总数的 4.5%），16 项国家技术发明奖（占该奖项总数的 7.5%），44 项国家科学技术进步奖（占该奖项总数的 6.6%）。其中，与大气环境领域相关的国家自然科学奖 2 项，国家技术发明奖 4 项，国家科学技术进步奖 12 项，约占环境科技领域的四分之一（附件表 5）。

以上统计表明，大气环境科学技术领域获奖项目在总奖项中占有较大比例，表明近年间有较大一批优质成果问世，大气环境科学技术稳步发展。

三、大气环境学科国内外研究进展比较

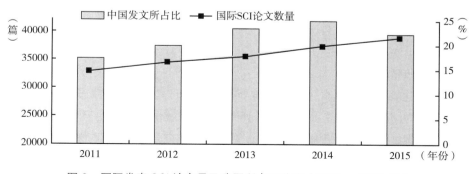

图 2　国际发表 SCI 论文量及我国所占百分比（2011—2015 年）

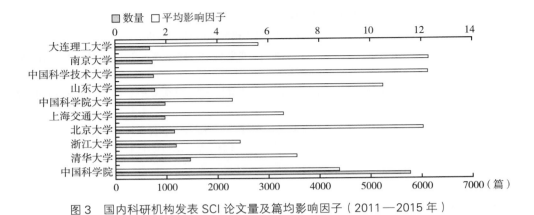

图 3 国内科研机构发表 SCI 论文量及篇均影响因子（2011—2015 年）

在 Web of Science 核心库中检索了 2011—2015 年间大气环境学科的相关论文，历年发表文献数量及我国所占百分比如图 2 所示。可以看出，我国在过去 5 年间发表的 SCI 论文数占比例逐年上升。进一步对国内各主要研究机构的 SCI 论文发表量及其篇均影响因子进行分析，由图 3 可知，我国大气环境学科研究发文量排名前三甲的研究机构依次为：中国科学院、清华大学和浙江大学。篇均影响因子排名前三甲的研究机构依次为：中国科学技术大学、南京大学和北京大学。可以认为，近年来我国大气环境学科研究已实现显著进步，但总的来说与世界先进国家的差距仍较大。

（一）大气污染的来源成因和传输规律

1. 颗粒物研究

近年来，探索雾霾成因的颗粒物相关研究成为国内外的研究重点，主要研究方向包括：颗粒物的化学组成特征、来源解析、新粒子生成、二次颗粒物的生成机制、颗粒物的老化与吸湿增长、颗粒物对光的吸收散射以及人体健康效应等[241-251]。然而与欧美国家相比，我国在关于详细反应机理的烟雾箱实验方面仍存在一定差距。

2. 硫化物研究

国内外对硫化物的研究主要集中于硫酸盐对于二次有机气溶胶生成的贡献，以及硫酸盐颗粒物对于辐射强迫的影响等方向。国外学者 Mauldin 等在 *Nature* 上发表的文章给出了新的硫化物氧化路径，指出了 crigee 自由基在硫化物氧化过程中的重要作用，具有突破性意义[252]。

3. 氮氧化物研究

由于氮氧化物在大气复合污染中的重要作用，其对臭氧及颗粒物贡献的研究、其源汇机制研究成为国内外的研究重点，相比于欧美国家，我国展开的关于详细反应机理的研究较少。关于氮氧化物研究国内外的研究成果也存在一定差异，我国对机理的探究突破性成果较少；国外大多数实验室和观测实验都集中研究臭氧和 OH 自由基对 SOA 的生成中，但研究 NO_x 对 SOA 生成作用的很少。HONO 在对流层中的来源一直是研究的热点，然而目前关于 HONO 的生成机理以及来源认识仍然不清楚。此外，国外学者还观测到了颗粒物中有机氮氧化合物在夜间的生成过程，这一观测结果将有助于对颗粒有机物的污染进行控制[253]。

4. 臭氧与光化学领域研究

作为大气化学研究的重点和难点之一，臭氧及自由基化学是国内外大气学者的重要研究方向。结合我国国情，在本领域的研究重点与国际存在一定差别。我国研究者更加关注在高 NO_x 或高 VOCs 条件下污染大气环境的大气化学过程[254-257]；国外研究者除了关注污染大气环境中的化学过程外，还对包括热带雨林[258, 259]、寒带森林[260, 261] 或者是海洋[262]、极地[263] 等环境下天然源排放的异戊二烯、萜烯类物种在低 NO_x 条件下氧化对于 HO_x 循环和 SOA 生成的贡献。

（二）大气污染的健康效应

1. 暴露评价

我国大气污染暴露评价工作尚处于初级阶段，对国外先进暴露评价技术的借鉴较少，如"随机化人类暴露剂量模型"、卫星遥感反演技术、土地利用回归技术、室内外穿透模拟技术。因而，我国现有流行病学研究中大多存在明显的暴露测量误差问题，给结果的解释带来较大的挑战，同时也制约了未来高质量流行病学研究的顺利开展[264, 265]。

2. 毒理学

尽管我国已开展了不少的毒理学研究工作，但研究方法上距离国外先进水平尚有不小的差距。其主要体现在：①我国多为急性毒性研究，而缺乏相应的亚慢性和慢性毒性的研究；②缺乏对气态污染物浓度的准确检测；③国内一般采用气管滴注方法给大鼠进行颗粒物染毒，尚无动态吸入暴露装置，给结果解释带来挑战；④尚缺乏基因缺陷动物模型的引进和建立，这对于探索空气污染所致损伤的作用机制具有极其重要的作用[266]。

3. 流行病学

尽管我国已开展了大量的流行病学研究工作，但多是较低水平的重复工作，高质量的研究不多见。其主要体现在：①关于急性健康效应研究，尽管有了不少针对 PM_{10}、SO_2、NO_2 的研究，但缺少针对 $PM_{2.5}$、O_3、CO 等新型污染物的研究；②关于慢性健康效应研究，我国多是横断面、生态学的研究，仅有的几项回顾性队列研究，但存在明显的暴露测量等问题，尤其缺乏前瞻性队列研究，给论证我国大气污染与居民慢性健康损害的因果关系带来了重大挑战；③关于健康结局种类，我国现有的研究大多集中在总死亡率、心肺系统疾病的死亡率、医院就诊人次等较粗和较末端的健康终点以及一些常见的生物标志，缺少从基因、表观遗传、病理生理异常到亚临床指标的研究[267-270]。

（三）大气环境监测技术

大气环境监测技术主要包括大气污染源监测技术、空气质量监测技术、大气边界层探测技术、区域空气质量监测技术、大气灰霾监测技术等几个重点研究方向[271]。

在大气污染源监测技术研究方面，国际上已将各类先进监测技术应用到大气污染源监测上，监测装备已向理化、生物、遥测、应急等多种监测分析相结合的方向发展，实现了多参数实时在线测量的集成化和网络化等多功能。我国已研发了污染源烟气 SO_2、NO_2、烟尘等自动连续在线监测技术与设备，仍需开发针对新型污染物和温室气体的源排放监测技术与设备[272]。

在空气质量监测技术研究方面，国外发达国家通过组织大型观测计划发展了一系列关键污染物在线监测、超级站和流动观测平台（如飞机、飞艇、车船）以及多目标多污染物长期定位观测站网。我国已突破 O_3、VOCs、颗粒物质量浓度—粒径分布—化学成分等在线监测技术以及激光雷达探测颗粒物的关键技术，研制出了一批具有自主知识产权并具有国际竞争力的大气污染监测设备[273]。

在大气边界层探测技术研究方面，国际上发展了系列大气边界层垂直分布的探测技术，包括高精度的边界层气象要素（温度、湿度、气压、风速、风向）垂直分布的地基精确探测设备，以及探空气球和系留气球搭载的高精度、高时间分辨率气象参数传感器。我国主要开展了基于观测高塔的边界层要素的观测技术研究[274-277]。

在区域空气质量监测技术研究方面，欧洲建立了跨越国境的酸雨评价计划监测网（EMEP），监测指标也从酸雨扩展到 O_3 和 $PM_{2.5}$ 等多污染物。美国建立了各种类型的监测网，其中大气在线（AirNow）实现了对多污染物监测结果的实时发布。中国环境监测总站在全国建立了城市空气质量监测网，主要对 SO_2、NO_2 和 PM_{10} 进行了业务化的在线监测。我国还在珠三角地区初步建立了大气复合污染立体监测网络，实现了对主要大气污染物的在线监测、远程控制和网络质控。

在大气灰霾监测技术研究领域，国外发达国家已经建立了比较完善的大气灰霾监测技术与方法体系。大气灰霾监测技术方面，主要采用光学方法直接测量大气消光特性变化趋势进行大气灰霾监测；采用自动在线和离线分析相结合的方式监测大气细颗粒物（$PM_{2.5}$）的质量浓度及化学组成方面的应用技术与设备也较为广泛，其中滤膜采样 – 天平称重法是目前国内外广泛公认的方法。大气灰霾遥感监测方面，国际上很多国家都投入了大量的研究经费和精力，通过星载遥感装备对全球大气颗粒物、臭氧等污染组分的动态变化进行长期观测；一些研究机构还采用激光雷达遥测手段对大气灰霾、臭氧、云、边界层性质等特性及空间分布进行了探测与分析。大气灰霾形成过程监测方面，国外主要是以烟雾箱模拟和大气环境下光化学中间过程物监测为主；同时多个研究小组开展了不同环境大气中 HO_x 自由基氧化性的相关研究[278-279]。此外国外还开展了对不同大气环境下的 NO_3 自由基（污染及清洁背景大气，陆地及海边大气等）的测量，出现了基于机载和星载平台的 NO_3 观测。我国相关机构相继开展了灰霾典型污染物、PM_{10} 和 $PM_{2.5}$ 颗粒物质量浓度在线监测等关键技术研究和设备开发。但现有大气灰霾监测技术体系大气灰霾监测技术及设备中大部分核心设备仍需进口，国产环境监测设备在品种、数量、性能、质量上仍满足不了实际工作需要，难以为我国大气灰霾的实验室模拟、外场观测和常规监测提供技术保障和平台支持。

综上所述，国外发达国家在大气环境监测技术领域起步较早、技术较成熟、仪器设备较先进，而我国虽在该领域研究进步较快、但在技术及设备研究方面仍然处于落后阶段。

（四）大气污染治理技术

1. 工业源大气污染物治理技术

颗粒物治理技术方面，颗粒物控制一直是国内外环境学科的研究热点，研究内容涵盖从颗粒物源排放特征到颗粒物形成规律和二次转化；从颗粒物间相互作用到在外场作用下的聚并和长大；从颗粒物的单独脱除到颗粒物与其他污染物的共同脱除机制的研究。近年来欧美等发达国家的诸多研究机构侧重于生物质等可再生能源利用过程的源排放特征和颗粒物形成规律研究[280-286]；在颗粒物捕集模型方面，国外诸多研究机构建立了成套的颗粒动力学模型，尤其是在静电捕集模型方面较国内更为全面[287-289]。国内近年来主要在煤燃烧过程 PM$_{2.5}$ 控制技术的基础研究和工程应用方面取得突破。

硫氧化物治理技术方面，近年来国外研究机构侧重于新型资源化脱硫及多种污染物协同脱除技术的研发[290-296]；国际上一些国家已制定三氧化硫排放标准，并在脱除 SO$_3$ 研究方面取得较大进展[297,298]。相对而言，国内学者主要侧重二氧化硫高效控制技术及新型资源化脱硫技术的研究；三氧化硫协同控制及监测研究已开展部分工作，但目前国内在 SO$_3$ 排放、控制研究基础仍较为薄弱，未来还需进一步加强。

氮氧化物治理技术方面，近年来国外研究机构主要在新型低温 SCR 催化剂配方开发、反应机理及反应动力学探索、纳米材料的研究与应用等方面取得了重要进展[299-313]。国内学者从分子角度[314-316]揭示了催化剂碱金属 / 碱土金属 / 重金属 /SO$_2$、HCl 等酸性气体中毒机理，发现催化剂的酸碱性以及氧化还原性的强弱决定了催化活性、选择性以及抗中毒性能，并通过稀土金属氧化物、过渡金属氧化物以及类金属元素的掺杂改性提升了催化剂上述性能，开发了适合我国复杂多变煤质特性的高效抗中毒催化剂配方。

汞等重金属治理技术方面，近年来国内外汞等重金属排放控制技术研究内容主要涵盖从其源排放特征到迁移富集规律的研究，从汞等重金属的强化吸附到强化氧化原理的研究，并在活性炭喷射技术、改性飞灰吸附等专用脱汞技术，及基于常规污染物控制设备的重金属协同控制技术的开发上取得长足发展。针对汞排放控制方面，国外学者主要关注活性炭改性、Hg^0 的氧化机理和光催化氧化等技术的研究[317-319]；同时还重点研究了汞等痕量重金属在飞灰、脱硫石膏、废水废渣中的赋存形态和再释放特性，在提高重金属的环境稳定性方面进行了有益探索。我国通过研究改性催化剂实现了汞的催化氧化，并进一步建立了湿法烟气脱硫系统汞的再释放及固化理论模型，在此基础上开发出了湿法高效脱硫及协同脱汞技术，可实现燃煤电厂汞的达标排放；在活性炭改性、飞灰改性等脱汞技术理论研究方面也取得一定发展，但在实际应用推广方面与国外还有一定差距。

挥发性有机物治理技术方面，国外对 VOCs 治理的研究起步较早，治理技术较为成熟，已实现从原料到产品、从生产到消费的全过程减排。目前单项治理技术中的材料改性、反应机理是国外研究的热点[320-323]；另外，国外研究者针对生物—光催化氧化技术、生物—吸附技术、吸附—光催化技术等组合治理工艺进行了大量研究，致力于降低 VOCs 处理过程中的二次污染和能耗、提高经济性[324]。国内近年来在诸如活性炭吸附回收技术、催化燃烧技术、吸附 – 脱附 – 催化燃烧技术等主流治理技术方面取得了突破性进展，但在广谱性 VOCs 氧化催化剂、疏水型的蜂窝沸石成型材料以及高强度活性炭纤维的研究方面需进一步加强。

二噁英控制技术方面，与国外先进技术相比，我国在二噁英控制技术上尚有差距。在燃烧前处理方面，由于我国尚未完全实现垃圾分类，燃料燃烧前处理技术有待提高。燃烧后控制技术方面，国外基于活性炭 – 布袋联用（ACI+BF）已经开发出了双布袋控制技术系统，对二噁英脱除效率和活性炭利用率均有显著提高。此外，水泥窑协同处置固体废弃物技术在"十二五"期间虽已有所发展，但燃料替代率仍远远低于欧美发达国家。

温室气体控制技术方面，与国外先进技术相比，我国在技术上的差距主要体现在吸收剂性能和大规模系统集成等方面，吸收剂性能包括捕集能耗、吸收剂消耗、长期运行的环境安全性等方面；就系统集成而言，国内尚缺乏大规模捕集工程涉及的系统改造和集成的设计经验，因此在工程数量以及规模上都与国外先进水平有不少的差距。

2. 移动源大气污染物治理技术

随着移动源污染物脱除技术的发展，重型柴油机、船舶等具有大排量、高颗粒物浓度特性的移动源尾气处理成为研究重点，同时针对多种污染物的协同处理技术、多场耦合技术成为重点研究领域。欧美等发达国家机动车尾气控制技术较为成熟，目前主要集中在开展实际行驶（real-driving emission，RDE）工况的研究，同时对已批准型号实施实际行驶排放检测。近年来，我国在机动车排放控制技术研发上取得长足发展，如在提出满足国 IV/ 国 V 的重型柴油车尾气治理技术路线基础上，成功设计研发了具有国际先进水平的催化剂及其制备技术，开发形成了一系列车载匹配技术集成体系等。

移动源 NO_x 排放控制方面，针对低温工况即冷启动时的 NO_x 排放研究成为热点。国内学者多采用优化催化剂配方以及开展以烃类作为还原剂的 SCR 技术研究路线[325, 326]；而国外学者则更倾向于开发新型 NO_x 吸附载体以及耦合材料技术来解决低温工况问题。机动车颗粒物排放控制方面，为了更好地适应实际车辆行驶工况，国内外学者主要对相关涂层材料、颗粒分布、DPF 技术的再生问题以及过滤材料与催化剂（CDPF）的集成开发进行了大量研究[327-332]。

3. 面源及室内空气污染治理技术

面源大气污染控制技术方面，国外在大气面源污染控制方面的研究起步较早，针对面源污染的发生机制、传播途径、污染效应等开展了大量的研究工作。目前欧美等发达国家燃气锅炉技术已经达到较为完善的水平；清洁炉灶方面，欧洲部分国家的生物质能源中约有 85% 用于家庭取暖；关于农业畜牧业氨排放控制，国外除了对减排模型和整体控制的研究，也对单个污染物的排放情况和减排技术进行了相关探讨[333]。与发达国家相比，我国在大气面源污染治理方面仍有欠缺，在散烧煤治理、生物质灶具、餐饮业油烟、农业氨排放等方面有待深入研究。

室内空气污染物净化技术方面，欧美、日本等发达国家在室内空气污染物的治理上已经相当成熟，空气净化器的家庭拥有率已经达到50%以上。近年来旨在发展光催化、紫外线等净化技术以便更高效地脱除多种室内空气污染物。相比而言，针对室内空气污染物的去除，我国主要进行了新型高效、低成本室内空气净化产品和相关技术的研制和开发，并实现了部分相关技术的产业化应用。

（五）空气质量管理决策支撑技术

1. 大气污染源排放清单技术

近年来，我国在排放清单研究领域已达到或接近国际先进水平。相关研究机构已系统的编制了全国和重点地区的排放清单并动态更新；对于重点部门则采用最新的基于动态过程的清单技术提高了其准确性；在高分辨率排放源模式和清单的评估和校验技术方面，也基本达到国际先进水平[334-336]。然而在部分前沿研究方向上，我国仍与发达国家存在差距[337]。

2. 大气污染控制成本效益分析技术

国外发达国家在大气污染控制成本效益分析方面的研究主要集中在对控制措施所必须投入的成本和带来的效益进行货币化处理，主要量化的方面包括大气污染控制对人体健康的损害成本和效益评估、空气质量评估和生态环境价值评估，还有很大一部分是对大气污染控制政策的研究。相比之下，我国在这方面的研究还存在相当大的差距。

3. 大气环境规划技术方法与模式

近年来我国大气污染防治规划的研究已处于世界前列，但与世界最先进的美国相比还有不少差距。从规划技术在管理上的应用来看，我国与发达国家还存在着明显差距。发达国家已经在规划工具得到的结论基础上，建立起定量化制定和调整管理目标，以及监测管理进展的工作机制[338]。而我国在"十二五"期间才开始建立区域联防联控机制，并仍处于逐步完善阶段。

四、大气环境学科发展趋势及展望

（一）大气污染的来源成因和传输规律

当前，我国大气环境问题的独特性表现为：大气污染物浓度水平高（颗粒态和气态）；极高浓度的颗粒物污染事件发生频率高，速度快，范围广；区域污染以及复合污染（例如春季沙尘，夏季臭氧，冬季雾霾、NO_x、挥发性有机物、颗粒物等）。针对上面的问题，有两条主要的研究思路：一个是通过量化以及闭合实验，来研究污染物的作用和分析反应过程；另外，通过观测、实验室模拟以及模型的方法，提供基础数据、反应参数和反应原理，以达到能够使用模型对环境进行模拟和预测。

今后 5 ~ 10 年甚至更长的时期内，大气环境科学技术发展面临的主要挑战将是：

（1）落实大气污染总量控制理论，实现新常态的国家经济增长中大气污染排放的增量最小化。针对未来经济增长过程中的新增排放，在科技上要准确把握不同特色区域的大气环境约束条件，科学把握破解大气环境约束的关键和重点。例如我国预计将颗粒物的重要前体物——挥发性有机物（VOC）纳入"十三五"规划总量控制，采用"综合整治 + 油气回收 + 源头控制"的手段对石化、有机化工、喷涂印刷等重点行业开展综合整治。

（2）扭转污染趋势，在消除重污染的前提下，实现全国空气质量的长效改善。针对大气环境质量目标确定源排放与空气质量之间的非线性关系，在目前国家一系列大型活动空气质量保障取得成功的实践中，寻找和制定雾霾和大气臭氧协同防治的科学方案。其中相关的研究方向包括大气氧化性的改变对于二次污染物生成的非线性量化，颗粒物的物理结构、化学组成对于能见度的非线性影响等。

（3）量化大气污染防控措施的有效性及健康效应。在典型城市群区域构建大气复合污染联防联控技术及评估体系，全面提升国家大气污染的监控监管能力。在科技上逐步从目前的总量防控转变到环境质量改善，以及环境风险管控。在这一层面上，仍需针对大气复合污染的特征，完善包括网格化监测体系、量化估算污染物的环境及人体健康效应、预测预报、有针对性制定并实施防控方案、方案结果的评估及检验在内的技术体系。

（二）大气污染的健康效应

依据文献计量学结果，我国近 5 年来在大气污染与健康方面的研究数量上已有了显著的增加，已占到了全球的 11% ~ 20%，相当于美国的 30% ~ 50%，明显超过了其他主要发达国家。然而，我国的相关研究在质量上与美国等发达国家的先进水平相比仍有明显的不足，未来 5 年内我们应从以下几个方面加强工作。

第一，从暴露评价来看，应开展基础性暴露调查或研究工作，如典型人群暴露参数数据、高精度的土地利用信息、卫星遥感以及人口和地理图层，并酌情开放获取。与此同时，加快应用当前国际上暴露评价的先进技术，如随机化人类暴露剂量模型、土地利用模型、卫星遥感反演技术、室内外穿透模拟技术，为我国的大气污染流行病学研究提供具有高时空分辨率的暴露数据[339, 340]。

第二，从毒理学研究来看，其一，应加快先进分子生物学新技术的引入，如生物芯片、全基因组或表观基因组高通量测序。其二，应注重引入基因缺陷动物模型的研究，加强易感性研究，并阐明其作用机制。其三，应尽早建立动态吸入染毒暴露装置，开展模拟我国大气环境真实暴露情况下的动物实验，尤其是亚慢性和慢性的动物实验。

第三，从流行病学研究来看，其一，应大量开展针对 $PM_{2.5}$（及不同成分和来源）、O_3、CO 的研究，从功能异常深入到蛋白组、代谢组、表观遗传和基因组等微结构的改变，从对心肺系统的影响到对生殖发育、神经行为等多系统的影响，全面阐释大气污染对我国人群的健康危害及其作用通路。其二，鉴于颗粒物是我国最主要的大气污染物，应强化对其理化特征（粒径、成分和来源）相关健康影响的研究。其三，优先考虑适时开展我国大气污染的前瞻性队列研究，为我国制修订环境空气质量标准和开展大气污染健康风险评估提供切实可靠的本土科学依据[341, 342]。

（三）大气环境监测领域

我国自主研发的监测技术和设备还不能满足国家臭氧等二次污染业务化监测的需求，与大气复合污染形成过程监测的需要还有一定的差距。未来五年，亟待在以下关键技术和平台建设方面有所突破。

1. 亟须突破的大气环境监测关键技术

亟须重点研发典型行业关键污染物（超细颗粒物、VOCs、NH_3 和 Hg 等）源排放在线监测技术，重点源宽粒径稀释采样和快速在线监测技术，大气重金属、同位素和生物气溶胶监测技术；突破大气自由基、大气新粒子化学成分和大气有机物（全组分）测量技术；集成车载、机载探测和星载遥测等监管技术及大气边界层理化结构综合探测技术；构建大气污染源排放综合监测、大气复合污染及其前体物立体观测以及大气环境监测质量控制等大气污染监测技术体系，为大气 $PM_{2.5}$ 化学组分、光化学烟雾及其前体物和中间产物提供监测技术解决方案和成套装备[272]。

2. 亟待建设的先进大气环境监测技术创新研究平台

利用地基 MAX-DOAS（多轴差分吸收光谱仪）和大气细颗粒物探测激光雷达等设备，建设"灰霾及其前体物立体监测网络"，开展 SO_2、NO_x、HCHO（甲醛）等大气细颗粒气态前体物和颗粒物 PM_{10}（可吸入颗粒物）/$PM_{2.5}$ 的垂直总量和廓线的监测研究[343]，将弥补目前环保监测网络单一地面监测数据的不足，为研究灰霾的形成、演变和区域输送规律、开展雾霾准确预报提供技术手段[344, 345]。

针对我国大气复合污染防治研究，亟须建设我国自己的大气环境探测与模拟实验研究设施，将形成从实验室微观机理研究到模拟大气环境实验，再到外场观测实验和验证的有机闭环链条，揭示我国城市和区域尺度的大气复合污染形成机理并量化其环境影响，建立符合中国特点的相关污染模式，从而预测我国不同区域背景下大气复合污染及其环境效应的发展趋势并提出控制思路，为国家和地方制定有效的控制战略提供科技支撑[346]。

（四）大气污染治理技术

当前我国大气污染减排形势严峻，国家大气污染物排放标准的日益严格，产业转型升级需求迫切，大气污染防治正从总量减排向总量减排与空气质量改善并重转变，对我国大气污染治理技术提出了新的要求。亟须加强污染源多污染物全过程深度减排技术的创新研发，实现高效率低成本污染物净化技术等薄弱环节技术难题的突破，提高多污染物脱除效率和副产品资源化利用水平。

　　工业源大气污染治理技术方面，围绕开展细颗粒物、硫氧化物、氮氧化物、汞等重金属、挥发性有机物（VOCs）等污染物高效脱除与协同控制研究，重点突破燃煤电站烟气污染物低成本超低排放、非电工业烟气污染物高效控制、污染物脱除与资源化利用一体化、多污染物协同控制、典型行业 VOCs 排放控制及替代等关键技术与装备。移动源大气污染治理技术方面，面向更加严格的移动源污染物排放控制要求，重点突破机动车（包括柴油车、汽油车、摩托车和替代燃料车等）尾气高效后处理关键技术与装备，加快开展船舶与非道路机械大气污染物高效控制技术的研发。面源及室内空气污染净化技术方面，针对面源污染源多元化的排放特征，重点突破居民燃煤和城市扬尘控制、氨排放控制等关键技术与成套装备；针对治理室内与密闭空间空气污染、消除健康风险的需求，重点突破室内亚微米颗粒（$PM_{1.0}$）、半挥发性有机物（SVOCs）、气固二次污染物净化等关键技术与设备。进而构建适合我国国情的大气污染物治理技术体系，为空气质量长效改善提供关键技术支撑。

（五）大气环境质量管理技术与实践

　　我国的大气环境污染新老问题在短时间内集中出现，形成区域大气复合污染，说明我国大气污染防治进入全面攻坚新阶段，对大气污染防控的科学理论、工程技术和监管体系提出了全新要求。实践证明，传统的总量控制模式在控制污染、保护生态环境等方面作出了积极的贡献。但是，传统总量控制模式仍然存在以下缺陷：一是缺乏区域综合发展公平性考虑；二是控制复合污染损害的能力不足，重一次污染物而忽视二次污染带来的损害；三是缺少合作，总体控制成本高昂[347, 348]。

　　奥运会、世博会和亚运会空气质量保障工作充分证明了区域联防联控在解决区域性大气污染，促进环境空气质量改善方面的成效。但是，这些行动更多是重要活动期间的短期行为，由于缺乏区域联防联控行动持续开展的配套保障机制，难以维系空气质量的持续改善。例如，北京奥运会以后，奥运会同期监测结果显示，北京及周边地区一次污染物除 SO_2 以外均出现了较大幅度的反弹。2013 年 1 月，连续多次的大气重污染过程覆盖我国中东部地区，华北、华中等地多个城市空气质量监测达到历史最高，对大气能见度、群众身体健康等造成巨大影响[349, 350]。

　　我国现有大气环境质量管理技术还难以支撑空气质量持续改善和污染物高效减排的目标，其技术水平距发达国家还有相当的差距[351]。首先，欧美国家在大气污染治理政策评估、污染全方位监管和空气质量分区管理制度上建立了较为完备的技术支撑体系，在相关法规标准的制修订过程中形成了规范的环境基准研究、健康及生态影响评估、情景费效分析、社会经济综合评估等技术方法体系，空气质量管理进入以风险管理为特征的新阶段。我国大气质量管理决策在科学评估、配套技术和调整机制等方面还很薄弱，亟须开展空气质量标准制修订与达标关键技术、污染源全方位监管的关键技术体系、大气污染防治制度与政策体系等研究，构建区域大气质量改善管理决策支持体系和长效机制，进而建立基于风险管理的多目标多污染物协同防治技术体系。

其次，在大气污染联防联控研究方面，欧美及部分亚洲国家纷纷致力于推行不同层次的清洁空气行动计划，这些计划通过建立基于"识别污染问题—诊断污染来源—确定减排目标—实施控制方案—评估防治计划"的区域空气质量管理机制与支撑技术体系，实现了科学与决策的高效互动，引领了监测预警技术和污染治理技术的快速发展，有效解决了酸沉降和可吸入颗粒物污染问题，提供了区域联防联控解决大气环境问题的范例。国内许多学者开展了城市间大气污染物相互影响、大气污染来源解析等方面的研究，为大气复合污染防治奠定了理论基础。我国在空气质量监测预警、排放清单技术和大气环境质量调控管理方面的创新性成果在京津冀、长三角和珠三角等区域污染防治的实践中得到充分应用，为我国节能减排及未来经济与城市化的健康发展提供了重要技术储备。目前该领域与国际领先国家的研究水平仍存在较大差距，不仅体现在单个技术的示范应用上，还体现在集成技术的联合应用上。比如源解析技术和区域调控定量分析技术尚存在较大的不确定性。因此，针对我国特有的研究现状，应逐步调整研究重点，强化集成技术的研究，提高技术的实用化。

第三，建立以空气质量达标为核心目标的管理模式。参考欧美等国家的大气管理经验，应将空气质量达标作为管理工作的核心目标。建立系统的大气环境管理体系，在科研支撑的基础上，厘清不同层级政府、不同政府部门的管理责任，并在此基础上建立区域间和部门间的合作管理机制。需要根据不同区域经济发展水平、大气污染特征、污染程度，制定分区分阶段大气污染限期达标管理机制，构建大气环境整治目标责任考核体系。

—— 参考文献 ——

［1］Zhao，Y.，Qiu，L. P.，Xu，R. Y. et al. Advantages of a city-scale emission inventory for urban air quality research and policy：the case of Nanjing，a typical industrial city in the Yangtze River Delta，China［J］. Atmospheric Chemistry and Physics ,2015，15，（21），12623-12644.

［2］Wang，M.，Shao，M.，Chen，W. et al. Trends of non-methane hydrocarbons（NMHC）emissions in Beijing during 2002-2013［J］. Atmospheric Chemistry and Physics ,2015，15，（3），1489-1502.

［3］Wang，L. T.，Wei，Z.，Yang，J.，Zhang，Y. et al. The 2013 severe haze over southern Hebei，China：model evaluation，source apportionment，and policy implications［J］. Atmospheric Chemistry and Physics,2014,14，（6），3151-3173.

［4］Huang，R. J.，Zhang，Y. L.，Bozzetti，C. et al. High secondary aerosol contribution to particulate pollution during haze events in China［J］. Nature ,2014，514，（7521），218-222.

［5］Guo，S.，Hu，M.，Zamora，M. L. et al. Elucidating severe urban haze formation in China. Proceedings of the National Academy of Sciences of the United States of America，2014，111，（49），17373-17378.

［6］Baugues K. Preliminary planning information for updating the ozone regulatory impact analysis version of EKMA［J］. Draft Document，Source Receptor Analysis Branch，Technical Support Division，US Environmental Protection Agency，Research Triangle Park，NC，January，1990.

［7］ Coleman B K，Destaillats H，Hodgson A T et al. Ozone consumption and volatile byproduct formation from surface reactions with aircraft cabin materials and clothing fabrics［J］. Atmospheric environment，2008，42（4）：642-654.

［8］ Paulson S E，Orlando J J. The reactions of ozone with alkenes：An important source of HOx［J］. Geophysical Research Letters，1996，23（25）：3727-3730.

［9］ Thomas A. Kovacs，W. H. B.，total OH loss rate measurement［J］. Journal ofAtmospheric Chemistry 2001，39，18.

［10］ Lu，K. D. et al. Observation and modelling of OH and HO_2 concentrations in the Pearl River Delta 2006：a missing OH source in a VOC rich atmosphere［J］. Atmos. Chem. Phys. 2012，12，1541-1569.

［11］ Liang M C，Seager S，Parkinson C D，et al. On the insignificance of photochemical hydrocarbon aerosols in the atmospheres of close-in extrasolar giant planets［J］. The Astrophysical Journal Letters，2004，605（1）：L61.

［12］ Lim，Y.B. and P.J. Ziemann，Effects of Molecular Structure on Aerosol Yields from OH Radical-Initiated Reactions of Linear，Branched，and Cyclic Alkanes in the Presence of NOx［J］. Environmental Science & Technology，2009. 43（7）：p. 2328-2334.

［13］ Chi Peng，Weiping Chen et al. Polycyclic aromatic hydrocarbons in urban soils of Beijing：Status，sources，distribution and potential risk［J］. Environmental Pollution,2011,159：802-808.

［14］ Xiaoping Wang，Ping Gong et al. Passive Air Sampling of Organochlorine Pesticides，Polychlorinated Biphenyls，and Polybrominated Diphenyl Ethers Across the Tibetan Plateau［J］. Environ. Sci. Technol，2010,44：2988-2993.

［15］ Wenjie Liu，Dazhou Chen et al. Transport of Semivolatile Organic Compounds to the Tibetan Plateau：Spatial and Temporal Variation in Air Concentrations in MountainousWestern Sichuan，China［J］. Environ. Sci. Technol. 2010,44:1559-1565.

［16］ Zhijia Ci，Xiaoshan Zhang et al. Atmospheric gaseous elemental mercury（GEM）over a coastal/rural site downwind of East China：Temporal variation and long-range transport［J］. Atmospheric Environment. 2011，45：2480-2487.

［17］ F. Yang，J. Tan et al. Characteristics of $PM_{2.5}$ speciation in representative megacities andacross China. Atmos［J］. Chem. Phys,11：5207-5219.

［18］ Huanhuan Du，Lingdong Kong et al. Insights into summertime haze pollution events over Shanghai based on online water-soluble ionic composition of aerosols［J］. Atmospheric Environment, 2011, 45：5131-5137.

［19］ 环境保护部. 中国人群暴露参数手册（成人卷）［M］. 北京：中国环境出版社，2013.

［20］ Meng X，Chen L，Cai J et al. A land use regression model for estimating the NO_2 concentration in shanghai, China［J］. Environmental research，2015，137:308-315.

［21］ Wang G，Zhao J，Jiang R，Song W. Rat lung response to ozone and fine particulate matter（$PM_{2.5}$）exposures［J］. Environmental toxicology 2015，30:343-356.

［22］ 雷丰丰，党雅梅，张正偲，等. 沙尘暴对大鼠肺组织影响的病理学观察［J］. 中华病理学杂志，2015，44（3）：199-201.

［23］ 邓芙蓉，郭新彪，陈威. 气管滴注大气$PM_{2.5}$对自发性高血压大鼠心律的影响及其机制研究［J］. 环境与健康 2009，26:189-191.

［24］ Chen R，Kan H，Chen B，et al. Association of particulate air pollution with daily mortality：the China Air Pollution and Health Effects Study［J］. American journal of epidemiology 2012，175:1173-1181.

［25］ Chen R，Zhao Z，Sun Q，et al. Size-fractionated Particulate Air Pollution and Circulating Biomarkers of Inflammation，Coagulation，and Vasoconstriction in a Panel of Young Adults［J］. Epidemiology ,2015，26:328-336.

［26］ Cao J，Yang C，Li J，et al. Association between long-term exposure to outdoor air pollution and mortality in China：

A cohort study〔J〕. J Hazard Mater 2011,186:1594–1600.

〔27〕 Chen R, Zhao A, Chen H, et al. Cardiopulmonary benefits of reducing indoor particles of outdoor origin: a randomized, double-blind crossover trial of air purifiers〔J〕. Journal of the American College of Cardiology, 2015, 65:2279–2287.

〔28〕 Meng X, Chen L, Cai J, et al. A land use regression model for estimating the NO_2 concentration in shanghai, China〔J〕. Environmental research 2015,137:308–315.

〔29〕 Cao J, Xu H, Xu Q, et al. Fine Particulate Matter Constituents and Cardiopulmonary Mortality in a Heavily Polluted Chinese City. Environ Health Persp, 2012, 120:373–378.

〔30〕 Wu S, Deng F, Wei H, et al. Chemical constituents of ambient particulate air pollution and biomarkers of inflammation,coagulation and homocysteine in healthy adults: A prospective panel study. Part Fibre Toxicol,2012,9.

〔31〕 Wu S, Deng F, Wei H, et al. Association of cardiopulmonary health effects with source-appointed ambient fine particulate in Beijing,China: a combined analysis from the Healthy Volunteer Natural Relocation (HVNR) study〔J〕. Environ Sci Technol, 2014, 48:3438–48.

〔32〕 秦敏, 谢品华, 李昂, 等. 差分吸收光谱系统与传统点式仪器对大气中 SO_2, NO_2 以及 O_3 的对比观测研究. 2005 全国光学与光电子学学术研讨会, 2005.

〔33〕 胡仁志, 王丹, 谢品华, 等. 二极管激光腔衰荡光谱测量大气 NO_3 自由基〔J〕. 物理学报,2014,63（11）: 110707.

〔34〕 朱国梁、胡仁志、等. 基于差分吸收光谱方法的 OH 自由基定标系统研究〔J〕. 物理学报, 2015, 64（8）: 080703-1-7.

〔35〕 Shanshan Wang, Chanzhen Shi, Bin Zhou, Heng Zhao, Zhuoru Wang, Suna Yang, Limin Chen. Observation of NO_3 radicals over Shanghai, China〔J〕. Journal of Atmospheric Environment, 2013, 7: 401–409.

〔36〕 付怀于, 闫才青, 郑玫, 等. 在线单颗粒气溶胶质谱 SPAMS 对细颗粒物中主要组分提取方法的研究〔J〕. 环境科学, 2014, 35（11）: 4070–4077.

〔37〕 CHEN Zhenyi, ZHANG Jiaoshi, ZHANG Tianshu, et al. Haze observations by simultaneous lidar and WPS in Beijing before and during APEC, 2014〔J〕. Science China Chemistry, 2015, 58（9）: 1385–1392.

〔38〕 王杨, 李昂, 谢品华, 等. 多轴差分吸收光谱技术测量 NO_2 对流层垂直分布及垂直柱浓度〔J〕. 物理学报, 2013, 62（20）: 200705-1-14.

〔39〕 李相贤, 徐亮, 高闽光, 等. 分析温室气体及 CO_2 碳同位素比值的傅里叶变换红外光谱仪〔J〕. 光学精密工程, 2014, 22（9）: 2359–2368.

〔40〕 毕勇. Gasmet 便携式傅里叶变换红外气体分析仪及其在环境应急监测中的应用〔J〕. 现代科学仪器, 2011, 4: 90–92.

〔41〕 李晓旭, 刘立鹏, 马乔. 便携式气相色谱—质谱联用仪的研制及应用〔J〕. 分析化学, 2011, 39（10）: 1476–1481.

〔42〕 中国环境监测总站. 应急监测技术. 北京: 中国环境出版社, 2013–12.

〔43〕 CHANG Q, ZHENG C, GAO X, et al. Systematic Approach to Optimization of Submicron Particle Agglomeration Using Ionic-Wind-Assisted Pre-charge〔J〕. Aerosol and Air Quality Research, in press.

〔44〕 张光学, 刘建忠, 王洁, 等. 声波团聚中尾流效应的理论研究〔J〕. 高校化学工程学报, 2013（02）: 199–204.

〔45〕 颜金培, 陈立奇, 杨林军. 燃煤细颗粒在过饱和氛围下声波团聚脱除的实验研究〔J〕. 化工学报, 2014 （08）: 3243–3249.

〔46〕 刘勇, 赵汶, 刘瑞, 等. 化学团聚促进电除尘脱除 $PM_{2.5}$ 的实验研究〔J〕. 化工学报, 2014（09）: 3609–3616.

〔47〕 洪亮, 王礼鹏, 祁慧, 等. 细颗粒物团聚性能实验研究〔J〕. 热力发电, 2014（09）: 124–128.

〔48〕 凡凤仙, 张明俊. 蒸汽相变凝结对 $PM_{2.5}$ 粒径分布的影响〔J〕. 煤炭学报, 2013（04）: 694–699.

［49］ 王翔，宋蔷，姚强. 脱硫塔内单液滴捕集颗粒物的数值模拟［J］. 工程热物理学报，2014（09）：1889-1893.

［50］ 姚伟. 基于粉尘比电阻值分析的静电除尘器运行优化系统设计［D］. 浙江大学，2011.

［51］ XU X，GAO X，YAN P，et al. Particle migration and collection in a high-temperature electrostatic precipitator［J］. Separation and Purification Technology，2015：184-191.

［52］ XIAO G，WANG X，YANG G，et al. An experimental investigation of electrostatic precipitation in a wire-cylinder configuration at high temperatures［J］. Powder Technology，2015：166-177.

［53］ 王惠挺. 钙基湿法烟气脱硫增效关键技术研究［D］. 浙江大学，2013.

［54］ 陈余土. 湿法脱硫添加剂促进石灰石溶解以及强化 SO_2 吸收的实验研究［D］. 浙江大学，2013.

［55］ 缪明烽. 湿法脱硫中石灰石溶解特性的模型及实验研究［J］. 环境工程学报，2011（01）：179-183.

［56］ 王宏霞. 烟气脱硫石膏中杂质离子对其结构与性能的影响［D］. 中国建筑材料科学研究总院，2012.

［57］ 邬成贤，郑成航，张军，等. 脱硫浆液中组分扩散及 SO_2 溶解的分子动力学研究［J］. 环境科学学报，2014（11）：2904-2910.

［58］ 邬成贤. 湿法烟气脱硫中传质吸收强化的分子动力学研究［D］. 浙江大学，2014.

［59］ SUI J C，SONG J，FAN J G，et al. Modelling and experimental study of mass transfer characteristics of SO2 in sieve tray WFGD absorber［J］. Journal of the Energy Institute，2012（3）：176-181.

［60］ GAO H L，LI C T，ZENG G M，et al. Flue gas desulphurization based on limestone-gypsum with a novel wet-type PCF device［J］. Separation and Purification Technology，2011（3）：253-260.

［61］ WANG Z T. Experimental Investigation on Wet Flue Gas Desulfurization with Electrostatically-Assisted Twin-Fluid Atomization［J］. Environmental Engineering and Management Journal，2013（9）：1861-1867.

［62］ ZHENG C H，XU C R，GAO X，et al. Simultaneous Absorption of NOx and SO2 in Oxidant-Enhanced Limestone Slurry［J］. Environmental Progress & Sustainable Energy，2014（4）：1171-1179.

［63］ ZHENG C H，XU C R，ZHANG Y X，et al. Nitrogen oxide absorption and nitrite/nitrate formation in limestone slurry for WFGD system［J］. Applied Energy，2014：187-194.

［64］ ZHAO Y，GUO T X，CHEN Z Y. Experimental Study on Simultaneous Desulfurization and Denitrification from Flue Gas with Composite Absorbent［J］. Environmental Progress & Sustainable Energy，2011（2）：216-220.

［65］ 许昌日. 燃煤烟气 NOx/SO₂ 一体化强化吸收试验研究［D］. 浙江大学，2014.

［66］ LI Y R，QI H Y，WANG J. SO₂ capture and attrition characteristics of a CaO/bio-based sorbent［J］. Fuel，2012（1）：258-263.

［67］ 孟月. 循环流化床脱硫增效技术的研究［D］. 华北电力大学，2014.

［68］ 李锦时，朱卫兵，周金哲，等. 喷雾干燥半干法烟气脱硫效率主要影响因素的实验研究［J］. 化工学报，2014（02）：724-730.

［69］ 高鹏飞. 粉—粒喷动床内颗粒流动特性的 PIV 实验及数值模拟［D］. 西北大学，2013.

［70］ 王长江. 喷动床反应器内循环特性试验研究［D］. 哈尔滨工业大学，2012.

［71］ CHANG J C，DONG Y，WANG Z Q，et al. Removal of sulfuric acid aerosol in a wet electrostatic precipitator with single terylene or polypropylene collection electrodes［J］. Journal of Aerosol Science，2011（8）：544-554.

［72］ QI L Q，YUAN Y T. Influence of SO₃ in flue gas on electrostatic precipitability of high-alumina coal fly ash from a power plant in China［J］. Powder Technology，2013：163-167.

［73］ 张悠. 烟气中 SO₃ 测试技术及其应用研究［D］. 浙江大学，2013.

［74］ 肖琨，张建文，乌晓江. 空气分级低氮燃烧改造技术对锅炉汽温特性影响研究. 中国动力工程学会锅炉专业委员会 2012 年学术研讨会论文集. 2012.

［75］ 朱懿灏. 空气分级低 NOx 燃烧技术在电厂的工程应用［D］. 北京：清华大学，2013.

［76］ 王雪彩，孙树翁，李明. 600MW 墙式对冲锅炉低氮燃烧技术改造的数值模拟［J］. 中国电机工程学报，2015（7）：1689-1696.

［77］ 张长乐，盛赵宝，宗青松. 水泥窑分级燃烧脱硝技术优化效果分析；proceedings of the 中国水泥技术年会暨第十五届全国水泥技术交流大会论文，F，2013［C］.

［78］ 杨梅. 循环流化床烟气 SNCR 脱硝机理和实验研究［D］. 上海：上海交通大学，2014.

［79］ 李穹. SNCR 脱硝特性的模拟与优化［J］. 化工学报，2013（5）：1789–1796.

［80］ 秦亚男. SNCR–SCR 耦合脱硝中还原剂的分布特性研究［D］. 杭州：浙江大学，2015.

［81］ ZHAO D, TANG L, SHAO X, et al.: Successful Design and Application of SNCR Parallel to Combustion Modification, QI H, ZHAO B, editor, Cleaner Combustion and Sustainable World：Springer Berlin Heidelberg，2013：299–304.

［82］ 高翔，骆仲泱，岑可法. 燃煤烟气 SCR 脱硝技术装备的喷氨混合装置：中国专利，CN 201586480 U［P/OL］.

［83］ 高翔，骆仲泱，岑可法. 一种用于 SCR 烟气脱硝装置的 V 型喷氨混合系统：中国专利，CN 202778237 U［P/OL］.

［84］ DU X S, GAO X, HU W S, et al. Catalyst Design Based on DFT Calculations：Metal Oxide Catalysts for Gas Phase NO Reduction［J］. Journal of Physical Chemistry C，2014（25）：13617–13622.

［85］ 杜学森. 钛基 SCR 脱硝催化剂中毒失活及抗中毒机理的实验和分子模拟研究［D］. 杭州：浙江大学，2014.

［86］ DU X S, GAO X, FU Y C, et al. The co–effect of Sb and Nb on the SCR performance of the V_2O_5/TiO_2 catalyst［J］. Journal of Colloid and Interface Science，2012：406–412.

［87］ GAO S, WANG P L, CHEN X B, et al. Enhanced alkali resistance of CeO2/SO42– –ZrO2 catalyst in selective catalytic reduction of NOx by ammonia［J］. Catalysis Communications，2014：223–226.

［88］ 俞晋频. 改性 SCR 催化剂汞氧化试验研究［D］. 杭州：浙江大学，2015.

［89］ DU X S, GAO X, CUI L W, et al. Experimental and theoretical studies on the influence of water vapor on the performance of a Ce–Cu–Ti oxide SCR catalyst［J］. Applied Surface Science，2013：370–376.

［90］ DU X S, GAO X, CUI L W, et al. Investigation of the effect of Cu addition on the SO_2–resistance of a Ce–Ti oxide catalyst for selective catalytic reduction of NO with NH_3［J］. Fuel，2012（1）：49–55.

［91］ CHEN L, WENG D, SI Z C, et al. Synergistic effect between ceria and tungsten oxide on WO_3–CeO_2–TiO_2 catalysts for NH3–SCR reaction［J］. Progress in Natural Science–Materials International，2012（4）：265–272.

［92］ QU R Y, GAO X, CEN K F, et al. Relationship between structure and performance of a novel cerium–niobium binary oxide catalyst for selective catalytic reduction of NO with NH_3［J］. Applied Catalysis B–Environmental，2013：290–297.

［93］ CHANG H Z, CHEN X Y, LI J H, et al. Improvement of Activity and SO2 Tolerance of Sn–Modified MnOx–CeO2 Catalysts for NH_3–SCR at Low Temperatures［J］. Environmental Science & Technology，2013（10）：5294–5301.

［94］ PENG Y, LI J H, SI W Z, et al. Deactivation and regeneration of a commercial SCR catalyst：Comparison with alkali metals and arsenic［J］. Applied Catalysis B–Environmental，2015：195–202.

［95］ SHANG X S, HU G R, HE C, et al. Regeneration of full–scale commercial honeycomb monolith catalyst（V_2O_5–WO_3/TiO_2）used in coal–fired power plant［J］. Journal of Industrial and Engineering Chemistry，2012（1）：513–519.

［96］ 崔力文，宋浩，吴卫红，等. 电站失活 SCR 催化剂再生试验研究［J］. 能源工程，2012：43–47.

［97］ YANG B, SHEN Y, SHEN S, et al. Regeneration of the deactivated TiO2–ZrO2–CeO2/ATS catalyst for NH3–SCR of NOx in glass furnace［J］. Journal of Rare Earths，2013（2）：130–136.

［98］ 游淑淋，周劲松，侯文慧，等. 锰改性活性焦脱除合成气中单质汞的影响因素［J］. 燃料化学学报，2014：1324–1331.

［99］ MA J, LI C, ZHAO L, et al. Study on removal of elemental mercury from simulated flue gas over activated coke treated by acid [J]. Applied Surface Science, 2015：292–300.

[100] ZHANG A, ZHANG Z, LU H, et al. Effect of Promotion with Ru Addition on the Activity and SO_2 Resistance of MnOx –TiO_2 Adsorbent for Hg0 Removal [J]. Industrial & Engineering Chemistry Research, 2015：2930–2939.

[101] XIANG W, LIU J, CHANG M, et al. The adsorption mechanism of elemental mercury on CuO（110）surface [J]. Chemical Engineering Journal, 2012（34）：91–96.

[102] XU W, WANG H, ZHU T, et al. Mercury removal from coal combustion flue gas by modified fly ash [J]. Journal of Environmental Sciences, 2013（2）：393–398.

[103] ZHANG A, ZHENG W, SONG J, et al. Cobalt manganese oxides modified titania catalysts for oxidation of elemental mercury at low flue gas temperature [J]. Chemical Engineering Journal, 2014（2）：29–38.

[104] XU W, WANG H, XUAN Z, et al. CuO/TiO_2 catalysts for gas–phase Hg0 catalytic oxidation [J]. Chemical Engineering Journal, 2014（5）：380–385.

[105] WANG P, SU S, XIANG J, et al. Catalytic oxidation of Hg0 by CuO–MnO2–Fe2O3/ γ –Al_2O_3 catalyst [J]. Chemical Engineering Journal, 2013：68–75.

[106] ZHOU C, SUN L, XIANG J, et al. The experimental and mechanism study of novel heterogeneous Fenton–like reactions using Fe3–xTixO4 catalysts for Hg0 absorption [J]. Proceedings of the Combustion Institute, 2014：2875–2882.

[107] ZHOU C, SUN L, ZHANG A, et al. Fe3–x$Cu_x$$O_4$ as highly active heterogeneous Fenton–like catalysts toward elemental mercury removal [J]. Chemosphere, 2015：16–24.

[108] ZHAO Y, XUE F, MA T. Experimental study on Hg0 removal by diperiodatocuprate（Ⅲ）coordination ion solution [J]. Fuel Processing Technology, 2013：468–473.

[109] YI Z, XUE F, ZHAO X, et al. Experimental study on elemental mercury removal by diperiodatonickelate（Ⅳ）solution [J]. Journal of Hazardous Materials, 2013（18）：383–388.

[110] YUAN Y, ZHAO Y, LI H, et al. Electrospun metal oxide–TiO_2 nanofibers for elemental mercury removal from flue gas [J]. Journal of Hazardous Materials, 2012（5）：427–435.

[111] ZHUANG Z K, YANG Z M, ZHOU S Y, et al. Synergistic photocatalytic oxidation and adsorption of elemental mercury by carbon modified titanium dioxide nanotubes under visible light LED irradiation [J]. Chemical Engineering Journal, 2014（7）：16–23.

[112] CHEN W, MA Y, YAN N, et al. The co–benefit of elemental mercury oxidation and slip ammonia abatement with SCR–Plus catalysts [J]. Fuel, 2014（5）：263–269.

[113] YAN N, CHEN W, CHEN J, et al. Significance of RuO_2 Modified SCR Catalyst for Elemental Mercury Oxidation in Coal–fired Flue Gas [J]. Environmental Science & Technology, 2011（13）：5725–5730.

[114] 吴其荣, 杜云贵, 聂华, 等. 燃煤电厂汞的控制及脱除 [J]. 热力发电, 2012：8–11.

[115] 朱亮, 高少华, 丁德武, 等. LDAR 技术在化工装置泄漏损失评估中的应用 [J]. 工业安全与环保, 2014（08）：31–34.

[116] 张芝兰, 张峰, 石翔, 等. 生产过程无组织排放速率的估算与削减措施 [J]. 广州化工, 2013（15）：164–166.

[117] 曹磊, 李燚佩, 冯晶, 等. 2014 版水性涂料环境标志标准解读 [J]. 中国涂料, 2014（07）：1–4.

[118] YU W, DENG L, YUAN P, et al. Preparation of hierarchically porous diatomite/MFI–type zeolite composites and their performance for benzene adsorption：The effects of desilication [J]. Chemical Engineering Journal, 2015：450–458.

[119] REN H–P, SONG Y–H, HAO Q–Q, et al. Highly Active and Stable Ni–SiO_2 Prepared by a Complex–Decomposition Method for Pressurized Carbon Dioxide Reforming of Methane [J]. Industrial & Engineering Chemistry Research, 2014（49）：19077–19086.

［120］ YANG P, SHI Z, TAO F, et al. Synergistic performance between oxidizability and acidity/texture properties for 1,2-dichloroethane oxidation over (Ce,Cr) xO₂/zeolite catalysts ［J］. Chemical Engineering Science, 2015: 340-347.

［121］ 黄维秋, 石莉, 胡志伦, 等. 冷凝和吸附集成技术回收有机废气 ［J］. 化学工程, 2012 (06): 13-17.

［122］ LUO Y, WANG K, CHEN Q, et al. Preparation and characterization of electrospun La1-xCexCoO δ: Application to catalytic oxidation of benzene ［J］. Journal of Hazardous Materials, 2015: 17-22.

［123］ SHI Z, HUANG Q, YANG P, et al. The catalytic performance of Ti-PILC supported CrOx-CeO₂ catalysts for n-butylamine oxidation ［J］. Journal of Porous Materials, 2015 (3): 739-747.

［124］ CHEN L, XIAO L, YANG Y, et al.: Shenwu Integration Technology for Energy Conservation and Emissions Reduction, JIANG X, JOYCE M, XIA D, editor, 12th International Conference on Combustion & Energy Utilisation, 2015: 193-196.

［125］ EYSSLER A, KLEYMENOV E, KUPFERSCHMID A, et al. Improvement of Catalytic Activity of LaFe₀.₉₅Pd₀.₀₅O₃ for Methane Oxidation under Transient Conditions ［J］. Journal of Physical Chemistry C, 2011 (4): 1231-1239.

［126］ LI G, WAN S, AN T. Efficient bio-deodorization of aniline vapor in a biotrickling filter: Metabolic mineralization and bacterial community analysis ［J］. Chemosphere, 2012 (3): 253-258.

［127］ 徐百龙. 双液相生物反应器处理二甲苯模拟废气 ［D］. 浙江大学, 2014.

［128］ 於建明. 真空紫外—生物协同净化二氯甲烷废气的机理研究 ［D］. 浙江工业大学, 2013.

［129］ ZHU X, GAO X, ZHENG C, et al. Plasma-catalytic removal of a low concentration of acetone in humid conditions ［J］. Rsc Advances, 2014 (71): 37796-37805.

［130］ ZHU X, GAO X, YU X, et al. Catalyst screening for acetone removal in a single-stage plasma-catalysis system ［J］. Catalysis Today, 2015.

［131］ ZHU X, GAO X, QIN R, et al. Plasma-catalytic removal of formaldehyde over Cu-Ce catalysts in a dielectric barrier discharge reactor ［J］. Applied Catalysis B: Environmental, 2015: 293-300.

［132］ LIN X, YAN M, DAI A, et al. Simultaneous suppression of PCDD/F and NOx during municipal solid waste incinerattion ［J］. Chemosphere, 2015: 60-66.

［133］ WU H L, LU S Y, LI X D, et al. Inhibition of PCDD/F by adding sulphur compounds to the feed of a hazardous waste incinerator ［J］. Chemosphere, 2012 (4): 361-367.

［134］ YAN D H, PENG Z, KARSTENSEN K H, et al. Destruction of DDT wastes in two preheater/precalciner cement kilns in China ［J］. Science of the Total Environment, 2014: 250-257.

［135］ CHEN T, GUO Y, LI X D, et al. Emissions behavior and distribution of polychlorinated dibenzo-p-dioxins and furans (PCDD/Fs) from cement kilns in China ［J］. Environmental Science and Pollution Research, 2014 (6): 4245-4253.

［136］ 张晶晶, 张艺晓, 许兰喜. 旋转液膜反应器内流动机理研究 ［J］. 北京化工大学学报 (自然科学版), 2013 (02): 117-120.

［137］ FANG H J, KAMAKOTI P, ZANG J, et al. Prediction of CO2 Adsorption Properties in Zeolites Using Force Fields Derived from Periodic Dispersion-Corrected DFT Calculations ［J］. Journal of Physical Chemistry C, 2012 (19): 10692-10701.

［138］ FANG M X, MA Q H, WANG Z, et al. A novel method to recover ammonia loss in ammonia-based CO₂ capture system: ammonia regeneration by vacuum membrane distillation ［J］. Greenhouse Gases-Science and Technology, 2015 (4): 487-498.

［139］ KENARSARI S D, FAN M H, JIANG G D, et al. Use of a Robust and Inexpensive Nanoporous TiO₂ for Pre-combustion CO₂ Separation ［J］. Energy & Fuels, 2013 (11): 6938-6947.

［140］ XIANG Z H, ZHOU X, ZHOU C H, et al. Covalent-organic polymers for carbon dioxide capture ［J］. Journal of Materials Chemistry, 2012（42）: 22663-22669.

[141] ZHANG Y, YANG M J, SONG Y C, et al. Hydrate phase equilibrium measurements for（THF+SDS +CO$_2$ +N$_2$）aqueous solution systems in porous media［J］. Fluid Phase Equilibria, 2014: 12-18.

[142] SONG Y C, WAN X J, YANG M J, et al. Study of Selected Factors Affecting Hydrate-Based Carbon Dioxide Separation from Simulated Fuel Gas in Porous Media［J］. Energy & Fuels, 2013（6）: 3341-3348.

[143] MA Y X, WANG D F, SUN R, et al. The Emission Characteristics of the Emulsified Fuel and its Mechanism Research of Reducing Diesel Engine NOx Formation; proceedings of the Advanced Materials Research, F, 2012［C］. Trans Tech Publ.

[144] ZHANG Q, CHEN G, ZHENG Z, et al. Combustion and emissions of 2, 5-dimethylfuran addition on a diesel engine with low temperature combustion［J］. Fuel, 2013: 730-735.

[145] 解мей喜, 于泽洋, 刘思楠, 等. 喷射压力对燃油喷雾和油气混合特性的影响［J］. 吉林大学学报: 工学版, 2013（6）: 1504-1509.

[146] 韩林沛, 员杰, 杨俊伟, 等. GDI 发动机膨胀缸辅助热机起动方式［J］. 内燃机学报, 2012（006）: 525-530.

[147] 王锐, 苏岩, 韩林沛, 等. 基于启动电流判断 GDI 首次循环着火特性的测试系统开发［J］. 内燃机与配件, 2013（4）: 1-3.

[148] WEI S, WANG F, LENG X, et al. Numerical analysis on the effect of swirl ratios on swirl chamber combustion system of DI diesel engines［J］. Energy Conversion and Management, 2013: 184-190.

[149] 魏胜利, 王忠, 毛功平, 等. 不同喷孔夹角的直喷柴油机涡流室燃烧系统性能分析［J］. 农业机械学报, 2012（11）: 15-20.

[150] HE Z, SHAO Z, WANG Q, et al. Experimental study of cavitating flow inside vertical multi-hole nozzles with different length-diameter ratios using diesel and biodiesel［J］. Experimental Thermal and Fluid Science, 2015: 252-262.

[151] ZHANG S, ZHANG X, WANG H, et al. Study on Air Flow Characteristics in Cylinders of a Four-Valve Engine with Different Lifts of Valves［J］. Open Mechanical Engineering Journal, 2014: 185-189.

[152] YAN Y, MING P-J, DUAN W-Y. Unstructured finite volume method for water impact on a rigid body［J］. Journal of Hydrodynamics, Ser. B, 2014（4）: 538-548.

[153] TIAN J, LIU Z, HAN Y, et al. Numerical Investigation of In-Cylinder Stratification with Different CO$_2$ Introduction Strategies in Diesel Engines［R］. SAE Technical Paper, 2014.

[154] 沈照杰, 刘忠长, 田径, 等. 高压共轨柴油机瞬变过程试验与模拟分析［J］. 内燃机学报, 2013（5）: 407-413.

[155] 张龙平, 刘忠长, 田径, 等. 车用柴油机瞬态工况试验及性能评价方法［J］. 哈尔滨工程大学学报, 2014（4）: 463-468.

[156] 毕玉华, 刘伟, 申立中, 等. 不同海拔下 EGR 对含氧燃料柴油机性能影响的试验研究［J］. 内燃机工程,（2）: 150-156.

[157] 曹圆媛, 仲兆平, 张波, 等. 尿素溶液热解制取氨气特性研究［J］. 环境工程, 2014（7）: 91-95.

[158] 赵彦光. 柴油机 SCR 技术尿素喷雾热分解及氨存储特性的试验研究［D］. 2012.

[159] 唐韬, 赵彦光, 华伦, 等. 柴油机 SCR 系统尿素水溶液喷雾分解的试验研究［J］. 内燃机工程, 2015（1）: 1-5.

[160] 邓志鹏. 选择性催化还原法降低船舶柴油机氮氧化物排放的实验研究［D］. 北京工业大学, 2013.

[161] BIN F, SONG C, LV G, et al. Characterization of the NO-soot combustion process over La$_{0.8}$Ce$_{0.2}$Mn$_{0.7}$Bi$_{0.3}$O$_3$ catalyst［J］. Proceedings of the Combustion Institute, 2015（2）: 2241-2248.

[162] BIN F, WEI X, LI B, et al. Self-sustained combustion of carbon monoxide promoted by the Cu-Ce/ZSM-5 catalyst in CO/O$_2$/N$_2$ atmosphere［J］. Applied Catalysis B: Environmental, 2015: 282-288.

［163］ 吴少华，宋崇林，宾峰，等. 铋取代对 LaMnO₃ 催化剂的结构和催化碳烟燃烧性能的影响［J］. 燃烧科学与技术，2014（2）：152-157.

［164］ 雷利利，蔡忆昔，王攀，等. NTP 技术对柴油机颗粒物组分及热重特性的影响［J］. 内燃机学报，2013（02）：144-147.

［165］ PENG X H, Xu S S,ZHONG Y W. Integration design of high-effective stove-cooking utensil based on the research of enhanced heat transfer［J］. Advanced Materials Research，2012：328-331.

［166］ TAN W Y, Xu Y, WANG S Y. Design and performance test of multi-function stove for biomass fuel［J］. Transactions of the Chinese Society of Agricultural Engineering，2013：10-16.

［167］ LIN B, LIAW S L. Simultaneous removal of volatile organic compounds from cooking oil fumes by using gas-phase ozonation over Fe(OH)₃ nanoparticles［J］. Journal of Environmental Chemical Engineering，2015（3）：1530-1538.

［168］ 高翔，郑成航，骆仲泱，等. 一种气态污染物一体化净化装置：中国,20614944.9［P］. 2014-05-28.

［169］ 徐潜，陈立民. 液膜抑尘方法：中国,10053552.8［P］. 2013-12-04.

［170］ ZHENG W C, LI B M, CAO W, et al. Application of neutral electrolyzed water spray for reducing dust levels in a layer breeding house［J］. Journal of the Air & Waste Management Association，2012（11）：1329-1344.

［171］ ZHAO D Z, LI X S, SHI C, et al. Low-concentration formaldehyde removal from air using a cycled storage-discharge（CSD）plasma catalytic process［J］. Chemical Engineering Science，2011（17）：3922-3929.

［172］ 梁文俊，马琳，李坚. 低温等离子体—催化联合技术去除甲苯的实验研究［J］. 北京工业大学学报，2014（2）：315-320.

［173］ 柴发合，云雅如，王淑兰. 关于我国落实区域大气联防联控机制的深度思考［J］. 环境与可持续发展，2013，（4）：5-9.

［174］ 郝吉明，程真，王书肖. 我国大气环境污染现状及防治措施研究［J］. 环境保护，2012，（9）：17-20.

［175］ 王书肖，赵斌，吴烨，等. 我国大气细颗粒物污染防治目标和控制措施研究［J］. 中国环境管理，2015（2）：37-43.

［176］ 朱彤. 城市与区域大气复合污染［M］. // 戴树桂. 环境化学进展. 北京：化学工业出版社，2005：2-22.

［177］ Zhao Y., Wang S. X., Nielsen C., et al. Establishment of a database of emission factors for atmospheric pollutants from Chinese coal-fired power plants［J］. Atmospheric Environment，2010，44（12）：1515-1523.

［178］ Zhao B., Wang S. X., Liu H., et al. NOₓ emissions in China: historical trends and future perspectives［J］. Atmospheric Chemistry and Physics，2013，13（19）：9869-9897.

［179］ Lei Y., Zhang Q., He K. B., et al. Primary anthropogenic aerosol emission trends for China，1990-2005［J］. Atmospheric Chemistry and Physics，2011，11（3）：931-954.

［180］ Zhou Y.,Wu Y.,Yang L.,et al. The impact of transportation control measures on emission reductions during the 2008 OlympicGames in Beijing, China［J］. Atmospheric Environment，2010，44（3）：285-293

［181］ Huang X., Song Y., Li M. M., et al. A high-resolution ammonia emission inventory in China［J］. Global Biogeochem Cycles，2012，26.

［182］ Fu X., Wang S. X., Ran L., et al. Estimating NH₃ emissions from agricultural fertilizer application in China using the bi-directional CMAQ model coupled to an agro-ecosystem model［J］. Atmospheric Chemistry and Physics，2015，15:6637-6649.

［183］ 贺克斌，霍红，王岐东，等. 道路机动车排放模型技术方法与应用［M］. 北京：科学出版社，2014.

［184］ Wang S. X., Zhao B., Cai S. Y., et al. Emission trends and mitigation options for air pollutants in East Asia［J］. Atmospheric Chemistry and Physics，2014，14（13）：6571-6603.

［185］ 郑君瑜，王水胜，黄志炯，等. 区域高分辨率大气排放源清单建立的技术方法与应用［M］. 北京：科学出版社，2013.

［186］ Li M., Zhang Q., Streets D. G., et al. Mapping Asian anthropogenic emissions of non-methane volatile organic compounds to multiple chemical mechanisms [J]. Atmospheric Chemistry and Physics, 2014, 14 (11): 5617-5638.

[187] Wang S. X., Xing J., Chatani S., et al. Verification of anthropogenic emissions of China by satellite and ground observations [J]. Atmospheric Environment, 2011, 45 (35): 6347-6358.

[188] Zheng J. Y., Yin S. S., Kang D. W., et al. Development and uncertainty analysis of a high-resolution NH_3 emissions inventory and its implications with precipitation over the Pearl River Delta region, China [J]. Atmospheric Chemistry and Physics, 2012, 12 (15): 7041-7058.

[189] Wang S. W., Zhang Q., Streets D. G., et al. Growth in NO_x emissions from power plants in China: bottom-up estimates and satellite observations [J]. Atmospheric Chemistry and Physics, 2012, 12 (10): 4429-4447.

[190] Lang J. L., Cheng S. Y., Wei W., et al. A study on the trends of vehicular emissions in the Beijing-Tianjin-Hebei (BTH) region, China [J]. Atmospheric Environment, 2012, 62: 605-614.

[191] Huang C., Chen C. H., Li L., et al. Emission inventory of anthropogenic air pollutants and VOC species in the Yangtze River Delta region, China [J]. Atmospheric Chemistry and Physics, 2011, 11 (9): 4105-4120.

[192] Fu X., Wang S. X., Zhao B., et al. Emission inventory of primary pollutants and chemical speciation in 2010 for the Yangtze River Delta region, China [J]. Atmospheric Environment, 2013, 70: 39-50.

[193] Zheng J. Y., Zhang L. J., Che W. W., et al. A highly resolved temporal and spatial air pollutant emission inventory for the Pearl River Delta region, China and its uncertainty assessment [J]. Atmospheric Environment, 2009, 43 (32): 5112-5122.

[194] Lu Q., Zheng J. Y., Ye S. Q., et al. Emission trends and source characteristics of SO_2, NO_x, PM10 and VOCs in the Pearl River Delta region from 2000 to 2009 [J]. Atmospheric Environment, 2013, 76: 11-20.

[195] Zhao B., Wang S. X., Dong X. Y., et al. Environmental effects of the recent emission changes in China: implications for particulate matter pollution and soil acidification [J]. Environ Res Lett, 2013, 8 (2): 10.

[196] Zhao B., Wang S. X., Wang J. D., et al. Impact of national NO_x and SO_2 control policies on particulate matter pollution in China [J]. Atmospheric Environment, 2013, 77: 453-463.

[197] Wang L. T., Wei Z., Yang J., et al. The 2013 severe haze over southern Hebei, China: model evaluation, source apportionment, and policy implications [J]. Atmospheric Chemistry and Physics, 2014, 14 (6): 3151-3173.

[198] Zhang Y. Online-coupled meteorology and chemistry models: history, current status, and outlook [J]. Atmospheric Chemistry and Physics, 2008, 8 (11): 2895-2932.

[199] 王自发, 王威. 区域大气污染预报预警和协同控制 [J]. 科学与社会, 2014, 4 (2): 31-41.

[200] 王自发, 吴其重, GBAGUIDIA, 等. 北京空气质量多模式集成预报系统的建立及初步应用 [J]. 南京信息工程大学学报（自然科学版）, 2009, 1: 19-26.

[201] Wang T. J., Jiang F., Deng J. J., et al. Urban air quality and regional haze weather forecast for Yangtze River Delta region [J]. Atmospheric Environment, 2012, 58: 70-83.

[202] Wu Q., Xu W., Shi A., et al. Air quality forecast of PM_{10} in Beijing with Community Multi-scale Air Quality Modeling (CMAQ) system: emission and improvement [J]. Geoscientific Model Development, 2014, 7 (5): 2243-2259.

[203] 张延君, 郑玫, 蔡靖, 等. $PM_{2.5}$ 源解析方法的比较与评述. 科学通报, 2014, 1-12.

[204] Wang Z. S., Chien C. J., Tonnesen G. S. Development of a tagged species source apportionment algorithm to characterize three-dimensional transport and transformation of precursors and secondary pollutants [J]. Journal of Geophysical Research-Atmospheres, 2009, 114: 17.

[205] Kwok R. H. F., Napelenok S. L., Baker K. R. Implementation and evaluation of PM2.5 source contribution analysis in a photochemical model [J]. Atmospheric Environment, 2013, 80: 398-407.

[206] Wang S. X., Xing J., Jang C., Zhu Y., Fu J. S., Hao J. M., Impact assessment of ammoniaemissions on

inorganic aerosols in East China using response surface modeling technique，EnvironmentalScience & Technology，2011，45（21）：9293–9300.

［207］Zhao B.，Wang S.X.，Xing J.，et al. Assessing the nonlinear response of fine particles to precursor emissions：development and application of an extended response surface modeling technique v1.0，Geoscientific Model Development，2015，8（1）：115–128.

［208］汪俊，赵斌，王书肖，等. 中国电力行业多污染物控制成本与效果分析［J］. 环境科学研究，2014，27（11）：1316–1324.

［209］Sun J.，Schreifels J.，Wang J.，et al. Cost estimate of multi-pollutant abatement from the power sector in the Yangtze River Delta region of China. Energy Policy，2014，69：478–488.

［210］杨毅，朱云，Jang C. et al. 空气污染与健康效益评估工具 BenMAP CE 研发［J］. 环境科学学报，2013，33（9）：2395–2401.

［211］Murray C. J. L.，Ezzati M.，Flaxman A. D.，et al. GBD 2010：design，definitions，and metrics［J］. The Lancet 2012，380（9859），2063–2066.

［212］Lim S. S.，Vos T.，Flaxman A. D.，et al. A comparative risk assessment of burden of disease and injury attributable to 67 risk factors and risk factor clusters in 21 regions，1990–2010：a systematic analysis for the Global Burden of Disease Study 2010［J］. The Lancet，2012,380（9859），2224–2260.

［213］Chen Z.，Wang J.N.，Ma G.X.，et al. China tackles the health effects of air pollution［J］. The Lancet，2013,382（9909），1959–1960.

［214］Cheng Z.，Jiang J.，Fajardo O.，et al. Characteristics and health impacts of particulate matter pollution in China（2001–2011）［J］. Atmospheric Environment 2013,65，186–194.

［215］Voorhees A. S.，Wang J. D.，Wang C. C.，et al. Public health benefits of reducing air pollution in Shanghai：A proof-of-concept methodology with application to BenMAP［J］. Science of The Total Environment,2014,485–486，396–405.

［216］徐晓程，陈仁杰，阚海东，等. 我国大气污染相关统计生命价值的 meta 分析［J］. 中国卫生资源，2013，（1），64–67.

［217］薛文博，付飞，王金南，等. 中国 $PM_{2.5}$ 跨区域传输特征数值模拟研究［J］. 中国环境科学,2014,34（6）：1361–1368.

［218］柴发合，云雅如，王淑兰. 关于我国落实区域大气联防联控机制的深度思考［J］. 环境与可持续发展，2013，（4）：5–9.

［219］贺克斌，等. 京津冀能否实现 2017 年 $PM_{2.5}$ 改善目标？［R］. 北京：2014.

［220］刘娟. 长三角区域环境空气质量预测预警体系建设的思考［J］. 中国环境监测，2012，28（4）：135–140.

［221］Wang S.，Zhao M.，Xing J.，et al. Quantifying the Air Pollutants Emission Reduction during the 2008 Olympic Games in Beijing［J］. Environmental Science & Technology，2010，44（7）：2490–2496.

［222］Liu H.，Wang X. M.，Zhang J. P.，et al. Emission controls and changes in air quality in Guangzhou during the Asian Games［J］. Atmospheric Environment，2013，76：81–93.

［223］刘建国，谢品华，王跃思，等. APEC 前后京津冀区域灰霾观测及控制措施评估［J］. 中国科学院院刊，2015，30（3）：368–377.

［224］王红丽，陈长虹，黄海英，等. 世博会期间上海市大气挥发性有机物排放强度及污染来源研究［J］. 环境科学，2012，33（12）：4151–4158.

［225］Yao Z. L.，Zhang Y. Z.，Shen X. B.，et al. Impacts of temporary traffic control measures on vehicular emissions during the Asian Games in Guangzhou，China［J］. Journal of the Air & Waste Management Association，2013，63（1）：11–19.

［226］CHEN Zhenyi，ZHANG Jiaoshi，ZHANG Tianshu，*et al*. Haze observations by simultaneous lidar and WPS in

Beijing before and during APEC, 2014 [J]. Science China Chemistry, 2015, 58（9）: 1385–1392.

［227］李昂, 谢品华, 窦科, 等. 奥运期间北京某工业区排放通量的车载被动 DOAS 遥测研究［J］. 大气与环境光学学报, 2009（5）: 341–346.

［228］王晨波, 张祥志, 秦玮, 等. 南京青奥会空气质量保障联合观测分析研究［J］. 环境监控与预警, 2015, 7（1）: 1–4.

［229］李先欣, 刘文清, 司福祺, 等. 广州亚运期间对流层 NO_2 和 SO_2 地基多轴差分吸收光谱仪测量研究［J］. 大气与环境光学学报, 2012, 7（1）: 18–23.

［230］秦敏, 谢品华, 伍德侠, 等. 奥运期间北京 SO_2, NO_2, O_3 以及 PM_{10} 污染水平及变化特征分析［J］. 大气与环境光学学报, 2009（5）: 329–340.

［231］王杰, 刘建国, 陆亦怀, 等. 北京奥运期间大气细粒子谱与能见度, PM_{10} 质量浓度对比分析［J］. 光学学报, 2010（7）: 1931–1937.

［232］刘建国, 谢品华, 王跃思, 等. APEC 前后京津冀区域灰霾观测及控制措施评估［J］. 中国科学院院刊, 2015, 30（003）: 368–377.

［233］中国环境保护产业协会电除尘委员会. 电除尘行业 2014 年发展综述［J］. 中国环保产业, 2015（6）: 6–15.

［234］中国环境保护产业协会袋式除尘委员会. 袋式除尘行业 2014 年发展综述［J］. 中国环保产业, 2015（11）: 4–14.

［235］陈吉宁. 全面加强环境保护［EB/OL］. 新华网, 2015-03-07. http://news.xinhuanet.com/politics/2015lh/ 2015-03/07/c_1114558372.htm.

［236］中国环境保护产业协会废气净化委员会. 我国有机废气治理行业 2014 年发展综述［EB/OL］. 北极星节能环保网, 2015-07-15. http://huanbao.bjx.com.cn/news/20150715/641911.shtml.

［237］中国环境保护产业协会机动车污染防治技术专业委员会. 机动车污染防治行业 2014 年发展综述［J］. 中国环保产业, 2015（10）: 10–23.

［238］迟颖, 王海新. 环境监测仪器行业 2014 年发展综述［J］. 中国环保产业, 2015（7）: 16–22.

［239］中电联节能环保分会. 中电联发布 2014 年度火电厂环保产业信息［EB/OL］. 中国电力企业联合会, 2015-05-07. http://www.cec.org.cn/huanbao/jienenghbfenhui/fenhuidongtai/fenhuixinwen/2015-05-12/137681.html.

［240］中华人民共和国科学技术部, 中华人民共和国环境保护部. 大气污染防治先进技术汇编［Z］. 2014-03-03.

［241］Zhang, X.Y., et al., Atmospheric aerosol compositions in China: spatial/temporal variability, chemical signature, regional haze distribution and comparisons with global aerosols. Atmospheric Chemistry and Physics, 2012. 12（2）: p. 779–799.

［242］Zhang, R., et al., Formation of Urban Fine Particulate Matter. Chemical Reviews, 2015. 115（10）: p. 3803–3855.

［243］Zhang, R., et al., Chemical characterization and source apportionment of PM2.5 in Beijing: seasonal perspective. Atmospheric Chemistry and Physics, 2013. 13（14）: p. 7053–7074.

［244］Wang, L., et al., Atmospheric nanoparticles formed from heterogeneous reactions of organics. Nature Geoscience, 2010. 3（4）: p. 238–242.

［245］Sun, Y.L., et al., Aerosol composition, sources and processes during wintertime in Beijing, China. Atmospheric Chemistry and Physics, 2013. 13（9）: p. 4577–4592.

［246］Quan, J., et al., Characteristics of heavy aerosol pollution during the 2012–2013 winter in Beijing, China. Atmospheric Environment, 2014. 88: p. 83–89.

［247］Liu, X.G., et al., Formation and evolution mechanism of regional haze: a case study in the megacity Beijing, China. Atmospheric Chemistry and Physics, 2013. 13（9）: p. 4501–4514.

［248］ Ji, D., et al., The heaviest particulate air–pollution episodes occurred in northern China in January, 2013: Insights gained from observation. Atmospheric Environment, 2014. 92: p. 546–556.

［249］ Huang, R.-J., et al., High secondary aerosol contribution to particulate pollution during haze events in China. Nature, 2014. 514 (7521): p. 218–222.

［250］ He, H., et al., Mineral dust and NOx promote the conversion of SO2 to sulfate in heavy pollution days. Scientific Reports, 2014. 4.

［251］ Fan, W., et al., Graphene oxide and shape–controlled silver nanoparticle hybrids for ultrasensitive single–particle surface–enhanced Raman scattering (SERS) sensing. Nanoscale, 2014. 6 (9): p. 4843–4851.

［252］ Mauldin III R L, Berndt T, Sipilä M, et al. A new atmospherically relevant oxidant of sulphur dioxide ［J］. Nature, 2012, 488 (7410): 193–196.

［253］ Rollins A W, Browne E C, Min K E, et al. Evidence for NOx control over nighttime SOA formation ［J］. Science, 2012, 337 (6099): 1210–1212.

［254］ J. Z. Ma, W. Wang, Y. Chen, et al. The IPAC–NC field campaign: a pollution and oxidization pool in the lower atmosphere over Huabei, China ［J］. Atmospheric Chemistry and Physics,2012, 12 (9): 3883–3908.

［255］ Q. Zhang, B. Yuan, M. Shao, et al. Variations of ground–level O_3 and its precursors in Beijing in summertime between 2005 and 2011 ［J］. Atmospheric Chemistry and Physics 2014., 14 (12): 6089–6101.

［256］ S. Lou, F. Holland, F. Rohrer et al. Atmospheric OH reactivities in the Pearl River Delta– China in summer 2006: measurement and model results ［J］. Atmospheric Chemistry and Physics 2010., 10 (7): 11243–11260.

［257］ S. Guo, M. Hu, M. L. Zamora, et al. Elucidating severe urban haze formation in China ［J］. Proceedings of the National Academy of Sciences, 2014., 111 (49): 17373–17378.

［258］ Ng, N.L., et al., Secondary organic aerosol (SOA) formation from reaction of isoprene with nitrate radicals (NO_3) ［J］. Atmospheric Chemistry and Physics, 2008. 8 (14): 4117–4140.

［259］ P. M. Edwards, M. J. Evans, K. L. Furneaux, et al. OH reactivity in a South East Asian tropical rainforest during the Oxidant and Particle Photochemical Processes (OP3) project ［J］. Atmospheric Chemistry and Physics, 2013. 13, 9497–9514.

［260］ M. Ehn, J. A. Thornton, E. Kleist, et al. A large source of low–volatility secondary organic aerosol ［J］. Nature, 2014, 506 (7489): 476–479.

［261］ T. Jokinen, T. Berndt, R. Makkonen, et al. Production of extremely low volatile organic compounds from biogenic emissions: Measured yields and atmospheric implications ［J］. Proceedings of the National Academy of Sciences, 2015., 112 (23): 7123–7128.

［262］ T. W. Wilson, L. A. Ladino, P. A. Alpert, et al. A marine biogenic source of atmospheric ice–nucleating particles ［J］. Nature,2015, 525: 234–241.

［263］ J. Ofner, N. Balzer, J. Buxmann, et al. Halogenation processes of secondary organic aerosol and implications on halogen release mechanisms ［J］. Atmospheric Chemistry and Physics,2012, 12 (13),: 5787–5806.

［264］ 周晓丹, 陈仁杰, 阚海东. 大气污染队列研究的回顾和对我国的启示 ［J］. 中华流行病学杂志, 2012, 33 (10): 1091–1094.

［265］ 赵昂, 陈仁杰, 阚海东. 大气污染暴露评估模型及其在环境流行病学中的应用 ［J］. 卫生研究, 2014, 43 (2): 348–352.

［266］ 李君灵, 孟紫强. 我国大气环境毒理学研究新进展 ［J］. 生态毒理学报, 2012,7 (2): 133–139.

［267］ Kan H, Chen R, Tong S. Ambient air pollution, climate change, and population health in China ［J］. Environ Int,2012; 42:10–9.

［268］ Lu F, Xu D, Cheng Y, et al. Systematic review and meta–analysis of the adverse health effects of ambient $PM_{2.5}$ and PM_{10} pollution in the Chinese population ［J］. Environ Res. 2015; 136:196–204.

［269］ Shang Y, Sun Z, Cao J, et al. Systematic review of Chinese studies of short–term exposure to air pollution and daily mortality［J］. Environ Int.,2013；54:100–11.

［270］ Kan H, Chen B, Hong C. Health impact of outdoor air pollution in China：current knowledge and future research needs［J］. Environ Health Perspect. 2009, 117（5）:A187.

［271］ 刘建国, 桂华侨, 谢品华, 等. 大气灰霾监测技术研究进展［J］. 大气与环境光学学报, 2015, 2：003.

［272］ 刘文清, 陈臻懿, 刘建国, 等. 环境污染与环境安全在线监测技术进展［J］. 大气与环境光学学报, 2015, 2：002.

［273］ 张婉春, 张莹, 吕阳, 等. 利用激光雷达探测灰霾天气大气边界层高度［J］. 遥感学报, 2013, 17（4）: 981–992.

［274］ 刘聪, 苏林, 张朝阳, 等. 星载激光雷达对气溶胶垂直分布的对比分析［J］. 中国激光, 2015（4）: 272–281.

［275］ 胡欢陵, 吴永华, 谢晨波, 等. 北京地区夏冬季颗粒物污染边界层的激光雷达观测［J］. 环境科学研究, 2004, 17（1）: 59–66.

［276］ 季承荔, 陶宗明, 胡顺星, 等. 三波长激光雷达探测合肥地区卷云特性［J］. 光学学报, 2014（4）: 1–6.

［277］ 伯广宇, 刘东, 吴德成, 等. 双波长激光雷达探测典型雾霾气溶胶的光学和吸湿性质［J］. 中国激光, 2014（1）: 207–212.

［278］ K. D. Lu, F. Rohrer, F. Holland, H. Fuchs, et al. Observation and modelling of OH and HO$_2$ concentrations in the Pearl River Delta 2006：a missing OH source ina VOC rich atmosphere. Atmos［J］. Chem. Phys., 2012, 12：1541–1569.

［279］ 胡仁志, 王丹, 谢品华, 等. 二极管激光腔衰荡光谱测量大气 NO$_3$ 自由基［J］. 物理学报,2014,63（11）: 110707.

［280］ P. J. WOOLCOCK, R. C. BROWN. A review of cleaning technologies for biomass–derived syngas［J］. Biomass and Bioenergy, 2013, 52.

［281］ M. T. LIM, et al. Technologies for measurement and mitigation of particulate emissions from domestic combustion of biomass: A review［J］. Renewable and Sustainable Energy Reviews, 2015, 49.

［282］ A. K. S. PARIHAR, et al. Development and testing of plate type wet ESP for removal of particulate matter and tar from producer gas［J］. Renewable Energy, 2015, 77.

［283］ J. MERTENS, et al. A wet electrostatic precipitator（WESP）as countermeasure to mist formation in amine based carbon capture［J］. International Journal of Greenhouse Gas Control, 2014, 31.

［284］ D. PUDASAINEE, et al. Trace metals emission in syngas from biomass gasification［J］. Fuel Processing Technology, 2014, 120.

［285］ C. ANDERLOHR,et al. Collection and Generation of Sulfuric Acid Aerosols in a Wet Electrostatic Precipitator［J］. Aerosol Science and Technology, 2015, 49（3）.

［286］ J. MERTENS, et al. ELPI+ measurements of aerosol growth in an amine absorption column［J］. International Journal of Greenhouse Gas Control, 2014, 23.

［287］ FARIA F. P.；Reynaldo S.；Fonseca T. C. F.；et al. Monte Carlo simulation applied to the characterization of an extrapolation chamber for beta radiation dosimetry［J］. Radiation Physics and Chemistry, 2015, 116: 226–230.

［288］ GUO Y. B., Yang S. Y., Xing M, et al. Toward the Development of an Integrated Multiscale Model for Electrostatic Precipitation［J］. Industrial & Engineering Chemistry Research, 2013, 52（33）: 11282–11293.

［289］ K. ADAMIAK. Numerical models in simulating wire–plate electrostatic precipitators：A review［J］. Journal of Electrostatics, 2013, 71（4）: 673–680.

［290］ Rezaei,F.；Jones,C. W.,Stability of Supported Amine Adsorbents to SO$_2$ and NO$_x$ in Postcombustion CO$_2$ Capture. 2. Multicomponent Adsorption［J］. Ind Eng Chem Res 2014, 53, （30）, 12103–12110.

［291］ Fan Y. F., Rezaei F., Labreche Y., et al. Stability of amine–based hollow fiber CO$_2$ adsorbents in the presence of

NO and SO$_2$ [J]. Fuel 2015, 160, 153–164.

[292] Miller, D. D.; Chuang, S. S. C. Experimental and Theoretical Investigation of SO$_2$ Adsorption over the 1,3–Phenylenediamine/SiO$_2$ System [J]. J Phys Chem C 2015, 119, (12), 6713–6727.

[293] Lin, K. Y. A.; Petit, C.; Park, A. H. A., Effect of SO2 on CO$_2$ Capture Using Liquid–like Nanoparticle Organic Hybrid Materials [J]. Energ Fuel, 2013, 27, (8), 4167–4174.

[294] Farr, S.; Heidel, B.; Hilber, M.; Scheffknecht, G., Influence of Flue–Gas Components on Mercury Removal and Retention in Dual–Loop Flue–Gas Desulfurization [J]. Energ Fuel, 2015, 29, (7), 4418–4427.

[295] Rumayor, M.; Diaz–Somoano, M.; Lopez–Anton, M. A.; Ochoa–Gonzalez, R.; Martinez–Tarazona, M. R., Temperature programmed desorption as a tool for the identification of mercury fate in wet–desulphurization systems [J]. Fuel ,2015, 148, 98–103.

[296] Sedlar, M.; Pavlin, M.; Popovic, A.; Horvat, M., Temperature stability of mercury compounds in solid substrates [J]. Open Chem ,2015, 13, (1), 404–419.

[297] Vainio, E.; Lauren, T.; Demartini, N.; Brink, A.; Hupa, M., Understanding Low–Temperature Corrosion in Recovery Boilers: Risk of Sulphuric Acid Dew Point Corrosion [J]? J–For, 2014, 4, (6), 14–22.

[298] Sporl, R.; Maier, J.; Scheffknecht, G., Sulphur Oxide Emissions from Dust–Fired Oxy–Fuel Combustion of Coal [J]. Ghgt–11, 2013, 37, 1435–1447.

[299] BONINGARI T, PAPPAS D K, ETTIREDDY P R, et al. Influence of SiO$_2$ on M/TiO$_2$ (M = Cu, Mn, and Ce) Formulations for Low–Temperature Selective Catalytic Reduction of NOx with NH3: Surface Properties and Key Components in Relation to the Activity of NO$_x$ Reduction [J]. Industrial & Engineering Chemistry Research, 2015 (8): 2261–2273.

[300] THIRUPATHI B, SMIRNIOTIS P G. Nickel–doped Mn/TiO$_2$ as an efficient catalyst for the low–temperature SCR of NO with NH$_3$: Catalytic evaluation and characterizations [J]. Journal of Catalysis, 2012: 74–83.

[301] THIRUPATHI B, SMIRNIOTIS P G. Co–doping a metal (Cr, Fe, Co, Ni, Cu, Zn, Ce, and Zr) on Mn/TiO$_2$ catalyst and its effect on the selective reduction of NO with NH$_3$ at low–temperatures[J]. Applied Catalysis B: Environmental, 2011: 195–206.

[302] CHA W, CHIN S, PARK E, et al. Effect of V$_2$O$_5$ loading of V$_2$O$_5$/TiO$_2$ catalysts prepared via CVC and impregnation methods on NO$_x$ removal [J]. Applied Catalysis B: Environmental, 2013: 708–715.

[303] CHA W, YUN S–T, JURNG J. Examination of surface phenomena of V$_2$O$_5$ loaded on new nanostructured TiO$_2$ prepared by chemical vapor condensation for enhanced NH$_3$–based selective catalytic reduction (SCR) at low temperatures [J]. Physical Chemistry Chemical Physics, 2014 (33): 17900–17907.

[304] PARK E, KIM M, JUNG H, et al. Effect of Sulfur on Mn/Ti Catalysts Prepared Using Chemical Vapor Condensation (CVC) for Low–Temperature NO Reduction [J]. ACS Catalysis, 2013 (7): 1518–1525.

[305] ETTIREDDY P R, ETTIREDDY N, BONINGARI T, et al. Investigation of the selective catalytic reduction of nitric oxide with ammonia over Mn/TiO$_2$ catalysts through transient isotopic labeling and in situ FT–IR studies [J]. Journal of Catalysis, 2012: 53–63.

[306] USBERTI N, JABLONSKA M, BLASI M D, et al. Design of a "high–efficiency" NH$_3$–SCR reactor for stationary applications. A kinetic study of NH$_3$ oxidation and NH3–SCR over V–based catalysts [J]. Applied Catalysis B: Environmental, 2015: 185–195.

[307] BERETTA A, USBERTI N, LIETTI L, et al. Modeling of the SCR reactor for coal–fired power plants: Impact of NH$_3$ inhibition on HgO oxidation [J]. Chemical Engineering Journal, 2014: 170–183.

[308] COLOMBO M, NOVA I, TRONCONI E. Detailed kinetic modeling of the NH$_3$–NO/NO$_2$ SCR reactions over a commercial Cu–zeolite catalyst for Diesel exhausts after treatment [J]. Catalysis Today, 2012 (1): 243–255.

[309] COLOMBO M, NOVA I, TRONCONI E, et al. Experimental and modeling study of a dual–layer (SCR + PGM) NH$_3$ slip monolith catalyst (ASC) for automotive SCR aftertreatment systems. Part 1. Kinetics for the PGM

component and analysis of SCR/PGM interactions [J]. Applied Catalysis B: Environmental, 2013: 861–876.

[310] COLOMBO M, NOVA I, TRONCONI E, et al. Experimental and modeling study of a dual-layer (SCR + PGM) NH3 slip monolith catalyst (ASC) for automotive SCR after treatment systems. Part 2. Validation of PGM kinetics and modeling of the dual-layer ASC monolith [J]. Applied Catalysis B: Environmental, 2013: 337–343.

[311] CAMPOSECO R, CASTILLO S, MEJ A-CENTENO I. Performance of V_2O_5/NPTiO$_2$–Al$_2$O$_3$–nanoparticle– and V_2O_5/NTiO$_2$–Al$_2$O$_3$–nanotube model catalysts in the SCR–NO with NH3 [J]. Catalysis Communications, 2015: 114–119.

[312] MEJ A-CENTENO I, CASTILLO S, CAMPOSECO R, et al. Activity and selectivity of V_2O_5/H$_2$Ti$_3$O$_7$, V_2O_5–WO$_3$/H$_2$Ti$_3$O$_7$ and Al$_2$O$_3$/H2Ti$_3$O$_7$ model catalysts during the SCR–NO with NH3 [J]. Chemical Engineering Journal, 2015: 873–885.

[313] CAMPOSECO R, CASTILLO S, MUGICA V, et al. Role of V_2O_5–WO$_3$/H$_2$Ti$_3$O$_7$–nanotube–model catalysts in the enhancement of the catalytic activity for the SCR–NH$_3$ process [J]. Chemical Engineering Journal, 2014: 313–320.

[314] 姜烨. 钛基SCR催化剂及其钾、铅中毒机理研究 [D]. 2010.

[315] W.P. Shan, F.D. Liu, H. He, X.Y. Shi, C.B. Zhang, The Remarkable Improvement of a Ce–Ti based Catalyst for NOx Abatement, Prepared by a Homogeneous Precipitation Method, Chemcatchem 3 (2011) 1286–1289.

[316] F.D. Liu, K. Asakura, H. He, W.P. Shan, X.Y. Shi, C.B. Zhang, Influence of sulfation on iron titanate catalyst for the selective catalytic reduction of NOx with NH$_3$, Applied Catalysis B–Environmental 103 (2011) 369–377.

[317] MORRIS E A, KIRK D W, JIA C Q, et al. Roles of Sulfuric Acid in Elemental Mercury Removal by Activated Carbon and Sulfur–Impregnated Activated Carbon [J]. Environmental Science & Technology, 2012 (14): 7905–7912.

[318] SUN C G, SNAPE C E, LIU H. Development of Low–Cost Functional Adsorbents for Control of Mercury (Hg) Emissions from Coal Combustion [J]. Energy & Fuels, 2013 (7): 3875–3882.

[319] BERETTA A, USBERTI N, LIETTI L, et al. Modeling of the SCR reactor for coal–fired power plants: Impact of NH3 inhibition on HgO oxidation [J]. Chemical Engineering Journal, 2014 (6): 170–183.

[320] CHENG H–H. Antibacterial and Regenerated Characteristics of Ag–zeolite for Removing Bioaerosols in Indoor Environment [J]. Aerosol and Air Quality Research, 2012.

[321] OURRAD H, THEVENET F, GAUDION V, et al. Limonene photocatalytic oxidation at ppb levels: Assessment of gas phase reaction intermediates and secondary organic aerosol heterogeneous formation [J]. Applied Catalysis B: Environmental, 2015: 183–194.

[322] RUSSELL J A, HU Y, CHAU L, et al. Indoor–biofilter growth and exposure to airborne chemicals drive similar changes in plant root bacterial communities [J]. Appl Environ Microbiol, 2014 (16): 4805–13.

[323] RAGAZZI M, TOSI P, RADA E C, et al. Effluents from MBT plants: plasma techniques for the treatment of VOCs [J]. Waste Manag, 2014 (11): 2400–6.

[324] LUENGAS A, BARONA A, HORT C, et al. A review of indoor air treatment technologies [J]. Reviews in Environmental Science and Bio/Technology, 2015 (3): 499–522.

[325] 刘福东，单文坡，石晓燕，等. 用于NH3选择性催化还原NO的非钒基催化剂研究进展 [J]. 催化学报，2011 (7): 1113–1128.

[326] GU T, JIN R, LIU Y, et al. Promoting effect of calcium doping on the performances of MnOx/TiO2 catalysts for NO reduction with NH3 at low temperature [J]. Applied Catalysis B: Environmental, 2013: 30–38.

[327] MORGAN C. Platinum Group Metal and Washcoat Chemistry Effects on Coated Gasoline Particulate Filter Design [J]. Johnson Matthey's international journal of research exploring science and technology in industrial applications, 2015: 188.

[328] ROSE D, GEORGE S, WARKINS J, et al. A New Generation High Porosity DuraTrap® AT for Integration of

DeNOx Functionalities；proceedings of the presentation at 9th International Car Training Institute Conference–SCR Systems，F，2013［C］.

［329］JOHANSEN K，BENTZER H，KUSTOV A，et al. Integration of Vanadium and Zeolite Type SCR Functionality into DPF in Exhaust Aftertreatment Systems–Advantages and Challenges［R］. SAE Technical Paper，2014.

［330］胡志远，李金，谭丕强，等. 汽油轿车 NEDC 循环超细颗粒物排放特性［J］. 环境科学，2012（12）：4181–4187.

［331］张辉. 轿车柴油机微粒捕集器工作过程数值模拟及再生控制策略研究［D］. 长春：吉林大学，2011.

［332］冯谦，楼狄明，谭丕强，等. 催化型 DPF 对车用柴油机气态污染物的影响研究［J］. 燃料化学学报，2014（12）：1513–1521.

［333］PHILIPPE F–X，CABARAUX J–F，NICKS B. Ammonia emissions from pig houses：Influencing factors and mitigation techniques［J］. Agriculture，Ecosystems & Environment，2011（3–4）：245–260.

［334］Zhang Q.，Streets D. G.，Carmichael G. R.，et al. Asian emissions in 2006 for the NASA INTEX–B mission［J］. Atmospheric Chemistry and Physics，2009，9（14）：5131–5153.

［335］Wang S. X.，Zhao B.，Cai S. Y.，et al. Emission trends and mitigation options for air pollutants in East Asia［J］. Atmospheric Chemistry and Physics，2014，14（13）：6571–6603.

［336］Lei Y.，Zhang Q. A.，Nielsen C.，et al. An inventory of primary air pollutants and CO_2 emissions from cement production in China，1990–2020［J］. Atmospheric Environment，2011，45（1）：147–154.

［337］Xing J.，Pleim J.，Mathur R.，et al. Historical gaseous and primary aerosol emissions in the United States from 1990 to 2010. Atmospheric Chemistry and Physics，2014，13（15）：7531–7549.

［338］柴发合，云雅如，王淑兰. 关于我国落实区域大气联防联控机制的深度思考［J］. 环境与可持续发展，2013，（4）：5–9.

［339］周晓丹，陈仁杰，阚海东. 大气污染队列研究的回顾和对我国的启示［J］. 中华流行病学杂志，2012，33（10）：1091–1094.

［340］赵昂，陈仁杰，阚海东. 大气污染暴露评估模型及其在环境流行病学中的应用［J］. 卫生研究，2014，43（2）：348–352.

［341］Kan H，Chen R，Tong S. Ambient air pollution，climate change，and population health in China. Environ Int. 2012；42：10–9.

［342］Kan H，Chen B，Hong C. Health impact of outdoor air pollution in China：current knowledge and future research needs. Environ Health Perspect. 2009；117（5）：A187.

［343］刘文清，刘建国，谢品华，等. 区域大气复合污染立体监测技术系统与应用［J］. 大气与环境光学学报，2009（4）：243–255.

［344］王跃思，姚利，王莉莉，等. 2013 年元月我国中东部地区强霾污染成因分析［J］. 中国科学：地球科学，2014，44（1）：15–26.

［345］张小曳，孙俊英，王亚强，等. 我国雾 – 霾成因及其治理的思考［J］. 科学通报（中文版），2013，58（13）：1178–1187.

［346］白春礼. 中国科学院大气灰霾研究进展及展望［J］. 中国科学院院刊，2014，29（3）：275–281.

［347］刘大为. 区域大气污染联防联控研究［D］. 西安：西北大学，2011.

［348］王书肖，赵斌，吴烨，等. 我国大气细颗粒物污染防治目标和控制措施研究［J］. 中国环境管理，2015（2）：37–43.

［349］Wang L. T.，Wei Z.，Yang J.，et al. The 2013 severe haze over southern Hebei，China：model evaluation，source apportionment，and policy implications［J］. Atmospheric Chemistry and Physics，2014，14（6）：3151–3173.

［350］Zhang L.，Wang T.，Lv M.，et al. On the severe haze in Beijing during January 2013：Unraveling the effects of meteorological anomalies with WRF–Chem［J］. Atmospheric Environment，2015，104：11–21.

［351］中华人民共和国科学技术部. 国家重点研发计划大气污染防治重点专项实施方案（征求意见稿）. 2015
（http://www.most.gov.cn/tztg/201503/t20150302_118344.htm）

负责人：高　翔

撰稿人：高　翔　邵　敏　刘建国　王书肖　阚海东　郑成航

李　悦　竺新波　张涌新　桂华侨　常化振　陈仁杰

杨宇栋　黄冠聪　周志颖　李柏豪　张　昕

专题报告

大气环境基础研究

一、引言

当前我国大气污染的总体态势依旧复杂和严峻。以臭氧和细颗粒物为代表的大气复合污染在我国快速发展的城市群区域导致了严峻的大气环境问题，成为制约我国未来社会经济发展的重大瓶颈。大气复合污染是新型的复杂污染问题，多种污染物均以高浓度同时存在，导致区域性光化学烟雾、大气灰霾的频繁发生，是世界上经济快速发展地区具有共性的大气污染问题。而且，这些污染现象通过关键物种的化学过程彼此耦合或叠加而相互关联。这一新型大气污染是世界性难题，在国际上尚无成熟的防治技术和经验，探索大气复合污染的控制理论和技术手段成为环境领域研究的巨大挑战。

大气污染形势的严峻，改善空气质量成为国家的重大战略。为加快推进我国大气污染治理，切实保障人民群众身体健康，2012 年，环保部批准发布了《环境空气质量标准》（GB 3095-2012），新修订的标准中纳入了颗粒物和臭氧的限值，该标准将于 2016 年 1 月 1 日开始实施。2013 年国务院发布《大气污染防治行动计划》（国十条）体现了扭转大气污染态势的坚定的国家意志。在国十条中，提出了鼓励绿色出行，降低机动车使用强度；控制煤炭消费总量，2017 年煤炭降到 65% 以下；发挥市场机制作用，重点区域"以奖代补"；大力培育节能环保产业；建立区域协作机制等值得关注的新举措。未来大气环境质量的演变将主要取决于 3 个方面的因素，即社会经济发展过程中的新增排放，大气污染控制措施和执行，天气气象及城市格局等的变化。关键是根据大气复合污染的特征，在发展过程中构建科学有效的控制和防治体系。

大气环境的基础理论尚没有成熟的体系，主要的内容包括，大气监测与探测理论、环境气象与大气边界层理论、大气环境化学、大气污染人群及生态健康效应理论以及大气污染控制原理等。而大气环境的方法学主要包括三个方面，即大气环境监测、大气环境的实验室模拟与大气环境数值模拟。

二、大气环境研究的主要进展

（一）大气环境基础研究进展

1. 大气环境的物理过程

（1）大气边界层过程及演变。大气边界层是受地球表面影响最大的大气层，直接影响地圈、水圈、冰雪圈和生物圈与大气圈的能量和物质交换过程，对理解由人类活动带来污染物的排放、传输、转化和沉降等科学问题具有重要的意义。

近年来，大气边界层的研究进展主要集中在以下几个方面：①典型下垫面大气边界层理化结构和湍流特性垂直探测技术，例如，李茂善等利用珠穆朗玛峰地区无线电高空探测资料和超声风温仪观测资料，分析了珠穆朗玛峰地区边界层高度以及不同的观测站的近地层能量交换特征，得到珠穆朗玛峰地区 5 月份边界层高度日变化比较明显，而不同监测站点由于下垫面不同，能量交换特征也不同；②天气及气候模式中大气边界层物理过程参数化方案的改进；③非均匀下垫面大气边界层结构的演变过程及其与大气污染的相互作用机理，例如，刘树华等研究了干旱区绿洲"冷湿岛效应"及逆湿现象，并指出 15 ~ 25km 的绿洲"冷湿岛效应"最明显，其存活性也最强；④影响大气污染演变的关键气象过程、重污染影响局地和区域气象条件的关键促发因子；⑤大气污染物排放与沉降之间（地气交换）的非线性响应机制；⑥大气边界层与自由对流层物质能量交换。

总的来说，边界层气象学的发展方向已向非均匀下垫面、陆气海气相互作用、大气环境、生态边界层等交叉学科方向渗透，并在各种尺度的大气模式、大气污染模式中得到越来越深入的发展和应用。与此同时，用动力气象学观点研究大气边界层的规律正在兴起，这些不同方向的研究将共同促进大气边界层气象学这门学科的发展。

虽然近年来在非均匀下垫面大气边界层研究领域已经取得了很大的进展，但仍存在以下一些问题需在今后的研究中加以关注：

1）过去的观测试验与数值模拟研究中非均匀地表性质与地形起伏常被分开考虑。但实际地表往往是这两种非均匀作用的复杂组合。因此今后在热力、动力非均匀的结合以及对复杂地表性质和地形组合的数值模拟预测方面还有待进一步的深入。

2）城市复杂下垫面参数化。在广泛应用中尺度气候模式研究城市边界层时，城市内部的局地小气候并不能准确地模拟出来。目前应用三维复杂地形中尺度数值模式对城市边界层进行了较详细的模拟，但在分辨率方面仍有待于进一步的提高与改进。[1-8]

（2）大气湍流。湍流在大气能量和物质扩散与输送中起着重要的作用，而由于其非线性、不规则性和随机性的特点，一直是大气科学未完全解决的难题，也使得对湍流进行统一的模式处理变得很困难。目前处理湍流扩散与输送采用湍流统计理论、湍流闭合理论和相似性理论，主要通过动力学方法研究湍流微观结构和微观机制。近年来提出的非平衡态热力学方法，推进了从微观层次到宏观层次研究湍流对物质和能量的输送问题，特别是在空气污染物扩散以及气候系统中物质和能量平衡中的宏观湍流输送方面得到了很好的应用。

近年来，大气湍流研究主要进展：①在大气湍流模型方面提出一个不同于传统的 Richardson 串级模型，并构造了一个与实际观测资料符合很好的湍流风速分布的分形模型，其很好地显示了湍流的能量级串的分形、间歇和不均匀的特点；②在大气湍流与物质交换特征方面，提出大气中存在的绝大多数过程如水汽、气溶胶和气态物质迁移、热量转移及云雾和降水的形成，都与大气运动的湍流性质关系密切；③由于城镇化的发展，城市下垫面与边界层大气之间的物质交换的复杂性和各个城市的差异性，使得在城市湍流方面的研究越来越深入；④发展了湍流非平衡态热力学方法，从理论上证明了大气系统动力过程和热力过程间的交叉耦合效应，为研究湍流的宏观结构和宏观机制提供了一条新途径和新视觉。[9-11]

经典湍流理论是基于水平均匀、定常条件下发展起来的 Monin-Obukhov 相似性理论，在水平非均匀下垫面物质和能量湍流输送模式参数化以及这些条件下的野外观测都遇到了新的挑战，从各向同性湍流向各向异性湍流理论发展和观测研究是新的热点方向。

（3）大气气溶胶与云雾过程。大气气溶胶是指悬浮在大气中固体和液体微粒的总称。大气气溶胶由于其对辐射作用而引起的直接气候效应，以及通过对云雾形成的作用而产生的间接气候效应都是目前全球气候变化研究中的重要科学问题，同时大气气溶胶也主导了区域大气灰霾的形成，已成为大气污染研究的一个焦点。因此对其不同尺度理化特征、光学特征、来源及形成机制、云微物理过程影响的研究，对理解气候变化效应和区域空气污染形成具有重要意义，也是科学研究的前沿热点问题。[12-19]

对气溶胶和云雾过程相互作用的研究近年来主要集中在以下几个方面：①不同成分气溶胶和大气中其他痕量组分的相互作用，以及它们对气候的直接和间接作用。Yoon 和 Kim（2005）的研究表明气溶胶微物理参数的改变，将改变颗粒物的辐射特性参数，如单次散射反照率、后向散射比、不对称因子等，进而影响大气能见度及地球表面、大气层顶的辐射强迫；②气溶胶来源及理化特征，尤其是二次有机气溶胶形成机制研究；③气溶胶吸湿增长机制及其光学属性，例如，王体健等提出气溶胶一方面通过对电磁波的散射和吸收作用，导致光波的能量衰减，另一方面则把吸收的能量转化为其本身的热能，起到加热大气的作用；④气溶胶形成与天气过程的相互反馈作用机制；⑤基于云滴谱的观测，提出了新的积云微结构模型，对云和降水发展过程的认识有了提高和深入。例如分析了我国暴雨的气候特征及有利于暴雨形成的环流形势，并指出低空急流、水汽辐合等是暴雨形成的有利条件；⑥发展了考虑气溶胶反馈机制的更详细云微物理过程的云雾数值模式，开展了雷达资料同化对云降水过程影响的研究；⑦初步开展了气溶胶对云和降水形成的反馈机制研究，例如研究气溶胶浓度和分布变化对季风的影响[19-21]。

目前气溶胶的直接气候效应研究较为成熟，气溶胶的间接气候效应以及半间接气候效应的定量研究在国内起步较晚；二次有机气溶胶形成机制及模式参数化研究相对滞后；气溶胶与云相互作用的微物理过程及其参数化是一个新的挑战。系统区域性研究、来源分析、数值模式中对气溶胶理化特征和光学特征的描述等方面还需要进一步发展。[22-24]

（4）辐射过程及变化。辐射强迫是当前气候变化研究中的核心科学问题之一。IPCC气候评估报告均有专门章节论述此方面的内容。我国《气候变化国家评估报告》也将温室气体和气溶胶辐射强迫作为中国气候变化的主要影响因素之一。我国城镇化带来土地覆盖与土地利用的快速变化，以及大面积长时间以细粒子为特征污染物的灰霾事件对大气辐射强迫有着重要的影响，因此准确估算大气辐射强迫对理解全球和区域气候变化有着重要意义。

近年来，在辐射过程的研究集中在：①通过改进大气辐射传输计算公式，发展和完善大气辐射模式。重点考虑大气中气体的非灰吸收、云和气溶胶粒子的吸收和散射作用。例如，高扬子等基于 GIS 空间分析技术与 Mann-Kendall 趋势分析法，并利用参数拟合，对 FA（ ）Penman 公式进行修正后模拟的站点逐日地表净辐射的总体精度较高；②开展陆—气交换的辐射过程研究，获得不同气候区域地表辐射和能量收支特征，例如，孙仕强分析了南京城、郊在晴天条件下的辐射平衡、能量平衡、反照率以及储热项变化特征，结果表明夏季晴天条件下城、郊辐射收支分配有显著不同城市辐射陷阱作用导致城区向上短波辐射日均值小于郊区；③加强对气溶胶不同成分辐射效应的研究工作，尤其集中在对黑炭的吸收作用，以及气溶胶老化过程对辐射影响方面的研究。Liang（2010）的研究表明，云量不是造成中国区域短波辐射下降的主要因素，大气中持续增多的气溶胶是主导因素；④地表覆盖及反照率变化对能量收支的影响。Curry 等通过雪 / 海冰 – 地表反照率的反馈机制解释了地表反照率对全球气候变化的影响，全球变暖，冰雪覆盖融化、减少，使地表反照率降低，地球表面吸收更多的太阳能，从而进一步加速地球变暖；相反，如果全球气温降低，则冰雪覆盖增加，地表反照率升高，把更多的太阳辐射反射到大气空间，地球温度进一步降低；⑤大气辐射通量与云物理、积云对流和陆面过程耦合的研究；⑥敏感区域（比如青藏高原、北极、干旱与半干旱地区等）大气辐射变化的研究。Charney 通过全球气候模型（GCM）在撒哈拉干旱地区的模拟研究发现，地表反照率增加是进一步加剧该地区干旱的主要原因，最早指出地表反照率在全球气候变化中所起的作用，并提出了著名的生物 – 地球物理反馈机制，该机制认为干旱区由于缺乏降雨而导致植被减少，地表反照率增加，地表获得的净辐射减小，相应的感热通量和潜热通量减少，造成大气辐合上升减弱，云和降水减少，进而导致该地区的持续干旱。

虽然在大气辐射方面的研究取得了一定的进展，但是还是有许多值得加强的地方：①地表净辐射的影响过程与机理尚需进一步探讨；②在现有大气辐射传输方案中考虑更多温室气体、气溶胶、气态污染物的耦合大气辐射作用，以改进大气辐射传输方程；③水汽、大气的气体成分、太阳活动、气温和降水等对地面太阳辐射的影响程度尚不明确，还需进一步的研究。[25-32]

2. 大气环境的化学过程

（1）自由基化学。大气自由基化学是对流层大气化学的重要组成部分，对于理解大气氧化性、光化学臭氧和二次有机气溶胶生成等核心科学问题具有重要意义。大气中主要的自由基有 OH、HO_2、RO（R 为有机基团）、RO_2 和 NO_3 等自由基，在这些自由基中，OH 自由基是大气氧化能力的主要表征物质，因活性强而一直备受关注[33, 34]，如 OH 可以与大气中的烯烃反应生成醛，后者再与 OH 自由基反应从而产生光化学烟雾中有毒且具有强烈刺激性的化合物过氧乙酰硝酸酯（PANs）[35]；随着对光化学深入探讨，过氧自由基（RO_2 和 HO_2）因其独特的化学特性和地位也受到越来越多的重视[36, 37]，如有机过氧自由基 RO_2 在 VOC_S 和 OH 自由基的反应初期即可生成，随着与 NO 的反应，一方面导致 NO_2 的产生、O_3 的积累，另一方面形成 RO 自由基；RO 自由基在大气中浓度很低，主要起着传载反应的作用，它与 O_2 反应生成 HO_2 的同时，又将 VOC_S 的转化更深入的进行，直至将 VOC_S 氧化为 CO_2 和 H_2O，或者其他较稳定的化合物[38-42]。O_2 过氧自由基是 OH 的重要储库，它不仅可以通过生成的 H_2O_2 光解产生 OH 自由基，在污染区域，HO_2 与 NO 的反应更是加速了 HO_2 向 OH 的转化。

由于自由基的很多来源和去除过程都是相互耦合的，所以为了方便研究，一般将自由基体系划分为以下 4 大类反应过程进行研究。

1）新自由基的生成（初级来源，primary sources），即气体分子通过光解或者化学解离（包括 NO_3 对有机物的氧化）而生成自由基的过程；

2）自由基的再生（次级来源，recycling sources），即自由基之间的相互转化；

3）自由基的去除（termination），即相互碰并或者与其他气体分子（NO_2）反应生成稳定的反应终产物；

4）自由基与储库分子之间的稳态平衡（equilibrium），即自由基与储库分子之间（PAN）的快速转化过程。

目前，自由基存在有以下几个重要环节急需开展研究：

1）自由基测量的区域不均衡问题。由于大气自由基化学的研究起源于清洁地区[42]，已有自由基化学研究相对偏重于清洁地区，而相对忽视了高 VOC_S 区域，尤其污染城市地区的分析。因此，在清洁地区大气化学机制得到较好建立的前提下，下一阶段研究的重点区域应该是 VOCS 反应活性的区域。

2）自由基的模拟问题。自由基的大气寿命很短，不受到传输过程的影响；但是过氧自由基的前体物 NO_X 和 VOC_S 寿命较长，受传输过程影响显著。实地观测中，过氧自由基的准确模拟需要合理的实验设计和对前体物参数的综合测量。已有研究工作中，相关模式分析较少，因而开展包含自由基测量的综合外场观测实验及相应模拟分析也是未来研究的重点。

3）闭合实验的分析方法的改进。在闭合实验的分析方法上，过去主要是基于浓度水平，这是一种面向结果的分析方法，具有较大的弊端。在未来的研究里，应更多使用面向过程的分析方法，即基于反应速率的闭合实验，当然这要求在将来更多地开发一些能直接定量某一反应通道一级反应动力学常数的大气测量仪器而不仅是浓度的测量仪器。从已有的观测结果来看，这样的分析方法的转变对于城市地区的 HO_x 化学机制的研究尤其重要。

（2）气相化学机制。挥发性有机物、含氮化合物及含硫化合物的化学反应是大气气相化学反应的主要部分。近些年来，大气气相化学的主要研究进展包括：①从挥发性有机物来看，异戊二烯、单萜烯对全球二次有机气溶胶（SOA）形成起到重要作用而受到广泛关注[43]，近些年来，继续深入研究异戊二烯、单萜烯等物质与 OH 自由基、O_3 和 NO_3 自由基的反应机理[35-49]。Paulot 等[50,51]提出异戊二烯与 OH 自由基反应的新机制，异戊二烯在高 NO 条件下氧化生成异戊二烯羟基硝酸盐（ISOPN），而在低 NO 条件下生成异戊二烯羟基过氧化物（ISOPOOH）并继续氧化生成异戊二烯环氧二醇（IEPOX）物质。近些年的理论计算、实验室研究和外场观测结果证实了新机制的存在，同时探讨 ISOPAN 和 IEPOX 及其多代氧化产物生成 SOA 的反应途径[52-58]。如甲基丙烯醛（MAC）在高 NO 条件下，通过光解转化成甲基丙烯酰基过氧硝酸盐（MPAN），MPAN 通过继续氧化形成 SOA[59,60]；IEPOX 则可通过直接水解或与酸性气溶胶生成呋喃类、有机硫酸酯和低聚物等 SOA 前体物，并研究 IEPOX 同分异构体及不同环境因素（湿度、气溶胶酸度等）及对 IEPOX 反应途径的影响[54,58,61,62]；②从含氮化合物来看，HONO 作为 OH 的主要来源之一，其源、汇及污染特征成为目前大气化学研究热点。外场观测表明白天高浓度的 HONO 存在未知来源[63-65]。HONO 未知源除土壤排放的 NO_2^- 与 H^+ 反应[66]，NO_2 等含氮物质在气溶胶等界面的非均相反应外[64,67,68]，可能存在未知的气相机制，如 $HO_2 \cdot H_2O$ 复合物与 NO_2 反应生成 HONO[69]；光解产生的激发态 NO_2（*NO_2）与水汽反应生成 HONO[70]，然而最新观测表明虽然 HONO 未知源与 J（NO_2）存在很强的相关性，但是 *NO_2 反应机制却对大气中 HONO 未知源的贡献起到微小作用[63,65,72]。HONO 的未知源仍需要进一步研究；③从含硫化合物来看，模型模拟和外场观测结果表明 SO_2 存在缺失的汇，认为稳定态克氏自由基（sCI）与 SO_2 反应是 SO_2 另一条重要的汇，也是气态 H_2SO_4 重要来源之一[83-88]，但是部分实验室测得的 sCI 与 SO_2 的反应速率常数和观测结果表明 sCI 与 SO_2 的反应在大气中并不重要[77,78]。

（3）气溶胶的生成与老化。近年来，一些大中型城市的大气灰霾现象日趋严重，这使得导致灰霾形成的气溶胶的相关研究成为大气环境化学研究的重点。目前有很多研究表明，有机气溶胶是大气中颗粒物的主要贡献者，有机气溶胶占颗粒物总质量浓度的 18% ~ 70%，并且有机气溶胶中的很大一部分（63% ~ 95%）为 VOCs 氧化生成的二次有机气溶胶（secondary organic aerosol，SOA）。SOA 的生成与老化是近几年的研究热点之一。

SOA 的生成与老化过程主要分为气相氧化、气粒分配和颗粒相反应三个步骤。气相氧化主要是 VOCs 在大气中被 OH 自由基、NO_3 自由基或 O_3 氧化，生成 R 自由基，然后迅速与 O_2 反应生成 RO_2 自由基，继而与大气中的 NOx 或其他自由基反应，生成各种不同挥发性的产物，其中挥发性低的化合物通过气粒分配作用进入颗粒相。早期的研究认为，只有当低挥发性物质达到饱和浓度时，才能通过凝结形成气溶胶，但是近些年来的烟雾箱实验表明即使低挥发性物质没有达到饱和，也可能通过气粒分配理论进入颗粒有机相，进入颗粒有机相的比例取决于该物种的挥发性及大气中颗粒物的浓度。半挥发性物质进入颗粒相以后，会进一步发生反应，例如聚合、缩合、氧化反应等，这些反应会进一步降低半挥发性有机物的挥发性，使气粒分配平衡向颗粒相移动，促进 SOA 的生成。有机物与氧化剂的反应同样有可能在颗粒相中发生，这种反应被认为是气溶胶老化过程。颗粒相中氧化还原反应的机理与气相中类似，但传质能力的差距使得不同路径的分配与气相反应有所不同。

除了以上提到的气粒分配理论，最近的研究发现液相反应也是一种非常重要的 SOA 生成途径。乙二醛（CHOCHO）是通过液相反应生成 SOA 的最重要物种之一，乙二醛能够溶解进入颗粒物的水相或者进入云雾，发生水合、聚合、氧化等反应，生成低挥发性的产物，转化为 SOA，这种过程在近几年已经被很多实验证实。乙二醛的前体物 VOCs 也是潜在的 SOA 生成来源。除了乙二醛，大气中其他的低分子量含氧有机物（例如甲醛、乙醛）也可能导致 SOA 的生成。目前我国的相关研究主要集中于外场观测，另外有少量非均相反应的相关研究，对于 VOCs 转化生成 SOA 机理的研究较少。

（4）非均相化学过程。模型和观测的结果表明单一的气相化学过程已无法解释大气中的众多现象，痕量气体与颗粒物的非均相反应也是大气化学的重要过程之一[79, 80]。近些年，非均相反应的主要研究进展包括：①研究环境因素（温度、湿度、光照等）对非均相反应的影响，获得更能准确反映实际大气环境的摄取系数（γ）[81-84]；②研究颗粒物形态、相态和化学组成对非均相反应的影响。颗粒物表面的覆盖物及混合状态显著影响颗粒物对痕量气体的反应活性[85-88]，例如，N_2O_5 的摄取系数随着颗粒物中 Cl^- 和 NO_3^- 的摩尔比升高而升高，即使颗粒物中含有相同的 Cl^-/NO_3^-，内混时模型模拟的摄取系数值比外混高 32%[85]。$(NH_4)_2SO_4$ 颗粒物含有 Cu^{2+} 时，显著提高 HO_2 自由基在 $(NH_4)_2SO_4$ 颗粒上的摄取[89, 90]；③研究多组分气体在颗粒物表面共存时的协同作用和抑制作用[91-94]。例如，H_2O_2 的存在可以明显促进甲基丙烯醛（MAC）在颗粒物上的摄取和转化[91]；NO_2 和 SO_2 共存时促进颗粒物表面亚硫酸盐转化成硫酸盐[92]；④研究有机颗粒物物理化学性质对其自身非均相反应机理的影响，近些年的研究结果表明官能团化和挥发化是有机颗粒物与自由基非均相氧化的主要途径，而这两种途径的与颗粒物相态、有机物 C 数、C 架结构和氧化程度密切相关[95-97]。如含叔碳的过氧自由基主要发生挥发化途径[96-98]；⑤评估非均相反应的大气意义。通过模式模拟研究非均相反应对痕量气体收支平衡的影响[99-101]，例如，Wang 等[99] 在 GEOS-chem 中考虑了 SO_2 非均相反应，模型模拟的硫酸盐量和 $PM_{2.5}$ 质量浓度与观测值较好的吻合。同时，研究非均相反应对颗粒物化学组成、吸湿性、云凝结核活性等物理、化学性质的影响[102, 103]。例如，还原性有机颗粒物经过自由基多代非均相氧化反应后转化成极性的含氧有机物，使得颗粒物的氧化程度升高[102]；OH 自由基的非均相老化，可以把疏水性有机颗粒物转化成亲水性有机颗粒物[102, 103]。

（二）大气环境研究的方法学体系

1. 大气污染过程的监测

针对大气污染过程的外场观测研究是大气环境研究的重要手段之一，是指在所研究地区采用实地布点、采样或者直接测量的办法取得所需污染物的直接数据，一般用于：①了解大气污染物浓度的时空分布和变化规律；②同步测定反应物和产物，从中找出化学转化的相互关系；③进行污染源及源谱的测定，以进行污染来源的解析；④为进行模式的验证取得现场数据。

外场观测对于了解大气污染物的时空分布和变化规律是最直接的手段，能得到真实的第一手资料。一般的观测，可以在地面进行（布设地面监测点），也可在水上进行（船、海洋工作台）。为了进行特定目标的监测，常采用建立加强观测站的方法，进行定期综合监测。飞机观测的手段也常被利用，以取得近地面层空间分布的资料。随着科学研究人造卫星探测技术及各种光学遥感技术的迅猛发展，越来越多地依靠这些手段来获取空间及地面的资料。一般说来，对现场观测的技术要求很高。目前在准确度和定量方面尚有不少需要改进之处，还需要不断发展。通过立体、在线、高分辨、高灵敏的监测方案和手段，从而在获得污染物的三维分布；典型天气过程下污染物迁移转化；边界层、自由对流层交换机制；验证源清单等方面的研究将会是今后外场观测的主要发展方向，如正在发展的激光与光谱技术、质谱技术、机载和车载快速测量技术以及各种技术集成的超级观测站等。

目前，我国面临着大气复合污染的新型复合污染问题，大气复合污染概念模型如何从现象描述走向定量分析，是一个关键的科学问题。我国典型城市群大气复合污染表现出强氧化性和低能见度特点，高浓度的臭氧与细粒子对人体健康、生态系统和气候变化等产生重大影响。以自由基源、汇和循环过程为核心的大气氧化过程是大气复合污染形成的化学驱动力。针对以臭氧和颗粒物为主的大气复合污染问题，需要监测表征环境污染程度的多种参数（例如大气的光学性质、以臭氧和颗粒物为代表的各种污染物及其前体物（挥发性有机物、NO_x 等）的浓度水平、变化趋势以及物理化学反应过程中涉及的气象条件、大气氧化能力等，以解决高 VOCs 低 NO_x 条件下的 OH 自由基非传统再生机制、雾霾污染中的 HOx 自由基化学反应机制、夜间自由基及化学反应机制、新粒子生成机制、二次有机气溶胶的生成机制、颗粒物的老化机制等科学问题。

近年来，在珠三角、京津冀地区开展了多次大型外场观测，针对区域大气复合污染的关键污染物开展了以臭氧化学和细颗粒物辐射效应为核心的两类闭合实验，研发了大气复合污染关键污染物的在线测量技术和设备，建立了大气超级观测站，为实现大气复合污染形成机制和环境效应的定量化研究提供了指导思想和技术平台。

针对上述的核心科学问题，大气污染过程监测包括气象条件、廓线观测，自由基观测，活性含氮物种、挥发性有机物等含碳气体组分、气溶胶表征的观测几部分。

（1）气象条件：包括温度、湿度、风速、风向、压强、辐射强度等气象参数。

（2）廓线观测：包括观测塔，温度、气压、湿度、风速风强，风廓线、气溶胶廓线等参数。其中拉曼雷达是测量气溶胶廓线的重要仪器。

（3）自由基观测：包括光解频率，OH、HO_2、RO_2 自由基浓度、K_{OH} 等。由于大气中自由基的活性强，浓度低［ppt（10^{-12}）量级］，涉及自由基的观测对监测仪器的精密度等要求较高。目前可以使用激光诱导荧光技术（LIF）对上述自由基浓度进行观测。

（4）含氮组分：包括 NO，NO_x，NO_y，HONO，NO_2，HNO_3，PAN，GLY，NH_3，PPN，MPAN 等。涉及的仪器包括 CIMS，GAC 等。

（5）挥发性有机物等含碳气体组分：NMHCs、OVOCs、CO、CO_2、CH_4、ROOH。

（6）气溶胶表征：包括气溶胶的物理、化学、光学性质。其中气溶胶的物理表征包括颗粒物粒径的数谱分布，颗粒物挥发性，粒径相关的气溶胶反应系数等；气溶胶的化学表征包括 $PM_{2.5}$ 及 PM_{10} 的质量浓度、化学组成（包括有机物、离子及 EC 等），涉及的仪器和采样手段包括膜采样、MOUDI 采样器、AMS 以及 SPAMS 等；气溶胶的光学性质包括其散射系数、吸收系数等。

由于大气中各污染物的浓度水平较低，多在 ppm（10^{-6}），ppb（10^{-9}）乃至 ppt（10^{-12}）的痕量级别，因此对仪器的精密度、灵敏度要求较高。此外，外场观测的仪器逐渐从离线仪器向在线仪器升级，其时间分辨率从一天，几小时到几秒钟不等。

虽然外场观测是了解真实大气的最直接的手段，但大规模的外场观测往往需要较多的人力、物力和时间，并且要选择合适的气象条件和观测地点，因此往往只能有限度地进行。

2. 实验室模拟

大气环境化学相关的实验室研究除了研究和开发痕量物质的准确、灵敏、便捷于操作的现场和实验室的分析技术外，基本上是围绕着重点要解决的问题，在实验室进行相关模拟，以此阐明污染物形成机制和过程。

早期的实验室模拟主要集中在气相—均相反应化学动力学，其中包括各种反应物质的反应动力学常数的测定、光解反应，自由基—分子反应和自由基—自由基反应的动力学和活性物质的光化学反应研究等。由于外场观测受气象条件、地形条件和污染源条件的限制，难以人为的控制和改变条件，要从外场观测进行规律性研究是极其费力的，为此发展了实验室模拟研究。实验室模拟目的是排除掉复杂的气象、地形等因素的影响，单纯模拟大气中的化学过程，以便从复杂的现象中提炼出化学反应的本质。实验条件可以人为的加以控制、改变和重复，因而在进行机理性研究和解决复杂条件下的环境问题时，具有很大的优势。

实验室模拟常用的技术就是"烟雾箱"实验。用一个较大的由惰性材料制成的容器来模拟大气层，并用紫外光源模拟太阳辐射。往容器中通入要研究的气体，观察其反应物和产物随时间的变化，由此得出大气中化学转化的动态规律。这类烟雾箱实验在世界各地已经较为广泛的应用，并且大多数根据各自的要求和条件自行设计和制造。烟雾箱实验存在的最显著的问题是壁效应。实际大气是没有边界的，而模拟实验容器即使采用惰性材料仍不可避免释放出某些物质。因此进行模拟试验及使用实验数据时，必须考虑壁效应等相关问题。可以认为，在大气均相反应方面的研究已经比较深入，光化学烟雾的形成机理也比较清晰，其成果已经被用于构建空气质量模式中的化学反应机理，使模式研究得以较好的发展，并被用于制定减轻光化学烟雾的控制对策。

近几年来，非均相（多相）化学也成为实验室研究的方向之一。大气中重要的痕量气体物质，如 SO_2、NO、NO_2、NO_3、O_3、HO_2、H_2O_2、OH、CO、DMS 和 $VOCs$ 等，在颗粒物表面的非均相反应过程直接影响大气环境质量，如平流层臭氧损耗，对流层大气氧化性、SO_2、NO_x 和 $VOCs$ 的去除以及 SOA 的生成等。大气中颗粒物与痕量气体物质相互作用的机制非常复杂，包括物理吸附、化学吸附、化学转化等。大气中颗粒物表面的非均相化学反应不但涉及颗粒物本身的物理化学性质，而且与大气中痕量气体的浓度、所处的环境等因素密切相关，因此要实现大气中颗粒物的非均相化学反应的原位研究非常困难。在实际的研究过程中，目前通常在烟雾箱中用单一成分颗粒物来模拟实际大气环境中颗粒物的某种成分与痕量气体的反应，或者采集实际大气中的颗粒物在烟雾箱中与痕量气体进行反应，研究其反应转化产物及其反应机理，从而推断实际大气中颗粒物表面的多相化学反应机制和对大气环境产生的影响。

总之，烟雾箱是研究大气化学反应的主要工具。近些年来，国内外有多个研究机构建立了烟雾箱，并对各种化学反应进行了研究，以收集数据来发展和检验大气化学反应机理，目前 SOA 的形成机理研究是实验室模拟研究的热点。但是烟雾箱实验大多是通过采用单一成分对某些反应机理进行阐述，实际大气是一个复杂体系，其气象条件（大气稳定度、风向、风速、湿度、阳光通量等）、污染物状况（污染物种类、浓度等）等都会影响大气中的各种物理化学反应。例如近些年研究发现不同 NO_x 条件下异戊二烯的氧化途径不同，生成的氧化产物挥发性不同，导致其 SOA 的产率有很大差异。另外，对于 SOA 生成与老化的实验室模拟，目前大多是对一种单一或少数几种前体物进行模拟的，当很多前体物同时存在时，相互间的反应是否会影响 SOA 的产率需要进一步验证。此外，烟雾箱实验的持续时间一般为几小时到几十小时，而在更为漫长的大气化学反应中，会发生一些难以在烟雾箱中观察到的反应，通过各种反应生成的半挥发性有机物，也可能进一步老化，生成更低挥发性有机物，使得 SOA 的产率提高。这些过程在今后的烟雾箱实验中应设法验证并评估其在 SOA 生成过程中所起到的作用。

3. 数值模型

数值模型是基于人类对大气物理和化学过程科学认识的基础上，运用气象学原理及数学方法，从水平和垂直方向在大尺度范围内对空气质量进行仿真模拟，再现污染物在大气中输送、反应、清除等过程的数学工具，是分析大气污染时空演变规律、内在机理、成因来源、建立"污染减排"与"质量改善"间定量关系及推进我国环境规划和管理向定量化、精细化过渡的重要技术方法[104]。由于数值模型具有外场观测和实验室研究所不可代替的功能和特性，使得模型计算成为大气环境研究领域中一种重要的研究方法。近些年来，数值模型已被广泛应用于重大科学研究、环境影响评价及环境管理与决策领域，已成为模拟臭氧、颗粒物、能见度、酸雨甚至气候变化等各种复杂空气质量问题及研究区域复合型大气污染控制理论的重要手段之一。

　　数值模拟具有科学性强，能做出定量的浓度时空预报，并能填补资料窗，并且节省钱和人力，因此是大气环境研究的发展方向[106]。数值模拟具有科学性强，能做出定量的浓度时空预报，并能填补资料窗，并且节省钱和人力，因此是大气环境研究的发展方向。在大气科学领域中，大气模式系统主要有两类：一类是离线模式（off-line），如 CMAQ、CAMx、NAQPMS 等，它是先运行气象场数据然后将其耦合合到化学场中，两者使用不用的物理参数，并且气象场与化学场之间无反馈；另一类是在线模式（on-line），如 WRF-Chem 等，它是气象场与化学场同时进行集成运算，两者使用相同的物理参数，并且在气象场与化学场之间考虑两者的相互反馈，因此更符合真实大气的情况。

　　Ralph E. Morris 等人[106] 2002 年用一年的排放与气象场数据加入到 CMAQ 和 CAMX 的光化学网格模式中，通过比较及敏感性分析表明，两种模式中一些化学过程的缺少将会导致在对美国大陆计算 OC 浓度产生误差。赵秀勇等人[107] 将中尺度气象模型 ARPS 与区域多尺度空气质量模型 CMAQ 的耦合起来，研究了 2002 年 1 月份和 8 月份石景山区污染物排放对北京市空气质量的影响。模拟结果显示石景山污染对北京市空气质量影响较大。刘晓环等[108] 利用第三代空气质量模型 Models-3/CMAQ，对我国主要污染物进行了数值模拟，并通过与观测对比验证了其可靠性。

　　WRF-Chem 模式将中尺度数值预报模式（WRF）与化学传输模式（Chem）在时间和空间分辨率上耦合起来，模式充分考虑输送（包括平流、扩散和对流过程）、干湿沉降、气相化学、气溶胶形成、辐射和光分解率、生物所产生的放射、气溶胶参数化和光解频率等过程，实现真正的在线传输[109]。WRF 是一个非静力模式，对瑞流交换、大气福射、积云降水、云微物理及陆面等多种物理过程均有不同的参数化方案，可以为化学模式在线提供大气流场。大气化学模式（Chem）中包括 36 个化学物种和 158 类化学反应，气溶胶模块中含有 34 个变量，包括一次和二次粒子（有机碳、无机碳和黑碳等）。在粗粒子设计方案中有 3 类：人为源粒子、海洋粒子和土壤尘粒子。该模式已被用于研究城市复合污染特征、气溶胶粒子、O_3 及其前体反应物（NOX、VOC 等）之间的化学反应机制。Yongxin Zhang[110] 等利用 WRF-Chem 模式研究表明春季亚洲空气污染物的浓度比美国更高。张阳等[111] 同样利用 WRF-Chem 模型分析化学—气溶胶—云—辐射—气候之间的相互反馈效应，发现气溶胶对各气象要素、化学反应都有一定程度的影响，总体使大气层变得稳定易导致污染天气，并且气溶胶的反馈效应会对云凝结核及降雨量等都造成影响。Pablo E.Saide 等人[112] 发现利用 WRF-Chem 模型还能很好的预报 PM_{10} 和 $PM_{2.5}$ 的污染事件，并通过当地政府的配合采取有效措施，防治大气污染事件的发生。

　　数值模型的模拟要取得进一步突破，前提是能够捕捉到中尺度系统真实的三维结构和演变过程的资料。解决这一问题的关键技术之一是发展新的中尺度探测技术和探测理论，发展综合探测系统，努力建立中尺度观测网。解决目前观测不充分而最先需知道的观测内容是：行星边界层的高度，土壤湿度和温度廓线，高分辨率垂直水汽廓线，空气质量和有关地面以上大气化学成分观测。另外，要重点解决特种观测手段获取的中尺度信息和常规资料的同化技术，解决多种观测资料的融合、集成技术问题，研究能生成包含中尺度三维结构的气象数据库的技术和方法。

（三）大气环境研究中重大问题的综合研究进展

1. 大气复合污染的形成机制

大气复合污染是指大气中由多种来源的多种污染物在一定的大气条件下（如温度、湿度、阳光等）发生多种界面间的相互作用、彼此耦合构成的复杂大气污染体系。城市和区域大气复合污染的表现为污染源排放的一次污染物通过大气中的化学反应生成高浓度的氧化剂（臭氧等）及细颗粒物等二次污染物，它们在静稳天气下积累，导致低能见度的灰霾现象并严重影响人体健康和气候。复合污染主要是指煤烟型污染与日益恶化的机动车尾气污染及其他污染物相叠加，大气中均相反应和多相反应相耦合以及局地与区域大气污染的相互作用。大气复合污染在现象上表现为大气氧化性物种和细颗粒物浓度增高、大气能见度显著下降和环境恶化趋势向整个区域蔓延；在污染本质上表现为物种之间的交互作用及互为源汇、物种在大气中转化的多种过程的耦合以及污染环境影响的协同或者阻抗效应。

为了遏制我国城市群区域大气复合污染恶化的趋势，寻求科学可行的防治方略和总体解决框架，国家高技术研究发展计划（"863"计划）在"十一五"期间设立了"重点城市群大气污染综合防治技术与集成示范"重大项目，旨在建立适合我国国情的城市群大气复合污染立体监控和预测预警技术体系，促进环境管理从以城市为重点向区域协调联合调控的跨越。"十二五"期间，国家科技支撑计划决定重点在珠三角地区实施"珠三角大气污染联防联控支撑技术研发与应用"项目。为了贯彻落实国务院《大气污染防治行动计划》，国家自然科学基金委员会于2015年启动了"中国大气复合污染的成因、健康影响与应对机制"的联合重大研究计划。以上项目针对城市和区域大气复合污染综合防治的技术需求，关注的主要科学问题包括：①大气氧化性与大气复合污染生成的关键化学过程；②大气多尺度物理过程与大气复合污染的相互作用；③大气复合污染的控制，聚焦于区域大气复合污染在线立体监测技术、区域动态污染源清单技术、区域大气复合污染预测预警技术、关键区域污染源控制技术和设备以及区域大气复合污染控制的决策技术等的研发。

2. 大气污染物的来源研究

（1）源解析。大气污染物来源非常复杂，既可以由污染源直接排放进入环境大气（一次源），也可以通过光化学反应生成（二次源）。其中一次源又可分为天然源和人为源：天然源包括生物排放（如植被、土壤微生物等）和非生物过程（如：火山喷发、森林或草原大火等）；人为源则主要来自化石燃料燃烧（如：汽车尾气、煤燃烧等）、生物质燃料燃烧、道路扬尘、油料挥发和泄漏、溶剂和涂料的挥发、石油化工、烹饪和烟草烟气等等。对大气污染物来源的准确认识是了解、控制和解决空气污染问题的基础和关键。但是，大气污染物的来源研究是一项非常具有挑战的工作，主要是因为：①大气污染物的来源种类繁多，而且包括很多无组织排放过程（如：民用排放过程、工业上的逸散性排放和生物质燃烧、道路扬尘等）；②大气污染物的源排放特征具有显著的地域差异而且随着法规政策和控制措施的改变而呈动态变化；③有些组分还可能存在二次源和未知源。现在常用的大气污染物来源分析技术主要有源排放清单、空气质量模式、受体模型和基于气团老化的参数化拟合等方法。

（2）排放因子和排放清单编制。排放因子（emission factor，EF）法计算目标污染物排放量的一种常用方法，即"自下而上"（bottom-up）收集各个排放过程目标污染物的排放因子和活动水平（activity）数据，然后将各个排放过程的排放因子和活动水平数据先相乘再求和计算得到目标污染物的排放量，即：$E=\sum_{i}^{N}EF_i\times A_i$。其中，$E$ 是目标污染物的排放量，N 是污染物排放过程的总数。EF_i 和 A_i 分别是排放过程 i 的排放因子和活动水平。各类排放源的排放活动数据 A_i 则通过调查统计或者合理外推得到。各个排放过程目标污染物的 EF_i 值可以通过文献调研或者源排放实验获得。由于我国本土化的大气污染物排放因子数据库还不够完善，所以在编制排放清单时，很多排放过程仍主要采用欧美等发达国家所建立的排放因子库，如美国的 AP-42 和欧盟的 CORINAIR 排放因子库。但是，实际上大气污染物排放因子与所研究地区的经济发展水平和控制措施有直接关系，将欧美等发达国家的研究结果直接应用到我国可能会引入误差。另外，随着排放标准的逐步加严、控制措施的改进和生产工艺的变更，污染物排放因子也会随之改变，但是我国污染排放因子数据库的更新却明显滞后。利用排放清单方法可以计算各个过程的目标污染物排放量并确定各个排放过程对排放总量的贡献率。该方法的优点是概念上简单易懂，缺点是排放因子的时空代表性和外推统计量的合理性容易受到质疑，导致这种"自下而上"方式获得的大气污染物排放数据具有较大的不确定性。

目前，我国大部分已发表的清单主要是由高校科研院所等机构和个人所完成，缺乏从政府层面上，由政府机构或组织来系统地开展的大气污染物区域排放清单，从排放清单研究开展的区域来看，大多数研究也是独立而分散。但是，受大气复合污染形式所迫，在我国重点城市群地区，气污染物排放清单研究逐步得到重视，无论从数量和质量上都取得了较大的进步：①关注的污染物种类不再局限于 SO_2 和 NO_x，加大了对 O_3 和 $PM_{2.5}$ 前体物的估算，基本涵盖了大气污染的主要前体物，如 CO、PM_{10}、$PM_{2.5}$、VOCs 和 NH_3 等；②在排放源的类别上，从能源部门的燃料燃烧过渡到经济发展的各部门。大气污染物排放清单代表性的工作有：贺克斌等于 2003 年建立了一种包括源清单开发技术方法，开发了北京市大气污染物网格化清单；谢绍东等针对我国大气挥发性有机物建立了一套基于"五类四级"源分类体系的清单构建方法；郑君瑜等构建了区域高时空分辨源清单建立的方法框架体系，并以 2006 年为基准年，建立了珠三角区域的高时空分辨率排放清单。在长三角地区，以上海市环境科学研究院为主力的研究团队，在长三角各城市人为大气污染源资料的基础上，采用"自下而上"为主的方法建立了长三角区域的高分辨率清单。针对京津冀、长三角和珠三角等重点区域的大气污染物排放清单研究成果均已在国内外重点学术期刊上予以发表。

另外，为了满足空气质量模型的需求，排放清单研究也不再是仅仅估算 VOCs 排放总量，而是需要提供细化到具体组分的排放信息。目前，我国 VOCs 源谱的研究仍然主要是由高校和科研机构推动，尽管缺乏政府层面的投入和指导，但还是取得了一定的成果。典型排放源成分谱已初步建立并识别了主要排放源的特征 VOCs 组分。特别是机动车排放和溶剂使用源的 VOCs 排放量大、特征变化快，近年来这些排放源成分谱的测量受到尤为关注。然而，这些源谱研究也存在较大的局限，例如源谱测量方法不规范，VOCs 测量组分不统一，源谱结果差异大等，这给我国 VOCs 源排放特征源的构建带来非常大的不确定性。另外，我国对于工业过程、生物质燃烧和民用燃煤等污染源的 VOCs 排放特征研究大多独立而分散，在今后的研究需要充分考虑这些源谱的地域性差异和影响因素，保证源谱的真实性和代表性。

（3）清单验证。将不同机构针对同一地区的 VOCs 来源研究进行汇总和比较，可以发现不同研究结果的差异显著。由于 VOCs 来源复杂，无组织排放过程所占比重高，导致排放清单存在不可避免的不确定性。近年来，对 VOCs 排放清单的检验和校正已经成为 VOCs 来源研究的一个热点科学问题，往往需要综合应用多种技术手段对 VOCs 排放量、来源结构和时空分布规律的准确性进行评估。

很多研究发现利用"自下而上"（bottom-up）方式建立的大气污染物排放清单在排放量（排放总量、变化趋势和化学组成）、来源构成和时空分布等方面都具有很高的不确定性，与排放因子和活动水平数据自身的高不确定性有关。但是仅通过清单之间的比较分析，很难对已有清单的准确性进行评判，因此需要基于观测数据采用"自上而下"（top-down）的方式对现有排放清单进行验证，也有研究将其称为"面向受体"（receptor-oriented）的方法。由于外场观测获得的大气污染物环境浓度（$\mu g/m^3$）是目标污染物排放进入大气中后经历一系列物理（传输 / 混合 / 干湿沉降）和化学转化之后的结果，而排放清单给出的是目标化合物来自各个污染源的排放量（Gg/year），因此二者不能进行直接比较。如何建立外场观测浓度与排放数据的联系是利用观测数据检验和校正大气污染物排放清单的关键。表 1 总结了能够建立目标污染物环境浓度与排放信息之间联系的主要研究方法。

1）绝对排放研究（质量守恒法和通量测量法）和相对排放研究（排放比法）能够基于观测到的浓度或比值计算目标污染物的排放量。通过同步的垂直风速和目标污染物浓度的高时间分辨率测量，可以利用涡度相关的方法计算所研究地区目标污染物的排放通量；排放比法是基于外场观测数据计算目标污染物相对于某一参比化合物（Ref）的排放比（emission ratio，ER），然后结合已知的参比化合物排放量计算目标污染物的排放量。

2）空气质量模型可以模拟对流层大气中污染物的排放、传输、化学反应以及干湿沉降去除等过程，从而可以将污染物的排放数据与环境浓度联系起来。将目标污染物的排放数据输入到空气质量中模拟其大气浓度并与实测浓度进行比较是检验排放清单准确性的重要方法之一，通过设计一定的模拟方案可以实现对目标污染物排放量、来源构成和时空分布的多方面验证。

3）对大气中的目标污染物的浓度水平和化学组成进行长期测量并分析其变化趋势是检验清单中得出的排放量、化学组成和来源构成变化趋势，并评估已采取的控制措施有效性的重要手段。

4）受体模式是基于排放源和受体点（即环境大气中）目标污染物（如：挥发性有机物或颗粒物）的化学组成，解析各类污染源对环境大气中目标污染物浓度的相对贡献。受体模式必需的输入数据是测量获得的目标污染物浓度和化学组成，不依赖于排放因子、活动水平和气象条件，是一种典型的基于外场观测的"自上而下"来源解析方法，可以用于检验"自下而上"排放清单中的污染物来源结构。化学质量平衡模型（chemical mass balance，CMB）和正交矩阵因子分析（positive matrix factorization，PMF）是最为常用的两种受体模式。

表 1　利用观测数据检验和校正大气污染物排放清单的方法

验证清单的方法	排放量	来源结构	空间分布	时间变化
相对排放研究（排放比）	√			
绝对排放（质量守恒、通量等）	√			
空气质量模型（正向、反向）	√	√	√	√
趋势分析（地面观测、卫星数据）	√			√
受体模型		√		

3. 大气污染的预测预报

大气污染预报是人们在对大气污染物排入大气环境后扩散、迁移和清除规律认识的基础上，利用科学的方法预测预报未来不同空间尺度上空气污染物浓度变化状况及趋势的过程。它对城市环境管理、污染控制、环境规划、城市建设及公共卫生事业均有重要的实际应用价值，并能促进公众参与及提高城市居住环境意识。

目前，国际上空气质量预报的方法主要有两种：一种是以统计学方法为基础的统计预报；另一种则是以大气动力学理论为基础的数值预报。数值模式是分析大气污染形成和生消规律的重要工具，它可以量化众多物理化学过程的综合作用，解析不同过程和来源相对贡献的时空分布，也是区域和城市大气污染模拟和预报预警的重要工具。近年来发展与完善的空气质量数值模式融合了"一个大气"的思路，考虑了污染物的排放、传输、化学反应、干湿沉降、生态影响等过程，能较好地把握污染物浓度的时空变化。具有代表性的区域空气质量数值模式有美国环保署的 WRF-CMAQ、美国 NOAA 的 WRF-CHEM、中国的 GRIP-Chem 和 NAQPMS、欧洲的 CAMx 和 CHIMERE。这些模式也已广泛应用于国内外的空气污染研究及空气质量预报中，在预报常规污染物方面取得了良好进展。

随着对大气污染预报准确性与时效性要求的提高，以及满足政府防治空气污染需求的进一步提升，大气污染预报也在不断发展新技术，主要包括污染源追踪和来源识别技术、大气化学资料同化技术、污染源反演技术、空气质量集合预报技术等方面的新进展。①污染源追踪和来源识别技术，建立污染物浓度与其前体物源排放的非线性关系是空气质量预报预警的重要组成部分和难点之一；②大气化学资料同化，大气化学资料同化是一种能将观测和模式有效融合的数据分析技术。中国科学院已研制了先进的大气化学资料同化系统（LAPCChemDAS）（Tang et al.，2011）。此系统已嵌入 NAQPMS 模式，并应用于珠三角地区空气质量实时业务化预报，如广州亚运会期间同化系统使首要污染物 PM_{10} 的实时预报误差下降了 19%；③污染源反演，污染源反演方法可以根据观测数据进行快速动态反演，有效提高排放源清单的时效性和准确度；④集合预报是一种数值预报方法，它采用多个模式来预测大气环境未来状态，以类似群体决策方式来预测大气环境变化。以珠三角地区应用为例，统计了各种集合预报方法对 2010 年 9 月 PM_{10} 日均浓度预报的改进效果，表明权重平均、线性回归、神经网络等方法均能不同程度地改进预报效果，其中神经网络方法的改进效果最为明显；⑤区域大气污染预警，区域大气污染预警主要是在预报的空气质量达到预警标准时，及时向有关部门报告，最大程度避免空气污染对人们造成危害的事件发生。

未来在大气污染预警预报模式发展方面，重点研发：①气溶胶微观变化动力学、二次有机气溶胶形成、气溶胶混合机制与吸湿增长、气溶胶组分消光特性与能见度变化等本土化模型，研制我国全球及区域多尺度全耦合空气质量预报模式系统；②加强多参数大气化学资料同化技术、污染源反演与源解析技术、跨界输送定量评估技术、模式不确定度评估技术、重污染天气环境承载力与排放限值预估技术的研发[113-118]。

（1）边界层气象预报。空气质量模式系统一般由气象模式、排放源处理模式和空气质量模式组成。模式系统的模拟预报效果不仅与模式本身的物理化学过程、参数化方案及边界条件等有关，而且受输入气象场的影响。科研人员通过大量的模拟试验研究了气象场对空气质量模拟效果的影响，如 Gilliamet 详细介绍了气象模式对空气质量模拟效果影响评估的方法[119]；Seaman 分析了气象诊断模式和动力模式（如 MM5 和 RAMS）对空气质量模拟效果的影响[120]；Sistla 研究了风场和混合层高度的不确定性对区域空气质量模式 UAM 模拟 O_3、NO_x、VOCs 浓度的影响[121]；Pirovano 评估了 RAMS 和 MM5 两种气象模式对区域空气质量模式 CAMX 模拟复杂地形 O_3 浓度的影响[122]；De Meij 研究了 MM5 和 WRF 两种气象模式对化学传输模式 EHIMERE 模拟复杂地形 PM_{10} 和 O_3 浓度的影响[123]；Smyth 研究了 GEM（global environmental multiscale）和 MM5 模式对 CMAQ 模拟的 O_3 和 PM_{10} 小时浓度的影响[124]。

目前应用较为广泛并与空气质量模式相容的气象模式主要有 WRF 和 MM5，WRF 模式是美国多个科研结构和大学联合开发的新一代多尺度数值模式，适用的尺度范围非常广泛，从大涡（largeeddy）尺度一直到全球尺度，因此也适于模拟边界层气象场的特征。WRF 模式开发前，MM5 模式一直为空气质量模式（包括 Models-3 模式）提供气象场，但随着 WRF 模式的开发，MM5 的开发基本停止。WRF 模式也是一个中尺度数值模式，与

MM5 模式相比，动力框架和物理过程处理（包括陆面过程、边界层过程、辐射和云过程等方面）上有明显改进。孙健、Kuaska、赵洪等人针对强降水、区域性暴雨及强冷空气过程，比较分析了 MM5 模式和 WRF 模式的模式性能，结果表明 WRF 模式的动力框架具有一定的优越性，模拟的中尺度天气系统的物理量场分布特征优于 MM5 模式[125-127]。随着 WRF 模式各种物理过程的逐步改进和完善，越来越多的空气质量模拟采用 WRF 模式提供的气象场研究边界层污染物的输送扩散问题[128, 129]，因此在目前众多研究者采用 WRF 模式进行气象场的模拟和预报。

（2）物理—化学过程的耦合。多模式模拟对比研究表明，欧洲观测的颗粒物浓度越高时，模式对一次和二次污染物的低估也越严重，模拟效果越差。该现象在中国地区空气质量模拟中也普遍存在。Stern 等人指出，模式对边界层参数的描述不准确是模式误差的重要来源，而灰霾对边界层气象的影响是其研究中没有考虑的关键过程[130]。

灰霾影响边界层气象过程主要是由于气溶胶的直接辐射效应，气溶胶对太阳短波辐射的散射和吸收作用使得到达近地面的短波辐射减少，地表温度和近地面气温下降，而边界层高层的大气由于气溶胶吸收短波辐射而增温，二者的共同作用使得边界层大气稳定度增加，抑制了湍流的产生以及动量的下传，进而使得边界层高度下降和近地面风速减小，造成污染物的进一步累积[131-133]。灰霾越重时，此种反馈机制越强，然而广泛使用的离线空气质量模式无法再现这一过程，因此模式模拟结果与观测值的偏差越大。

为了克服离线模式的不足，需要对模式进行开发改进，在模式中实现物理过程与化学过程的在线耦合。NOAA 等机构联合开发了完全耦合的 WRF-Chem［Weather Researchand Forecasting（WRF）model coupled with Chemistry］模式，美国环保局（US EPA）也实现了其空气质量模式（Community Multi-scale Air Quality,CMAQ）与 WRF 模式的双向耦合。中国科学院以 NAQPMS（Nested Air Quality PredictionModeling System）模式为基础，建立了 NAQPMS 和和 WRF 的双向耦合模式（WRF-NAQPMS）。

Zhang 等人[111]利用 WRF-Chem 模式研究表明考虑气溶胶反馈后美国大陆地区 1 月和 7 月边界层高度下降可达 23% 和 24%，近地面气温和风速都有所下降，使得边界层更加稳定，有利于污染物的进一步累积。Wong 等人[133]利用双向耦合的 WRF-CMAQ 模式对 2008 年 6 月美国加利福尼亚一次野火造成的颗粒物污染事件进行了模拟，研究表明考虑辐射反馈后模式减小了对 2 m 高度温度的模拟误差，改善了模式对细颗粒物（$PM_{2.5}$）的模拟效果。张晓玲等利用气象化学耦合模式 WRF-Chem 预报系统对中国华北平原地区持续 5d 的雾霾天气进行综合分析和数值预报，结果显示模式系统对此次雾霾过程期间天气系统演变和 $PM_{2.5}$ 质量浓度的空间分布及高浓度持续时间、消散减弱等过程做出了较好的预报[134]。王哲等人利用 WRF-NAQPMS 模式模拟了京津冀地区一次秋季严重灰霾过程，模拟结果表明气溶胶直接辐射效应显著改变了边界层气象要素，而且考虑气溶胶辐射反馈的双向耦合模式模拟的气象要素和细颗粒物（$PM_{2.5}$）浓度与观测结果更为一致[135]。

总的来说，学界已普遍认识到污染物对边界层气象存在反馈机制。其中研究主要集中在气溶胶对边界层气象的影响。近几年通过开发 WRF-Chem、CMAQ、WRF-NAQPMS 等新一代在线空气质量模式，实现了物理—化学过程的耦合，使得对边界层气象和污染物浓度的模拟更加准确。

（3）重污染预报预警。2013 年 10 月中旬，环保部组织成立了京津冀及周边地区、长三角、珠三角等 3 个大气监测预报预警中心，联合国家气象局制定了京津冀及周边地区空气重污染监测预警方案与实施细则，中央财政安排 4518 万元人民币，建设全国及京津冀周边地区的空气质量监测预报预警中心。在 2014 年 2 月 20 日，中国气象局和环境保护部首次联合发布京津冀及周边地区的重污染天气预报。目前空气质量监测预报预警中心已经开始业务化运行，预报准确率达 60% ~ 70%。各地也积极开展预报预警工作，北京、上海从 2012 年就开始探索发布预报预警信息。天津、河北、广东、山西等许多地方也建立了空气质量预报和污染天气预警制度。除了政府官方的空气质量预报系统以外，北京大学王雪松、胡泳涛和谢绍东三名科学家开发的民间性质的全国空气质量数值预报系统——"矮马预报"在 2014 年 6 月正式上线，填补了多年来全国性空气质量预报的空白。

空气质量预报预警系统主要由以下几个模块构成：①数据库系统模块：为系统存储预报模拟所需的气象数据、污染源排放数据和空气质量监测数据，是模式运行的基础；②污染源排放清单可视化系统模块：采用 SMOKE 排放源处理模型处理区域源排放清单，直接为系统提供网格化的排放源；③空气质量预报系统模块：基于统计分析建立大气污染物浓度与气象参数间的统计预报模型进行预报，或采用 WRF-chem、CMAQ、NAQPMS 等空气质模型进行数值模拟预报；④重污染天气分析预警系统：依据未来几天统计预报和数值预报结果，达到预警级别时，进行重污染天气污染物来源进行分析、预警，为适时开展污染防治工作、正确引导公众健康出行提供支持；⑤空气污染来源追因系统采用遥感反演和后向轨迹模拟等方法，实现对气溶胶、气态污染物的垂直方向浓度分布解译和为水平方向污染物传输的追因。

为提高模式预报的准确性并为空气污染治理提供有效的科学支持，近年来发展了一系列空气质量模拟、预报新技术，主要包括污染源追踪和来源识别技术、大气化学资料同化技术、污染源反演技术、空气质量集合预报技术等。

1）污染源追踪和来源识别技术：污染源追踪与来源识别技术是通过数值模拟从污染源排放开始，对各种非线性物理、化学过程和相态热力平衡进行分源类别、分地域的解析，实现大气污染物质量浓度的实时追踪，最终评估出污染物或其前体物的源排放（分行业）以及不同地区污染物区域输送对目标地区的贡献。此方法有机结合了传统源解析和气象追溯的特点，通过在线解析，减小不同物理化学过程的非线性特征所带来的误差，同时也需要对模拟过程进行多次情景设定，可大大节约计算时间。

2）大气化学资料同化：大气化学资料同化是一种能将观测和模式有效融合的数据分析技术，它将模拟信息与监测信息以统计最优方式结合起来，为描述和分析大气环境状态提供更加精确的大气污染物三维分析数据，减小大气化学模式输入数据的误差，提高大气化学模拟预报的准确性和可靠性。Tang 等人[131]设计蒙特卡罗不确定性分析方法和集合卡尔曼滤波同化耦合算法，建立了能动态优化污染物浓度场、跨物种优化（包括一次和二次污染物协同约束）的高效大气复合污染资料同化方案，显著提高一次和二次污染物的预报准确率。此系统已嵌入 NAQPMS 模式，并应用于珠三角地区空气质量实时业务化预报，如广州亚运会期间同化系统使首要污染物 PM_{10} 的实时预报误差下降了 19%。

3）污染源反演：污染源反演方法可以根据观测数据进行快速动态反演，有效提高排放源清单的时效性和准确度。Tang 等人[132]建立了区域和城市尺度大气污染源反演系统，利用集合卡尔曼滤波同化方法、观测资料和大气化学模式的优点对初始源清单进行逆向订正，通过高时空分辨率（3 千米、1 小时）的逆向订正来获得反演源清单，减小源清单的系统性误差。该系统可快速动态更新排放源清单，经济成本低，预报效果好。

4）集合预报：集合预报是一种数值预报方法，它采用多个模式来预测大气环境未来状态，以类似群体决策方式来预测大气环境变化。相对于单模式预报，集合预报的主要优点在于：①可以提供不同污染事件发生的概率，预报不再过分依赖某一个初始条件和参数值，预报信息更加丰富和全面；②集合预报成员具有不同优点，通过合适的集成方法可以大幅提高预报的准确率。模式集合预报方法主要有算数平均、权重平均、多元回归、BP 神经网络等。

在过去几年里，我国在京津冀、长三角、珠三角建立了大气监测预报预警中心并已经开始业务化运行。多个省份也积极开展预报预警工作，建立了空气质量预报和污染天气预警制度。而民间性质的"矮马预报"的发布则填补了多年来全国性空气质量预报的空白。为提高模式预报的准确性并为空气污染治理提供有效的科学支持，近年来还发展了来源识别、资料同行、污染源反演、集合预报等一系列空气质量模拟、预报新技术。

三、我国大气环境研究的发展趋势

我国大气环境问题的独特性表现为：①大气污染物浓度水平高（颗粒态和气态）；②极高浓度的颗粒物污染事件发生频率高，速度快，范围广；③区域污染以及复合污染（例如春季沙尘，夏季臭氧，冬季雾霾，NO_x，挥发性有机物，颗粒物等等）。

针对上面的问题，有两条主要的研究思路：一个是通过量化以及闭合实验，来研究污染物的作用和分析反应过程；另外，通过观测、实验室模拟以及模型的方法，提供基础数据、反应参数和反应原理，以达到能够使用模型对环境进行模拟和预测。

（一）颗粒物研究的国内外进展

由于工业的迅速发展及城市化进程的加速，近十余年来，颗粒物成为城市环境大气的主要污染物，当今人类面临的许多环境问题如光化学烟雾、酸雨、霾和气候变化等都直接或间接与大气中的颗粒物相关。由于颗粒物对人体健康、区域空气质量以及全球气候变化的重要影响，控制和减少颗粒物的排放是大气颗粒物研究的一个主要目标。

1. 颗粒物领域的文献计量

图 1 给出了 2010—2014 年我国在大气化学研究领域发表的论文情况。

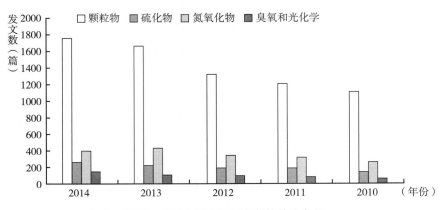

图 1　2010—2014 年我国发表文献数量变化

检索 2010—2014 年间的国际开展的颗粒物研究，共 39579 项，其中 7125 项为我国参与的研究。如图 1 所示，2010—2014 年，我国与颗粒物相关的 SCI 论文数量由 2010 年的 1124 篇逐年递增至 2014 年的 1768 篇，每年增加 100 篇左右，在文章数量上有一个较大的提升。从发文被引频次总计来看，该领域自 2010—2014 年文章被引频次及篇均被引频次均逐年递增。

我国在颗粒物领域发文数最多的五个单位一次为中国科学院、北京大学、清华大学、中国科技大学以及中国气象局。除中国科学院发文 1595 篇以外，其他四个单位的发文量较为接近。北京大学、清华大学以及中国气象局的文章篇均被引次数在 8 ~ 9 次，要高于中国科学院以及中国科技大学。

2010—2014 年我国学者在包括 *Nature*、*Geoscience*、*Science* 以及 *PNAS* 在内的顶级刊物内共发表了 19 篇文章。这些研究涉及的内容包括两方面：一是全球、洲或者国家尺度的宏观研究，例如颗粒物的全球气候效应，我国颗粒物的来源核算等；二是机理相关的微观研究，例如细颗粒物的生成机制、成核机制，有机碳的氧化机制以及有机组分的非均相反应等。此外，多篇文献聚焦颗粒物的人体健康效应。从研究方法来看，既有模型模拟，也有实验室研究以及外场观测。

在世界各国中，我国在颗粒物领域的发文数排名第二，发文数略高于排名第一的美国的一半，是其他国家的 2 ~ 3 倍。虽然我国的发文数量较多，但是文章质量与印度、日本接近，低于欧洲国家以及美国。

从主要研究国家美、中、德、法、英五国的各年度发文数可以看出，我国的颗粒物相关研究逐年递增，并且在 2012—2013 年间有一个飞跃。对于较为发达的欧美国家，美国的相关研究在 2013 年已经达到了峰值，2014 年有所下降；而其他国家的发文数逐年增幅趋缓或者呈不规律的变化趋势。这可能是由于欧美国家在颗粒物的研究与控制方面起步较早，目前大气中的颗粒物浓度已经控制到了较低的水平，而我国的颗粒物浓度较高，并且伴随着经济发展有继续增高的趋势，加之以 2013 年冬季为代表的多次全国大范围、多城市、快速重污染的雾霾现象使得颗粒物相关研究的迫切需求共同导致的。

由于近年来我国雾霾以及颗粒物的重污染事件频发，探索雾霾成因的颗粒物相关研究成为了国内的研究重点，主要的研究方向包括颗粒物的化学组成特征、来源解析、新粒子生成、二次颗粒物的生成机制、颗粒物的老化与吸湿增长、颗粒物对光的吸收散射以及人体健康效应等。在世界范围内，以上领域同样是研究的重点。但是，相比于欧美国家，我国较少展开关于详细反应机理的烟雾箱实验。

2. 颗粒物领域的闭合研究

在大量本土研究项目的基础上，2013 年国务院办公厅印发了我国大气污染防治行动计划，明确指出未来五年的奋斗目标为是全国空气质量总体改善，重污染天气较大幅度减少，京津冀、长三角、珠三角等区域空气质量明显好转。并且提出了全国个主要城市的颗粒物 10% ~ 25% 的减排指标。为了支持颗粒物相关的政策制定，明确颗粒物的排放规律、变化趋势和主控因子，识别其关键组分及其大气物理化学化学转化过程（如新粒子生成、颗粒物的老化和吸湿增长等）机制，我国在 2010—2014 年开展了大量基于颗粒物化学组分的闭合及贯通研究。

（1）基于化学组分的光学性质闭合研究。结合颗粒物实测的谱分布以及米散射模型可以分粒径计算得到总颗粒物的光散射吸收能力，通过与使用光学仪器实测的散射吸收能力的闭合实验。结合有机碳（OC）、元素碳（EC）等详细的化学组分信息的校正，有助于理解大气能见度下降的机理和重点控制因素。

（2）基于化学组分的吸湿增长能力闭合研究。测量的气溶胶各可溶性离子组分的质量浓度、颗粒物分级采样器（MOUDI）测量的各可溶性离子组分及有机碳（OC）、碳黑（EC）的分级质量谱分布为基础，计算化学组分质量浓度及各化学物种的粒径数谱浓度，同时使用 Mie 模型及各化学物种的密度、折射率、吸湿粒径增长因子等参数可以计算得到不同化学组分外混、内混状态下的散射吸湿增长因子，将模型模拟的气溶胶散射吸湿增长因子与观测得到的该因子进行对比、进行模拟值与观测值的闭合实验，借助这一类型的闭合研究，可以了解影响颗粒物中吸湿增长能力的关键组分以及发现或验证新的稀释增长影响因素及增长机理。

（3）基于化学组分的二次有机颗粒物（SOA）的闭合研究。使用 AMS、在线或有机、无机组分离线分析等监测手段获得颗粒物的多组分信息后，可以通过 PMF 等源解析技术得到一次有机颗粒物（POA）和 SOA 实测值。目前 VOCs 被认为是 SOA 的主要前体物。结合实测的挥发性有机物（VOCs）分物种结果以及国内外烟雾箱实验的 SOA 产率，可以计算 SOA 的生成量并与实测值进行比对。二者的差异有助于研究源解析技术的误差、不同实验条件下各 VOCs 产率的差异、均相氧化、非均相氧化等未被发现或测量到的其他前体物或反应机制。SOA 的生成机制是目前大气化学面临的最大难题之一。由于大气中 SOA 的前体物成千上万，且对大气氧化机制的不了解，天然源和人为源排放 VOCs 对全球 SOA 生成的贡献在学界仍然存在较大的争议。近年来的一些研究均表明，传统的 SOA 前体物（主要是挥发性有机物）的氧化机制不足以解释所有的 SOA 生成，在一些地区模型模拟的 SOA 生成量与 SOA 测量浓度可相差一个数量级以上。越来越多的证据表明，SOA 生成的前体物可能不局限于被测量的传统芳香烃类物种。研究表明，除挥发性有机物外，半挥发性有机物可能是弥补 SOA 生成缺失的一类化合物。实验室烟雾箱的研究表明，一些多环芳烃（PAHs）、高碳烷烃、烯烃的 SOA 产率要远远高于低碳 VOCs 的产率[136]。而 SOA 生成机制取得突破的机遇可能主要在 VOCs 向 SOA 转化过程中的关键前体物的发现及其大气化学过程的准确描述。近年来人们认识到需要将大气中所有的含碳组分进行全面而统一的研究。然而，含碳组分进入大气之后，虽然对光化学烟雾和灰霾的生成起着重要的作用，但相互转化规律的研究还远达不到定量的程度。近年来，测量技术的进步为外场观测研究有机物从气态向颗粒态的转化提供了可能。VOCs 在大气中的氧化主要是与 OH 自由基反应。借助于 VOCs 物种对的比值，可以计算 VOCs 在大气中的化学损耗量。研究发现，相比 VOCs 的大气测量浓度，VOCs 的消耗量更有助于解释臭氧的生成。使用大气实际观测 VOCs 浓度作为箱模型输入条件，计算 VOCs 的瞬时消耗量，虽然瞬时消耗量不能完全解释 SOA 的增加，但是 VOCs 瞬时消耗量的时间序列与 SOA 的增加量高度线性相关，表明 VOCs 损耗量是研究大气中总有机碳的重要参数。

3. 颗粒物领域的贯通研究

近五年间开展了大量外场观测。使用膜采样技术或者在线技术可以分别测量颗粒物的总质量、一次有机物（POM）分物种浓度、元素碳（EC）、有机碳（OC）浓度等。通过外场观测，可以获得不同大气条件下颗粒物的浓度水平、谱分布、化学组成、光学特性、稀释增长能力、氧化程度及其变化趋势等污染状况的时空分布信息。值得注意的是，近几年来，我国大量的外场观测都发现了新粒子生成的案例。通过实测也可以获得化石燃料燃烧、生物质燃烧、餐饮源排放等的源谱。结合外场观测数据，区分颗粒有机物的一次源和二次源的相对贡献主要方法有 EC 示踪物法、基于膜采样的 ^{14}C 方法、基于痕量有机物分子的 CMB 模型和基于 AMS 质谱特征测量的 PMF 模型等。

实验室模拟式研究颗粒物反应过程及机理的重要手段。烟雾箱可以用于在实验室中模拟环境大气中颗粒物反应过程，可以对单个或多个变量实现人工操控。目前国际上开展了很多关于颗粒物二次生成及老化的实验，给出了不同前体物（例如异戊二烯、苯、甲苯、机动车尾气）在不同条件下（例如准大气条件下，高 NO_x 条件、低 NO_x 条件）转化成颗粒物的产率以及颗粒物的增长速率等参数。我国在这一领域开展了几项研究，但与国际水平仍有差距。

结合实验室模拟得到的反应机理、反应参数和外场观测的实际大气情况，可以使用模型对颗粒物的分布、二次生成、辐射效应、健康效应等进行模拟和预测。

（二）硫化物研究的国内外进展

大气中二氧化硫（SO_2）主要来源于煤炭和石油等含硫燃料的燃烧，石油炼制和有色金属冶炼及硫酸化工生产等。硫在燃料中可以有机硫化物或无机硫化物形式存在。我国的硫排放问题一直受到国际社会的高度关注，分析中国 SO_2 排放的变化趋势，从 20 世纪 70—90 年代左右呈现快速的上升趋势，1990 排放量大约占亚洲总排放的 2/3。近年由于我国对 SO_2 的控制工作，其排放量的增长势头趋缓。

SO_2 在大气中易被氧化形成 SO_3，再与水分子结合生成硫酸分子，经过均相或非均相成核作用，形成硫酸气溶胶，并同时发生化学反应生成硫酸盐。硫酸和硫酸盐可形成硫酸烟雾和酸性降水，造成较大危害。由于其以上环境影响，SO_2 一直被视为重要的大气污染物而有广泛的研究。

1. 硫化物研究的文献计量

运用文献计量方法对近五年（2010—2015）大气硫化物领域的文章发表情况进行了分析，比较了我国及世界各国发文数量、质量，研究热点及发展趋势情况。计量结果如图 1 所示。

我国近年发文数量呈现平稳增长的趋势，近五年总发文量为 1046 篇，在世界各国中列于第二位，可见该领域的研究处于世界领先水平。该领域研究最多的国家为美国，其次分别为中国、德国、加拿大及英国。比较排前五名国家文章的篇均被引频次，英国、德国、美国、加拿大文章的篇均被引频次均高于我国，可见我国发文的质量仍需加强，争取实现文章数量质量的领先。

就我国而言，发文数量较多的排前五名机构分别为中科院、北京大学、清华大学、复旦大学、香港大学，其中中科院以 298 篇的发文量遥遥领先，但是其文章的篇均被引频次却并不高，明显低于其他机构。总体来讲，清华大学及北京大学的发文数量及质量都很高，在该领域的研究中处于领先地位。分析近几年我国文章的被引频次及篇均被引频次，呈现逐年下降的趋势，可见文章的被引情况主要是与其发表的时间有一定的相关性。

分析该领域的研究热点，主要集中于硫酸盐对于二次有机气溶胶生成的贡献，以及硫酸盐颗粒物对于辐射强迫的影响等方向，其中在 Mauldin 等人在 *Nature* 上发表的文章给出了新的硫化物氧化路径，指出了 crigee 自由基在硫化物氧化过程中的重要作用，具有突破性意义[137]。

2. 硫化物领域的闭合研究

（1）硫化物循环转化闭合研究。硫元素在环境中的循环主要靠两类反应：还原性硫的氧化反应：大气中主要是化学和光化学氧化将低价硫氧化为硫酸及硫酸盐；地表的硫酸根离子通过生物吸收变成有机硫，在厌氧菌的作用下形成低价硫如硫化氢进入大气环境。

对流层大气中硫化物的循环和转化：

$$H_2S、有机硫 \xrightarrow{\text{氧化}} SO_2 \longrightarrow SO_3、H_2SO_4、MSO_4$$
天然源、人为源

硫沉降是硫化物在大气中迁移转化的一个重要途径。硫污染物与降水一起从大气中降落到地表的过程称为湿沉降。湿沉降以硫酸盐为主。大气中的硫也可以因为大气运动与地表接触而发生吸附、固定、沉积等，即所谓的干沉降，干沉降的硫可有 SO_2、H_2S、H_2SO_4 等各种形态。近年来，我国学者围绕大气硫沉降的沉降通量、湿沉降化学、硫沉降数值模拟、硫沉降的临界符合、硫酸盐颗粒物排放对我国硫沉降贡献开展了大量闭合研究。据估计，到 2020—2030 年，我国大气硫沉降将达到顶峰。

二甲基硫（dimethylsulfide，DMS）是海水中最重要的挥发性生源硫化物，其在大气中的氧化物会对全球气候的变化和酸雨的形成产生重要的影响。在海水中 DMS 的迁移转化中，光化学氧化是海水中 DMS 的主要去除途径之一，是影响海水中 DMS 浓度和海 – 气通量的重要因素，同时此过程又会受到各种复杂条件的影响，因此，有关海水中 DMS 的光化学降解过程及其影响因素的研究对于全面认识海洋中 DMS 的生物地球化学循环过程及其环境效应具有重要的意义。近年来我国学者围绕海洋 DMS 浓度分布、迁移转化以及光降解反应机理进行了研究，将 DMS 的三个移除途径光化学氧化、生物消费、海气扩散结合到一起研究了相关联系，初步确定了光化学氧化和微生物降解在 DMS 迁移转化中具有同样的重要性，光化学氧化是海水中 DMS 去除的主要途径之一，其光降解反应基本符合一级反应动力学。且研究显示人为活动对 DMS 生物生产以及浓度分布有着深刻的影响。

（2）硫酸盐生成转化机制研究。硫化物大气复合污染中发挥着重要作用，无论是在大气光化学反应还是在二次颗粒物的生成过程中都很关键。硫化物在环境中的生成转化机制及其反应速率的定量研究是我国近年对硫化物研究的一个主要科学问题，主要包括二氧化硫的气相光化学转化以及其在非均相界面的反应机制研究。

对于二氧化硫气相光化学反应的研究主要是通过光化学烟雾箱实验模拟研究还原态硫化物在大气中经一系列光氧化过程最终转化为硫酸盐，二氧化硫与烃类有机物反应的自由基机理研究等。

二氧化硫在非均相介质表面反应的实验室模拟研究在近几年也是关注热点。包括在矿物气溶胶表面、在颗粒物表面、在沙尘表面等非均相介质表面反应的摄取系数、不同温度下的反应速率常数、光照对摄取系数的影响等量化的研究。非均相反应的模式研究也取得了一定进展。

（3）硫酸盐的气溶胶化学研究。随着我国大气重污染事件，尤其是雾霾现象的加重，近年对于大气颗粒物的研究是科研的热点。在大气细颗粒物的重要组分中，硫酸盐具有很强的光散射效应，对全球气候变化和区域空气质量具有重要影响，特别是与灰霾形成密切相关。大气细颗粒物中硫酸盐组分的含量、硫酸盐气溶胶的辐射强迫、硫酸盐气溶胶在云微物理过程中的作用、硫酸盐气溶胶对气候变化和全球水循环的影响等方面开展了大量研究。如利用单颗粒气溶胶质谱仪分析颗粒物的化学组成，二次硫酸盐对大气细颗粒物的贡献，硫酸盐气溶胶的辐射强迫等是最为重要的研究方向，也取得了一定的突破和进展。

2. 硫化物贯通研究的发展及趋势

自 20 世纪 80 年代中期我国开始重视酸沉降（酸雨是酸沉降中湿沉降的一部分）问题以来，在酸沉降研究方面取得了很大的进展。在酸沉降的贯通研究方面主要通过酸雨观测站野外观测实验、WRF/CMAQ/VSD 动态酸化模型 / 区域酸沉降模式等数值模拟等模式研究对酸沉降进行贯通研究，一系列观测与模式贯通的研究为我国硫化物的总量控制的有效推进提供有力的支持与保障。

对于硫酸盐气溶胶的贯通研究主要是通过野外观测采集气溶胶样品对气溶胶质量和离子成分的尺寸分布进行分析，结合模型模拟的结果对硫酸盐气溶胶化学特性进行研究。此外，对于硫酸盐气溶胶浓度分布的观测研究和运用模式工具对其空间分布的模拟的贯通研究对预测硫酸盐气溶胶的浓度分布起到了重要的作用。

此外，硫酸盐作为大气气溶胶的重要化学成分，具有很强的吸水性，对大气湿沉降、大气降水、气溶胶的酸碱度和人体健康都有重要作用，对于颗粒物中硫酸盐的来源研究、硫酸盐含量的研究是目前的一个研究热点。如采用 EA–IRMS 联用技术分析颗粒物中硫酸盐的硫、氧同位素组成，以追溯颗粒物中硫酸盐的来源等。

（三）氮氧化物研究的国内外进展

氮氧化物（NO_x）是造成大气污染的主要污染源之一，其与空气中的水结合最终会转化为硝酸和硝酸盐，硝酸是形成酸雨的重要原因；其与其他污染物在一定条件下可反应生成光化学烟雾。造成 NO_x 的产生的原因可分为两个方面：自然发生源和人为发生源。自然发生源除了因雷电和臭氧的作用外，还有细菌的作用。自然界形成的 NO_x 由于自然选择能达到生态平衡，故对大气没有多大的污染。然而人为发生源主要是由于燃料燃烧及化学工业生产所产生的。例如：火力发电厂、炼铁厂、化工厂等有燃料燃烧的固定发生源和汽车等移动发生源以及工业流程中产生的中间产物，排放 NO_x 的量占到人为排放总量的 90% 以上。据统计全球每年排入大气的 NO_x 总量达 5000wt，而且还在持续增长。研究与治理 NO_x 成已经成为国际环保领域的主要方向，也是我国"十二五"期间需要降低排放量的主要污染物之一。

1. 氮氧化物研究的文献计量

运用文献计量方法对近五年（2010—2015）大气氮氧化物领域的文章发表情况进行了分析，比较了我国及世界各国发文数量、质量，研究热点及发展趋势情况。计量结果如图 1 所示。

我国近年发文数量呈现平稳增长的趋势，近五年总发文量为 1795 篇，在世界各国中列于第二位，可见该领域的研究处于世界领先水平。该领域研究最多的国家为美国，其次分别为中国、德国、英国及加拿大。比较排在前五名国家文章的篇均被引频次，英国、德国、美国、加拿大文章的篇均被引频次均高于我国，可见我国发文的质量仍需加强，争取实现文章数量质量的领先。

就我国而言，发文数量较多的排在前五名机构分别为中国科学院、北京大学、清华大学、中国环境科学研究院、香港科技大学，其中中国科学院已 637 篇的发文量遥遥领先，但是其文章的篇均被引频次却并不高，明显低于其他机构。总体来讲，清华大学及北京大学的发文数量及质量都很高，在该领域的研究中处于领先地位。分析近几年我国文章的被引频次及篇均被引频次，呈现逐年下降的趋势，可见文章的被引情况主要是与其发表的时间有一定的相关性。

由于氮氧化物在大气复合污染中的重要作用，其对臭氧及颗粒物贡献的研究、其源汇机制研究成为了国际及国内的研究重点，但是，相比于欧美国家，我国展开的关于详细反应机理的研究较少。

关于氮氧化物研究国内外的研究成果也存在一定差异，我国对机理的探究突破性成果较少。如国外在《科学》（Science）上发表的文章对氮氧化物领域的研究存在比较重大的意义。现在不少研究开始探索 NO_x 对 SOA 生成的作用。目前，大多数实验室和观测实验都集中研究臭氧和 OH 自由基对 SOA 的生成中，但研究 NO_x 对 SOA 生成作用的很少。Ng 和 Rollins 研究了异戊二烯与 NO_3 的反应，研究发现两者的反应首先生成了一些二次的氧化产物，而这些二次的氧化产物能通过进一步的氧化生成 SOA，柠檬烯与 NO_3 的反应也有相似的结果[138]。而 A. W. Rollins 等人进一步研究了 NO_x 在 SOA 生成过程中的作用，他们发现在夜间存在大量的 NO_2 和臭氧时，往往会有很高的 NO_3 生成，这些 NO_x 是 SOA 的重要来源，但结果也发现，在高 BVOC（如柠檬烯）存在的条件下，SOA 的生成效率会降低，原因是这些 BVOC 的活性比二次的氧化产物活性要高，消耗了大量的 NO_x 从而抑制二次的氧化产物继续生成 SOA，结果表明在缺乏 NO_x 的条件下，SOA 不会大量生成[139,140]。

HONO 的在对流层中的来源也是现在研究的热点。早在 20 世纪 70 年代，大气中的 HONO 已经被发现了，它是对流层中的 OH 自由基重要来源，认为最多 80% 的 OH 自由基来源于 HONO。HONO 的生成目前较清楚的是来自于 NO 与 OH 自由基的反应，日间，HONO 容易光解产生 OH。但外场观测的结果显示 HONO 在日间的浓度远比考虑了已知的 HONO 源和汇之后的浓度要高，结果暗示了可能存在未知的 HONO 来源，不少研究推测可能是非均相化学反应生成的。Xin Li 等人利用飞艇观测，发现在距离地面 300 ~ 1000m 的大气中存在着很高的浓度的 HONO，推断非均相化学反应的并不是 HONO 仅有的未知来源[141]。目前关于 HONO 的生成机理以及来源认识仍然不清楚。

此外，近期由美国加利福尼亚大学伯克利分校领导的一项研究中，直接观测到了颗粒物中有机氮氧化合物在夜间的生成过程，该类有机物大约占夜间生成的颗粒有机物的 1/3，并随人为排放的氮氧化物的增加而增加，但却会在挥发性有机物浓度很高时受到抑制，这一观测结果将有助于对颗粒有机物的污染进行控制。

2. 氮氧化物闭合研究的发展及趋势

（1）氮氧化物的光化学反应机制。氮氧化物在大气光化学反应中发挥着十分重要的作用，一方面，氮氧化物直接与大气中的挥发性有机物等反应生成光化学烟雾；另一方面，氮氧化物可以通过光解反应等氧化生成自由基或过氧自由基参与大气中的光化学反应。

近年来，我国学者围绕氮氧化物直接光解，其与大气自由基反应的机制及反应速率常数开展了大量的研究，并进行了大气氮氧化物光解测量技术的研发及应用，为定量研究提供了技术上的支持与保障。

此外，对于光化学反应的机制研究仍是一个关键的科学问题，虽然目前对于光化学反应机理已有较为深入的研究，但是对于 NO_x 与 VOCs 的反应机制，其对臭氧生成贡献的非线性关系的研究却并没有明确结果。NO_x 控制区和 VOCs 控制区采取不同的控制策略，为我国重点区域控制提供了一定支持与指导，但是对非线性关系的研究仍是未来进行大气污染控制的一个核心与关键。

（2）氮氧化物的非均相形成机制。对于氮氧化物的源、汇的研究，尤其是氮氧化物的非均相形成机制，是近年关注的热点问题。每年进入大气的颗粒物有 3000 ~ 5000Tg，包括矿物颗粒物、硫酸盐、海盐、烟灰、有机物气溶胶等为非均相反应提供了重要的反应表面。先后有学者基于烟雾箱实验、红外傅里叶变换光谱仪、离子色谱仪等分析手段，研究 NO_2 在气相及典型颗粒物表面的 NO_2 光化学反应机制，中间产物、反应速率常数等，以及不同因素（时间、浓度、湿度、光照）对光化学反应的影响。近年，大气氮氧化物源汇的研究取得了较大的进展。陆克定等人对对流层 OH 自由基化学的研究，为全球碳氮循环的研究提供了有力支持，并在《自然》（*Nature*）上发表，这是近年我国该领域的一大突破[41]。

3. 氮氧化物贯通研究的发展及趋势

为研究实际大气中氮氧化物的浓度变化、反应机制，为氮氧化物浓度的预测和控制提供支持。近年也开展了大量氮氧化物的贯通研究。运用卫星遥感观测近年我国氮氧化物排放的变化，并运用数值模拟对氮氧化物的浓度变化趋势进行预测。通过对重点区域臭氧、氮氧化物外场观测，分析臭氧和氮氧化物的变化特征，日变化趋势等，并结合实验室及数值研究的结果对氮氧化物的光化学反应机制进行研究，为分析氮氧化物对臭氧贡献的非线性关系提供实际环境观测的支持。此外，氮氧化物在对流层的收支与循环问题也是一直以来的研究重点，近年开展了大量研究探究在对流层中的各种源汇过程、人为排放和自然排放、干湿沉降的清除等过程在氮氧化物收支和循环中的重要作用，其对对流层 O_3 的分布和变化起着重要作用，一直是氮氧化物领域的研究热点。

（四）臭氧与光化学领域研究的国内外进展

1. 臭氧和光化学领域的文献计量

我国的大气复合型污染还体现在以细粒子为主的颗粒物污染同时，还存在严重的光化学污染。对此，学者通过多种研究手段进行了深入的研究，取得了大量的成果。

从图1可以看出，自2010年以来，我国研究者共在本领域内发表了542篇SCI论文，发文数量逐年增加，从2010年的75篇迅速增加到2014年的157篇。其中主要的研究机构包括中国科学院、北京大学、山东大学、香港理工大学和清华大学，这五家单位贡献了超过350篇文献，而这些单位文献的水平也相对较高，文献平均被引频次较高，尤其是北京大学，其文献平均被引频次超过8次。

此间，我国学者本领域内的文献主要发表在包括 *Atmospheric Environment*，*Atmospheric Chemistry and Physics*，*Environmental Science and Technology* 等在大气领域和环境领域内知名度较高的期刊内，也表明我国在本领域的研究水平正在逐步提高。尤其值得注意的是，我国学者发表或参与了其中的10篇 *Nature*、*Science* 或 *Nature* 子刊论文，说明我国在本领域内的研究已经达到或接近世界先进水平。

分析我国学者的主要研究成果，尤其是发表在顶级刊物上的重要成果，结合我国独特的大气环境问题，可以发现，本领域内的研究热点集中在臭氧与前体物的定量关系、VOCs的活性与化学消耗，以及 HO_x 自由基化学方面。

作为大气化学研究的重点和难点之一，臭氧及自由基化学成为了国内大气学者的重要研究方向，世界范围内本领域同样是研究热点之一。近五年来，全球范围共有超过2500篇文献发表，美国不仅是文献重要的贡献者之一，也代表了较高的水平，其篇均被引频次达到了10.83，中国在近五年前，文章数量快速增长，从2010年的略高于英、德两国，到2014年的接近美国，已成为第二大贡献国，但篇均被引频次仅为6.11，低于总文章数量少于中国的德国、法国、英国、日本等国，表明研究水平仍然有待进一步提高。在38篇 *Nature*、*Science* 和 *Nature* 子刊文献中，主要贡献者还是来自美国和德国等国家，由中国发表的文献也多有来自发达国家的研究机构共同参与或者协助，也表明了我国仍需要在本领域内追赶世界先进水平的脚步。

但由于我国的大气环境的实际情况，我国研究的重点又与国际研究具有一定的差别。我国研究者更加关注在高 NO_x 或高 VOCs 条件下的污染大气环境的大气化学过程。国外研究者除了关注污染大气环境中的化学过程外，还对包括热带雨林、寒带森林或者是海洋、极地等环境下天然源排放的异戊二烯、萜烯类物种在低 NO_x 条件下氧化对于 HO_x 循环和 SOA 生成的贡献。在38篇高水平文献中，有超过15篇文章关注的是人为源影响相对较少的区域的大气化学过程。我国由于仍然面临较为严峻的大气污染局势，因此仍然需要对具有强劲一次源排放的环境条件下的大气环境问题进行研究。其中本领域值得关注的一些问题包括：

（1）前体物减排措施下源排放与环境浓度的趋势分析，前体物浓度变化与二次污染物的浓度变化趋势分析。

（2）前体物组成的变化与对化学反应尤其是二次污染物生成的贡献。

（3）前体物组成的变化对于 HO_x 自由基循环的意义。

2. 臭氧和光化学领域的研究

（1）臭氧与前体物（NO_x、VOCs）的量化关系。随着大气污染事件的加剧，学者对于前体物和二次污染物之间的非线性关系投入了更多的关注。作为前体物的 NO_x 已经在"十二五"期间作为主要污染物列入了减排管控，而 VOCs 在重点行业和重点地区也采取了一定的减排措施，即将在"十三五"期间成为减排控制物种。在此背景下，前体物的浓度变化趋势、臭氧的变化趋势以及二者之间关系的研究成为研究热点之一。

1）前体物与臭氧浓度变化的趋势分析。对于前体物（NO_x 与 VOCs）的排放量与其环境浓度的研究，主要针对包括基于源清单的排放数据和实际观测的环境浓度的数据对比。在包括京津冀、长三角和珠三角在内的东部多个区域，由于研究起步较早，有较为完整的源清单构建体系，同时环境观测更为系统。因此基于这些地区的对比研究更为丰富。如马建中等人于 2012 年在 ACP 上发表的对于华北地区一次污染物源清单的排放数据中对此有所阐述[142]。

前体物与臭氧之间浓度的变化趋势则更为复杂。这些研究中既有在较小空间尺度（单个观测点或城市范围内）较短时间范围内（数日到数周）内，前体物与臭氧浓度的定量关系，也包括在更大空间尺度内（区域范围内）更长时间范围内（数年）内，前体物浓度的变化趋势，以及其对臭氧变化趋势的影响。典型案例包括对 2008 年奥运会、2010 年世博会和 2010 年亚运会期间管控措施的评价，也包括在北京、香港、广州等有长期观测的区域，10 年甚至更长时间范围内的观测数据的对比分析，研究表明我国城市地区的臭氧污染十分复杂，简单的前体物控制措施可能在一定程度上反而促进了臭氧的升高[143]。

2）多种研究方法对于臭氧与前体物量化关系的贯通研究。除了直接的环境观测外，大气化学的研究者还通过实验室研究尤其是数值模型模拟的方法对臭氧与前体物的定量关系进行了贯通研究。

对于前体物的来源，研究者通过作为受体模型的源解析方法，结合观测浓度，得到来源组成的数据，与源清单进行比对和验证，尤其是对于 VOCs 的来源构成、时空分布规律进行了深入的探讨，从而为减排和管控提供依据。

对于臭氧与前体物的定量关系，包括基于观测的 OBM 模型、基于源清单的空气质量模型均被应用以模拟或预测臭氧的浓度变化。值得注意的是，除了臭氧的模拟，一些反应的产物尤其是中间态物种，如醛酮类、二醛类等物质的浓度也被模拟并与地面观测或卫星反演数据进行对比，从而对模型的机理进行验证和分析[144]。

此外，模型还被应用于更大尺度的分析中，如 2014 年 2 月份 PNAS 发表了一篇由北大等多家研究单位共同完成的关于中国的国际贸易与中美空气污染的文章，通过结合源清单和模型的数据，通过输入中国的一次源排放的污染物数据和中美贸易数据，来定量由于中美贸易对于中国产生并向美国传输转化的污染的贡献，为跨界跨区域的污染传输分析提供了新的思路，引起了多方重视[145]。

（2）VOCs 的活性以及化学消耗转化的量化研究。VOCs 是大气中挥发性的有机物的总称，由于其物种繁多，物理化学特征各异，测量和研究难度较大，但其对大气化学的影响却十分明显。由于我国对此研究起步相对较晚，目前除部分重点行业和重点区域外，也未将 VOCs 纳入强制减排目标，也为研究者提供了广泛的可研究内容。

1）我国的 VOCs 活性特征以及其闭合研究。由于大多数 VOCs 具有较高的化学活性，容易氧化生成高氧化态的含氧有机物，成为 SOA 的前体物，而在反应的过程中，也可能会对臭氧生成有贡献，因此 VOCs 的活性特征也成为研究的重点，其闭合成为除浓度与组成特征以外近年来研究者关注的重要内容。

基于总 OH 反应活性的测量提供了总 VOCs 活性的直接测量方法。北京大学的张远航团队与德国于利希研究所合作在包括珠三角、北京等地进行了总 VOCs 活性的测量，并与实际观测的 VOCs 活性进行了比较分析，探讨了可能的挥发性有机物活性缺失（VOCs missing reactivity）原因，以及其对 HO_x 自由基循环以及大气氧化性的影响，引起了国内外的广泛关注，其 2010 年在 ACP 上发表的论文得到了近 50 次的引用[146]。除了环境观测，还有多支研究团队在 VOCs 源谱的建立过程中对活性进行了深入的探讨。

2）VOCs 氧化对臭氧生成贡献的贯通研究。VOCs 作为臭氧的前体物，其氧化过程与机理对于臭氧研究具有重要意义。除了地面的观测外，航空观测和卫星数据的反演也得到了一定的应用，从而对近地观测进行分析和验证。包括醛酮类和二醛类等氧化产物的测量，通过结合近地观测和卫星数据的分析，得到其空间分布和长期变化趋势，并分析了在前体物浓度持续下降的趋势下，其相对较慢的下降甚至部分物种增加的趋势对于大气氧化性的意义。

实验室研究的成果对于 VOCs 的氧化机理则有更直接的指导意义，对于包括异戊二烯、芳香烃等高活性物种的氧化，以及其氧化产物对于 HO_x 自由基循环的贡献，可能对于数值模型的化学机理有重要的改变。如北大陈忠明教授课题组在 10 年发表在 ACP 和 JGR-A 上连续发表了大气环境条件下 H_2O_2、RO_2 和 PAA 等物种的测量，以及反应机理，综合了实际大气的观测和反应机理的研究，为 VOC–NO_x–HO_x 循环研究提供了重要的辅助依据[147]。

3）VOCs 氧化对 SOA 生成贡献的贯通研究。作为细颗粒物中的重要组成，SOA 的生成机制一直受到研究者的广泛关注，尤其在中国目前颗粒物负荷很高的条件下，VOCs 氧化生成 SOA 的过程被多角度全方位的研究。实验室研究中，包括传统的气相氧化机理以及异戊二烯的非均相氧化过程、VOCs 的氧化与硫酸盐或有机胺的形成过程都有一定量文献发表，这些实验室研究的进步也为污染过程中有机气溶胶浓度的快速增长提供了可能的新的解释。

结合高分辨率 VOCs 和颗粒物观测数据，在不同 NO_x 或氧化环境下的数据，通过参数化的方法进行 VOCs 生成 SOA 生成贡献的分析同样是一个重要的研究方法，利用实验室研究的最新进展，对于 SOA 生成进行估计，从而验证参数化方法的可靠性。

将最新的氧化机制加入到经典的化学机理中，并通过空气质量模型对 SOA 生成进行模拟的工作也在包括京津冀、珠三角等多地进行。多个研究成果表明，在夏季或者是污染过程中，SOA 的模拟效果较好，但在冬季的重污染过程中，SOA 的快速增长还是难以通过现有的机制得到全部解释。这一结果也在曹军骥团队 2014 年发表于《自然》（Nature）上的论文中进行了阐述[148]。

（3）HOₓ自由基化学的量化研究。作为大气化学研究的中心议题，HOₓ自由基化学是大气氧化化学的最重要一环，是各种无机物和有机物氧化生成二次污染物的基础，但由于其具有的高反应活性、极端的大气寿命而一直难以得到有效的测量。其研究水平的高低，也成为评判大气化学研究水平的重要依据之一。近年来，我国在HOₓ自由基化学的外场观测、实验室模拟和模型分析方面均取得了长足进步，多个研究团队对HOₓ自由基化学的不同分支进行了深入的讨论。

1）不同环境下的观测和HOₓ自由基化学。以北京大学为主的国内研究团队和德国于利希研究中心合作使用包括LIF等仪器对不同环境下的HOₓ自由基进行了外场观测。在包括珠三角、北京郊区的观测中，发现了在不同的VOCs与NOₓ环境下，现有OH源与汇的不闭合，并提出了可能的新的OH自由基来源。其部分研究成果与国外多次不同观测结合分析，对基于OH自由基的大气自净机制发表在2014年的 *Nature Geoscience* 上[41]。同时HONO作为近年来逐渐受到关注的OH自由基来源，其自身来源和闭合也受到了研究者的关注，苏杭等人也基于提出了土壤硝酸盐可能是HONO的重要来源的观点，该研究成果发表在2011年 *Science* 上[149]。

2）HOₓ自由基化学的贯通研究。国内多个研究团队对于OH自由基对不同VOCs物种的氧化机制进行了实验室研究，部分研究团队针对的是一些目前尚无确定反应机理的物种，针对其氧化产物以及反应速率进行了测量。也有多项研究讨论了在接近实际大气条件下或者是在非均相、液相反应中的反应机理与产物。研究者也试图将新的反应机理应用于模型中去解释环境大气中的HOₓ自由基化学过程或者是氧化产物的生成。此外，实验室研究者还将HOₓ自由基本身的物理化学性质与其反应过程或机理结合，探讨不同条件下的反应机制。

（五）大气重金属领域研究进展

近年来，中国学者已在人为源大气有害重金属排放清单研究方面取得一定的进展，在国内外核心刊物发表了一系列相关研究成果，但现有清单研究大多面向全国主要污染源或者单独针对火电厂、冶炼等典型行业，研究的区域尺度一般较大（全球或中国），相对SO₂，NOₓ等常规大气污染物而言，对大气颗粒物和灰霾污染严重区域以及典型污染源的大气有害重金属排放特征的研究仍比较缺乏。另外，关于有害重金属大气迁移转化特征及环境健康影响研究在我国尚处于起步阶段。

针对典型污染源开展大气重金属现场排放测试实验，对了解大气重金属排放、迁移转化特征及构建时空分辨率精度较高的排放清单意义重大。清华大学王书肖教授团队利用OHM法在探究燃煤电厂和有色金属（Cu、Pb和Zn）一次冶炼行业的大气Hg排放特征方面开展了一系列的试验研究工作[150, 151]。然而相比大气Hg排放，基于典型污染源（燃煤电厂、工业锅炉、钢铁生产、有色冶炼行业、水泥厂等）开展现场排放测试实验探究其他

Pb，As，Cd 等大气重金属排放和迁移转化特征并以此构建排放清单的研究相对较少。

基于中国典型人为源活动水平和排放因子，利用"自上而下"排放因子法，北京师范大学田贺忠教授团队[152-154]首次系统建立了1980—2010中国地区典型人为源（包含燃煤电厂、工业锅炉、生活用煤、其他行业用煤、有色冶炼、钢铁生产行业等）大气 Hg、As、Se、Pb、Cd、Cr、Ni、Sb 等重金属元素的排放清单。由于缺乏典型污染源现场排放测试实验数据，选取的典型工业过程源大气重金属排放因子相当一部分来自于欧、美、日等发达国家或地区的测试研究结果，且较少考虑由于技术进步而导致的排放因子动态变化。通常，大部分有害重金属总是赋存于工业烟尘和粉尘上一起被排放到大气环境中。因此，Tian 等（2014）假定大气重金属排放因子的年际下降趋势与单位产品工业烟尘排放量的下降趋势一致，且年际单位产品烟尘排放量呈指数规律下降[155]。基于此理论，Cheng等（2015）重新评估并更新了2000—2010年中国人为源大气 Hg、As、Pb、Cd 和 Cr 排放清单[156]。另外，综合全球不同地区和国家的经济和技术发展水平，Tian 等（2014）估算了1995—2010 年全球人为源大气重金属锑（Sb）的排放清单及地区和行业部分排放贡献，进而对2010—2050 年全球 Sb 排放趋势进行了预测分析[155]，此项研究系首次全部由中国学者组成的研究团队对全球尺度的大气重金属排放量进行比较系统的评估分析。大气重金属排放因子的选取对于排放清单的不确定性影响很大。因此，合理分析评估国内外典型污染源大气重金属排放水平的差异将直接影响清单结果的准确性和可靠性，Tian 等（2015）基于经济发展和技术扩散理论，建立了适合中国国情和反映中国经济技术发展演变趋势的各类典型人为排放源的大气重金属排放因子动态模型，首次比较系统完整地构建了1949—2012 年间中国主要人为源导致的 12 种典型有毒有害重金属（Hg、As、Se、Pb、Cd、Cr、Ni、Sb、Mn、Co、Cu、Zn）的大气排放清单[157]。

目前，基于典型城市和地区大气颗粒物采样探究大气颗粒物中有害重金属质量浓度的研究较多，但针对同一地区不同采样点长时间的大气重金属质量浓度地面观测分析研究相对较少[156, 157, 160, 161]。Duan 和 Tan 通过收集过去十几年来中国 44 个较大城市的大气重金属质量浓度数据，首次评估了中国大陆地区大气重金属总体浓度水平[158]。通过对比世界卫生组织（WHO）重金属环境空气质量标准推荐限值，得出中国大气重金属砷、镉、铬、镍和锰污染形势不容乐观的结论。以往由于大气有害重金属排放清单的缺失以及对其在大气环境中的化学转化机制不明确，基于空气质量模式探究大气重金属的污染特征的研究在我国尚处于起步阶段。

四、研究进展总结和展望

（一）大气环境基础研究进展

近五年，我国大气环境研究长足发展，在国家和地方强劲的科技需求推动下，基础研究取得的显著进展主要有：

（1）提出大气复合污染的科学概念。针对我国大气污染特征的本质变化，我国应对的不再是单一类型的大气污染问题，而是多种污染物同时以高浓度存在的难题。更加重要的是，以臭氧和$PM_{2.5}$为代表的大气污染物在来源、形成过程和环境效应等方面都是相互作用、密切联系的。这种"复合"特征的大气污染在全球范围具有独特性。

（2）形成大气氧化性的科学思想。大气氧化是大气化学过程的本质，然而剧烈的人为活动改变了大气氧化性的平衡，导致大气氧化能力的快速上升，成为一系列重大大气污染问题（酸沉降、臭氧和$PM_{2.5}$）的根源之一。调控大气氧化水平也成为大气污染控制的一个重要环节，成为破解大气酸化、臭氧和二次颗粒物等污染问题的关键。

（3）形成我国大气污染总量控制理论。为支撑国家空气质量改善，形成了系统的大气污染总量控制理论，包括大气污染临界水平量化、排放与环境目标之间源—受体关系、总量控制目标确定及总量分配方法、总量控制的环境效果评估方法等。这一理论体系在国家SO_2和酸沉降控制实践中发挥了坚实的支撑作用，并将逐步扩展到大气污染防控的其他领域。

（4）形成了大气复合污染研究的技术体系。以我国典型城市群的长期定点研究为基础，针对大气复合污染的特征，形成了包括监测网络—源排放—预测预报—防控方案在内的技术体系，这一技术体系在珠江三角洲已完成落地应用，并逐步推广到我国其他城市群地区，成为国家大气污染联防联控的关键技术支撑。

（5）构建完成全国动态污染源清单。污染源清单是大气污染的科学研究和管理决策均亟须的关键信息，但是长期以来成为我国大气污染领域的一个薄弱环节。针对我国社会经济快速变化的特点，构建了适宜我国的大气污染源清单编制技术方法，并广泛地应用于空气污染、气象、能源和控制决策等各方面。高等学校在污染源清单方面的工作使我国在这一领域进入世界先进的行列。

（6）在大气二次污染机理及效应方面取得突破。二次污染机理是国际性的难题，近年来在若干点上取得突出进展。实现了毫微米级颗粒物化学组分实测的成功，发现污染大气条件下新粒子生成的新特征，对于揭示大气颗粒物的生成机制具有重大意义，采用颗粒物光学性质的闭合实验方法，基本掌握了大气能见度下降的关键因素。尤为重要的是，发现了城市和区域尺度上大气污染与气象过程存在相互作用，为进一步揭示大气重污染成因打下基础。

（二）未来发展展望

今后5～10年甚至更长的时期内，大气环境科学技术发展面临的主要挑战将是：

（1）如何实现新常态的国家经济增长中大气污染排放的增量最小化？针对未来经济增长过程中的新增排放，在科技上要准确把握不同特色区域的大气环境约束，科学把握破解大气环境约束的关键和重点。

（2）如何扭转污染趋势，在消除重污染的前提下，实现全国空气质量的长效改善？针对大气环境质量目标确定源排放与空气质量之间的非线性关系，在目前国家一系列大型活动空气质量保障取得成功的实践中，寻找和制定雾霾和大气臭氧协同防治的科学方案。

（3）如何弄清大气污染防控措施的有效性及健康效应？在典型城市群区域构建大气复合污染联防联控技术及评估体系，全面提升国家大气污染的监控监管能力，在科技上逐步从目前的总量防控转变到环境质量改善以及环境风险管控。

— 参考文献 —

[1] 刘辉志, 冯健武, 等. 大气边界层物理研究进展 [J]. 大气科学, 2013, 23（3）: 468-475.

[2] 蒋维楣, 苗世光, 等. 城市气象与边界层数值模拟研究 [J]. 地球科学进展, 2010, 25（5）: 465-475.

[3] 刘熙明, 胡非, 等. 大气边界层的研究—从均匀到非均匀 [J]. 地球科学进展, 2007, 30（2）: 45-48.

[4] 刘树华, 刘振鑫, 等. 多尺度大气边界层与陆面物理过程模式的研究进展 [J]. 中国科学, 2013, 43（10）: 1334-1338.

[5] 姜金华, 胡非, 等. 水、陆不均匀条件下大气边界层结构的模拟研究 [J]. 南京气象学院院报, 2007, 30（2）: 163-171.

[6] 蒋维楣, 孙鉴泞, 等. 空气污染气象学教程（第二版）[M]. 北京: 气象出版社, 2004: 5-12.

[7] 范绍佳, 洪莹莹, 等. 珠三角城市化对大气边界层特征影响的数值模拟 [J]. 中山大学学报, 2015, 54（1）: 117-127.

[8] 洪雯, 王毅勇, 等. 非均匀下垫面大气边界层研究进展 [J]. 南京信息与工程大学学报, 2010, 2（2）: 155-161.

[9] 周全, 夏克青, 等. Rayleigh-Benard 湍流热对流研究的进展、现状及展望 [J]. 力学进展, 2012, 42（3）: 231-252.

[10] 邓雪娇, 李菲, 等. 广州地区典型清洁与污染过程的大气湍流与物质交换特征 [J]. 中国环境科学, 2011, 31（9）: 1425-1433.

[11] 胡隐樵, 陈晋北, 等. 从湍流经典理论到大气湍流非平衡态热力学理论 [J]. 高原气象, 2012, 31（1）: 1-20.

[12] 毛节泰, 张军华, 等. 中国大气气溶胶研究综述 [J]. 气象学报, 2002, 60（5）: 625-633.

[13] 李明华, 范绍佳. 中国大气气溶胶气候效应研究进展 [J]. 中国科技论文在线, 2012, 31（9）: 1-8.

[14] 王峰威, 李红, 等. 大气气溶胶酸度的研究进展 [J]. 环境污染与防治, 2010, 32（1）: 67-73.

[15] 林俊, 刘卫, 等. 大气气溶胶粒径分布特征与气象条件的相关性分析 [J]. 气象与环境学报, 2009, 25（1）: 1-5.

[16] 付培键, 等. 大气气溶胶环境效应 [J]. 甘肃科技, 2013, 29（21）: 39-42.

[17] 王勇, 吉振明, 等. 人为气溶胶对东亚夏季风直接气候效应的成分分析 [J]. 大气科学, 2013, 29（3）: 441-449.

[18] 王体健, 李树, 等. 中国地区硫酸盐气溶胶的第一间接气候效应研究 [J]. 大气科学, 2010, 30（5）: 730-740.

[19] 范学花, 陈洪滨, 等. 中国大气气溶胶辐射特性参数的观测与研究进展 [J]. 大气科学, 2013, 37（2）: 477-498.

[20] 陆春松, 牛生杰, 等. 南京冬季无多发期边界层结构观测分析 [J]. 大气科学学报, 2011, 34（1）: 58-65.

[21] 王文兴, 徐鹏举, 等. 中国大气降水化学研究进展 [J]. 化学进展, 2009（3）267-285.

[22] 廖菲, 洪延超, 等. 影响云和降水的动力、热力与微物理因素的研究概述 [J]. 气象, 2006, 32（11）:

3–12.

［23］黄美元，沈志来，等. 半个世纪的云雾、降水和人工影响天气研究进展［J］. 大气科学，2003，27（4）：536–556.

［24］曾剑，张强，等. 中国北方不同气候区晴天路面过程区域特征差异［J］. 大气科学，2011，35（3）：483–494.

［25］李剑东，刘屹岷，等. 辐射积云对流过程对大气辐射通量的影响［J］. 气象学报，2009，67（3）：355–370.

［26］林磊，付强，等. 辐射传输模式的简单对比［J］. 中国环境科学，2011，31（9）：1425–1433.

［27］周旋，杨晓峰等. 基于大气辐射传输模型的单通道海表温度反演算法研究［J］. 热气象学报，2012,28（5）：743–750.

［28］［肖艳芳，周德民. 辐射传输模型多尺度反演植被理化参数研究进展［J］. 生态学报，2013,33（11）：3291–3297.

［29］董泰锋，蒙继华. 光合有效辐射估算的研究进展［J］. 地理科学进展，2011,30（9）：1125–1134.

［30］孙仕强，刘寿东. 城、郊能量及辐射平衡特征观测分析［J］. 长江流域资源与环境，2013,22（4）：445–455.

［31］高扬子，何洪林. 近50年中国地表净辐射的时空变化特征分析［J］. 地球信息科学学报，2013,15（1）：1–10.

［32］齐月，房世波. 近50年来中国地面太阳辐射变化及空间分布［J］. 生态学报，2014, 34（24）：7444–7453.

［33］Monks P S. Chemical Society Reviews，2005，34（5）：376.

［34］陆克定，张远航. 化学进展，2010，22（2/3）：500.

［35］Lelieveld J，Butler T，Crowley J，et al. Atmospheric oxidationcapacity sustained by a tropical forest［J］. Nature，2008，452（7188）：737–740.

［36］李晓倩，陆克定，魏永杰，等. 化学进展，2014,26（4）:683.

［37］贾龙，葛茂发，庄国顺，等. 对流层中的 OH 与 HO$_2$ 自由基的研究进展［J］. 化学通报，2006，68（10）：736–744.

［38］Heard D E，Pilling M J. Measurement of OH and HO$_2$ in the troposphere［J］. Chemical Reviews,2003,103（12）：5163–5198.

［39］Amedro D，Miyazaki K，Parker A，et al. Atmospheric and kinetic studiesof OH and HO$_2$by the FAGE technique［J］. Journal of Environmental Sciences,2012，24（1）：78–86.

［40］Lu，K. D. et al. Observation and modelling of OH and HO$_2$ concentrations in the Pearl River Delta 2006：a missing OH source in a VOC rich atmosphere. Atmos. Chem. Phys. 2012，12，1541–1569.

［41］Franz Rohrer，Keding Lu，Andreas Hofzumahaus，et al. Maximum efficiency in the OH–based self–cleansing of the troposphere［J］. Nature GeoSci，2014，DOI：10.1038/NGEO2199.

［42］Levy H. Science,1971,173:141.

［43］Henze D K，Seinfeld J H，et al.Global modeling of secondary organic aerosol formation from aromatic hydrocarbons et al. high– vs. low–yield pathways［J］. Atmos. Chem. Phys.，2008，8，2405–2420.

［44］Peeters J，Nguyen T L，et al. HO$_x$ radical regeneration in the oxidation ofisoprene［J］. Phys. Chem. Chem. Phys.，2009，11，5935–5939.

［45］Crounse J D，Paulot F，et al. Peroxy radical isomerizationin the oxidation of isoprene［J］. Phys. Chem. Chem. Phys.，2011，13，13607–13613.

［46］Eddingsaas N C，Loza C L，et al. α–pinenephotooxidation under controlled chemical conditions – Part 1 et al. Gas–phase composition inlow– and high–NOx environments［J］. Atmos. Chem. Phys.，2012，12，6489–6504.

［47］Kwan A J，Chan A W H，et al.Peroxy radical chemistry and OH radical production during the NO$_3$–initiated oxidation ofisoprene［J］. Atmos. Chem. Phys., 2012, 12, 7499-7515.

［48］ Huang D, Chen Z M, et al. Newly observed peroxides and the water effecton the formation and removal of hydroxyalkyl hydroperoxides in the ozonolysis of isoprene［J］. Atmos. Chem. Phys., 2013, 13, 5671-5683.

［49］ Ehn M, Thornton J A, et al. A large source of low-volatility secondary organic aerosol［J］. Nature, 2014, 506, 476-479.

［50］ Paulot F, Crounse J D, et al.Isoprene photooxidation et al. new insights into the production of acids and organic nitrates［J］. Atmos.Chem. Phys., 2009a, 9, 1479-1501.

［51］ Paulot F, Crounse J D, et al. Unexpected epoxide formation in the gas-phase photooxidation of isoprene［J］. Science, 2009b, 325, 730-733.

［52］ Wolfe G M, Crounse J D, et al. Photolysis, OH reactivity and ozone reactivity of a proxyfor isoprene-derived hydroperoxyenals（HPALDs）［J］. Phys. Chem. Chem. Phys., 2012, 14, 7276-7286.

［53］ Jacobs M I, Darer A I, et al. Rate constants and products of the OH reactionwith isoprene-derived epoxides［J］. Environ. Sci. Technol., 2013, 47, 12868-12876.

［54］ Bates K H, Crounse J D, et al. Gas phase production and loss of isoprene epoxydiols［J］. J.Phys. Chem. A, 2014, 118, 1237-1246.

［55］ Kjaergaard H G, Knap H C, et al. Atmospheric fate of methacrolein. 2. Formation of lactone and implications for organic aerosol production［J］. J. Phys. Chem. A, 2012, 116, 5763-5768.

［56］ Lin Y, Zhang Z, et al.Isoprene epoxydiols as precursors to secondary organic aerosol formation: acid-catalyzedreactive uptake studies with authentic compounds［J］. Environ. Sci. Technol., 2012, 46, 250-258.

［57］ Lin Y, Zhang H, et al. Epoxide as a precursor to secondaryorganic aerosol formation from isoprene photooxidation in the presence of nitrogen oxides［J］. P. Natl. Acad. Sci. USA, 2013, 110, 6718-6723.

［58］ Lee L, Teng A P, et al. On rates and mechanisms of OH and O_3 reactions with isoprene-derived hydroxy nitrates［J］. J. Phys. Chem. A,2014, 118, 1622-1637.

［59］ Chan A W H, Chan M N, et al. Role of aldehyde chemistry and NOx concentrations in secondary organic aerosol formation［J］. Atmos. Chem. Phys., 2010, 10, 7169-7188.

［60］ Surratt J, Chan A W H, et al. Reactive intermediates revealed in secondaryorganic aerosol formation from isoprene［J］. P. Natl. Acad. Sci., 2010, 107, 6640-6645.

［61］ Hatch L E, Creamean J M, et al. Measurements of isoprene-derived organosulfates in ambientaerosols by aerosol time-of-flight mass spectrometry – Part 2 et al.Temporal variability and formation mechanisms［J］. Environ. Sci. Technol., 2011, 45, 8648-8655.

［62］ Nguyen T B, Coggon M M, et al. Organic aerosol formationfrom the reactive uptake of isoprene epoxydiols（IEPOX）onto non-acidified inorganic seeds［J］. Atmos. Chem. Phys., 2014, 14, 3497-3510.

［63］ Amedro D, Parker A E, et al.Direct observation of OH radicals after 565 nm multi-photon excitationof NO_2 in the presence of H_2O［J］. Chem. Phys. Lett., 2011, 513,12-16.

［64］ Li X, Brauers T, et al. Exploringthe atmospheric chemistry of nitrous acid（HONO）at a ruralsite in Southern China［J］. Atmos. Chem. Phys., 2012, 12, 1497-1513.

［65］ Wong K W, Tsai C, et al. Daytime HONO verticalgradients during SHARP 2009 in Houston, TX［J］. Atmos. Chem.Phys., 2012, 12, 635-652.

［66］ Su H, Cheng Y, et al. SoilNitrite as a Source of Atmospheric HONO and OH Radicals［J］. Science, 2011, 333, 1616-1618.

［67］ Finlayson-Pitts B J, Wingen L M, et al. The heterogeneous hydrolysis of NO_2 inlaboratory systems and in outdoor and indoor atmospheres et al. andintegrated mechanism［J］. Phys. Chem. Chem. Phys., 2003, 5, 223-242.

［68］ Wong K W, Oh H, et al. Vertical profiles of nitrous acid in the nocturnal urban atmosphereof Houston, TX［J］. Atmos. Chem. Phys., 2011, 11, 3595-3609.

［69］ Li X, Rohrer F, et al. Missing Gas–Phase Source of HONO Inferred from ZeppelinMeasurements in the Troposphere ［J］. Science, 2014, 344, 292–296.

［70］ Li S, Matthews J, et al. Atmospheric hydroxyl radicalproduction from electronically excited NO_2 and H_2O ［J］. Science,2008, 319, 1657–1660.

［71］ Michoud V, Colomb A, et al. Study of the unknown HONO daytime source at a European suburban site during the MEGAPOLI summer and winter field campaigns ［J］. Atmos. Chem. Phys., 2014, 14, 2805–2822.

［72］ Vereecken L, Harder H, et al. The reaction of Criegeeintermediates with NO, RO_2, and SO_2, and their fate in the atmosphere ［J］. Phys. Chem. Chem. Phys., 2012, 14, 14682–14695.

［73］ Boy M, Mogensen D, et al. Oxidation of SO_2 by stabilizedCriegee intermediate (sCI) radicals as a crucial source foratmospheric sulfuric acid concentrations ［J］. Atmos. Chem. Phys.,2013, 13, 3865–3879.

［74］ Berndt T, Jokinen T, et al. H_2SO_4 formationfrom the gas–phase reaction of stabilized Criegee Intermediateswith SO_2: Influence of water vapour content and temperature ［J］. Atmos. Environ., 2014, 89, 603–612.

［75］ Sarwar G, Simon H, et al. Impact of sulfur dioxide oxidation by StabilizedCriegee Intermediate on sulfate ［J］. Atmos. Environ., 2014, 85,204–214.

［76］ Stone D, Blitz M, et al. Kinetics of CH_2OO reactions with SO_2, NO_2, NO, H_2O andCH_3CHO as a function of pressure ［J］. Phys. Chem. Chem. Phys.,2014, 16, 1139–1149.

［77］ Berresheim H, Adam M, et al. Missing SO_2 oxidant in the coastal atmosphere?–observations from high–resolution measurements of OH and atmospheric sulfur compounds ［J］. Atmos. Chem. Phys.2014, 14, 12209–12223.

［78］ Mauldin III R L, Berndt T, et al. A new atmospherically relevant oxidant of sulphurdioxide ［J］. Nature, 2012, 488, 193–196.

［79］ Kolb C E, Cox R. A, et al. An overview of current issues in the uptake of atmospheric trace gases by aerosols and clouds ［J］. Atmos. Chem. Phys., 2010, 10, 10561–10605.

［80］ Shen X L, Zhao Y, et al. Heterogeneous reactions of volatile organic compounds in the atmosphere ［J］. Atmos. Environ., 2013, 68, 297–314.

［81］ Tang M J, Thieser J, et al. Uptake of NO_3 and N_2O_5 to Saharan dust, ambient urban aerosol and soot: a relative rate study ［J］. Atmos. Chem. Phys., 2010, 10, 2965–2974.

［82］ Tang M J, Schuster G, et al. Heterogeneous reaction of N_2O_5 with illite and Arizona test dust particles ［J］. Atmos. Chem. Phys., 2014, 14, 245–254.

［83］ Bedjanian Y, Romanias M N, et al. Uptake of HO_2 radicals on Arizona Test Dust ［J］. Atmos. Chem. Phys., 2013, 13et al. 6461–6471.

［84］ Taketani F, Kanaya Y, et al. Measurement of overall uptake coefficients for HO_2 radicals by aerosol particles sampled from ambient air at Mts. Tai and Mang (China)［J］. Atmos. Chem. Phys., 2012, 12, 11907–11916.

［85］ Ryder O S, Ault A P, et al. On the Role of Particle Inorganic Mixing State in the Reactive Uptake of N_2O_5 to Ambient Aerosol Particles ［J］. Environ. Sci. Technol.,2014, 48, 1618–1627.

［86］ Zhao Y, Chen Z, et al. Heterogeneous reactions of gaseous hydrogen peroxide on pristine and acidic gas–processed calcium carbonate particles: effects of relative humidity and surface coverage of coating ［J］. Atmos. Environ., 2013, 67, 63–72.

［87］ Kolesar K R, Buffaloe G, et al. OH–Initiated Heterogeneous Oxidation of Internally–Mixed Squalane and Secondary Organic Aerosol ［J］. Environ. Sci. Technol., 2014, 48, 3196–3202.

［88］ Slade J H, Knopf D A. Multiphase OH oxidation kinetics of organic aerosol: The role of particle phase state and relative humidity ［J］. Geophys. Res. Lett., 2014, 41, 5297–5306.

［89］ Taketani F, Kanaya Y, et al. Kinetics of heterogeneous reactions of HO_2 radical at ambient concentration levels with $(NH_4)_2SO_4$ and NaCl aerosol Particles ［J］. J. Phys. Chem. A., 2008, 112, 2370–2377.

［90］ George I J, Matthews P S J, et al. Measurements of uptake coefficients for heterogeneous loss of HO_2 onto submicron inorganic salt aerosols [J]. Phys. Chem. Chem. Phys., 2013, 15, 12829–12845.

[91] Zhao Y, Huang D, et al. Hydrogen peroxide enhances the oxidation of oxygenated volatile organic compounds on mineral dust particles: a case study of methacrolein [J]. Environ. Sci. Technol., 2014, 48, 10614–10623.

[92] Liu C, Ma Q, et al. Synergistic reaction between SO_2 and NO_2 on mineral oxides: a potential formation pathway of sulfate aerosol [J]. Phys. Chem. Chem. Phys., 2012, 14, 1668–1676.

[93] Wu L Y, Tong S R, et al. Synergistic Effects between SO_2 and HCOOH on $\alpha-Fe_2O_3$ [J]. J. Phys. Chem. A, 2013, 117, 3972–3979.

[94] He H, Wang Y S, et al. Mineral dust and NO_x promote the conversion of SO_2 to sulfate in heavy pollution days [J]. Scientific reports, 4.

[95] Kessler S H, Smith J D, et al. Chemical sinks of organic aerosol: Kinetics and products of the heterogeneous oxidation of erythritol and levoglucosan [J]. Environ. Sci. Technol., 2010, 44, 7005–7010.

[96] Wiegel A A, Wilson K R, et al. Stochastic methods for aerosol chemistry: a compact molecular description of functionalization and fragmentation in the heterogeneous oxidation of squalane aerosol by OH radicals [J]. Phys. Chem. Chem. Phys., 2015.

[97] Ruehl C R, Nah T, et al. The Influence of Molecular Structure and Aerosol Phase on the Heterogeneous Oxidation of Normal and Branched Alkanes by OH [J]. J. Phys. Chem. A, 2013, 117, 3990–4000.

[98] Kroll J H, Smith J D, et al. Measurement of fragmentation and functionalization pathways in the heterogeneous oxidation of oxidized organic aerosol [J]. Phys. Chem. Chem. Phys., 2009, 11, 8005–8014.

[99] Mao J, Fan S, et al. Radical loss in the atmosphere from Cu–Fe redox coupling in aerosols [J]. Atmos. Chem. Phys., 2013, 13, 509–519.

[100] Liang H, Chen Z M, et al. Impacts of aerosols on the chemistry of atmospheric trace gases: a case study of peroxides and HO_2 radicals [J]. Atmos. Chem. Phys., 2013, 13, 11259–11276.

[101] Wang Y, Zhang Q, et al. Enhanced sulfate formation during China's severe winter haze episode in January 2013 missing from current models [J]. J. Geophys. Res.–Atmos., 2014, 119, 10–425.

[102] Cappa C D, Che D L, et al. Variations in organic aerosol optical and hygroscopic properties upon heterogeneous OH oxidation [J]. J. Geophys. Res., 2011, 116, D15204.

[103] [George I J, Abbatt J P D. Chemical evolution of secondary organic aerosol from OH–initiated heterogeneous oxidation [J]. Atmos. Chem. Phys., 2010, 10, 5551–5563.

[104] Seinfeld J H, Pandis S N. Atmospheric Chemistry and Physics: From Air Pollution toClimate Change [M]. John Wiley and Sons,Inc.2006. 1203.

[105] 王自发，庞成明，朱江，等. 大气环境数值模拟研究新进展 [J]. 大气科学，2008，32（4）:987–995.

[106] J Morris, Ralph E., et al. Model sensitivity evaluation for organic carbon using two multi–pollutant air quality models that simulate regional haze in the southeastern United States [J]. Atmospheric Environment,2006,40(26): 4960–4972.

[107] 赵秀勇，程水源，陈东升，等. 应用 ARPS–CMAQ 模拟研究石景山污染对北京的影响 [J]. 环境科学学报，2007，27（12）:2074–2079.

[108] 刘晓环. 我国典型地区大气污染特征的数值模拟 [D]. 山东大学，2010.

[109] GeorgA. Grella, Steven E. Peckhama et al. Fully coupled "online" chemistry within the WRF model [J]. Atmospheric Environment, 2005, 39: 6957–6975.

[110] Yongxin Zhang et al. WRF/Chem simulated springtime impact of rising Asian emissions on air quality over the U.S. [J]. Atmospheric Environment ,2010,44: 2799–2812.

[111] Yang Zhang, X.–Y. Wen, CJ.Jang. Simulatingchemistryaerosolcloudradiationclimate feedbacks over the continental U.S. using the online–coupled Weather Research Forecasting Model with chemistry（WRF/Chem）[J]. Atmospheric Environment, 2010,44:3568–3582.

［112］ Pablo E. Saide，Gregory R. Carmichael，Scott N. Spak，et al. Forecasting urban PM$_{10}$ and PM$_{2.5}$ pollution episodes in very stable nocturnal conditions and complex terrain using WRF–Chem CO tracer model ［J］. Atmospheric Environment，2011,45:2769–2780.

［113］陈朝晖、陈水源，等. 一次区域性大气重污染过程的诊断分析及数值模拟［J］. 北京工业大学学报，2010，36（2）：242–247.

［114］王自发、王威，等. 区域大气污染预报预警和协同控制［J］. 社会与科学，2013，31（9）：31–43.

［115］赵敬国、王式功，等. 兰州市大气重污染气象成因分析［J］. 环境科学学报，2014，（9）：1425–1433.

［116］王自发、庞成明，等. 大气环境数值模拟研究新进展［J］. 大气科学，2008，32（4）：987–996.

［117］刘庆阳、刘艳菊，等. 北京城郊冬季一次大气重污染过程颗粒物的污染特征［J］. 环境科学学报，2014，34（1）：12–18.

［118］ Quan J N, Gao Y, Zhang Q, et al. Evolution of planetary boundarylayer under different weather conditions，and its impact on aerosolconcentrations ［J］. Particuology，2013，11（1）：34–40.

［119］ Gilliam R C, Hogrefe C, Rao S T. New methods for evaluatingmeteorological models used in air quality applications ［J］. Atmos.Environ.，2006.，40：5073–5086.

［120］ Seaman N L. Meteorological modeling for air–quality assessments ［J］. Atmos.En［］viron.，2000，34：2231–2259.

［121］ Sistla G, Zhou N, Hao W, et al. Effects of uncertainties in meteorologicalinputs on urban airshed model predictions and ozone controlstrategies ［J］. Atmos. Environ.，1996，30：2011–2025.

［122］ Pirovano G, Coll I, Bedogni M, et al. On the influence ofmeteorological input on photochemical modelling of a severe episodeover a coastal area ［J］. Atmos. Environ.，2007，41：6445–6464.

［123］ de Meij A, Gzella A, Cuvelier C, et al. The impact of MM5 and WRFmeteorology over complex terrain on CHIMERE model calculations ［J］. Atmospheric Chemistry and Physics，2009，9：6611–6632.

［124］ Smyth S C, Yin D Z, Roth H, et al. The impact of GEM and MM5modeled meteorological conditions on CMAQ air quality modelingresults in Eastern Canada and the Northeastern United States ［J］. Journalof Applied Meteorology and Climatology，2006，45：1525–1541.

［125］孙健、赵平. 用 WRF 与 MM5 模拟 1998 年三次暴雨过程的对比分析［J］. 气象学报，2003，61（6）：692–701.

［126］ Kuaska H, Crook A, Duhia J, et al. Comparison of the WRF andMM5 models for simulation of heavy rainfall along the baiu front ［J］. Scientific Online Letters on the Atmosphere（SOLA），2005，1：197–200.

［127］赵洪、杨学联、邢建勇，等. WRF 与 MM5 对 2007 年 3 月初强冷空气数值预报结果的对比分析［J］. 海洋预报，2007，24（2）：1–8.

［128］ Jimenez–Guerrer P, Jorba O, Baldasan J M, et al. The use of amodelling system as a tool for air quality management：Annualhigh–resolution simulations and evaluation ［J］. Science of the TotalEnvironment，2008，390：323–340.

［129］ Gonçalves M, Jiménez–Guerrero P, Baldasano J M. High resolutionmodeling of the effects of alternative fuels use on urban air quality:Introduction of natural gas vehicles in Barcelona and Madrid GreaterAreas（Spain）［J］. Science of the Total Environment，2009，407（1）：776–790.

［130］ Stern R, Builtjes P, Schaap M, et al. A model inter–comparison studyfocussing on episodes with elevated PM10 concentrations ［J］. Atmos. Environ.，2008，42（19）：4567–4588.

［131］ Tang X, Zhu J, Wang Z F, and Gbaguidi A. Improvement of ozone forecast over Beijing based on ensemble Kalman filter with simultaneous adjustment of initial conditions and emission. Atmos. Chem. Phys，2001，11:12901–12916.

［132］ Tang X, Zhu J, Wang Z F, Gbaguidi A, Li J, Shao M, Tang G Q, Ji D S, Inversion of CO emissions over Beijing and its surrounding areas with ensemble Kalman filter ［J］. Atmos. Environ，2013，81:676–686.

［133］ Wong D C, Pleim J, Mathur R, et al. WRF–CMAQ two–way coupledsystem with aerosol feedback：Software development and preliminaryresults ［J］. Geoscientific Model Development，2012，5（2）：299–312，doi:10.5194/gmd–5–299–2012.

［134］ 张小玲，唐宜西，熊亚军，等. 华北平原一次严重区域雾霾天气分析与数值预报试验［J］. 中国科学院大学学报，2014，31（3）:337–344，doi：10. 7523 /j.issn.2095–6134. 2014. 03. 007.

［135］ 王哲，王自发，李杰，等. 气象—化学双向耦合模式（WRF–NAQPMS）研制及其在京津冀秋季重霾模拟中的应用［J］. 气候与环境研究，2014，19（2）：153–163，doi：10.3878/j.issn.1006–9585.2014.13231.

［136］ Lim, Y.B. and P.J. Ziemann, Effects of Molecular Structure on Aerosol Yields from OH Radical–Initiated Reactions of Linear, Branched, and Cyclic Alkanes in the Presence of NOx ［J］. Environmental Science & Technology, 2009. 43（7）: p. 2328–2334.

［137］ Mauldin,R.L.,III,et al.,A new atmospherically relevant oxidant of sulphur dioxide［J］. Nature,2012,488（7410）: p. 193.

［138］ Ng, N.L., et al., Secondary organic aerosol（SOA）formation from reaction of isoprene with nitrate radicals（NO$_3$）［J］. Atmospheric Chemistry and Physics, 2008. 8（14）: p. 4117–4140.

［139］ Rollins, A.W., et al., Isoprene oxidation by nitrate radical：alkyl nitrate and secondary organic aerosol yields ［J］. Atmospheric Chemistry and Physics, 2009. 9（18）: p. 6685–6703.

［140］ Rollins, A.W., et al., Evidence for NOx Control over Nighttime SOA Formation. Science, 2012. 337（6099）: p. 1210–1212.

［141］ Li, X., et al., Missing Gas–Phase Source of HONO Inferred from Zeppelin Measurements in the Troposphere ［J］. Science, 2014. 344（6181）: p. 292–296.

［142］ J. Z. Ma, W. Wang, Y. Chen, et al. The IPAC–NC field campaign：a pollution and oxidization pool in the lower atmosphere over Huabei, China ［J］. Atmospheric Chemistry and Physics, 2012, 12（9）: 3883–3908.

［143］ Q. Zhang, B. Yuan, M. Shao, et al. Variations of ground–level O3 and its precursors in Beijing in summertime between 2005 and 2011 ［J］. Atmospheric Chemistry and Physics, 2014, 14（12）: 6089–6101.

［144］ Z. Liu, Y. H. Wang, D. S. Gu, et al. Evidence of Reactive Aromatics As a Major Source of Peroxy Acetyl Nitrate over China ［J］. Environ Sci Technol, 2010, 44（18）: 7017–7022.

［145］ J. T. Lin, D. P. Steven, J. Davis et al. 2010. China's international trade and air pollution in the United States. Proc Natl Acad Sci U S A 111（5）: 6.

［146］ S. Lou, F. Holland, F. Rohrer et al. 2010. Atmospheric OH reactivities in the Pearl River Delta– China in summer 2006：measurement and model results ［J］. Atmospheric Chemistry and Physics, 10: 11243–11260.

［147］ X. Zhang, Z. M. Chen, S. Z. He, et al. Peroxyacetic acid in urban and rural atmosphere：concentration, feedback on PAN–NOx cycle and implication on radical chemistry ［J］. Atmospheric Chemistry and Physics, 10:737–748.

［148］ R. J. Huang, Y. L. Zhang, J. J. Cao, et al. High secondary aerosol contributionto particulate pollution during haze events in China ［J］. Nature, 2014, 514:218–222.

［149］ Su, H., et al., Soil Nitrite as a Source of Atmospheric HONO and OH Radicals. Science, 2011. 333（6049）: p. 1616–1618.

［150］ Wu Q R, Wang S X, Zhang, L., et al. Update of mercury emissions from China's primary zinc, lead and copper smelters, 2000–2010 ［J］. Atmos. Chem. Phys., 2012, 12, 11153–11163.

［151］ Zhang L, Wang S X, Meng Y, et al. Influence of mercury and chlorine content of coal on mercury emissions from coal–fired power plants in China ［J］. Environ. Sci. Technol., 2012, 46, 6385–6392.

［152］ Tian H Z, Cheng K, Wang Y, et al. Temporal and spatial variation characteristics of atmospheric emissions of Cd, Cr, and Pb from coal in China ［J］. Atmos. Environ., 2012a, 50, 157–163.

［153］ Tian H Z, Lu L, Cheng K, et al. Anthropogenic atmospheric nickel emissions and its distribution characteristics in China［J］. Sci. Total Environ., 2012b, 417, 148−157.

［154］ Tian H Z, Zhao D, Cheng K, et al. Anthropogenic atmospheric emissions of antimony and its spatial distribution characteristics in China［J］. Environ. Sci. Technol., 2012c, 46, 3973−3980.

［155］ Tian H Z, Zhou J R, Zhu C Y, et al. A comprehensive global inventory of atmospheric antimony emissions from anthropogenic activities, 1995−2010［J］. Environ. Sci. Technol., 2014, 48, 10235−10241.

［156］ Cheng K, Wang Y, Tian H Z, et al. Atmospheric emission characteristics and control policies of five precedent-controlled toxic heavy metals from anthropogenic sources in China［J］. Environ. Sci. Technol., 2015, 49, 1206−1214.

［157］ Tian H Z, Zhu C Y, Gao J J, et al. Quantitative assessment of atmospheric emissions of toxic heavy metals from anthropogenic sources in China: historical trend, spatial distribution, uncertainties, and control policies［J］. Atmos. Chem. Phys., 2015, 15, 10127−10147.

［158］ Duan J C, Tan J H. Atmospheric heavy metals and arsenic in China: situation, sources and control policies［J］. Atmos. Environ., 2013, 74, 93−101.

［159］ Zhou J.R., Tian H.Z., Zhu C.Y., et al. Future trends of global atmospheric antimony emissions from anthropogenic activities until 2050［J］. Atmospheric Environment, 2015,120, 385−392.

［160］ Sun, Y., Wang, Z., Fu, P., et al., 2013. Aerosol composition, sources and processes during wintertime in Beijing, China［J］. Atmospheric Chemistry and Physics 13,437, 4577−4592.

［161］ Gao, J.J., Tian, H.Z., Cheng, K., et al., 2014. Seasonal and spatial variation of trace elements in multi-size airborne particulate matters of Beijing, China: Mass concentration, enrichment characteristics, source apportionment, chemical speciation and bioavailability［J］. Atmospheric Environment, 99, 257−265.

负责人：邵　敏

撰稿人：邵　敏　陆思华　王雪梅　田贺忠　王　鸣　李　悦　杨宇栋
　　　　王宝琳　牛　贺　黄冠聪　方镜尧　李柏豪　陈忠明　朱传勇

大气环境监测技术研究

一、引言

准确全面掌握大气环境质量状况，认识其发展和演变规律是制定大气环境污染防治措施的基础。由于大气环境污染问题的复杂性、区域性和综合性，我国一直致力于发展"装备先进、标准规范、手段多样、运转高效"的业务化大气环境监测技术和仪器设备，为环境、气象和科学研究领域解决复杂污染问题、有效控制污染源、节能减排、环境变化提供有效的技术支撑。

2012 年，新的《环境空气质量标准》（GB3095–2012）正式发布并实施，在促进环境空气质量改善、完善环境空气质量评价体系的同时，对我国大气环境监测技术也提出了更高的要求。"十二五"以来，我国在大气环境监测单项技术已取得重要突破，初步形成了满足常规监测业务需求的技术体系。发展了 $PM_{2.5}$、O_3、VOCs 等污染物在线监测技术，有效支撑了我国"十二五"空气质量新标准的实施；单颗粒气溶胶飞行时间质谱仪等高端科研仪器开始得到应用，光谱定量检测灵敏度达到国际领先水平；突破了污染面源 VOCs 遥测，大气成分、颗粒物和臭氧垂直探测等关键技术；实现了航空平台上对污染气体（SO_2、NO_2 等）、温室气体（CO_2、CO 等）以及气溶胶颗粒物分布的遥感监测。

针对 2011—2015 年期间，大气环境监测技术发展历程，本报告主要论述了大气环境监测技术研究进展、大气环境监测技术集成与应用示范情况、大气环境监测技术发展总体评价与展望。

二、大气环境监测技术研究进展

（一）环境空气质量自动监测技术

2012 年，国务院正式通过并颁布了在我国环境保护历史上具有里程碑意义的《环境空气质量标准》（GB3095-2012），将 $PM_{2.5}$、O_3 和 CO 首次列入空气质量日常监测范围，意味着我国环境空气质量监测从常规一次污染因子开始向大气复合污染监测迈进。目前，我国基本形成了覆盖主要典型区域的国家区域空气质量监测网，标志着环境保护工作的重点开始从控制局部污染向区域联防联控从控制一次污染物向控制二次污染物从单独控制个别污染物向多污染物协同控制转变，这些转变都将对我国环境监测技术提出更高的要求。"十二五"期间，我国环境空气质量监测技术与仪器开发也得到快速发展。

1. 常规气体自动监测技术

"十二五"期间，该类仪器的国产化率迅速提高，改变了以往该类仪器主要依靠进口的局面。环保部在《空气质量新标准监测实施方案》第二、第三阶段中，明确要求在满足性能要求的前提下，优先选用国产仪器代替。2013 年，中国环境监测总站发布了《环境空气气态污染物在线监测系统技术要求与检验方法》、《大气颗粒物在线监测系统技术要求与检验方法》等六个空气质量在线监测仪器标准，配合国家空气质量监测方案的实施。标准在性能指标、仪器结构、安装验收、运行维护等多方面，规范了气态污染物分析仪、颗粒物在线监测仪、颗粒物采样器的开发生产和规范，保障了空气监测站点测量数据的准确性、技术的一致性等。

点式测量仪器系统采用物理光学为基础的光谱测量分析方法，具有测量精度较高、结构简单、造价较低、响应时间较短，能够及时地反映大气质量浓度变化情况等优点。国内多个厂商掌握该技术并研发出基于物理化学方法的在线监测仪器。其中，O_3 分析仪采用紫外光度法、CO 分析仪采用气体过滤相关红外吸收法、SO_2 分析仪采用紫外荧光法、NO_x 分析仪采用化学发光法等。近两年来，国内厂商在钼反应炉、臭氧发生器、IR 探测器与前置电路、PMT、气体红外相关轮的加工制作等一系列核心技术上不断打磨[1]，仪器越来越成熟和稳定，可靠性和精度得到大幅提高，仪器的成本大幅度降低。但是，在背景站等超低浓度监测应用领域方面，国产仪器的噪声和检测限都达不到相应要求。

另一类仪器采用开放光路技术路线，使用差分吸收光谱技术（DOAS），采用线采样，其采样代表性较传统的点式有较大的改善，有利于对空气质量的表征。且能够同时测量 SO_2、NO_2、O_3，还能测量如 THC、CH_4、NMHC、BTX 等有机污染物，具有高灵敏度、高分辨率、多组分、测量结果具有更好的代表性、维护量小、维护周期短、运行成本低的特点。近年来，国内多个厂商都已掌握并研制出基于开放光路 DOAS 技术的在线监测仪器，并致力于在性能指标和数据质量控制方法上不断改进（如表 1），集成了自主研发的高浓度臭氧分析仪、零气发生器与动态校准仪，大幅提高产品的稳定性和测量精度，主要性能指标与进口的 OPSIS 仪器不相上下，并在具体功能上领先于进口厂商。

表 1　国产 DOAS 仪器技术升级过程

性　　能	一代 DOAS 仪器 2010 年前	二代 DOAS 仪器 2011—2013	三代 DOAS 仪器 2014—2015
测量气体种类	SO_2、NO_2	SO_2、NO_2 和 O_3	SO_2、NO_2、O_3、苯系物和甲醛
探测器	PMT（单点）	CCD	CCD
最低检测限	5ppb	1ppb	0.5ppb
仪器精度	< 5%	< 2%	< 2%
24h 零点漂移	5ppb	2ppb	2ppb
24h 量程漂移	8ppb	3ppb	3ppb
平均无故障时间	30 天	90 天	90 天
质控设备	四种长度校准池 SO_2 标气	四种长度校准池、SO_2 标气、NO_2 标气、进口臭氧发生器	全自动样品池标定单元、SO_2 标气、NO_2 标气、臭氧发生器、动态校准仪、零气发生器
质控功能	现场手动质控	现场手动质控	远程网络化质控，全程自动校准

近年来，在 CO 监测应用领域，国内厂商将新兴发展起来的可调谐半导体激光吸收光谱技术（TDLAS）用于环境空气 CO 质量浓度监测。利用可调谐半导体激光器的波长调谐特性，用单一窄带的激光频率扫描通过气体分子的一条或者几条气体特征吸收线，获得被测气体的特征吸收光谱范围内的吸收光谱，从而实现对目标气体进行定性或者定量分析。如对于 CO 的监测，利用空气中 CO 气体在红外波段 2334nm 处的吸收，结合 CH_4 气体分子在此激光扫描频率下的特征吸收线，采用光谱拟合算法[3, 4]，得到 CO 和 CH_4 两种气体分子的柱浓度。检测限达到 40ppbv，满足了对环境空气中 CO 等进行检测的需要[5]。具有在线连续测量、价格低、系统工作可靠、运行费用低、安装简便、无需人员监守等优点，不但避免了系统的维护，而且不需要任何的预处理，可实现高时间分辨率高灵敏度的连续监测，技术方法处于国际领先的地位。目前产品在四川、重庆、安徽、贵州等地示范运行，运行数据良好。

2. 大气颗粒物（PM_{10}/$PM_{2.5}$）自动监测技术

我国的大气颗粒物在线监测技术设备在"十二五"期间取得了重大技术突破和应用进展。2012 年起，中国环境监测总站在北京、上海、重庆、广东和济南等地开展的环境空气 $PM_{2.5}$ 监测技术及其可比性研究进展，研究结果结合国外相关经验，确定我国颗粒物监测仪的主要技术方法为：射线法加动态加热系统（β 射线 +DHS）、射线法加动态加热系统联用光散射法（β 射线 +DHS+ 光散射）、微量振荡天平法加膜动态测量系统（TEOM+FDMS）[6, 7]。

在 2012—2013 年中国环境监测总站举行的大气颗粒物适应性检测认证中，国内多个厂商通过认证。

其中，β 射线方法是目前国内发展较快的技术路线（如表 2）。近年来国内仪器厂商普遍采用 β 射线 +DHS 技术路线，其核心的信号探测器摒弃了传统的盖格计数管方式，采用闪烁体探测器，提高了仪器的最低检测限，本底可以达到（−1 ～ 1）μg/m³ 之间；高精度的实时流量控制，保证切割头附近流量始终保持在（16.7 ± 0.1）L/min；集成 DHS 设计，采集经加热后的采样气体温湿度动态控制加热驱动工作模式，有效改善了大气湿度变化对测量结果的影响。整机采用了 ARM 内核 + 触控式交互的方式，其人机交互易用性大大领先于国外硬件平台。

颗粒物样品采集传动机构是国内仪器之前与国外差距较大的地方，经过近几年的持续改进优化，仪器样品采集与传送机构无论从控制精度 / 自动化程度 / 准确性等诸多方面均取得了长足的进步。国内新研制了抽气与测量分离的结构设计，保证采样过程中灰尘不会污染探测器本体，造成误差；采用纸带"软"传动技术，多处光电传感器准确感知纸带位置，并增加了传动自动校准过程，有效避免纸带断裂或者传送不到位的情况。传动机构故障率的降低带动整机的无故障运行时间不断延长。目前该仪器已广泛应用于各级环境监测部门，并参与中国气象局的全国大气气溶胶监测项目。

表 2 "十二五"期间国产颗粒物在线监测仪技术升级过程

性能指标	一代颗粒物仪器 2010 年以前	二代颗粒物仪器 2011—2013 年	三代颗粒物仪器 2013—2015 年
技术路线	β 射线法	β 射线 + 分体式 DHS	β 射线 + 一体化 DHS
探测器	盖格管	闪烁体 / 盖革管	闪烁体 / 盖革管
最低检测限	10μg	1μg	1μg
仪器精度	＜ 10%	＜ 5%	＜ 5%
参比方法对比测试	斜率：（1 ± 0.3）截距：（0 ± 15） 相关系数：≥ 0.90	斜率：（1 ± 0.1）截距：（0 ± 5） 相关系数：≥ 0.95	斜率：（1 ± 0.1）截距：（0 ± 5） 相关系数：≥ 0.95
膜片重复性	≤ ±5% 标称值	≤ ±2% 标称值	≤ ±2% 标称值
平行性	15%	7%	7%
数据存储时间	30 天	30 天	10 年
人机界面	128 × 64 点阵单色液晶屏	128 × 64 点阵单色液晶屏	7 寸彩色触摸液晶屏
质控功能	现场手动质控	现场手动质控	远程网络化质控

3. 仪器质控技术体系

为保证现在运行的空气质量监测仪器能够稳定可靠准确的反应空气质量状况，从 2014 年起国家和地方监测站陆续要求空气质量自动监测仪器具备自动远程校准功能，并委托中山大学研发网络化质控平台，目前平台已基本建成，主要功能如表 3 所示。各主流仪器厂商已完成仪器接入工作，可以实现远程校准、校零，数据传输等功能。

表3　国家网络化质控平台基本要求

序号	主要模块	主要功能
1	常规功能	仪器测量数据采集 回补数据
2	仪器信息读取	状态信息查询； 仪器状态参数设置
3	网络化指控	全局参数设置 现场质控任务； 定时质控任务； 可执行任务选择； 质控任务查询； 指控报表填写； 质控预标识
4	系统维护升级	系统备份与还原； 数据库转化； 系统自动升级
5	站房管理	巡检报告填写； 巡检报告查询

质控平台的统一极大改善了国家空气质量监测站点日常仪器的运行质量和仪器可控度，实现质量管理的标准化、规范化、数字化、自动化和远程化有效提高监测网络的稳定性、可靠性以及监测数据的完整性、准确性和可比性。

同时，国家2015年来陆续建立起量值溯源标准传递和国家—省市区—环保重点城市质控实验室体系，利用基本标准和控制标准的溯源传递，严格校准网络空气子站的工作标气、臭氧校准仪、质量流量计等工作标准物质。通过定期进行标准膜检查，校准颗粒物监测仪。各省站作为其辖区内的质量管理中心，建立与国际质控体系一致的质控体系，逐步建立了包括固定式校准系统、便携式校准系统、移动式全程校准系统在内的全面校准设备体系，以满足大气监测系统不断严格的质量控制和管理要求。

在气态污染物在线监测技术方面，国内除了研发传统的物理光学方法的点式仪器，还将线采样开放光路光谱法如差分吸收光谱和可调谐半导体激光吸收光谱技术运用到气态污染物的在线监测中，在仪器性能指标和数据质量控制方法上不断改进，实现高时间分辨率高灵敏度的连续监测，简化了系统的维护和标定。颗粒物在线监测技术方面，国内主流的β射线方法经过不断完善和改进，在仪器性能指标和日常操作维护易用性方面已经达到较高水平。与此同时，建立与国际质控体系一致的网络化质控体系，实现了对数据质量的标准化管理，以满足空气质量监测系统不断严格的质量控制和管理要求。

（二）污染源在线监测技术

"十二五"期间，在国内脱硫脱硝政策的出台和新污染源监测仪器标准制定的双重推动下，我国污染源监测技术和仪器列装数量随之迎来一个高峰。目前国内研发生产 CEMS 监测仪器的厂家近百家，其中通过中国环境监测总站适应性检测认证的企业有近 60 家。

2013 年起，中国环境监测总站开展了修订 HJ-75 标准修订和验证工作，进一步收紧仪器线性误差等指标（原标准的线性误差不超过 ≤ 5%，变更为"当量程 ≥ 500μmol/mol 时，线性误差为标称值的 ±5%；当量程 <500μmol/mol 时，线性误差为量程的 ±2%"），同时，新增实验室检测认证环节（如表 4）。

表 4　新 76 标准技术新增实验室检测指标

类　　型	气态污染物、O_2 或 CO_2	类　　型	颗粒物
响应时间	≤ 200s	重复性	≤ 2.0%
重复性	≤ 2.0%		
线性误差	± 2.0%F.S	漂移 /24 小时	± 2.0% F.S.
漂移 /24 小时	± 2.0%F.S.		
漂移 / 周	± 3.0%F.S	漂移 / 周	± 3.0% F.S.
温度影响	± 5.0% F.S.		
样流量变化影响	± 2.0% F.S.	温度影响	± 5.0% F.S.
电压影响	± 2.0% F.S.		
干扰气体影响	± 5.0% F.S.	电压影响	± 2.0% F.S.
氧化氮转换效率	≥ 95%		
振动影响	± 2.0% F.S.	振动影响	± 2.0% F.S.
平行性	≤ 5.0%		

新的需求与越加严厉的仪器标准，推动国内厂商不断进行技术升级，一系列烟气监测技术在"十二五"期间获得突破或走向成熟。

1. 重点工业源监测技术

（1）烟气脱硫监测技术。针对脱硫脱硝后烟气成分浓度低、湿度大等特点，烟气监测仪器生产厂家在技术上纷纷进行了适应性的改进和升级。相关产品进一步成熟，无论是产品造价、可靠性、测量精度都有较大的提升，与国外已经没有明显的差距。脱硫烟气前处理技术已经趋于成熟，主要技术难点集中在脱硫后较低的 SO_2 浓度监测上，需要选择低量程范围和更高灵敏度的分析仪。国内目前主流方案是采取冷干法 + 非分散红外或紫外差分分析仪、原位在线 + 气体红外过滤或紫外差分吸收技术。通过增加分析仪测量光程、提高探测器及后级处理电路信噪比等方式提升对低浓度 SO_2 检测的响应能力，一般国内主流仪器厂家均具备技术升级能力。

以市场上常见的烟气连续监测系统分析仪为例，其利用气态污染物对特定波段的光具有吸收特性，选择波段在 200 ~ 320nm 的紫外光作光源，在此波段内水分子和其他气体几乎没有吸收。入射光被污染物吸收后，经光栅分光，由高灵敏二极管阵列探测器测量吸收光谱，并由此经计算机根据 Beer 定律，利用反演算法得到污染物的种类和含量。能同时测量多个组分（测包括 SO_2、NO_x 及烟气颗粒物），量程可切换，精度高，重复性好，测量结果不受水汽和粉尘影响。光谱仪模块化设计，无运动部件，可靠性高，维护方便。采用 CCD 阵列探测器，全光谱测量，瞬间采集光谱，响应速度快。

目前，国产的常规烟气分析仪无论从可靠性和测量精度都达到了国外同类产品的水平，价格方面国产仪器具有明显优势，国产仪器已经广泛应用于各类发电厂、化工、冶金、水泥等行业。

"十二五"期间，由于国内工业烟气普及布袋除尘、电除尘等技术，目前国内工业污染源烟尘排放浓度大幅下降，传统的烟尘监测仪器，难以支撑"特别排放限值"及"超低排放"下的烟尘排放监测及监督。根据《固定污染源烟气排放连续检测技术规范（试行）》（HJ/T75）参比方法验收技术考核指标要求，当颗粒物排放浓度不大于 $50mg/m^3$ 时，绝对误差不超过 $±15mg/m^3$，而电厂实现"超低排放"后，颗粒物浓度要降低到 $10mg/m^3$，甚至 $5mg/m^3$，数值已经小于绝对误差。目前国内厂家正开展使用 β 射线法开展超净烟尘监测技术的研发，但目前尚未有相关产品问世。

（2）烟气脱硝监测技术。对于烟气脱硝 CEMS 的监测，也分为原烟气和净烟气两类，原烟气的监测采用成熟的冷干法 + 紫外或红外分析仪即可，而净烟气中微量逃逸氨监测目前国内尚未有完全成熟可靠的仪器。近几年来，部分企业和科研院所开始采用可调谐激光半导体技术（TDLAS）来对脱硝逃逸氨进行监测，取得了良好的效果，TDLAS 逃逸氨在线监测系统由逃逸氨分析仪、一体式采样控制箱（低吸附 Herriott 多次反射池，高温高精度烟气采样探头、采样控制器等）构成，现场与控制室之间通过光缆和同轴电缆连接。采用的波长锁线技术，利用温度对半导体激光器波长调谐的特性，在半导体激光器扫描电流恒定的情况下，通过软件算法控制半导体激光器温度控制电路，来保证激光器温度恒定，从而实现中心波长的锁线技术，提高测量光谱的信噪比，实现气体浓度的高精度测量。内置的自动增益控制电路，克服了测量过程中，因激光在多次反射池中传输将受到粉尘、气流等影响，光强波动对浓度反演计算造成的误差，系统采用 Herriot 多次反射池技术，反射光程可达 45m，将仪器检测下限降至 0.1ppm。配合多级过滤技术、全程伴热技术、气体制冷技术、压缩气体反吹技术、PLC 控制技术，可有效地克服国内高温、高湿、高粉尘、高频振动的工况，并适用于复杂的安装环境。该类产品主要用于火电厂 SCR、SNCR、SCR-SNCR 工艺逃逸氨监测，水泥厂 SNCR 工艺逃逸氨监测，冶金、石油化工等领域 SNCR 工艺逃逸氨监测等。

2. 面源监测技术

污染气体面源监测主要以开放光程仪器为主，重点对待测局部区域的常规污染气体、挥发性有机物等进行在线监测，其主要代表技术有差分光学吸收光谱技术、傅里叶变换红外光谱技术、可调谐半导体激光光谱测量技术等。

（1）常规污染气体监测技术。DOAS 技术主要利用空气中的痕量污染成分对紫外及可见光波段的特征吸收来进行定性定量分析的。也就是说每种污染物都有其特定的吸收光谱线，就像人的指纹一样，因而也称"指纹"吸收。DOAS 技术是在危险有害气体光学监测中常用且很有发展潜力的技术之一，广泛应用在环境空气质量在线监测、大气污染源排放在线监测、机动车尾气在线监测、气溶胶在线检测和远程检测等方面。

目前，长程差分吸收光谱环境空气质量监测系统能够对 8 种有害气体（O_3，SO_2，NO_2，C_6H_6，C_7H_8，$HCHO$，NH_3NO）实时监测，其测量下限分别为（$0.5 \sim 1$）$\times 10^{-9}$，测量上限分别为（$500 \sim 1000$）$\times 10^{-9}$。采用开放光程线测量，监测覆盖面积大（几十到几百米光程），可产生不同方向或面的监测结果，测量结果的准确性和代表性具有点式仪器无法比拟的技术优势，更有利于环境空气质量的表征与评价；测量过程中无需采样，一台分析仪可监测多种气体，如 SO_2、NO_2、O_3、BTX 等多达 30 余种参数，不需要增加硬件设备；采用 CCD 阵列探测器，光谱连续扫描，相对于其他公司采用的光谱机械扫描分析方法，仪器内部没有运动部件，监测周期短、测量精度高、仪器更稳定、使用寿命长。

（2）大气挥发性有机物（VOCs）遥测技术。目前，FTIR 技术是面源低浓度有机挥发性气体浓度检测的理想手段之一，具有高的信噪比和分辨率特点。红外光源经准直后变成平行光出射，经过几百米的光程距离，由望远镜系统接收，再经干涉仪后会聚到红外探测器上。系统的关键部件是干涉仪，接收的光束经分束后分别射向两面反射镜，最后由探测器获得具有相位差的两束光干涉产生的干涉图，经快速傅里叶变换得到气体成分的光谱信息。根据气体对特定波长的入射光的吸收作用，由特定波长处吸收峰的大小可推算出气体的浓度。FTIR 气体遥测技术具有快速、机动、可远距离遥测等特点，非常适合于大尺度区域大气痕量气体与污染气体的遥感遥测。

3. 移动污染源监测技术

以机动车为代表的流动污染源对城市大气复合污染的贡献在学术界已经达成了共识，针对机动车尾气的监测治理也已经被提上日程。"十二五"期间，以 TDLAS 和非分散红外技术（NDIR）为代表的机动车尾气遥测技术有了较大的发展。遥测方式主要包括车载式遥感监测和单车道固定式遥感对测，针对固定于道路两侧或手持等应用场景，利用红外吸收光谱法或者紫外吸收光谱法对汽车尾气中的 CO、CO_2、NO_x、HC 和烟尘不透光度进行自动监测。2014 年，工信部发布实施了《机动车尾气遥测设备通用技术要求》（JB/T 11996-2014），规范了相关仪器设备的研发和生产。国内现有的非分散红外与紫外光度相结合的方法，排放有效数据捕集率 ≥ 90%，产品检测时间在 0.7 秒以内，车辆牌照捕集率 ≥ 98%，具备记录车辆速度、牌照、抓拍等功能。目前珠三角部分城市、北京、上海、青岛等地陆续引进了相关设备。

在污染源监测领域，国内现有技术较为成熟，在新的需求与愈加严格的标准要求下，国内厂商不断进行技术升级，在提高现有污染源监测仪器性能的同时，推动现有技术向超低排放领域应用发展，开展超净烟尘监测技术的产品研发。针对垃圾焚烧烟气组分复杂、高腐蚀的特点，采用傅立叶红外光谱技术为主的多组分在线测量，对于以机动车为代表的流动污染源，发展了 NDIR 为代表的机动车尾气遥测技术，有待进一步推广。

（三）大气复合污染现场探测技术

1. 大气边界层和气象要素探测技术

城市大气环境污染研究具有极强的复杂性和综合性，要想深入探究城市空气污染事件的形成和演变规律，必须全面了解伴随其发生的大气边界层垂直结构及其关键物理过程。作为一类高度复杂、非均匀的大气边界层，大气边界层研究一直是一个热点领域。在遥感探测方面，激光雷达是探测对流层大气的一种有效工具，广泛应用于大气气溶胶、空气污染物、大气成分以及云的研究。激光雷达和声雷达等遥感设备具有探测范围大和时空分辨力高等特点，容易实现对大气边界层的探测，通过参数化方法还可以获得夹卷率等其他参数。以长春气象仪器研究所 G TX Ⅱ 系留气球低空探测系统为例，该系统是由地面和高空两部分组成。高空部分包括探空包和气艇等。该系统的最大特点是可以实时采集并存储各个参数的测量数据，操作比较简单、移动方便、可重复使用、可野外作业。现代系留气球也可携带空基雷达进行探测。

几十年来，国内外开展了很多次观测实验，增进了人们对于大气边界层分层、气象要素垂直分布特征、城市冠层能量收支和边界层高度日变化等相关现象的理解[8-16]。大气边界层也因此作为独立的研究单元加入到国际大型科研项目中，如"全球能量和水分循环实验（GEWEX）"下的边界层研究单元 GABLS，进一步推动了稳定边界层的研究。为应对大中城市频频遭受的重空气污染，我国科学家在若干个城市设立了高度不同的边界层观测平台，开展了相应的观测并取得了大量的资料和重要研究成果，如中国科学院大气物理所和中科院安徽光机所合作，研发了符合我国国情的激光雷达大气边界层理化结构多参数观测系统改进与集成，并形成了大气边界层理化结构（边界层高度、结构特征、大气细粒子、臭氧浓度、水汽浓度）时空监测方法；中山大学利用位于珠江口东部的东莞地区逐时 $PM_{2.5}$ 浓度资料和大气边界层观测试验得到的垂直风温资料，研究了珠江口东部地区大气边界层结构对空气质量的影响；南京信息工程大学在充分利用多旋翼无人机自主巡航、定点悬浮性能的基础上，结合可研发出的协同探测、追踪探测、自主避障等功能，初步设计了多旋翼无人机群自主探测大气边界层气象要素业务流程[1]；中国海洋大学根据 2012 年 5、11 月 2 次船载 GPS 探空资料，结合 CFSR、再分析、OISST 海温、沿岸站位 L 波段雷达数据等，对黄海、东海海洋大气边界层（MABL）的时空变化特征及影响因子进行了分析。

近十余年来，各种污染条件下的大气边界层垂直物理特征及其湍流输送规律的研究也是大气环境研究者着重开展的研究热点领域之一。在诸多大气边界层湍流测量方法中，光学测量方法最为常用。光学测量方法是通过检测接收光强的闪烁或接收光点的抖动来获得大气湍流参数。如北京大学利用 2011 年 8 月南京南郊溧水大气边界层加强实验站的大气湍流观测资料，分析了城市郊区自然状态下垫面大气湍流宏观统计规律，以及湍流动量、热量、水汽和 CO_2 的湍流输送特征。中国科学院大气成分与光学重点实验室利用温度脉动探空仪对大气折射率结构常数在合肥和北京两个典型地区进行了实地探测及计算分析，同时根据两个典型地区相应气象站点常规气象探空资料统计分析数据，通过 NOAA 模式得到大气湍流高度分布廓线，并与 HV 模式廓线和实际测量数据进行对比验证分析，为其他不同典型地区大气湍流模式分布特性的研究提供方法验证和参考依据。但在大多数的光学湍流测量方法中，所用的光源均为自然光源，如星光、日光等。如利用人工光源，则一般只能测量水平路径上的大气湍流。近年来，随着激光通信、空间目标监测和自适应光学等现代光学技术的发展，要求对空间不同方位不同距离内的大气湍流进行测量，激光雷达成为近来测量大气湍流的主要手段之一，我国学者近年来也逐步开展了一系列研究工作，如中国科学院安徽光机所基于残余光强闪烁理论，研制了一台用于大气湍流探测的光强闪烁激光雷达，获得了水平方向上闪烁指数和大气折射率结构常数随探测距离和时间的变化趋势等，取得了重要的研究成果。

综上所述，我国在大气边界层物理和大气化学联网观测研究，大气边界层实验、理论与参数化研究，大气化学过程与气候变化的相互作用模拟研究，空气质量多模式集合预报系统研制与应用等方面取得了重要进展。但未来一段时间内大气边界层物理研究重点仍然集中在非均匀下垫面大气边界层的定量描述，非均匀下垫面大气边界层结构和特征、天气和气候模式中大气边界层参数化方案的改进、强风条件下海洋大气边界层参数化的方案及大型风电场风电量的短期预报系统等方面。此外，地面单点观测、模式输出以及遥感反演结果的匹配也是大气边界层物理未来几年研究的重点。

2. 大气氧化性（NO_3、OH 自由基等）在线监测技术

（1）大气 OH 自由基监测技术。大气 OH 测量方法可分为光谱法和非光谱法两类。光谱法包括激光诱导荧光光谱和激光光学吸收光谱，是基于 OH 分子的光学性质的测量方法；非光谱法包括 ^{14}CO 示踪氧化法、化学电离质谱技术（CIMS）、自旋捕获法等化学转化方法，是基于大气 OH 的化学性质的测量技术。目前国内的研究主要集中于激光诱导荧光光谱、激光光学吸收光谱、化学电离质谱技术等。

近年来，北京大学一直与德国 Julich 研究中心联合开展 LIF 技术测量大气 OH 和 HO_2 自由基的研究，陆克定等于 2012 年、2013 年发表了相关成果，分析了 2006 年珠三角和北京地区的大气 OH 和 HO_2 自由基外场观测和模型结果，对 HO_x 自由基的化学来源和转化机制进行了探究，发现 O_3、HONO、HCHO 和双羰基醛类的光解是珠三角地区和北京地区白天 HOx 自由基的主要初级来源[18-20]。北京大学与德国 Julich 研究中心合作在中国进行了更多的实验测量，如 2014 年分别在河北望都、广东鹤山等地开展了现场观测，以获取更多的大气自由基特性。

中国科学院安徽光机所也进行了相关大气 OH 自由基测量工作，包括激光差分吸收光谱法（DOAS）和激光诱导荧光技术（LIF），目前已取得初步的进展[21]。搭建了 LIF 技术测量 OH 自由基的系统，目前正对系统进行测试，同时完成了基于 DOAS 技术的 OH 自由基定标系统[22]。

中国科学院大连化学物理研究所研制的飞行时间质谱仪可实现大气活性自由基在线检测[23]。仪器采用了新型的双管正交式结构的大气压化学电离源，用于大气 OH 自由基的转化和电离，飞行时间质谱的分辨率优于 600，所研制仪器 5s 内测得 OH 自由基浓度为 1.6×10^6 个 /cm^3，可用于原位连续测量大气中的超痕量自由基。

综合而言，由于大气 OH 自由基浓度极低、寿命极短、活性较强，对其浓度的准确测量及化学特性的研究是很有挑战性的。伴随着 OH 自由基的广泛关注和研究平台的升级，我国自由基研究工作正逐渐发展和成熟。

（2）大气 NO$_3$ 自由基监测技术。目前主要有 2 种 NO$_3$ 自由基测量技术，包括长程差分吸收光谱技术（LP-DOAS）和腔衰荡光谱技术（CRDS）。对于 NO$_3$ 自由基外场观测，DOAS 是最经典的测量技术，具有内定标特性，能实时、在线、多组分同时监测等优势；随着科学技术的快速发展，2013 年后我国初步尝试采用腔衰荡光谱（CRDS）技术测量 NO$_3$ 自由基，由于 CRDS 技术具有检测限低、响应时间快、装置结构简单、实时测量、能应用多种移动平台进行检测等优点，成为目前测量 NO$_3$ 自由基方面最具有潜力的技术，为夜间大气化学研究提供了有力的监测工具。

差分光学吸收光谱技术主要是利用气体分子在紫外到可见波段的特征吸收进行浓度反演[19-20]。主动式差分吸收光谱方法（LP-DOAS）主要采用人工光源，测量一段光程内大气中的 NO$_3$ 自由基的平均浓度[21-22]。测量原理基于 Beer-Lambert 吸收定律计算吸收气体的浓度。2012 年，淮北师范大学联合安徽光学精密机械研究所以发红光二极管（LEDS）为光源的 LP-DOAS 系统来监测了一周合肥大气 NO$_3$ 自由基浓度[22]，当光程为 2.8km 时，该系统的检测限大约为 12ppt（1×10^{-12}）；2013 年，复旦大学采用 LP-DOAS 系统在上海城市区域开展了夜间 NO$_3$ 自由基的检测[24]，平均浓度为（16±9ppt），通过结合相关辅助参数分析，研究发现 NO$_3$ 自由基主要是通过与 NO$_2$ 反应生成 N$_2$O$_5$ 被间接清除。

腔衰荡光谱（CRDS）技术测量 NO$_3$ 自由基系统主要由激光器、两个高反射镜片构成的衰荡腔及探测采集部分组成。通过测量光在谐振腔内的衰荡时间，计算待测气体的浓度。目前，国内安徽光学精密机械研究所初步尝试脉冲 CRDS 技术通过采样方式对 NO$_3$ 自由基进行测量，检测限达到 5ppt，时间分辨率为 10s[25]；并且在此基础上对采样 NO$_3$ 自由基在 CRDS 测量系统的损耗进行初步标定；并尝试将其应用于烟雾箱及外场大气中进行 NO$_3$ 自由基测量。

2014 年我国初步实现采用 TD-CIMS 方法测量 N$_2$O$_5$ 自由基，基本原理是通过 N$_2$O$_5$ 热解反应生成 NO$_3$ 自由基，利用 NO$_3$ 自由基与 I$^-$ 反应生成 NO$_3^-$，在原子质量为 62 处对产生 NO$_3^-$ 进行测量。2014 年，中国香港理工大学联合山东大学采用 TD-CIMS 装置对香港城市区域大气中 NO$_3$ 和 N$_2$O$_5$ 的总量进行外场测量，检测限达到 39ppt，时间分辨率 6 秒[26]。

我国已开展 OH 自由基的实时测量技术研究，与国外二三十年的实际经验相比上处于起步阶段，缺乏大型综合外场观测的实验，对 OH 自由基在白天大气的化学过程尚没有完全认知，需要进一步开展 OH 自由基的观测技术研究和开展更多次的综合外场观测，进一步探究 OH 自由基在大气中化学反应过程。对 NO_3 自由基，采用 DOAS 技术开展过夜间的几公里内平均浓度分布研究，进一步的夜间化学过程研究比较缺乏；由于 NO_3 自由基的空间分布特性，国外的 NO_3 自由基局部探测研究主要采用 CRDS 技术，开展一系列的综合外场观测，重点分析其夜间的氧化过程。开展采样探测技术的研究具有一定的迫切性，为进一步开展 NO_3 自由基的局部浓度分布研究和分析其夜间化学过程提供技术支持，也需要进一步开展夜间 NO_3 自由基的外场观测研究，进一步分析我国夜间的大气化学过程。

3. 大气颗粒物化学组分在线分析技术

"十二五"期间，国内主要致力于气溶胶化学成分在线测量技术的研究，来分析当前环境颗粒物中成分浓度。例如广州禾信分析仪器有限公司研制出单颗粒气溶胶质谱仪（SPAMS），王跃思课题组自主研发了大气细颗粒物快速捕集系统（RCFP）与 IC 连用技术。同时颗粒物的同位素分析方法为 $PM_{2.5}$ 的来源判断、大气化学过程示踪等提供了有效技术。

广东省监测中心于 2012 年 5 ~ 7 月期间，以广东大气超级监测站为观测平台，利用单颗粒气溶胶质谱仪（SPAMS）和其他多种环境监测仪器对大气污染现象进行高时间分辨的长期连续观测[27]。中国科学院王跃思课题组自主研发了大气细颗粒物快速捕集系统（RCFP），它将细颗粒物迅速收集到水溶液中，通过蠕动泵将水溶液送至与之耦合的 IC 进行定量分析，建立 RCFP-IC 集成系统，并已成功应用于北京秋冬季重污染过程追踪及大气氧化率研究。[28] 程萌田等利用 RCFP-IC 系统对北京市春季大气颗粒物 $PM_{2.5}$ 中的 Cl^-、NO_3^-、SO_4^{2-}、NH_4^+ 等 4 种污染型水溶性离子浓度进行了连续监测，并结合同期气象要素的变化，探讨了污染过程形成的原因。由于不同离子对气象条件变化的敏感性不同，RCFP-IC 集成系统对大气中水溶性无机离子浓度的定量效果比离线分析 IC 中结果更为准确。[29] 刘庆阳等[30] 采用 IC 法分析了北京城郊冬季一次空气重污染过程颗粒物中的水溶性离子污染特征，发现 SO_4^{2-}、NO_3^- 的浓度高于正常水平，并且形成了二次气溶胶，进一步加重了北京冬季灰霾。LIU 等采用 IC 法获得了武汉经济技术开发区大气 $PM_{2.5}$ 中 SO_4^{2-}、NO_3^-、F^-、Cl^- 等水溶性离子的污染特征，并根据 SO_4^{2-}/NO_3^- 的比值初步探讨了大气 $PM_{2.5}$ 的来源。WEI 等[30] 采用超声提取的方法预处理了样品，利用 GC-MS 法分别获得了抚顺市及青岛市大气颗粒物中多环芳烃的化学组分及污染程度。颗粒物还有一种非常规分析——同位素分析，目前越来越多的同位素分析技术被引入到 $PM_{2.5}$ 样品分析中，为 $PM_{2.5}$ 的来源判断、大气化学过程示踪等提供了有效技术。常见的分析包括碳、铅、硫同位素分析。

4. 大气挥发性有机物在线监测技术

挥发性有机物作为大气污染物的重要组成部分对生态环境和人类健康具有严重的危害。世界卫生组织（WHO）、美国环境保护署（EPA）等机构一直强调有毒 VOCs 是一类重要的大气污染物，对人体和生态环境都有很大的危害，而且也是光化学污染的前驱物。因此，VOCs 的监测一直是国内外环境管理部门和研究人员所关注的焦点和前沿。近几年，随着在线监测技术的快速发展，环境空气中 VOCs 自动在线监测法已进入商业使用，并逐步应用于 VOCs 污染状况的长期监控分析。该方法在国外主要用于有毒有害物质监测和臭氧前驱体监测，在国内目前应用的尚且不多。我国对于大气 VOCs 缺乏便捷快速的监测方法，无法为大气污染控制与治理快速提供全面的监测数据。

目前，国内的大气 VOC 监测技术在国家重大科技项目的支持下，已经取得关键技术的突破。在点式 VOC 在线监测方面，北京大学和武汉天虹合作开发出了基于 GC/FID/PID/MS 的 TH-300B 大气挥发性有机物快速连续主动监测系统。创新性地采用了自然复叠电子超低温制冷系统，自主研发了双通路惰性采样系统、去活空毛细管捕集、双色谱柱分离、FID 和 MS 双检测器检测，仪器接近世界先进水平，并在北京、武汉等地试用。在开放光程 VOC 在线监测仪器方面，国内的安徽光机所联合安徽蓝盾开发了基于开放光路傅立叶变换红外光谱技术（OP-FTIR）的在线监测仪器，光路可以从任何方向穿过污染区域，因而一个开放光路系统可以替代很多个点的采样，适合于面源排放大气污染物，特别是 VOCs 的在线监测。具有高灵敏、高分辨、快速、实时在线检测的功能，整套系统采用工业控制计算机智能控制，有便于安装调试，操作简单易行，维护量小等优点，已正式成为美国 EPA 所认证的大气污染监测标准方法（TO-16）。在测量光程 200 ~ 500m 下，仪器监测种类可扩展到 200 多种，主要成分的检测下限 < 10ppb，检测精度优于 ±5%，响应时间小于 5min。

5. 大气重金属在线监测技术

由于大气颗粒物中重金属污染对生态环境的影响和人体健康的危害严重，在环境监测和分析领域必须进行大气中重金属含量的测定。目前国内大气重金属在线监测技术代表性的有江苏天瑞大气重金属在线监测仪 EHM-X100，其采用 X 荧光（XRF）无损检测技术；聚光科技的大气重金属分析仪 AMMS-100，其采用 EPA 推荐方法——X 射线荧光技术；国外具有代表性的有美国 UniBest 优佰达重金属分析仪 X-MetGas™ 6000-Air 型多种重金属在线监测系统是基于盘式带状（RTR）过滤器采样，由无损性 X 射线原理检测技术（XRF）分析采样切割头滤带中沉淀的金属；赛默飞世尔科技的汞在线监测解决方案 Mercury FreedomTM，该技术采用了先进的冷原子荧光分析技术，无需其他气体，干扰水平低。该系统通过了美国环境保护署（EPA）以及美国电力协会（EPRI）的相关验证与认可。

大气重金属在线检测仪采用 X 荧光（XRF）无损检测技术与大气自动富集技术结合，由 X 射线光谱仪实现 X 射线激发、光路准直、分光及探测，然后由嵌入式工控机实现对 X 荧光光谱进行定性和定量分析。主要由大气颗粒物连续采样与富集、富集重金属 XRF 现场检测、谱线漂移自动校准以及富集重金属精确传送四大模块组成。能进行低含量铅、汞、镉、铬、砷等重金属的检测。

6. 温室气体在线监测技术

温室气体的在线监测技术主要包括光腔衰荡光谱法、FTIR 和气相色谱法等。中国气象科学研究院周凌晞等人[31]利用基于光腔衰荡光谱（CRDS）技术自组装的大气 CO 在线观测系统，于 2010 年 9 月—2012 年 2 月在浙江省临安大气本底站对大气 CO 进行了在线观测。2012—2015 年间中国科学院合肥物质科学研究院安徽光学精密机械研究所环境光学中心利用自主研制的 FTIR 测量系统，通过引入了温度和压力监控系统以及全密封气路干燥系统对空气中温室气体及 CO_2 碳同位素比值进行了多组分、高精度、连续自动测量[32-34]。

（四）大气环境应急监测技术

突发性环境事件发生后，需要环境监测人员第一时间到达现场，在尽可能短的时间内获取大气污染物的种类、浓度、污染范围及危害程度等信息，为应急处置决策提供科学依据。目前，我国突发环境事件应急监测相关技术规定主要是 2011 年起实施的《突发环境事件应急监测技术规范》（HJ589-2010），该标准规定了突发环境事件应急监测的布点与采样、监测项目与相应的现场监测和实验室监测分析方法、监测数据的处理与上报、监测的质量保证等技术要求。我国应急监测起步较晚，与国外发达国家相比有很大差距。20 世纪末，随着国内经济的发展，污染事故的发生率直线上升，引起了国内各界的关注。国家环境保护总局指示要建设既能对突发性环境污染事故实施统一协调、现场快速监测和应急处理，又能对污染隐患进行监控和警告的应急响应系统，并于 2002 年成立了环境应急事故调查中心。全国一些省级监测站和市属监测站纷纷展开应急监测技术开发工作，有的单位现已配备了应急监测车。大气环境应急监测技术已开始从传统单一的检测管法向便携式气体检测方法、色谱技术以及光谱技术等联合使用的方式转变。

便携式检测技术能在事故现场对某种或多种可燃性气体和有毒有害气体进行采集、测量、分析和报警。目前，常见的传感器类型有催化燃烧式传感器、半导体传感器、双量程可燃气传感器（TC）、非分散红外吸收传感器（NDIR）、火焰离子化检测器（FID）、光离子化检测器（PID）、电化学传感器及固态聚合体电解液氧气传感器（SPE）等。可检测气体包括：VOCs、CO、SO_2、NO、NO_2、HCl、HCN、Cl_2、H_2S 以及可燃性气体如氢气、天然气、乙烯、乙炔、煤气和液化石油气等，非常适合于环境普查、爆炸、火灾、事故泄漏、有害废物处置等污染源及工业卫生等方面的现场连续检测。目前，国内常用的几种典型袖珍式爆炸和有毒有害气体检测仪包括：赛默飞世尔公司的 TVA-1000B 便携式有毒挥发气体分析仪；美国华瑞（RAE）公司 PGM-7840 复合式气体检测仪，最多可同时携带五个不同的气体传感器；美国 ATI 公司生产的 C16 PortaSens II 便携式气体泄漏检测仪等。2011 年 7 月 23 日，重庆市渝中区南纪门冷库氨气泄漏事件，重庆市环境监测中心监测人员立即响应，携带 8 台 PGM-7840 复合式无线传输气体检测仪赶往现场并设置点位进行氨气浓度监测。李军等利用 32 台 PGM-5024 复合式无线传输气体检测仪对某油田 P302 井试气过程大气环境进行连续监测，检测项目包括二氧化硫、硫化氢，利用最优分割法对监测数据进行了标准化分析，并最终确定了优化点位。2011 年 4 月 30 日，南京市环境监测中心应急人员对南京栖霞区某交通干道一辆装载甲苯的槽罐车交通事故起火进行了监测，应用便携式 VOC 检测仪对现场空气中挥发性有机物进行测定。

便携式光学分析技术包括紫外—可见分光光度法，红外及拉曼光谱法，原子发射与原子吸收光谱法，原子和分子荧光光谱法等。其中，便携式傅立叶红外分析仪，采用快速傅立叶红外干涉技术，对多组分气体同时进行分析，同时具有速度快、自动化程度高、环境影响小、样品无需预处理和分析维护成本低等特点，可用于大气环境应急监测的定性和定量分析。目前，应用于大气环境应急监测的便携式傅立叶红外分析仪主要有芬兰 GASMET 便携式傅立叶红外气体分析仪和美国 GasID 便携式傅立叶红外气体分析仪。

便携式电化学传感器有毒气体检测技术利用气体与电解液反应产生的电势差的方式来对常见的有害气体进行检测。由于电子技术的发展，这类仪器的实用程度大为提高，可以用于检测 10^{-6} 级的威胁人员安全的有毒有害无机气体。目前常见的电化学传感器气体检测仪有美国华瑞 PGM-7840 多功能测定仪、美国博达 PortaSensII 检测仪等。

便携式色谱分析技术是应急监测中不可缺少的工具，我国部分环境监测单位已装备了便携式 GC，并开展了部分的应用工作。目前，市场上的便携式气相色谱仪主要以美国生产的品牌产品为主，如美国安捷伦公司的 Agilent 3000 便携式气相色谱仪、UniBest 集团的 Magic Mini 便携式气相色谱仪、INFICON 公司的 CMS/100/200 便携式气相色谱仪和 HAPSITE 便携式气相色谱 / 质谱分析仪、美国 Voyager 便携式气相色谱仪、美国 SRI 8610C 便携式车载气相色谱仪、美国 RAE 公司 GCRAE1000 便携式气相色谱仪等。在国家政策支持下，由我国企业自主研发的便携式气相色谱仪也已经取得一定的成绩，如：北京东西分析仪器有限公司的 GC-4400 便携式气相色谱仪、上海精密科学仪器有限公司的 GC190 微型便携式气相色谱仪、中国科学院大连化学物理研究所 GC-2100 系列微型色谱仪均已投产并得到了市场的认可，中分 2000 便携式式气相色谱仪入选 2010 国家重点新产品计划。

便携式气相色谱质谱联用技术结合了气相色谱技术和质谱技术的优点，可在现场快速鉴别空气中挥发性、半挥发性有机污染物，并可对待测组分进行准确定量，并已在环境应急监测中得到有效应用。目前应用于现场应急监测的气相色谱质谱联用仪主要有两类，一类是便携式气相色谱质谱联用仪，如 HAPSITE 便携式气相色谱质谱联用仪、TRIDION 便携式气相色谱质谱联用仪、Mars-400 Plus 便携式气相色谱质谱联用仪；一类是车载式气相色谱质谱联用仪，如 Griffin 450 车载式气相色谱质谱联用仪等。随着国家对高端分析仪器的大力支持和投入，我国在色谱和质谱技术方面正处于快速发展的时期，从事色谱质谱仪器研究的科研院所和企业增多，并在核心技术和产品上都取得了系列突破，包括矩形离子阱技术、数字离子阱技术、阵列离子阱技术、飞行时间质谱仪、色谱 – 四极杆质谱联用仪、色谱仪等。大多针对传统的台式仪器，而在便携式 GC-MS 方面的研究较少，国内尚未推出商业化的便携式 GC-MS 产品，目前使用的便携式 GC-MS 均为国外进口产品。进口产品不仅价格高昂，而且其使用和维护成本非常高，极大阻碍了该技术在我国的普及，严重削弱了我国在相关领域内的应急监测和快速反应能力。聚光科技将双曲面三维离子阱质谱技术与低热容气相色谱技术相结合，自主研发了基于双曲面三维离子阱技术和低热容色谱技术的便携式 GC-MS 仪器。

由于大多数污染气体成分都在红外光谱区有着特征辐射，所以采用基于傅立叶变换红外光谱技术的扫描成像红外遥测系统，可实现监控视场下有害气体分布的精确预警扫描和图像化显示。为开展事故现场救护提供监测数据，为各类潜在事故源的安全隐患提供预警技术支持。国内由中国科学院安徽光机所研制的危险化学品泄漏应急遥测成像系统，已经实现了多种成分的远距离非接触遥测，为保障人员安全，快速制定事故处置方案，提供了技术支撑。

总而言之，我国环境应急监测技术存在的问题主要包括：污染源情况/底数不清；应急监测硬件设施有待提高；缺乏统一的技术规范；应急监测技术储备不足；缺乏统一布局的区域环境应急监测技术网络。目前，大气环境应急监测技术以传统的试纸技术和检测管技术为主，结合便携式快速气体检测仪，而国内色谱仪器和光谱类仪器的研究应用与国外相比起步较晚，国内的一些研究机构和公司已经基于科技部仪器研制项目开展了相关的仪器研制工作，相信在不久的将来会在大气环境应急监测领域展开具体应用。

（五）大气环境遥感技术

遥感是指非接触的，远距离的探测技术。遥感监测是通过传感器在远离目标和非接触目标物体条件下探测目标地物，获取其反射、辐射或散射的电磁波信息（如电场、磁场、电磁波、地震波等信息），并进行提取、判定、加工处理、分析与应用的一门科学和技术。遥感监测作为大气环境管理和大气污染控制的重要手段之一，正发挥着不可替代的作用。

大气环境遥感监测技术按其工作方式可分为主动式遥感监测和被动式遥感监测，主动式遥感监测是指由遥感探测仪器发出波束、次波束与大气物质相互作用而产生回波，通过检测这种回波而实现对大气成分的探测；被动式遥感监测主要依靠接收大气散射的自然光（如太阳光等）、大气自身所发射的红外光波或微波等辐射而实现对大气成分的探测。根据遥感平台的不同，大气环境遥感监测又可分为地基遥感、天基遥感和空基遥感。

1. 地基遥感监测

近年来，地基探测技术得到了广泛的应用和发展，在气溶胶和气体探测方面都出现了新的方法和探索。

（1）气溶胶探测。近年来，地基激光雷达作为一种主动式地基遥感设备，在硬件设备和算法的改进方面得到了进一步发展，提高了气溶胶成分的探测精度，进一步降低了探测盲区，并在沙尘暴、灰霾探测中得到了应用。2011年中国科学院安徽光学精密机械研究所吴德成等利用新研制的Raman-Mie激光雷达测量了合肥上空的对流层大气气溶胶的光学特性[44]。2011年黄春红研制了红外微脉冲激光雷达系统[45]。周碧利用激光雷达资料分析兰州远郊气溶胶光学特性，反演了晴空无云典型日和沙尘过程大气气溶胶消光系数和光学厚度[46]。2012年11月武汉大学博士李俊进行了双视场激光雷达及大气气溶胶探测研究[47]。2012年南京信息工程大学刘建军利用多滤波旋转光谱仪MFSRSR、微波辐射廓线仪MWRP、便携式高光谱仪ASD、偏振微脉冲激光雷达MPL研究了长三角太湖地区云和气溶胶辐射特性[48]。中国工程物理研究所田飞开展了散射差分吸收激光雷达关键技术研究，通过理论和实验研究了光源参数和差分吸收法探测污染气体浓度分布算法[49]。钟山基于纯转动 Raman 激光雷达系统开展了大气温度和气溶胶的探测及测风边缘技术的性能比较，首次提出用 N_2 分子反演大气温度，发展了一种探测大气气溶胶的新的方法，并进行了数学推导[50]。丁辉利用微脉冲激光雷达（MPL）探测了气溶胶消光系数廓线和大气混合层高度[51]。龙强利用激光雷达开展了的低层大气光学特性探测研究[52]。秦胜光进行了大气激光雷达光栅分光接收技术的实验研究[53]。谭雪春进行了激光雷达模拟样机系统与实验研究，进行原理性验证，同时研究其关键技术，研制出激光雷达模拟样机，并对其性能做了实验研究[54]。陈超利用激光雷达对北京春季一次对流层顶卷云进行了观测研究[55]。刘巧君利用紫外 Mie 散射激光雷达探测澳门地区沙尘暴事件，得到了澳门地区不同时刻的气溶胶消光系数垂直廓线[56]。宋跃辉利用微脉冲偏振激光雷达，探测了城市底层气溶胶[57]。2012 年陈涛利用一种新的自适应定标反演方法在有效探测高度内确定标定值，反演微脉冲激光雷达信号，并同另外一台激光雷达系统在相同时间相同地点的探测结果进行了对比[58]。2012 年李礼利用了激光雷达研究了重庆典型灰霾天气下大气气溶胶[59]。2013 年 5 月中国海洋大学靳磊利用激光雷达数据反演了气溶胶后向散射比[60]。2013 年 8 月孟祥谦提出了一种利用 CCD 激光雷达探测边界层气溶胶分布的新方法[61]，无盲区，边界层内探测有优势。2013 年刘婷利用 AML-3 激光雷达系统研究了大气气溶胶性质[62]。2013 年施建中利用气溶胶激光雷达研究了南京南北郊气溶胶光学性质[63]。2013 年王瑾开展了西北半干旱区卷云的激光雷达探测及其辐射效应的模拟研究[64]。李晓龙研制了视场可调节海洋激光雷达，并进行了 ICCD 激光荧光实验研究[65]。樊璠开展了北京春季强沙尘过程前后的激光雷达观测[66]。张薇利用夫琅禾费暗线激光雷达探测青岛市郊大气边界层[67]。靳磊春季在北京地区利用多普勒激光雷达进行了气溶胶探测实验并进行了分析[68]。何涛利用激光雷达探测反演 $PM_{2.5}$ 和大气所铁塔点式仪器结果进行了对比[69]。2013 年周碧利用光雷达观测资料研究兰州气溶胶光学厚度，并和太阳光度计进行了对比[70]。徐赤东研究了米散射微脉冲激光雷达在大气探测中的应用[71]。翟崇治研究了偏振米散射激光雷达在大气监测中的应用，简要介绍了激光雷达分类、偏振米散射激光雷达系统及其应用领域。通过偏振米散射激光雷达在重庆大气监测中的应用，对云层和 PBL 高度进行了探测，对污染过程进行了分析[72]。李俊利用双视场激光雷达探测了武汉上空大气气溶胶[73]。2014 年杨欣利用微脉冲激光雷达研究了城市大气气溶胶污染过程[74]。沈红超初步设计了主被动结合的云探测激光雷达系统，并进行了数据分析[75]。王敏仲利用风廓线雷达研究了沙尘暴和降水过程，研究了不同天气中的技术应用方法[76]。狄慧鸽利用多波长激光雷达探测开展了多种天气气溶胶光学特性的分析，设计了波长为 355nm、532nm 和 1064nm 的多波长米散射激光雷达系统，并研究了多波长激光雷达信号数据处理和反演算法，实现了对地表气溶胶的探测；利用该激光雷达对 2013 年冬季西安市上空大气进行了探测[77]。胡向军利用新型激光雷达气溶胶探测资料及综合数值模式，以地形复杂的兰州市及周边地区冬季典型天气形势下的大气边界层为研究对象，通过理想试验模拟研究了城市气溶胶辐射效应与大气边界层的相互作用[78]。张莜萌利用激光雷达对芜湖市上空的气溶胶光学特性进行观测研究，从观测数据中选取降雨和降雪天气的特例，通过计算反演得到了雨、雪天气前后气溶胶粒子的光学厚度、气溶胶粗粒子比例以及粒子数密度的变化情况[79]。

（2）大气成分探测。地基大气成分遥感探测技术主要有被动差分吸收光谱技术（DOAS）、被动傅里叶变换红外光谱技术（FTIR）、多波段光度计遥感、微波辐射计遥感等。被动 DOAS 技术通过探测太阳散射光谱，结合不同气体的特征吸收截面，利用最小二乘法反演各种痕量气体的浓度信息。王杨等在 2013 年研究了地基 MAX-DOAS 反演对流层 NO_2 垂直廓线和垂直柱浓度的方法，利用非线性最优估算法反演得到了对流层 NO_2 廓线，特别在近地面反演精度达到了 0.6%，并与主动 DOAS 进行了对比，相关系数达到了 0.76[80]。王杨等在 2014 年研究了多地基 MAX-DOAS 的云和气溶胶类型鉴别方法，最终形成了 MAX-DOAS 技术的云和气溶胶类型鉴别方案。利用该鉴别方案，统计分析了 2012 年 6 月 1 日到 10 月 30 日的 MAX-DOAS 观测结果[81]。遥感 FTIR 技术是现如今对大气环境所采用的主要监测方法，由于其具有高度的分辨率以及灵敏度，可以在不知道被测对象的前提下进行多组分的同时测定，因此受到环境监测部门的高度关注，并主要用于对一些有毒且较易挥发的特殊气体做定性以及定量的监测。近年来，南京理工大学现代光谱研究室采用遥感 RS-FTIR 结合化学计量学、计算机层析（CT）等方法，对大气中的有毒 VOCs 进行了遥感、实时、多组分同时测定，并研究了污染物在时间和空间上的浓度分布。

2. 机载遥感监测

在地基遥感技术快速发展并逐渐成熟的基础上，借助于机载平台的大气环境遥感载荷也开始发展起来。机载遥感具有灵活、快速等优点，在区域环境监测和预警方面具有很大的应用价值。

机载激光雷达（light detection and ranging，LiDAR）测量系统是集激光测距技术、高精度动态 GPS 差分定位技术、计算机技术和高动态载体测定技术等多种高新技术为一体的一种主动式对地观测系统，具有精度高、受天气条件影响小、自动化程度高、数据生产周期短等诸多特点。机载 LiDAR 测量技术作为一种新兴的空间对地观测技术，在大气环境监测、三维信息获取、森林精准计测、应急快速响应、城市三维建模等方面具有巨大优势，并且使用灵活、成本费用低、工作效率高，正在受到国内外越来越多的关注，得到了广泛的研究和应用。

2014 年，一种用于机载、可快速获取区域环境大气污染成分的环境大气成分探测系统，历时 4 年在中国科学院合肥物质科学研究院安徽光机所研制成功。这项成果近日通过了安徽省科技成果转化服务中心组织的科技成果鉴定。这套系统包括机载激光雷达、机载差分吸收光谱仪和机载多角度偏振辐射计，已在天津、唐山地区进行了飞行试验，在获取大气气溶胶、云物理特性、大气成分、污染气体、颗粒物等大气成分有效信息上可以相互补充、共同描述大气环境实时状况。机载激光雷达技术针对云和气溶胶相互作用、污染区域、沙尘传输路径以及大气环境突发事件等热点问题进行探测，可以解决星载激光雷达信噪比偏低的问题，获得更高精度的探测数据，从而成为星载激光雷达的有效补充，机载激光雷达还可以作为星载大气探测设备的技术验证和数据对比平台。2012 年，伯广宇等针对机载双波长偏振激光雷达的技术特点，结合搭载遥感飞机的基本性能，分析了激光雷达的设计方法，仿真计算了激光雷达的配置参数，解决了激光雷达应用于航空平台的一些关键技术。初步的飞行实验结果表明，激光雷达采用的关键技术符合航空平台关于体积、重量、功耗以及环境适应性的要求，利用激光雷达的主动探测能力，结合机上同时搭载的被动遥感仪器，将实现国家关注的大气成分及其环境要素的科学实验研究目标。

机载差分吸收光谱技术通过探测地物的反射光谱，利用差分吸收光谱技术获得污染气体的区域分布信息。基于机载平台可实现快速、多组分同时测量，能及时迅速地捕捉地面污染排放热点，并能对卫星数据进行对比和校验。2011 年，徐晋等研究了机载多角度差分吸收光谱技术来探测大气污染气体，并在珠三角地区开展了飞行实验，获得了珠三角地区对流层 NO_2 气体的垂直柱浓度和区域分布信息；2014 年，刘进等研究了利用机载成像光谱仪获取污染物二维分布信息的方法，结合在天津、唐山飞行实验的结果获得了电厂区域 NO_2 的二维分布信息。

2012 年，宋茂新等研究了航空多角度偏振辐射计的辐射定标方法，根据引入仪器偏振效应的主要因素推导了含定标系数的仪器探测方程，由仪器在 $0°$ 和 $90°$ 两个状态下对同一信号的探测方程求解了定标系数表达式，并设计了仪器分别处于两个状态下获取信号、求解定标系数的定标方法。最后，分别针对非偏振光源和完全线偏振光源的测试数据求解了所有的定标系数，使用可调偏振度光源验证了偏振定标结果。结果显示，该仪器偏振测量精度不低于 0.5%，满足仪器精度指标要求。

3. 球载遥感监测

浮空器具有长期悬浮持续观察的能力，因此是区域连续观测应用的理想平台，它具有飞机和极轨卫星没有的持续定点能力，具有同步卫星没有的低高度，因此是一种天地一体化观测系统的重要观测平台。依托该平台可进行环境、气象、灾害、军事等应用目标，实现热点地区的持续的监视与侦察。

借助于探空气球的球载平台在环境遥感方面也具有独特的优势，它能够实现悬空定点观测、移动飞行观测等，对于研究大气不同高度的成分分布及化学机理具有重要的应用价值。在球载基础上发展的飞艇平台，对于高空大气、临近空间的观测研究具有重要的科学价值。2014 年，中国科学院合肥物质科学研究院安徽光机所研制的平流层大气环境监测载荷参加了中国科学院光电研究院研发的飞艇平台搭载试飞，实现了艇载平台的大气环境遥测。2011 年南京电子技术研究所林幼权等讨论了可用于球载雷达的目标分类与识别方法，分析了这些方法的特点、适用范围和使用条件。特别对利用多路径回波信息进行地面运动目标和空中运动目标的分类进行了具体的分析。

依托上海市市经信委信息化项目"基于车载系留气球的复合型大气污染立体观测示范"，上海市环境监测中心牵头，联合上海市民防办、华东理工大学、中国环境科学研究院等参与单位，共同搭建了基于车载系留气球的大气垂直观测平台。系统平台能够实现地面至高空 1000m 范围内的大气污染物垂直观测，最大载荷 200kg，能够搭载包括 SO_2、NO_x、O_3、CO、黑炭、$PM_{2.5}$、PM_{10}、粒径谱、VOCs 等多种污染物监测仪和温湿风等气象仪器。根据不同的研究目的，该系统能够实现动态的大气廓线观测和静态的滞空观测，对于大气污染物的垂直、水平输送和大气化学转化机制研究具有重要意义。

4. 星载遥感监测

针对我国环境质量改善、污染物减排控制和环境变化对获取区域和全球大气污染和温室气体浓度及其分布信息的重大需求，中国科学院合肥物质科学研究院安徽光机所通过承担国家重大基础研究设施"航空遥感系统"中的"机载大气环境遥感系统"研发了大气痕量气体差分吸收光谱仪、大气主要温室气体监测仪以及大气气溶胶多角度偏振探测仪，实现航空平台上对污染气体（SO_2、NO_2 等）、温室气体（CO_2、CO 等）以及气溶胶颗粒物分布的遥感监测。目前，载荷研制已完成工程样机研发，预期 2016 年完成正样研制。

作为全世界范围内经济发展最快的国家之一，我国的大气污染问题已引起越来越多的关注，构建并完善以常规监测、自动监测为基础，遥感监测为辅助的天地一体式环境监测体系，提高监测和预报水平，是一个非常有意义的课题。目前，遥感技术在大气环境监测中已经开始得到广泛的应用，在大气污染物区域分布、时空变化等方面已经发挥出其不可替代的优势，但在实际应用中仍存在监测时间过短、获取数据不具代表性等缺陷，影响了研究结论的说服力。此外，根据卫星数据反演污染物浓度的精度也有待提高。各种方法在测量实时性、测量精度、可操作性等方面各有优缺点，在实践中需相互结合与补充，同时也需进一步探索出更为精准实用的反演方法。目前，遥感技术正从单一遥感资料的分析，向多时相、多数据源（包括非遥感数据资料数据）的信息复合与综合分析过渡。从对各种事物的表面性的描述，向内在规律分析、定量化分析过渡，就大气环境遥感而言，有待于在以下几方面加强研究：

（1）大气环境遥感的定量化、集成化、系统化和全球化；

（2）大气环境的主动和被动式卫星遥感的一体化；

（3）高光谱、高时间、高空间及多角度、多时相、多偏振等多种数据源的综合应用；

（4）高性能传感器的研制；

（5）建立自己的大气环境遥感监测业务化运行系统，以便更好地为环境管理决策服务。

当前，大气环境遥感监测技术应依托我国的对地观测技术和对地观测系统的发展计划，同时充分利用国际上资源环境卫星系统，开展广泛的国际合作和交流，大力发展我国的大气环境遥感监测技术，并充分利用现有的环境监测网点和常规监测方法，采用遥感技术与地面监测相结合的方法，建立我国的大气环境遥感监测系统。

（六）其他环境监测技术

1. 生物传感器

生物传感器是一种运用抗体和功能基因等生物材料作为敏感材料，通过适当的信号采集器件，将各种生物化学信息转换为电信号的分析装置。

生物传感器可以用于 SO_2 的监测，在 SO_2 监测中采用肝微粒体和氧电极相结合制成的生物传感器，通过测定雨水中的亚硫酸盐的浓度，推算大气中 SO_2 的含量。其检测限为 $0.6×10^{-4}$mol/L。这种传感器具有重现性好，准确度高的特点[82]。硫杆菌属和氧电极制成的微生物传感器也可以用于 SO_2 的监测。

在 NO_x 的监测中，采用多孔气体渗透膜、固定化硝化细菌和氧电极组成生物传感器。传感器通过检测亚硝酸盐的含量来反映大气中 NO_x 的含量。其检测线为 0.001mmol/L。该类传感器的优势在于选择性良好，抗干扰能力强[83]。

国防科学技术大学张仁彦等利用甲醛脱氢酶和羧基化多壁碳纳米管修饰的丝网印刷电极，制备的基于还原型辅酶 I 检测甲醛的生物传感器[84]，在 0.001 ~ 11mmol/L 范围内，对甲醛的响应时间为 20s，检出限为 0.2μmol/L（S/N=3）。

使用自氧微生物和氧电极制成的 CO_2 电位传感器，在 0 ~ 194ppm 的 CO_2 浓度范围内，其精度为 1.21ppm，响应时间约为 2min。用甲烷氧化细菌，甲基单胞鞭毛虫，做成的传感器可以用于浓度低于 6.6mmol/L 的甲烷的检测，其最小检测线为 13.1μmol/L，时间分辨率为 2min。用硝化单胞菌和硝化杆菌制成的氨微生物传感器，可用于浓度在 0.1 ~ 42mg/L 范围的氨的测定，相对误差为 ±4%。

2. 光声光谱监测技术

光声光谱法是一种新的基于光声效应的吸收光谱分析法。光声光谱系统包括光源、斩波器、吸收池、探测器、计算机等。光源发出的光束经斩波器调制，进入吸收池。如果光波长和待测气体分子的特征吸收线波长一致，则气体分子吸收光能而激发，激发分子通过非辐射跃迁返回基态。非辐射跃迁释放出的能量被气体分子吸收，温度升高，体积膨胀。吸收池中的气压以一定频率涨落，形成声波。探测器将声波信号转换成电信号，即光声信号。光声信号的大小反映了待测气体浓度大小。

目前，光声光谱技术已应用于大气气溶胶吸收系数的测量、NO_x 的分析研究、水汽的测量等。例如中国科学院安徽光学精密机械研究所刘强等开展了光声光谱技术测大气气溶胶吸收系数的研究[85]；中南大学许雪梅等[86]搭建了基于光声光谱技术的 NO、NO_2 气体分析仪，分析计算得到 NO、NO_2 在 2500 ~ 6667nm 波段吸收谱线的极限检测灵敏度分别达到 4.01 和 1.07μL；近年来不断发展完善的石英音叉增强型光声光谱技术（QEPAS）在痕量气体探测方面也取得了重大突破[87]，山西大学刘研研设计研制了全光型石英增强光声光谱[88]；哈尔滨工业大学 Yufei Ma 在对 CO 和 N_2O 的测量中，QEPAS 的探测限分别为 1.5ppbv 和 23ppbv[89]。

3. 基于 MEMS 和纳米材料的新型检测技术

MEMS 即微机电系统技术，它可以将机械部件与 IC 电路集成在一起完成某种特定功能，MEMS 技术是在微电子制造工艺基础上，逐步融合其他工艺技术发展起来的。它主要是利用光刻、氧化、腐蚀、沉积等物理和化学方法在硅半导体上制备出微传感器和微执行器。目前运用 MEMS 技术的有机气体传感器种类很多，依据其检测原理的不同可以分为非接触式和接触式两大类：

在非接触式气体传感器研究方面，重庆大学莫祥霞等优化了基于气体光声光谱效应的 MEMS 吸收光谱仪[90]；上海交通大学詹昌华等基于电离式 MEMS 气体传感器[91]，研究了该传感器对氩气和氧气的传感特性；中国科学院智能机械研究所李庄[92]及中国科学院大连化学物理研究所程沙沙[93]等在离子迁移谱方面均有研究。

在接触式气体传感器研究方面，苏州大学张书敏等开展了基于半导体金属氧化物多孔薄膜气体传感器的研究[94]；哈尔滨理工大学智能机械研究所谷俊涛等研究了三明治双桥微结构催化燃烧式气体传感器的相关特性[95]；哈尔滨工业大学景大雷研究了微悬臂梁曲率半径随厚度，杨氏模量及吸附分子间距的变化规律以及中性层位置变化对微悬臂梁传感器性能预测的影响[96]。

利用纳米技术研制的两端连接金属导线的纳米碳管探测器，可以用于探测有毒的二氧化氮和氨气。通过微波射线法制备的纳米 SnO_2 传感器在探测 CO、NO_2 方面表现出良好的气敏特性。利用 TiO_2 的气敏性做成的传感器，由于其工作条件苛刻，需要在 1100℃下工作，因此主要用来监测 O_2 浓度。

随着生物技术的发展，目前生物传感器技术已经能够实现对 SO_2、NO_x、甲醛、氨、CO_2 等多种大气成分的监测。不断完善的石英音叉增强型光声光谱技术（QEPAS）在 CO、N_2O 监测方面也实现重大突破。而基于 MEMS 和纳米材料的新型检测技术由于其在传感器新结构新材料方面的不断创新，在大气环境检测领域表现出特别的前景。总之新的监测技术的发展为传统监测技术的有效补充，并成为大气环境监测技术的重要组成部分。

三、大气环境监测技术集成与应用示范

（一）大气环境综合立体监测系统及应用

面对我国严峻的环境污染问题，如何以科学的方法、准确的数据表征我国当前环境质量现状和变化趋势，及时跟踪污染源变化，实现环境质量报告和预警，采用先进环境监测技术，监测环境变化是必然的选择。区域大气复合污染立体监测技术系统，是针对我国经济快速发展过程中大气环境污染问题，以我国重大环境应急监测工程需求为牵引，以先进环境监测技术为核心构建的多种大气复合污染时空分布综合立体监测系统，主要将固定点连续监测和典型过程流动加强监测相结合，地面监测与垂直测量相结合，地面遥测、航空遥测与卫星观测相结合，常规观测与高技术手段观测相结合，实现全方位的大气环境立体监测。

中国科学院安徽光学精密机械研究所等单位研发了用于大气环境探测的激光雷达、差分吸收光谱仪、可调谐半导体激光吸收光谱系统、傅立叶变换红外光谱系统等，集成了一套多成分、多平台测量的立体监测系统，用于探测颗粒物消光廓线垂直分布、污染气体

（NO$_2$、SO$_2$ 等）对流层垂直柱浓度、VOCs 等，并结合风场数据研究区域间污染输送影响。该立体监测系统已经成功地应用于上海世博、广州亚运、南京青奥、北京 APEC 会议等空气质量监测，为环境管理部门提供了宝贵的数据资料。

1. 南京青奥会空气质量监测

2014 年 8 月 16 日—9 月 27 日，第二届青年奥林匹克运动会在南京举办，中国科学院大气物理研究所、中国科学院安徽光学精密机械研究所参加了空气质量保障联合观测外场实验，通过环境光学立体监测技术为青奥会空气质量保障和控制效果评估提供科技支撑。此次外场观测中，采用车载走航方式监测并分析南京城区及周边地区 SO$_2$、NO$_2$ 空间分布，采用地基 MAX-DOAS 技术定点测量 SO$_2$、NO$_2$ 立体分布信息，及时获取本地污染源排放和外来污染物的输入信息，结合大气数值预测模型，为青奥会空气质量保障决策提供了有力的科学依据和技术支撑。

2. APEC 会议前后京津冀大气环境综合外场观测

2014 年北京 APEC 会议前后，中国科学院合肥物质科学研究院安徽光机所组织了一次京津冀综合外场观测，研究北京市空气污染、灰霾等形成的原因和过程，分别在北京、天津和河北部署十几个地基激光雷达和 MAX-DOAS，并结合车载移动观测、地面点式观测等手段，研究北京市污染物的形成、演变和发展过程。采用立体观测、实验模拟和数值模型相结合，从宏观污染物总量观测和微观准确源解析双向改善对排放源的认识，通过对京津冀地区秋冬季重霾污染关键过程物理化学参数监测分析研究，以揭示霾污染的积累和消散宏观机理、快速成霾的微观物理化学机制。

通过观测，APEC 期间，车载 DOAS 观测的北京五环内 NO$_2$、SO$_2$ 排放量分别为 2.2t/h 和 1.7t/h，较 2008 年奥运期间稍有降低。地基遥感对北京整层大气柱浓度的观测表明，北京地区 NO$_2$ 垂直柱浓度降低了 57%，五环内 NO$_2$ 总量下降了 43.7%，验证了利用美国 OMI 卫星数据反演获得北京地区 NO$_2$ 柱浓度下降 47.8% 的结果。观测数据表明，区域减排和机动车限行对北京空气质量的改善十分显著。

3. 广州亚运会空气质量监测

2010 年，中国科学院安徽光学精密机械研究所与广州市环境监测中心联合开展课题"重要污染源区域排放以及区域污染输送的光学遥感监测"，以广州市区域污染物排放通量监测、广州周边污染物区域输送监测与预警为主要内容，采用环境光学监测技术，构建重点污染源和输送通量立体综合监测系统并实施监测，支持 2010 年广州亚运会空气污染预报预警、污染减排效果评估，以及为认识和改善广州环境问题，制定长远的空气质量目标，提供技术和方法。

（二）区域预警监测网及大气超级监测站

自 2000 年开始，珠江三角洲地区根据国家要求，由北京大学发起建立了覆盖 9 个地级以上城市的城市空气质量自动监测网络，每天向社会公众发布城市空气质量日报

（API）。历经十年科学研究、技术研发、集成应用的实践与探索，珠三角地区先后形成了"城市空气质量监测网""区域空气质量监测网"和"大气复合污染立体监测网"三套不同功能的网络，有力支撑了该地区大气污染物排放总量减排、城市空气质量达标评价、区域空气质量特征与演变、区域大气污染联防联控、大气复合污染机理与综合控制等重大科技和管理需求，取得了显著社会环境效益。

2010年广州第十六届亚运会举办前后，以珠江三角洲区域大气复合污染立体监测网络为研究和技术支持平台，国家"863"重大项目总体专家组承担了亚运会空气质量保障系列研究和技术支持工作，研究并编制了《亚运会召开前空气质量保障措施方案》《广东省亚运会期间空气质量保障措施方案》《2010年第16届亚运会空气质量保障极端不利气象条件应急预案》等一批技术方案；构建了亚运会空气质量监测网络和预报预警系统并投入亚运保障服务；承担了亚运期间空气质量保障省市联合专家会商技术支持等工作。2011年1~8月，再次承担了《深圳世界大学生运动会极端不利气象条件应急预案》研究以及深圳大运会空气质量保障专家会商和决策支持等工作。为我国兑现"绿色亚运"和"绿色大运"的庄严承诺发挥了基础性作用。

历经多年科学研究、技术研发、集成应用的探索与实践，在"863"重大项目支持下，我国在区域大气复合污染的模拟、预测技术及应用方面取得了丰硕成果，主要体现为"三大关键技术（大气化学同化技术，数值模拟共性技术，复合污染预报技术）、两套模型系统（空气质量集成预报系统，大气污染诊断识别系统）、一个示范平台"，形成了区域大气复合污染诊断识别和空气质量多模式集成预报两大技术体系，在广东省环境监测中心建设了空气质量多模式集成预报业务化系统，为广州亚运空气质量保障等任务提供了可靠的支持。同时该系统已推广到北京和上海，为北京奥运和上海世博提供了空气质量的优质预报服务，产生了良好的社会效益和国际影响。数值预报系统在我国三大城市群的应用，促进了空气质量预报由城市单点统计预报向区域点面数值预报的转变，有效提高了我国城市空气质量的预报预警水平，为区域大气污染联防联控提供了重要的科技支撑。

（三）国家大气环境监测网建设实践

自1999年以来，国家科技基础条件平台支持开展了国家大气成分观测野外站网体系建设，通过各类科技计划（专项、基金）等支持了大气环境超级站联盟建设，中国科学院组建了45个站点的空气质量联合观测网络和国内最大的烟雾箱模拟平台，基本覆盖京津冀、长三角、珠三角、东北及西北等重点地区，已成为对我国不同区域空气质量本底、大气污染变化及其大气物理化学过程进行长期综合观测和研究的重要基地。同时，正在规划建设可观测我国主要温室气体（CO_2、CH_4、N_2O、O_3、$CFCs$）大气背景浓度的国家大气成分本底野外研究监测网，持续、系统地监测温室气体及对全球C、N、S、P、O循环有重要影响的微量气体和干湿沉降中的重要化学成分，为有关科学问题研究提供基本数据，为制定我国温室气体减排政策、为我国政府在国际气候变化事务谈判中争取主动权提供科学依据。

2012年，国务院发布了新修订的《环境空气质量标准》，监测项目包括 SO_2、NO_2、PM_{10}、$PM_{2.5}$、O_3、CO 等指标，增设了 $PM_{2.5}$ 平均浓度限值和臭氧 8 小时平均浓度限值，收紧了 PM_{10}、NO_2 等污染物的浓度限值。在环境保护部门支持开展了国家环境空气监测网建设，建成运行着由 2400 多个监测站组成的包括环境空气、沙尘天气、温室气体和酸沉降监测的国家环境空气监测网，开展了沙尘、灰霾、温室气体和秸秆焚烧等方面的业务化遥感监测；目前，全国 338 个地级及以上城市共 1436 个城市站，全部开展空气质量新标准监测，并公布 PM_{10}、$PM_{2.5}$、二氧化硫、二氧化氮、臭氧和一氧化碳 6 项实时监测数据和空气质量指数（AQI）；组建了环保部卫星环境应用中心，15 个环境空气背景站（SO_2、NO_2、PM_{10}、NOx、CO、O_3、$PM_{2.5}$、PM_1、能见度、气象五参数、酸沉降、温室气体、颗粒物成分），96 个区域站，同时，还有 3400 余家国控重点废气排放企业的近 7000 套自动监测系统与国家监控平台实现了联网监控。

气象部门推动开展了"天基、空基、地基"相结合的综合气象观测系统建设，包括 120 个高空气象观测站，7 个全球和区域大气成分本底观测站，28 个大气成分观测站，29 个沙尘暴观测站，102 个环境气象观测站，365 个酸雨观测站，109 个 $PM_{2.5}$、88 个 PM_1、134 个 PM_{10} 质量浓度观测站，2400 余个能见度观测站和 58384 个自动气象观测站。中国气象局在已建沙尘暴站网基础上，在关键和典型地区初步建成了中国气象局大气成分观测站网，实现了对气溶胶质量浓度、数浓度、吸收特性、散射特性、光学厚度等的网络化的观测与运行。

此外，国家卫生计生委还启动了空气污染（灰霾）对人群健康影响监测网络建设工作。这些监测网络为大气污染防治研究提供了数据，在 2013—2014 年我国东部地区应对严重灰霾污染应急处置的工作发挥了重要作用，也为统筹空气质量监测预警体系建设提供了良好基础。

四、大气环境监测技术总体评价与发展展望

（一）国内外大气环境监测技术对比

以 Web of Science® 的 Derwent Innovations IndexSM 数据库作为数据源，检索了 2011 年到 2015 年间国际上大气环境监测技术领域相关文献和核心专利。近 5 年来不同国家在大气环境监测技术研究领域相关文献及核心专利数量柱状图如图 1 和图 2 所示。根据图 1 和图 2 中相关文献及专利数量对比结果分析表明，在大气环境监测技术研究领域领先的国家分别是美国、德国、日本、法国、加拿大和中国。无论是在专利数量还是文献数量统计方面，美国都是在大气环境监测技术领域位居第一位。

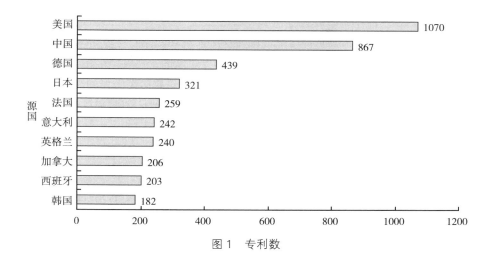

图 1　专利数

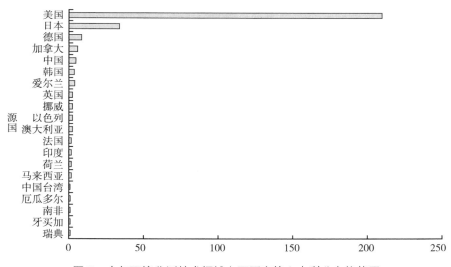

图 2　大气环境监测技术领域主要国家核心专利分布柱状图

根据不同国家在大气环境监测技术领域发表的文献及专利中相关研究内容可以看出，大气环境监测技术主要包括大气污染源监测技术、空气质量监测技术、大气边界层探测技术、区域空气质量监测技术、大气灰霾监测技术等几个重点研究方面。

在大气污染源监测技术研究方面，国际上已将各类先进监测技术应用到大气污染源监测上，工业发达的国家如美国、日本、德国、法国、加拿大等的监测装备已向理化、生物、遥测、应急等多种监测分析相结合的方向发展，实现了多参数实时在线测量的集成化和网络化等多功能。我国已研发了污染源烟气二氧化硫（SO_2）、二氧化氮（NO_2）、烟尘、工业有毒废气以及垃圾填埋场气体泄露的自动连续在线监测技术与设备，实现烟气在线监测产品的国产化率在 80%。目前亟须开发针对新型污染物和温室气体的源排放监测技术与设备。

在空气质量监测技术研究方面，美日欧等发达国家通过组织大型观测计划发展了一系列关键污染物在线监测、超级站和流动观测平台（如飞机、飞艇、车船）以及多目标多污染物长期定位观测站网。在"863"计划等项目支持下，我国突破了 O_3、挥发性有机化合物（VOCs）、颗粒物质量浓度—粒径分布—化学成分等在线监测技术，以及激光雷达探测颗粒物的关键技术，研制出一批具有自主知识产权并具有国际竞争力的大气污染监测设备，实现空气质量监测子站国产化率 60% 以上。但高技术含量的监测设备仍然存在产品质量不稳定、精度低等缺点，与发达国家有明显的差距。

在大气边界层探测技术研究方面，国际上发展了系列大气边界层垂直分布的探测技术，包括高精度的边界层气象要素（温度、湿度、气压、风速、风向）垂直分布的地基精确探测设备，以及探空气球和系留气球搭载的高精度、高时间分辨率气象参数传感器。我国主要开展了基于观测高塔的边界层要素的观测技术研究。

在区域空气质量监测技术研究方面，欧洲建立了跨越国境的酸雨评价计划监测网（EMEP），监测指标也从酸雨扩展到 O_3 和 $PM_{2.5}$ 等多污染物，用于评价欧盟清洁空气的成效。美国建立了各种类型的监测网，其中大气在线（AirNow）实现了对多污染物监测结果的实时发布。中国环境监测总站在全国建立城市空气质量监测网，主要对 SO_2、NO_2 和 PM_{10} 进行了业务化的在线监测。在"863"计划的支持下，珠三角初步建立了大气复合污染立体监测网络，实现了对主要大气污染物的在线监测、远程控制和网络质控，但在立体化、功能化和智能化等方面仍不能满足全面监控大气复合污染状况和演变的需求。

在大气灰霾监测技术研究领域，国际上，工业发达国家的大气灰霾监测技术发展较早，已经建立了比较完善的大气灰霾监测技术与方法体系，领先优势十分明显。美国环境保护署（EPA）于 1988 年就开始逐步建立由 110 个监测站组成的大气环境监测网。1999年，英国、澳大利亚、韩国等国家和地区也相继设立灰霾污染物监测站点。在大气灰霾监测技术方面，美国 OPTEC 和 TSI 公司、澳大利亚 Ecotech 公司与美国华盛顿大学主要采用光学方法直接测量大气消光特性变化趋势进行大气灰霾监测。采用自动在线和离线分析相结合的方式监测大气细颗粒物（$PM_{2.5}$）的质量浓度及化学组成方面的应用技术与设备也较为广泛，滤膜采样 – 天平称重法是目前国内外广泛公认的方法，国际上的 $PM_{2.5}$ 质量浓度自动监测设备厂商主要有美国 Thermo Fisher Scientific、美国 METONE、美国 API、日本 HORIBA、法国 ESA、澳大利亚的 Ecotech 等公司。在大气灰霾遥感监测方面，国际上很多国家都投入了大量的研究经费和精力。与大气灰霾污染监测密切相关的全球环境遥感监测计划主要有美国国家宇航局（NASA）的地球观测计划（EOS）、美国农业和资源环境空间遥感计划、欧空局（ERS）地球观测计划、加拿大全球雷达卫星计划、日本地球观测计划等，通过星载遥感装备对全球大气颗粒物、臭氧等污染组分的动态变化进行长期观测。德国莱比锡对流层研究所、欧洲的 EARLINET 激光器雷达网、美国 NASA 的 Langley 研究中心等采用激光雷达遥测手段对大气灰霾、臭氧、云、边界层性质等特性及空间分布进行探测与分析。在大气灰霾形成过程监测方面，欧洲西班牙 EUPHORE、德国 SAPHIR、美国 UCR 和 UNC 等主要是以烟雾箱模拟和大气环境下光化学中间过程物监测为主；德国 Juelich 研究中心、美国 NOAA、英国 Leed 大学、日本全球变化研究所、德国马普化学所、美国 York 大学、东京大学、华盛顿州立大学等多个研究小组开展了不同环境大气中 HOx 自由基氧化性的相关研究；此外国外已开展了对不同大气环境下的 NO_3 自由基（污染及清洁背景大气，陆地及海边大气等）的测量，出现了基于机载和星载平台的 NO_3 观测。

在大气灰霾自动在线监测技术方面，我国的中国科学院安徽光学精密机械研究所、北京大学、河北先河、武汉天虹、安徽蓝盾、聚光科技、广州禾信等科研单位和企业相继开展了灰霾典型污染物、PM_{10} 和 $PM_{2.5}$ 颗粒物质量浓度在线监测等关键技术研究和设备开发。但现有大气灰霾监测技术体系大气灰霾监测技术及设备中大部分核心设备仍需要从美国、日本和德国等国家进口，国产环境监测设备在品种、数量、性能、质量上远远满足不了实际工作需要，难以为我国大气灰霾的实验室模拟、外场观测和常规监测提供技术保障和平台支持。

综上分析，工业发达的美国、日本、德国、加拿大和法国一直是大气环境监测技术领域的领先国家，在大气环境监测技术领域起步较早、技术较成熟、仪器设备较先进，而我国虽在该领域研究进步较快，但在技术及设备研究方面仍然落后于欧美等国家。现有监测技术体系难以应对多种污染物的复合型污染监测，有限的监测指标很难反映出环境质量的好坏，与老百姓的感观严重不一致，远不能满足认知大气环境污染机制和演变过程的需求，也不能为环境部门解决大气环境污染问题、有效控制污染源和节能减排等提供有效的技术支撑。

（二）大气环境监测技术发展趋势和重点研究方向

大气污染监测技术是全面掌握大气污染状况、发展态势和环境管理的支柱。其发展趋势是以发展高精度、高选择度和高稳定度的监测技术为基础，实现大气污染监测、边界层探测和卫星遥测技术的立体化和动态化，以支撑建立符合国家环境管理需求的环境监测和预警预报能力。

近年来，我国目前在大气环境监测单项技术已取得重要突破，初步形成了满足常规监测业务需求的技术体系。我国先后研发的 PM_{10}、SO_2 和 NO_2 等污染物监测技术和设备，基本满足了城市空气质量自动监测、污染源烟道在线监测、机动车尾气道边检测等的需求；发展的 $PM_{2.5}$、O_3、VOCs 等污染物在线监测技术，有效支撑了我国"十二五"空气质量新标准的实施；研发的部分高端科研仪器如气溶胶雷达、单颗粒气溶胶飞行时间质谱仪等已开始得到应用。

但是，我国自主研发的监测技术和设备还不能满足国家臭氧等二次污染业务化监测的需求，与大气复合污染形成过程监测的需要还有相当大的差距，具体表现在：监测技术和项目偏少，难以全面评价大气复合污染对环境和人体健康的影响；针对重霾污染形成机理研究的监测技术和手段不足；尚未建立完善的实验模拟和外场观测技术平台。

为此，急需研发具有自主知识产权的先进大气环境监测技术与设备，提高和改善大气环境监测能力，为大气环境污染监测提供有效手段，为培育大气环境监测仪器战略性新兴产业提供技术支撑。从而实现环境监测和管理的跨越式发展，这是我国社会经济发展的需要，也是环境监测技术发展的机遇。

1. 亟须突破的大气环境监测关键技术

（1）大气二次污染主要化学成分测量技术。针对大气二次污染机理研究及其防控的技术需求，突破大气自由基（HO_x、Criegee、NO_3、卤素自由基等）、有机物（全组分）、重金属、生物气溶胶、二次有机气溶胶示踪物等测量技术，构建大气二次污染主要化学成分现场测量设备。

（2）重点行业多参数大气污染源排放高精度在线监测技术。面向污染源超低排放与协同控制，研发典型行业关键污染物（超细颗粒物、VOCs、NH_3 和 Hg 等）源排放在线监测技术和设备，污染源宽粒径范围采样和在线监测技术，机动车辆超标排放识别、诊断和遥感测试一体化技术和设备，系统技术指标满足超低排放监测新标准。

（3）大气复合污染立体探测技术。针对区域大气复合污染现状，研发大气边界层理化结构的探测技术与系统，大气污染空间分布、跨界输送通量、地气交换通量测量技术与系统，区域大气污染走航观测、机载和星载遥感监测与应用技术系统。

（4）大气污染监测质量控制技术。针对大气污染监测新标准，发展大气环境空气质量监测质量控制关键技术、大气污染源监测的质量控制与标准化测试技术，形成大气污染源排放综合监测、大气复合污染立体观测以及大气环境监测质量控制等技术规范。

2. 亟待建设的先进大气环境监测技术创新研究平台

利用地基 MAX-DOAS（多轴差分吸收光谱仪）和大气细颗粒物探测激光雷达等设备，建设"灰霾及其前体物立体监测网络"，开展 SO_2、NO_x、HCHO（甲醛）等大气细颗粒气态前体物和颗粒物 PM_{10}（可吸入颗粒物）/$PM_{2.5}$ 的垂直总量和廓线的监测研究，将弥补目前环保监测网络单一地面监测数据的不足，为研究灰霾的形成、演变和区域输送规律、开展灰霾准确预报提供技术手段。

针对我国大气复合污染防治研究，亟须建设我国自己的大气环境探测与模拟实验研究设施，将形成从实验室微观机理研究到模拟大气环境实验，再到外场观测实验和验证的有机闭环链条，揭示我国城市和区域尺度的大气复合污染形成机理并量化其环境影响，建立符合中国特点的相关污染模式，从而预测我国不同区域背景下大气复合污染及其环境效应的发展趋势并提出控制思路，为国家和地方制定有效的控制战略提供科技支撑。

── 参考文献 ──

［1］ 袁松，阚瑞峰，何亚柏，姚路，等．基于可调谐半导体激光光谱大气 CO_2 监测仪［J］．中国激光，2014，
41（12）：1208003-1-6.

［2］ 魏敏，刘建国，阚瑞峰，王薇，等．基于中红外连续量子级联激光器的大气中 CH_4 和 N_2O 测量［J］．光学
学报，2014，34（12）：1230003-1-7.

［3］ 杨晨光，阚瑞峰，许振宇，等．Voigt 线形函数二阶导数研究［J］．物理学报，2014，63（22）：223301.

［4］ Min Wei, JianGuo Liu, RuiFengKan, Wei Wang, etc.Open-path Detection Of Atmospheric CH_4 And N_2O Based
On Quantum Cascade Laser. LIGHT：ENERGY AND THE ENVIRONMENT OSA，2014，ETh3A.3.

［5］ 李明星，刘建国，阚瑞峰，等．基于可调谐半导体激光吸收光谱的 CO 和 CH_4 实时检测系统设计［J］．光
学学报，2015，35（4）：0430001.

［6］ Chan, C. Y., X. D. Xu, Y. S. Li, et al. Characteristics of vertical profiles and sources of $PM_{2.5}$，PM_{10} and
carbonaceous species in Beijing［J］. Atmos. Environ.，2011，39（28）：5113-5124.

［7］ Gan, C.-M., Y. Wu, B. L. Madhavan, et al. Application of active optical sensors to probe the vertical structure of
the urban boundary layer and assess anomalies in air quality model $PM_{2.5}$ forecasts［J］. Atmos. Environ.，2011，
45：6613-6621.

［8］ 蒋永成，赵天良，王宏，等．福州市 $PM_{2.5}$ 污染过程中大气边界层和区域传输研究［J］．中国环境科学，
2015，35（2）：347-355.

［9］ 李英，胡志莉，赵红，等．青藏高原大气边界层结构特征研究综述［J］．高原山地气象研究，2012,32（4）：
91-96.

［10］ 卢广献，郭学良．环北京春季大气气溶胶分布、来源及其与 CCN 转化关系的飞机探测［J］．科学通报，
2012，57（15）：1334-1344.

［11］ Tao, S., Y. Wang, S. Wu, et al. Vertical distribution of polycyclic aromatic hydrocarbons in atmospheric boundary
layer of Beijing in winter. Atmos［J］. Environ.，2011，41（40）：9594-9602.

［12］ Wu, M., D. Wu, Q. Fan, et al. Study on the atmospheric boundary layer and its influence on regional air quality
over the Pearl River delta. Atmos. Chem［J］. Phys. Discuss.，2013，13：6035-6066.

［13］ Zhenyi Chen, Wenqing Liu, Yujun Zhang, Jun Ruan and Junfeng He et al. Mixing layer height and meteorological
measurements in Hefei China during the total solar eclipse of 2009［J］. Optics and Laser Technology，2011，
43（11）：50-54.

［14］ 赵世强，张镭，王治厅，等．利用激光雷达结合数值模式估算兰州远郊榆中地区夏季边界层高度［J］．
气候与环境研究，2012，17（5）：523-530.

［15］ 卢广献，郭学良．环北京春季大气气溶胶分布、来源及其与 CCN 转化关系的飞机探测［J］．科学通报，
2012，57（15）：1334-1344.

［16］ 王琳，谢晨波，韩永，等．测量大气边界层高度的激光雷达数据反演方法研究.大气与环境光学学报，
2012，7：241-247.

［17］ Zhang, Q., J. Quan, X. Tie, M. Huang, et al. Impact of aerosol particles on cloud formation：Aircraft
measurements in China. Atmos［J］. Environ.，2011，45（3）：665-672.

［18］ 朱燕舞，刘文清，方静，等．北京边界层大气中 HONO 和 NO_2 垂直廓线的测量与分析［J］．光谱学与光
谱分析，2011，11（4）：1078-1082.

［19］ K. D. Lu, F. Rohrer, F. Holland, H. Fuchs, et al. Observation and modelling of OH and HO_2 concentrations in the
Pearl River Delta 2006：a missing OH source ina VOC rich atmosphere. Atmos. Chem. Phys.，2012，12：1541-

1569.

[20] K. D. Lu, A. Hofzumahaus, F. Holland, et al. Missing OH source in a suburban environment near Beijing: observed and modelled OH and HO₂ concentrations in summer 2006 [J]. Atmos. Chem. Phys., 2013, 13: 1057–1080.

[21] 刘宇, 刘文清, 等. 基于准分子激光器火焰中 OH 自由基测量技术研究 [J]. 光谱学与光谱分析, 2012, 32 (11): 2897–2901.

[22] 朱国梁、胡仁志, 等. 基于差分吸收光谱方法的 OH 自由基定标系统研究 [J]. 物理学报, 2015, 64 (8): 080703-1-7.

[23] 窦健, 花磊, 等. 连续测量大气 OH 的化学电离飞行时间质谱仪的研制 [J]. 环境科学, 2014, 35 (5): 1688–1693.

[24] Shanshan Wang, Chanzhen Shi, Bin Zhou, Heng Zhao, Zhuoru Wang, Suna Yang, Limin Chen. Observation of NO₃ radicals over Shanghai, China [J]. Journal of Atmospheric Environment, 2013, 7: 401–409.

[25] Hu Ren-Zhi, Wang Dan, Xie Pin-Hua, Ling Liu-Yi, Qin Min, Li Chuan-Xin, Liu Jiang-Guo.Diode laser cavity ring down spectroscopy for atmospheric NO₃ radical measurement [J]. ActaPhysica Sinica, 2014, 63 (11): 110707.

[26] Wang X, Wang T, Yan C, Tham Y J, Xue L, Xu Z, Zha Q. Large daytime signals of N₂O₅ and NO₃ inferred at 62 amu in aTD–CIMS: chemical interference or a real atmosphericphenomenon? [J]. Atmospheric Measurement Techniques, 2014, 7: 1–12.

[27] 付怀于, 闫才青, 郑玫, 等. 在线单颗粒气溶胶质谱 SPAMS 对细颗粒物中主要组分提取方法的研究 [J]. 环境科学, 2014, 35 (11): 4070–4077.

[28] Lei Li, Mei Li, Zhengxu Huang, Wei Gao, Huiqing Nian, Zhong Fu, Jian Gao, Fahe Chai, Zhen Zhou. Ambient particle characterization by single particle aerosol massspectrometry in an urban area of Beijing [J]. Atmospheric Environment,2014, 94: 323–331.

[29] 程萌田, 金鑫, 王跃思, 等. 北京冬季一次重污染过程 PM₂.₅ 中水溶性无机盐的变化特征 [J]. 环境化学, 2012, 31 (6): 783–790.

[30] 刘庆阳, 刘艳菊, 杨峥, 等. 北京城郊一次大气重污染过程颗物的污染特征 [J]. 环境科学学报, 2014, 34 (1): 12–18.

[31] 方双喜, 周凌晞, 栾天, 马千里, 王红阳. 浙江临安大气本底站 CO 浓度及变化特征 [J]. 环境科学, 2014, 35 (7): 2454–2459.

[32] 李相贤, 高闽光, 徐亮, 等. 基于傅立叶变换红外光谱法 CO₂ 气体碳同位素比检测研究 [J]. 物理学报, 2013, 62 (3): 030202.

[33] 李相贤, 徐亮, 高闽光, 等. CO₂ 及其碳同位素比值高精度检测研究 [J]. 物理学报, 2013, 62 (18): 180203.

[34] 李相贤, 徐亮, 高闽光, 等. 分析温室气体及 CO₂ 碳同位素比值的傅里叶变换红外光谱仪 [J]. 光学精密工程, 2014, 22 (9): 2359–2368.

[35] 祁心, 郝庆菊, 吉东生, 等. 重庆市北碚城区大气中 VOCs 组成特征研究 [J]. 环境科学, 2014, 35 (9): 3293–3301.

[36] 徐慧, 张晗, 邢振雨, 等. 厦门冬春季大气 VOCs 的污染特征及臭氧生成潜势 [J]. 环境科学, 2015, 36 (1): 11–17.

[37] 王跃思, 姚利, 王莉莉, 等. 2013 年元月我国中东部地区强霾污染成因分析 [J]. 中国科学：地球科学, 2014, 44 (1): 15–26.

[38] 王占山, 李云婷, 陈添, 等. 2013 年北京市 PM₂.₅ 的时空分布 [J]. 地球学报, 2015, 70 (1): 110–120.

[39] LIU Q Y, JIANG J T, LIU R Q, et al. Characterization of Water–soluble anions of PM₂.₅ aerosols in Wuhan Economic andTechnological Development Zone, China [J]. Advanced Materials Research, 2013, 864–867: 1644–1647.

［40］ WEI S L，HUANG B，LIU M，et al. Characterization of PM$_{2.5}$-bound nitrated and oxygenated PAHs in two industrial sitesof south China［J］. Atmospheric Research，2012，109-110：76-83.

［41］ 中国环境监测总站. 应急监测技术［M］. 北京：中国环境出版社，2013-12.

［42］ 毕勇. Gasmet 便携式傅立叶变换红外气体分析仪及其在环境应急监测中的应用［J］. 现代科学仪器，2011，4：90-92.

［43］ 李晓旭，刘立鹏，马乔. 便携式气相色谱－质谱联用仪的研制及应用［J］. 分析化学，2011，39（10）：1476-1481.

［44］ 吴德成，刘博，戚福弟，等. Raman-Mie 激光雷达测量对流层大气气溶胶光学特性［J］. 大气与环境光学学报，2011，6（1）：18-26.

［45］ 黄春红. 红外微脉冲激光雷达系统研制［D］. 青岛：中国海洋大学，2011.

［46］ 周碧，张镭，等. 利用激光雷达资料分析兰州远郊气溶胶光学特性［J］. 高原气象，2011，30（4）：1011-1017.

［47］ 李俊. 双视场激光雷达及大气气溶胶探测研究［D］. 武汉：武汉大学，2012.

［48］ 刘建军. 长三角太湖地区云和气溶胶辐射特性的地基遥感研究［D］. 南京：南京信息工程大学，2012.

［49］ 田飞. 散射差分吸收激光雷达关键技术研究［D］. 绵阳：中国工程物理研究院，2012.

［50］ 钟山. 基于纯转动 Raman 激光雷达系统的大气温度和气溶胶的探测及测风边缘技术的性能比较［D］. 武汉：武汉大学，2012.

［51］ 丁辉. 利用微脉冲激光雷达（MPL）探测气溶胶消光系数廓线和大气混合层高度的初步研究［D］. 南京：南京信息工程大学，2012.

［52］ 龙强. 基于激光雷达的低层大气光学特性探测研究［D］. 南京：南京信息工程大学，2012.

［53］ 秦胜光. 大气激光雷达光栅分光接收技术的实验研究［D］. 青岛：中国海洋大学，2012.

［54］ 谭雪春. 激光雷达模拟样机系统与实验研究［D］. 长春：长春理工大学，2012.

［55］ 陈超，宋小全，等. 北京春季一次对流层顶卷云的激光雷达观测研究［J］. 光电子激光，2012，23（11）：2142-2148.

［56］ 刘巧君，郑玉晨，等. 利用紫外 Mie 散射激光雷达探测澳门地区沙尘暴事件［J］. 光谱学与光谱分析，2012，32（3）：625-629.

［57］ 宋跃辉，华灯鑫，等. 微脉冲偏振激光雷达探测城市底层气溶胶［J］. 光子学报，2012，41（10）：1140-1144.

［58］ 陈涛，赵玉洁，等. 微脉冲激光雷达探测大气气溶胶定标反演新方法［J］. 中国激光，2012，39（5）：0514001-1-5.

［59］ 李礼，杨灿，等. 重庆典型灰霾天气下大气气溶胶的激光雷达探测［J］. 环境科学与管理，2012，37（1）：143-146.

［60］ 靳磊. 激光雷达数据反演气溶胶后向散射比研究［D］. 青岛：中国海洋大学，2013.

［61］ 孟祥谦，胡顺星，王珍珠，等. CCD 激光雷达探测边界层气溶胶消光系数垂直分布［J］. 光学学报，2013，33（8）：0801003-1-7.

［62］ 刘婷. 基于 AML-3 激光雷达系统的大气气溶胶探测与研究［D］. 南京：南京信息工程大学，2013.

［63］ 施建中. 南京北郊气溶胶激光雷达探测［D］. 南京：南京信息工程大学，2013.

［64］ 王瑾. 西北半千旱区卷云的激光雷达探测及其辐射效应的模拟研究［D］. 兰州：兰州大学，2013.

［65］ 李晓龙. 市场可调节海洋激光雷达实验系统研制与 ICCD 激光荧光实验研究［D］. 青岛：中国海洋大学，2013.

［66］ 樊璠，陈义珍，陆建刚，等. 北京春季强沙尘过程前后的激光雷达观测［J］. 环境科学研究，2013，26（11）：1155-1161.

［67］ 张薇，吴松华，宋小全. 夫琅禾费暗线激光雷达探测青岛市郊大气边界层［J］. 光学学报，2013，33（6）：0628002-1-7.

［68］ 靳磊，吴松华，陈玉宝，等. 基于多普勒激光雷达的2011年春季北京地区气溶胶探测实验分析［J］. 量子电子学报，2013，30（1）：46-51.

［69］ 何涛，侯鲁健，等. 激光雷达探测反演PM2.5浓度的精度研究［J］. 中国激光，2013，40（1）：0113001-1-6.

［70］ 周碧，张镭，等. 利用激光雷达观测资料研究兰州气溶胶光学厚度［J］. 干旱气象，2013，31（4）：666-671.

［71］ 徐赤东，纪玉峰，等. 米散射微脉冲激光雷达在大气探测中的应用［J］. 中国粉体技术，2013，19（5）：39-42.

［72］ 翟崇治，周乾，等. 偏振米散射激光雷达在大气监测中的应用［J］. 激光杂志，2013，34（1）：34-36.

［73］ 李俊，等. 探测武汉上空大气气溶胶的双视场激光雷达［J］. 光学学报，2013，33（12）：1201001-1-7.

［74］ 杨欣. 城市大气气溶胶污染过程的微脉冲激光雷达观测研究［D］. 济南：山东师范大学，2014.

［75］ 沈红超. 主被动结合云探测激光雷达系统初步设计与数据分析［D］. 青岛：中国海洋大学，2014.

［76］ 王敏仲. 基于风廓线雷达的沙尘暴和降水过程探测分析［D］. 兰州：兰州大学，2014.

［77］ 狄慧鸽，侯晓龙，赵虎，等. 多波长激光雷达探测多种天气气溶胶光学特性与分析［J］. 物理学报，2014，63（24）：244206-1-8.

［78］ 胡向军，张镭，等. 基于激光雷达资料的气溶胶辐射效应研究［J］. 干旱气象，2014，32（2）：248-255.

［79］ 张莜萌，麻金继. 利用激光雷达观测芜湖市上空气溶胶光学特性［J］. 大气与环境光学学报，2014，9（5）：340-347.

［80］ 王杨，李昂，谢品华，等. 多轴差分吸收光谱技术测量NO_2对流层垂直分布及垂直柱浓度［J］. 物理学报，2013，62（20）：200705-1-14.

［81］ 王杨，agner Thomas，李昂，等. 多轴差分吸收光谱技术的云和气溶胶类型鉴别方法研究［J］. 物理学报，2013，63（11）：110708-1-13.

［82］ 庞伟，祝艳涛，蒋雯箐. 传感器在大气环境监测中的应用探讨［J］. 资源开发与市场，2012，28（07）：583-585.

［83］ 周仕林，刘冬. 生物传感器在环境监测中的应用［J］. 理化检测，2011，47（1）：120-124.

［84］ 张仁彦，张学骜，贾红辉，等. 基于碳纳米管修饰电极的甲醛生物传感器［J］. 分析化学，2012，40（6）：909-914.

［85］ 刘强，王贵师，等. 基于光声光谱技术的大气气溶胶吸收系数测量［J］. 红外与激光工程，2014，43（9）：3010-3014.

［86］ 许雪梅，李奔荣，等. 基于光声光谱技术的NO，NO_2气体分析仪研究［J］. 物理学报，2013，62（20）：200704-1-7.

［87］ Ping Gong，Liang Xie，Xiao Qiong Qi，Rui Wang. A QEPAS-Based Central Wavelength Stabilized Diode Laser for Gas Sensing［J］. IEEE Photonics Technology Letters，2015，27（5）：545-548.

［88］ 刘研研，董磊，等. 全光型石英增强光声光谱［J］. 物理学报，2013，62（22）：220701-1-5.

［89］ Yufei Ma.；Lewicki，R.；Razeghi，M.；Tittel，F. K. QEPAS based ppb-level detection of CO and N_2O using a high power CW DFB-QCL［J］. Opt. Expr.，2013，21：1008-1019.

［90］ 莫祥霞，温志渝，张智海，等. MOEMS微镜面阵光谱仪的优化与设计［J］. 光谱学与光谱分析，2011，31（12）：3412-3416.

［91］ 詹昌华，潘元志，赵小林，等. 一种新型的电离式MEMS气体传感器［J］. 传感技术学报，2013，26（4）：467-470.

［92］ 李庄，林丙涛，孔德义，等. 痕量挥发性有机物的高场不对称波形离子迁移谱研究［J］. 光谱学与光谱分析，2011，31（1）：12-15.

［93］ 程沙沙，陈创，王卫国，等. 一种基于离子迁移谱的气相色谱检测器及其应用［J］. 色谱，2011，29（9）：

901–907.

［94］张书敏. 基于半导体金属氧化物多孔薄膜气体传感器的研究［D］. 苏州：苏州大学，2014.

［95］谷俊涛，张永德，姜金刚，等. 三明治双桥微结构催化燃烧式气体传感器的设计与实现［J］. 仪器仪表学报，2014，35（2）：350–359.

［96］景大雷，王飞，王晓明，等. 考虑中性层位置变化的微悬臂梁气体传感器静态模型的分析［J］. 固体力学学报，2012，33（3）：309–316.

负责人：刘建国

撰稿人：刘建国　桂华侨　徐　晋　陈臻懿　胡仁志

魏秀丽　童晶晶　甘婷婷　张　帅　谢品华

大气环境与健康研究

一、引言

大量的科学研究已经证实大气污染可以导致人群中死亡率和发病率显著升高。目前有多项研究估计了大气污染对我国居民造成的疾病负担，但结果并不一致。例如，《全球疾病负担 2010》报告估计我国细颗粒物（PM$_{2.5}$）污染在 2010 年造成了 123 万人过早死亡。其中，我国有高达 40% 的心脑血管疾病死亡和 20% 的肺癌死亡可归因于大气 PM$_{2.5}$ 污染。PM$_{2.5}$ 污染位居不良饮食习惯、高血压与吸烟之后，名列我国第四位致死因子[1]。《全球疾病负担 2013》报告更新了对我国大气污染造成的疾病负担，结果显示我国 2013 年因 PM$_{2.5}$ 污染导致的过早死亡数为 92 万人[2]。另一项国际权威的估计来自于 Lelieveld 等发表在 *Nature* 上的一篇报道，他们预计 2010 年我国有 135 万人过早死亡归因于大气 PM$_{2.5}$ 污染[3]。上述三项国际权威估计明显高于我国学者的测算值，主要原因在于评价范围包括了我国广大的乡镇和农村地区，且采用了分辨率更高的 PM$_{2.5}$ 暴露预测模型。大气污染能造成居民死亡数明显增加，因而也将影响到我国人民的期望寿命。复旦大学的学者基于我国 113 个重点城市的研究结果显示，我国 2010 年大气 PM$_{10}$ 污染可导致人们期望寿命减少 1.30 年[4]；对 2013 年我国 74 个城市的实测数据评估显示，PM$_{2.5}$ 污染可使居民期望寿命减少 1.48 岁[5]。

我国大气污染与健康的研究起步较晚。近 5 年来，我国在大气污染毒理学和流行病学研究方法、理论和成果上均有显著的进步。

毒理学以实验室研究为基础，探究大气污染健康危害的致病机制，为大气污染对机体健康的危害提供科学依据。在流行病学调查结果的基础上，近年来大气主要污染物 PM$_{2.5}$ 的毒作用机制受到众多科学研究者和医学工作者的广泛关注。大气 PM$_{2.5}$ 不仅能引起心肺系统的损伤，同时对其他系统如免疫系统、代谢系统甚至皮肤和中枢神经系统的毒性也受到了研究者的关注。

流行病学研究能直接回答空气污染暴露与人体健康的关系，能提供大气污染危害性的最直接科学依据。我国的大气污染流行病学研究从生态学研究，发展到回顾性队列研究；从单城市研究发展到多城市研究，从人群的死亡/发病研究细化到个体的亚临床/病理生理指标研究，对大气污染与健康危害之间因果关系的论证力度越来越强，对大气污染的人体致病机制认识越来越深入。

大气污染与健康研究成果对于我国优化环境管理和标准制定具有重要意义。其一，大气污染与居民死亡率的前瞻性队列研究成果是 WHO 发布空气质量指导值和世界各国制定环境空气标准的核心依据之一，同时也是大气污染健康风险评估或疾病负担评估的主要依据之一。其二，大气污染的健康风险评估可为大气污染防治政策制定以及成本效益分析提供重要依据。流行病学中的大气污染暴露与健康结局的暴露反应关系是健康风险评估中的主要依据之一。其三，科学合理的大气污染健康评估结果可为我国促进政府环境健康管理和加强公众环保意识提供科学依据。

二、我国大气污染与健康的研究进展

（一）暴露评价

1. 暴露生物标志

机体接触外源性毒物后，可在体内检测到该毒物或其代谢物，称为暴露生物标志，可反映机体内部直接暴露于外源性毒物的剂量。可通过个体采样，测定血液、尿液等样品中的生物标志物的浓度，能比外暴露更能直接反映机体对污染物的实际负荷水平。由于大气污染成分复杂，通常难以找到一种敏感度和特异度均较高的暴露生物标志。多环芳烃（PAHs）是大气污染的重要成分之一，目前对 PAH 的暴露生物标志研究较多。对于其他空气污染物，目前尚难以找到合适的暴露生物标志。

PAH 的暴露生物标志包括内剂量生物标志和有效剂量生物标志。内剂量生物标志物是指通过检测生物体体液或组织中（如尿样、血样、胆汁等）的某种化合物或其代谢物来指示生物对某种化合物的暴露水平的标志物。与基于环境污染物的外暴露评价相比，通过对生物体组织或体液代谢物的测定能更好地估计污染物对生物的暴露水平。1-羟基芘（1-OHPy）是被广泛用于评价 PAHs 暴露的代谢物，被许多研究者推荐为评价个体 PAHs 暴露的最相关参数。由于尿液中的 1-羟基芘的半衰期为 4 ~ 48h，因此常用来反映 PAH 的短期暴露水平。有效剂量标志物常常通过组织或体液的特殊加合物来测定，如大多数的 DNA 加合物、血红蛋白加合物、白蛋白加合物是可选择的效应剂量标志物。目前研究较多的是 PAH-DNA 加合物，且已被证明是具有价值的生物标志物。PAH-DNA 加合物半衰期为数月，因此常被用于评估 PAH 的中长期暴露及其致癌风险。

2. 暴露参数

暴露参数（exposure factor）是用来描述人体经呼吸道、消化道和皮肤暴露于环境污染物的行为和特征的参数。暴露参数是决定人体对环境污染物的暴露剂量和健康风险的关键性参数。在环境介质中化合物浓度准确定量的情况下，暴露参数值的选取越接近于评价目标人群的实际暴露状况，则暴露剂量的评价越准确，相应的流行病学研究和健康风险评价的结果也越准确。随着《中国人群暴露参数手册》的发布，为我国开展进一步的大气污染暴露评价工作提供了第一手的基础数据。人体暴露于大气污染物主要是通过呼吸道途径，经皮或手口途径的暴露量很少。

（1）呼吸速率。长期以来，国内关于各类人群长期和短期暴露呼吸速率的报道极其缺乏，常常采用美国 EPA 等国际机构推荐的参数。近年来，中国环境科学研究院的段小丽专家团队，基于《中国居民膳食结构与营养状况变迁的追踪研究》研究结果，采用人体能量代谢估算法，计算得到我国各个年龄段居民的呼吸速率，如表 1 所示[6]。18 岁以前我国城市居民无论男性还是女性的呼吸速率都低于美国居民，而 18 岁以后则相反，比美国高出 22% 左右，其主要原因可能是成年人作为劳动力的主体，劳动强度比美国成年人高，导致呼吸速率也比美国略高。总之，在评价我国居民呼吸暴露剂量和健康风险时，如果采用美国 EPA 发布的呼吸速率参数将可能造成 22% 左右的误差。

表 1 我国居民的呼吸速率

年龄（岁）	性别	不同活动强度下的呼吸速率（m³/h）						呼吸速率（m³/d）
		休息	坐	轻微	中度	重度	极重	
< 6	男	0.14	0.17	0.29	0.57	0.86	1.43	5.71
	女	0.14	0.17	0.28	0.56	0.84	1.40	5.58
6 ~ 18	男	0.29	0.35	0.59	1.18	1.77	2.94	11.78
	女	0.28	0.34	0.57	1.14	1.70	2.84	11.36
18 ~ 60	男	0.48	0.57	0.95	1.90	2.85	4.75	19.02
	女	0.35	0.43	0.71	0.42	2.13	3.54	14.17
> 60	男	0.29	0.35	0.58	1.15	1.73	2.88	11.53
	女	0.26	0.31	0.52	1.04	1.55	2.59	10.36

（2）行为活动模式。人体与空气中污染物的暴露情况还取决于人体的行为活动情况。描述时间—活动模式数据的定量信息时通常需要估算在室内外各种活动中经历的时间。这类信息一般通过回忆问卷和日记记录人的活动和微环境来获取，还可使用全球定位系统提供个人的位置信息。信息包括与空气污染物暴露相关的时间—活动模式参数包括人体暴露于空气的频率和时间。比如，室内、外的停留时间等。这些信息与文化、种族、爱好、住址、性别、年龄、社会经济条件及个人喜好等因素有关。依据中国环境科学研究院的研究成果，我国成人的时间、地点活动信息如表 2 所示。

表2 我国成人的时间、地点活动模式（h/d）

时 间	室内活动		室外活动	车内活动	其他
	家中	工作单位			
工作日	13.7	5.6	3.3	0.4	1.0
周 末	17.9	—	4.4		1.7

此外，职业变换与人口迁移等也会在一定程度上影响到人体经呼吸途径的暴露量。但是，目前国内外这方面的研究还很少。

（3）不同地点、季节的影响。空气污染存在较强的时空变异性，因而不同的地点、室内外、不同季节的污染水平存在差异。我国科学家在该领域（如个体暴露）的研究不多，尤其缺乏将健康相关联的流行病学研究。

由于人一般70%～90%的时间在室内度过，因而室内的空气污染暴露情况显得尤其重要。Ji等学者基于对北京市居民的实地测量和模拟的方法，发现当关窗时室外源对室内$PM_{2.5}$的贡献为54%～63%；当开窗时，室外源对室内$PM_{2.5}$的贡献高达92%。当开窗时室内源（烹饪、吸烟等）对室内$PM_{2.5}$的贡献仅为4%，而当关窗时，贡献比可高达37%～46%[7]。因此，研究结果说明开关窗模式对大气污染的个体暴露估计具有重要影响，可对流行病学研究中的暴露测量准确度造成重要影响。

Yu等基于模型的方法，比较了北京地区居民的PAH来源，结果显示对于低分质量PAH，有多达85%的比例来源于食物，对于高分子量PAH，有57%的比例来自吸入暴露；对于低分子量PAH，气相和固相PAH均是重要的吸入暴露来源；对于高分子量PAH，固相是主要的来源[8]。

室内污染是个体暴露于空气污染的重要来源。Chen等同时测量了山西省的一批农村居民室内外PAH污染状况，结果发现室内空气中高分子量的PAH较高，颗粒相PAH在$PM_{0.25}$中含量最高，且使用生物燃料的厨房里含量高于其他地方[9]。对于室外环境，Yan等比较了不同的北京市不同交通环境的颗粒物及其中的PAH浓度，结果显示在空调公交车和地面轻轨里颗粒物数量浓度较高，在地下轻轨的颗粒物质量浓度较高。与颗粒物质量浓度不同，地面交通的颗粒物质量浓度在午后最高。行人暴露于颗粒相PAH的水平是公交和地铁的2～7倍[10]。

空气污染物一般存在冬季高于夏季的现象。颗粒物中的致癌性成分PAH因而也呈现出较强的季节分布特征，Yue等在太原的研究发现冬季颗粒物中的PAH最高，致癌风险和致癌强度最高[11]。

3. 土地利用回归模型

土地利用回归模型（land use regression model，LUR）是基于当地的固定监测污染物浓度、土地利用信息、交通路网及流量、人群分布、气象、地理、绿化等数据，实现对区域内污染物浓度分布的预测方法。LUR 有几个重要的成分：监测数据、地理预测、模型的开发和验证。其中，监测点的选择应尽可能的反映污染物浓度的变化。目前大多数研究中，监测点的数量在 20 ~ 100 个。国外已有为数不少的流行病学研究运用 LUR 预测的 PM 和 NO_2 浓度，建立了大气污染长期暴露与人群不良健康结局的关系。国外的经验显示，LUR 预测的污染物浓度一般能解释 60% ~ 85%（即 R^2 在 60% ~ 85%）的区域大气污染物浓度变化情况，高于传统的统计学差值模型，如 Kriging 法。

LUR 模型被认为是实现大气污染物长期暴露空间分布估计的最佳方法之一，但是我国目前尚无流行病学研究利用 LUR 模型估计大气污染暴露与人群健康结局的关系。此外，LUR 也有一些不足之处：①时间分辨率较低，因而难以运用在急性效应研究中；②不能反映污染物浓度的局部或短时极端变化，比如交通干道附近的空气污染浓度可出现明显的时间变化趋势；③进入模型的变量可能会导致一些混杂。

在国内，目前 LUR 的应用还很少，仅天津和上海有相关研究报道。Chen L 等学者模拟了天津市 2006 年大气污染物浓度在 10 km × 10 km 范围内的空间分布。结果显示，对 NO_2 的预测效率在供暖季（$R^2=0.74$）高于非供暖季（$R^2=0.61$），对 PM_{10} 的预测效率也是在供暖季（$R^2=0.72$）高于非供暖季（$R^2=0.49$），且在市区的预测效率高于郊区。在模型输入变量中，增加工业点源排放信息后，对全年 NO_2 和 PM_{10} 的模型预测效率（R^2）分别增加至 0.89 和 0.84[12]。Meng X 等学者运用 LUR 在上海建立了 2008—2011 年的 NO_2 空间分布模型（5km × 10 km），输入变量包括道路长度、工业源数量、农业面积、人口计数。模型 R^2 为 0.82，高于空间插值模型算得的 R^2[13]。

4. 卫星遥感反演技术

近几年来，卫星遥感反演技术在大气环境监测中的应用越来越多，其主要的原理是通过利用卫星测量大气散射、吸收和辐射的光谱特征值，反演出气溶胶光学厚度（AOD），从而识别出大气组分及其含量，实现大气污染物监测。目前最常采用的 AOD 来自于美国宇航局 Terra 和 Aqua 卫星上搭载的中分辨率成像光谱仪（MODIS）所测量的数值。AOD 已被证实可良好估计近地面的颗粒物浓度水平。无论从全球、国家、地区，还是城市内部等多个尺度，均有研究显示 AOD 与近地面的颗粒物浓度水平存在高度的统计学相关性。遥感技术在环境监测中具有时间分辨率高、范围广、速度快、成本低，且便于进行长期性、周期性的动态监测等优点。但是，AOD 与颗粒物的关系还受到多个具有时间趋势的变量影响，如气象、颗粒物垂直和昼夜分布特征、颗粒物光谱特征等。

我国以 AOD 预测近地面空气污染浓度的研究并不多，其中主要集中在对颗粒物的预测。比如，Guo 等学者运用 MODIS 来源的 AOD 数据反演出我国华东地区 2007 年的 PM_{10} 浓度分布地图[14]；Zheng 等学者基于 MODIS 来源的 AOD 数据模拟出珠三角地区的 PM_{10} 浓度地理分布和时间分布[15]；Wang 等学者的研究发现，在校正垂直高度和湿度后，可提高 AOD 预测颗粒物的统计学效率[16]。

AOD 较少应用于气态污染物的预测中。近年来，李令军利用 MOPITT 卫星资料及近地面监测数据，研究了北京奥运前后大气 CO 柱浓度及近地面质量浓度的分布及变化规律，发现 2008 年受奥运空气质量保障措施的影响，北京及周边五省市大气中 CO 柱浓度及近地面质量浓度同时大幅降低（分别为 19.3% 和 46.7%，$p < 0.05$）[17]。余环等利用 Aura 卫星搭载的 OMI 仪器观测反演得到 2008 年奥运会期间华北地区的对流层 NO_2 柱浓度，发现在实施奥运空气质量保障方案后，北京市 NO_2 柱浓度（分子数 10×10^{15} 个 $/cm^2$）明显低于周边城市天津和唐山（分子数为 $15 \times 10^{15} \sim 20 \times 10^{15}$ 个 $/cm^2$，而 2005—2007 年同期三城市浓度则大致相同），且在奥运期间（2008 年 7—8 月）下降了约 40%，证明了实施相关大气质量保障方案具有显著性效果[18]。

5. 暴露评价在我国流行病学研究中的应用情况

纵观我国近年来的大气污染流行病学研究，从直接利用大气监测站到个体暴露测量，为大气污染流行病学研究提供了更精确的暴露信息，使得研究结果更具说服力。由于不易在大人群中实现对个体暴露的监测，目前我国大部分的大气污染流行病学研究均直接室外大气监测站的测量值作为人群的平均暴露水平，这种暴露测量方式简便易行，直接利用了环境部门的常规监测数据。但是，由于空气污染在同一个城市内部往往存在空间差异，且人的大部分时间一般在室内度过，因而这种暴露测量方式会带来明显的测量误差问题。近年来，个体暴露测量已应用于多个 panel 研究中，分析大气污染暴露对亚临床指标的急性效应。比如，北京大学开展的几项 panel 研究，均涉及个体化的暴露测量，尽可能地降低了测量误差，为准备估计污染健康效应提供了前提条件。

目前国内进行仅有两项研究在人群流行病学研究中运用了先进的暴露模拟技术（如卫星遥感技术）。在香港，Lai 等结合 MODIS 数据反演出的 AOD 和精确的地理坐标估算出所选取的 40 多个中学每日 PM_{10} 浓度，将每个学校平均月 PM_{10} 浓度作为每位学生的暴露水平，再结合之前问卷调查获取的呼吸系统疾病状况，进行综合的健康评价，发现 PM_{10} 浓度每升高 $10\mu g/m^3$，所研究的呼吸系统症状发病率升高 4.7%[19]。汪曦等应用 MODIS 卫星数据，经过湿度和标高校正后的 AOD 与地面监测值的相关系数可达 0.52。时间序列分析结果表明，地面监测 $PM_{2.5}$ 和校正后 AOD 拟合的 $PM_{2.5}$ 每上升一个四分位数间距，引起上海市居民总死亡率分别升高 1.45% 和 1.36%，结果相似，表明经湿度和标高校正后的 AOD 数据可以较好地反映 $PM_{2.5}$ 对居民死亡的急性健康效应[20]。

（二）毒理学

1. 研究方法

我国大气污染与健康的毒理学研究目前主要通过两个方面展开。

一是体外实验研究，将动物细胞或来源于人体的系统在体外培养，通过大气污染物的染毒研究大气污染物对细胞生长的影响，以及大气污染物导致细胞炎症反应、氧化损伤、畸变、死亡的分子生物学特征以及其中的细胞因子、基因或蛋白的改变，通过这些效应的测定分析其可能发生的机制。其优点是可以根据颗粒物毒效应中关键点，选择性地进行研究某种效应及其机制。譬如，根据颗粒物的靶细胞，选择巨噬细胞研究颗粒物对其吞噬功能的影响。体外试验的受试物可以是颗粒物，也可以是颗粒物的有机提取物或金属成分。这些研究往往是短时间高浓度污染物暴露条件下的结果，作用机制主要是在细胞和分子水平，缺点是不能反映真实大气颗粒物对机体危害的总体效应。

二是体内实验研究，体内试验研究上采用的染毒方式有气管滴注染毒和自然吸入染毒两种。前者的优点是每个动物的染毒剂量比较准确，操作比较简单，不需要染毒室等复杂的染毒装置。这种方法在我国毒理学界应用广泛，但其缺点是，这种染毒方法是一种非正常的暴露，可能会对气管造成一定损伤。而后者的优点是其暴露途径为正常吸入，非损伤。但其需要一定染毒装置，使颗粒物能均匀地分布于空气中，并在一段比较长的时间内，维持一定浓度，因此试验费用较大。这种方法目前在国外一些研究中已被采用。

大气 PM 是我国目前毒理学界研究得最为深入的污染物。对于 PM 的毒性，主要关注其粒径、浓度及其成分。颗粒物不同粒径、不同浓度、其带有的无机和有机成分种类和含量、不同来源对于其在体内的存在部位、毒性作用大小和特点有着重要关系。对于不同粒径的颗粒物，一般通过采集大气 PM_{10}、$PM_{2.5}$ 或 $PM_{0.1}$ 进行毒理学研究，它们进入机体的部位和沉积部位的不同，毒性也有很大的不同，细小颗粒物可以通过气血屏障进入血液循环，到达心脏。不同来源的颗粒物其成分也有很大的不同，这也就是南方和北方在颗粒物毒性方面的差异，比如北方主要是以沙尘为主的颗粒物，南方主要是以机动车尾气或工业企业为来源的颗粒物。我国学者采集不同地点的颗粒物测定了其毒性，观察不同成分的颗粒物的不同毒性。

2. 呼吸系统致病机制

自然状态下的大气污染水平可引起肺脏功能改变、呼出气冷凝液及血浆中炎症因子水平出现异常。Zhao 等通过人体 $PM_{2.5}$ 急性暴露，研究暴露后不同时相对呼出气冷凝液及血浆中 IL-12 及 Th1/Th2 炎症因子水平的影响和外周血单个核细胞 TLR2、TLR4 表达的影响。这些研究通过人及大鼠离体炎症细胞的研究观察 $PM_{2.5}$ 暴露对 TLR2、TLR4 及 Th1/Th2 相关因子表达的影响，从而在 TLRs 及 Th1/Th2 分化两个核心环节上阐明 $PM_{2.5}$ 造成肺部炎症反应的机制，从而解释大气污染健康效应的分子机制。结果显示 $PM_{2.5}$ 暴露可通过天然免疫途径可以导致健康青年的系统炎症反应。不同小气道功能水平的个体，对于 $PM_{2.5}$ 的暴露有着不同的免疫反应。TLR2 和 TLR4 和 Th1/Th2 漂移在大气细颗粒物暴露在小鼠体内引起的炎症反应中的作用[21]。

污染物之间可能存在交互作用。有学者对 $PM_{2.5}$ 和臭氧进行了联合染毒，探讨了可能的交互作用，结果发现在一定的暴露剂量（0.8ppm）和暴露时间（2 次/周，共 3 周）对肺的损伤较小。大鼠肺损伤效应的产生主要是由 $PM_{2.5}$ 所引起，而臭氧的预暴露提高这种损伤[22]。

还有学者研究了特殊天气如沙尘天气、沙尘暴中 $PM_{2.5}$ 对人和哺乳类细胞的毒性作用。长年暴露于沙尘天气的居民有可能患有非职业性尘肺和"沙漠性尘肺"。该研究也发现，

沙尘暴 $PM_{2.5}$ 可引起大鼠肺实质细胞 DNA 损伤及肺、心、肝脏脂质过氧化水平升高和抗氧化能力下降；通过体外细胞实验研究发现沙尘暴 $PM_{2.5}$ 悬浮液比其水溶成分、有机提取物的毒性更强。沙尘暴 $PM_{2.5}$ 对大鼠肺泡巨噬细胞质膜 $Ca^{2+} Mg^{2+}$–ATP 酶和 $Na^+ K^+$–ATP 酶活性有抑制作用，能改变细胞膜表层和膜脂疏水区流动性，增加胞质乳酸脱氢酶外漏，并使细胞脂质过氧化作用增强和抗氧化能力减弱；其一般毒性表现为 $PM_{2.5}$ 悬浮液＞水溶成分＞有机提取物。

空气颗粒物的不同成分对于机体的影响也有很大的不同，我国有研究发现沙尘暴 $PM_{2.5}$ 生理盐水悬浮液及其有机提取物和水溶成分，可诱发人血淋巴细胞染色体畸变率和微核率的显著增高，引起大鼠肺泡巨噬细胞 DNA 损伤，其遗传毒性表现为 $PM_{2.5}$ 悬浮液＞有机提取物＞水溶成分。

3. 心血管系统致病机制

$PM_{2.5}$ 等大气污染物不仅仅可以影响到气管和肺部等直接接触的器官，而且对肺以外的器官以及全身系统都会产生有害的影响。甚至有的学者认为污染物对心血管系统的影响要比肺的影响作用更强。目前，对于 $PM_{2.5}$ 等污染物对心血管系统影响的可能机制主要包括对自主神经功能的影响、氧化应激和炎症反应、血管内皮结构与功能的改变等。

对于 PM，我国学者探讨了大气 PM_{10} 和 $PM_{2.5}$ 暴露对心血管系统的急性毒性及其机制。结果表明，PM 染毒可引发心血管系统的炎性损伤，高血压大鼠比正常大鼠对颗粒物的作用更为敏感。体内和体外实验还发现，大气颗粒物可引起大鼠心脏组织和心肌细胞的损伤，抑制心肌细胞间缝隙连接通信，使染毒大鼠的心律失常发生增加。与 PM_{10} 相比，$PM_{2.5}$ 中的水溶性元素含量更高，毒性作用更强。对于 PM 中的化学成分，研究提示镍在 PM 的毒性机制中起重要作用[23]。复旦大学的研究发现 $PM_{2.5}$ 急性暴露后可以引起自主神经系统功能紊乱、氧化应激和炎症反应、血管内皮结构与功能的改变[24]。

对于 SO_2，研究发现吸入后可诱导正常大鼠脑皮层缺血相关内皮和炎性因子表达浓度依赖性显著上调；低浓度暴露则加重中动脉线栓（MCAO）模型大鼠的内皮损伤和炎性反应，增加神经元凋亡数量和脑缺血局灶体积[25]。

对于 NO_2，研究发现 NO_2 吸入增加正常大鼠血液黏度，造成脑皮层缺血相关内皮和炎性因子表达浓度依赖性显著变化；低浓度暴露延迟 MCAO 模型大鼠再灌注过程缺血局灶区域及神经行为学恢复，加重内皮损伤和炎性反应；引起线粒体功能异常和基因毒性[26-28]。

对于臭氧，采用亚急性的暴露方式，结果表明暴露剂量（0.8ppm）和暴露时间（2 次/周，共 3 周）的臭氧单独暴露可引起大鼠 HRV 和心脏组织超微结构的轻微改变，而对心血管系统的炎症反应、氧化应激和内皮结构与功能则没有显著的影响[24]。

对于多种污染物的复合暴露，研究发现 SO_2、NO_2 和 PM_{10} 复合暴露可引起缺血相关内皮和炎性因子的表达变化，加重 MCAO 模型大鼠损伤效应。研究还发现臭氧和 $PM_{2.5}$ 对人类健康的负面效应依赖于细颗粒的浓度和混合暴露的类型[24]。

4. 致癌机制

国际癌症研究中心已将大气污染列为确定的人类致癌物。PM 是一种混合物，目前认为致癌成分主要是其中的多环芳烃类化合物。其中，苯并（a）芘（BaP）是分布最为普遍，致癌性最强的大气环境致癌物。BaP 可与 DNA 形成加合物，导致 DNA 断裂，诱导P53 基因突变，还能够阻断对细胞生长分化有调节作用的信号通路等。多环芳烃中具有致癌性和致突变性的化合物大约有 400 多种。此外，环境中的多环芳烃可以产生很多多环芳烃衍生物。OH^- 与 NO_3^- 反应可生成 NO_2–PAHs，后者多为直接致癌物，具有强致癌活性。PM 中含有多种 NO_2–PAHs，如 β – 硝基奈、2– 硝基芴、1– 硝基芘等。尽管大气颗粒物已经是肺癌确认的病因之一，但是其致肺癌的确切机制还不是很清楚，我国目前的研究提示PM 及其成分直接或间接（后续慢性炎症）导致的细胞氧化性损伤（包括活性氧和活性氮增加），尤其是遗传毒性和促细胞增殖效应是 PM 致肺癌发生的关键，其中涉及 DNA 修复（包括碱基切除修复和核苷酸切除修复）系统和细胞凋亡（主要是经线粒体途径）系统活性的抑制。

PM 中还存在一些无机致癌物如镍、砷、铬等和其他有机致癌物如芳香胺和甲醛等。其中，镍及其化合物列已被列为确定的致癌物。镍可以诱导突变的形成，继而导致癌相关基因表达异常，诱发肿瘤的形成。镍诱导细胞产生的氧自由基可以导致细胞内遗传物质的损伤，例如 DNA 损伤或染色体断裂，影响癌相关基因的表达，最终导致肿瘤的发生。

5. 对其他系统的致病机制

有研究提示大气污染可能会引起代谢综合征。我国的毒理学研究也发现，吸入暴露于大气 $PM_{2.5}$ 可能导致小鼠出现胰岛素抵抗和糖耐量异常，还能引起脂肪组织和肝脏组织的炎症反应和氧化应激。

此外，我国的毒理学工作者发现空气污染的暴露还能导致免疫系统的损伤。比如，小鼠暴露于大气 $PM_{2.5}$ 后能出现免疫损伤，表现为脾脏 CD4$^+$ T 细胞表达升高，同时其分泌的辅助性 T 细胞 2（Th2）和 Th17 明显升高，也即他们介导的炎症反应也明显升高。

（三）流行病学研究

我国大气污染流行病学研究起步较晚。近些年来，大气污染流行病学研究在方法设计、研究范围和健康结局等方面，均有大幅提升，积累和丰富了我国大气污染健康影响的证据。主要表现在以下几个方面。

1. 研究设计

纵观我国近年来的大气污染流行病学研究，从简单的横断面研究、生态学比较到时间序列研究、病例交叉研究，再到固定群组追究（又称定群研究、panel 研究）和队列研究，研究设计更加规范、严密，尽可能多地控制了潜在的混杂因素，因而论证大气污染与健康危害之间因果关系的力度也更强，对大气污染健康效应的估计更准确。

我国早期的流行病学研究均为生态学的研究设计，采用横断面研究、生态学比较等方法，在地区或群体层面初步回答了大气污染与人群死亡／患病率的相关性。这类研究提供了大气污染致我国人群健康危害的初步证据和进一步研究的线索。

近 5 年以来，以时间序列和病例交叉研究为代表的"新型"生态学研究在我国得到了蓬勃开展，基本回答了空气污染短期暴露与居民日死亡率的暴露反应关系曲线问题。由于时间序列和病例交叉研究一般以每日为研究单元，因而被非常广泛地用于研究大气污染短期暴露对人群死亡率或发病率的急性效应。这类研究充分地利用了我国现有的大气环境监测体系和死亡登记系统、医院门急诊／住院登记系统，能在较长的时间尺度（至少一年）和空间尺度分析大气污染每日浓度变化与每日死亡率和发病率（门急诊／住院人次）的暴露反应关系。这类研究通过对同一人群反复观察暴露条件改变后的人群健康事件发生率变化情况，因而能自动控制在群体水平上不随时间明显变化的混杂因素，如某一人群的年龄、性别、种族和社会经济特征，以及吸烟率、饮酒率等混杂因素；能通过在模型中添加协变量，比较充分地控制具有时间变化特征的群体混杂因素，如时间趋势、星期几、节假日、天气、流感爆发等。这类研究中，除多项单城市研究外，影响力较大的是复旦大学主持的"中国空气污染与人群健康效应研究"（缩写为 CAPES），分析了我国 17 个城市各个大气污染物（包括我国 $PM_{2.5}$、PM_{10}、SO_2、NO_2、CO、O_3 等主要大气污染物）对居民日死亡率的暴露反应关系，包括北京、上海、广州、香港、武汉、沈阳、鞍山、天津、唐山、太原、西安、兰州、乌鲁木齐、福州、南京、杭州、苏州等城市[29-33]。但这些研究在本质上仍是生态学研究，仅能说明空气污染短期暴露与日发病率和死亡率的统计学关联，不能反映它们之间的因果关联。

近几年来，固定群组追踪研究（又称定群研究、panel 研究）在我国逐渐兴起，通过对同一组小样本受试者（一般为十几到几百人）进行重复多次的暴露与健康检测，在个体水平分析了大气污染短期暴露与一系列临床／亚临床／病理生理指标的关联。其中，比较典型的是北京大学和复旦大学的相关研究，为阐明我国大气污染对人体的致病机制提供了较直接的科学证据[34-39]。

队列研究（尤其是前瞻性队列研究）是确证大气污染健康危害因果关联的最佳方法之一，也是制定环境空气质量标准和开展健康风险评估的核心依据之一。2013 年以来，我国已有 4 项回顾性队列开展，发现了长期暴露于大气污染对我国城市居民死亡率造成的显著影响。例如，复旦大学的学者利用已有的全国高血压队列和男性健康队列，开展了大气污染与居民死亡率的回顾性队列研究[40, 41]。鉴于回顾性队列研究不能良好控制个体混杂因素，早年无 PM_{10} 和 $PM_{2.5}$ 的监测数据以及暴露测量误差等原因，这些回顾性队列研究尽管都发现了阳性关联，尚难以确定大气污染长期暴露与居民发病／死亡的因果关系。

干预研究是指通过人为干预，改变暴露状态后，观察给予干预措施后实验组和对照人群的健康结局发生情况，从而判断干预措施效果的一种前瞻性研究方法。又称实验流行病学、流行病学实验等。由于干预研究能在较好控制混杂因素的情况下，针对性地研究某暴露因素，尤其是暴露水平降低后，对健康的影响，因而干预研究被认为是论证大气污染因果关联的最佳方法之一。目前，我国仅有在北京奥运会期间开展过大气污染与健康效应的干预研究[34,35]和复旦大学开展的空气净化器与大学生心肺健康指标的干预研究项目[42]。

2. 研究范围

就地理范围而言，从单个城市研究，逐步发展到多个城市的协同研究，从而有效地避免发表偏倚的问题，使得研究结果更具说服力。我国现有的大气污染与人群健康研究，大部分仍是单城市研究，目前比较有影响的多城市研究包括：美国健康效应研究所主持的"亚洲空气污染与健康研究"（含上海、武汉和香港三城市），这是中国第一项大气污染急性健康效应的时间序列研究；复旦大学主持的"中国空气污染与人群健康效应研究"（覆盖我国 17 个城市），这是目前我国乃至发展中国家最大的一项时间序列研究；复旦大学主持的两项大气污染回顾性队列"全国高血压普查与随访"和"全国男性健康调查队列"，分别覆盖了我国 31 个城市和 25 个城市。

就健康结局范围而言，从患病率、发病率、死亡率，到一系列临床、亚临床指标，均发现与大气污染暴露相关联，从而更加丰富了大气污染的健康效应谱。我国的大气污染研究从关注呼吸系统疾病、症状，到心脑血管系统疾病、肺癌，再到生殖发育系统。近几年来，随着 panel 研究的开展，更多的亚临床或病理生理指标纳入了研究范围，比如，呼出气一氧化氮、血压、血液炎症因子、血液凝血因子。

3. 研究结果

流行病学研究显示，大气污染主要对呼吸系统、心血管系统和癌症产生有害影响，此外也有研究报道对生殖、发育、免疫、神经行为等产生不良影响。本节将按照大气污染的急性健康效应和慢性健康效应分别进行阐述。一般地，大气污染的急性健康效应是指短期暴露（短至几小时到数周）于大气污染物后，诱发或加速疾病的病理生理过程，从而导致疾病或症状提前发生、恶化，甚至死亡的现象。急性健康效应的研究方法一般包括时间序列研究、病例交叉研究和 panel 研究。大气污染的慢性健康效应是指长期暴露（数月至数十年）于大气污染物后，引起相关疾病的病理生理过程，使得疾病从无到有，甚至出现死亡的现象。慢性健康效应的研究方法一般包括横断面研究和队列研究。

（1）呼吸系统健康危害。

1）短期暴露。空气污染短期暴露可对人体呼吸系统健康产生不良影响。Wu 等设计了一项学生志愿者的自然搬迁研究，运用 panel 的研究设计，结果观察到在 $PM_{2.5}$ 短期暴露水平降低后，肺功能指标（如呼气峰值流速、1s 用力呼气量）有显著的改善[43]。Huang 等学者发现在北京奥运会期间空气质量改善后，儿童的呼吸道炎症和氧化应激指标有了显著降低[35]。

十几年来，我国已开展了不少时间序列研究或病例交叉研究。这些研究比较一致地发现空气污染短期暴露后，可引起人群每日呼吸系统死亡率升高、医院门急诊和住院人次增加。

我国第一个多城市时间序列研究（上海、武汉和香港）发现短期暴露于大气污染污染物（PM$_{10}$、SO$_2$、NO$_2$）可显著升高居民呼吸系统死亡率[44]。以当日和前一日的平均暴露（lag 01）计算，PM$_{10}$、SO$_2$、NO$_2$、O$_3$ 浓度每升高 10μg/m^3，呼吸系统疾病死亡率分别升高 0.60%、1.46%、1.83% 和 0.23%。CAPES 是我国截至目前规模最大的一项多城市时间序列研究，其结果发现 PM$_{10}$、SO$_2$、NO$_2$ 浓度（lag 01）每升高 10μg/m^3，呼吸系统疾病死亡率分别升高 0.56%、1.38% 和 2.52%[29, 30, 32]。此外，Shang Y 等于 2013 年完成的一项基于我国研究的系统综述与 meta 分析结果显示，我国 PM$_{10}$、PM$_{2.5}$、SO$_2$、NO$_2$ 和 O$_3$ 浓度（lag 01）每升高 10μg/m^3，呼吸系统疾病死亡率分别升高 0.32%、0.51%、1.18%、1.62%、0.73%[45]。目前，我国尚无研究发现 CO 与呼吸系统疾病每日死亡率存在显著性关系。

由于人群发病率通常难以准确衡量，流行病学研究中常以医院门急诊、住院人次来反映。经文献检索，截止到目前，我国已有 22 篇文献分析了大气污染短期暴露与每日门急诊和住院人次的关系，均为单城市研究[46]。其中，总共有 10 篇文献报道了大气污染对呼吸系统相关疾病发病的关系。经 meta 分析合并，NO$_2$ 和 O$_3$ 可显著性增加呼吸系统疾病住院率，PM$_{10}$、NO$_2$、O$_3$ 可显著性增加哮喘、肺炎和急性呼吸道感染的住院率，PM$_{10}$、SO$_2$、NO$_2$ 和 O$_3$ 可显著增加 COPD 的住院率；SO$_2$ 可显著增加呼吸系统疾病急诊人次，PM$_{10}$、NO$_2$、O$_3$ 可显著增加哮喘急诊人次，PM$_{10}$、NO$_2$、O$_3$ 可显著性增加 COPD 急诊人次。例如，PM$_{10}$ 浓度每升高 10μg/m^3，呼吸系统疾病住院率升高 0.51%。我国仅兰州一项研究分析了 PM$_{2.5}$ 对呼吸系统住院率的影响。我国目前尚无有研究报道大气污染对呼吸系统门诊人次的影响；我国也尚无研究报道了 CO 对医院每日门急诊、住院人次的影响。

综上，我国已有不少研究发现了大气污染短期暴露与呼吸系统疾病发病和死亡的显著性关系。

2）长期暴露。我国早期有一些生态学或横断面研究（如中国环境检测总站的四城市研究）评估了大气污染长期暴露对儿童和成人的呼吸系统疾病或症状的影响，如哮喘、咳嗽、咳痰、肺功能下降等。但是，这类研究存在设计上的缺陷，无法避免生态学谬误。

目前我国仅 3 个回顾性队列评估了大气污染长期暴露对呼吸系统疾病死亡率的影响。Dong G 和 Zhang P 等在沈阳市建立了一个大气污染回顾性队列（1998—2009 年，9941 名成年居民），结果发现 PM$_{10}$ 和 NO$_2$ 年均浓度每增加 10μg/m^3，呼吸系统疾病死亡的风险比（HR）分别为 1.67 和 2.97，而 SO$_2$ 没有显著性影响[47]。Cao J 等基于我国高血压调查与随访研究建立了大气污染回顾性队列（1991—2000 年），最终纳入了我国 31 个城市的 7.09 万成年居民，结果发现 SO$_2$ 年均浓度每增加 10μg/m^3，呼吸系统疾病死亡率增加 3.2%，而 TSP 和 NO$_x$ 没有显著性影响[40]。Zhou M 等基于我国男性吸烟队列，纳入了我国 25 个城市的 7.1 万名居民，建立了大气污染的回顾性队列（1990—2006 年），结果发现 PM$_{10}$ 每增加 10μg/m^3，呼吸系统疾病死亡的 HR 为 1.017[41]。然而，由于缺乏精确的个体暴露资料和回顾性研究的本质导致不易良好控制个体混杂因素，因而研究结果受到明显的偏倚影响，再加之我国早年没有实际监测 PM$_{10}$ 或 PM$_{2.5}$，结果的意义并不很大，尚难以确证我国大气污染长期暴露对呼吸系统的慢性损害。

（2）心血管系统健康危害。

1）短期暴露。空气污染短期暴露可迅速使人体心血管系统的效应生物标志或临床指标出现异常。例如，北京大学 Wu S 等学者通过对一组大学生自然搬迁的观察性研究发现 $PM_{2.5}$ 浓度升高后可升高学生的血压水平，升高血液中炎性、凝血因子的水平[37, 43]。他们在北京奥运会期间的 panel 研究还显示 $PM_{2.5}$ 及其金属成分可导致出租车司机的心率变异性出现异常[39]。空气污染暴露水平降低后，将改善心血管系统的健康指标。例如，Rich 等学者在北京奥运会前后开展的 panel 研究发现，$PM_{2.5}$、SO_2、NO_2、CO 浓度降低后可降低血液中促炎性、凝血和血管内皮功能的生物标志（如纤维素蛋白酶原、vWF、CD62P、CD40L）的浓度降低，血压和心率也出现了降低[34]。

我国近年来更多的研究是针对心血管疾病死亡率或发病率的时间序列研究或病例交叉研究。这些研究比较一致地发现空气污染短期暴露后，可引起人群每日心血管疾病死亡率升高、医院门急诊和住院人次增加。

我国第一个多城市时间序列研究（上海、武汉和香港）发现短期暴露于大气污染污染物（PM_{10}、SO_2、NO_2）可显著升高居民心血管系统死亡率。以当日和前一日的平均暴露（lag 01）计算，PM_{10}、SO_2、NO_2、O_3 浓度每升高 $10\mu g/m^3$，心血管系统疾病死亡率分别升高 0.44%、1.09%、1.32% 和 0.29%[44]。CAPES 的结果发现 PM_{10}、SO_2、NO_2 浓度（lag 01）每升高 $10\mu g/m^3$，心血管系统疾病死亡率分别升高 0.44%、0.83% 和 1.80%[29, 30, 32]。我国很少有研究分析了空气污染对特定心血管疾病的影响。CAPES 的研究结果显示，PM_{10}、SO_2、NO_2 浓度（lag 01）每升高 $10\mu g/m^3$，卒中（脑中风）死亡率分别升高 0.54%、0.88% 和 1.47%。此外，Shang Y 等完成的一项基于我国单城市研究的系统综述与 meta 分析结果显示，我国 PM_{10}、$PM_{2.5}$、SO_2、NO_2 和 O_3 浓度（lag 01）每升高 $10\mu g/m^3$，心血管系统疾病死亡率分别升高 0.43%、0.44%、0.85%、1.46%、0.45%；CO 浓度（lag 01）每升高 $1mg/m^3$，心血管系统疾病死亡率将升高 4.77%[45]。

较少有研究分析了我国大气污染短期暴露与心血管疾病发病的关系，且均为单城市研究，主要集中在北京、上海、广州、济南、兰州、香港、乌鲁木齐等地。对这些研究的一项 meta 分析表明，PM_{10} 浓度每升高 $10\mu g/m^3$，心血管系统疾病住院率升高 0.37%。我国很少有研究评估了 $PM_{2.5}$ 对心血管系统疾病发病率的影响，兰州和香港的研究发现 $PM_{2.5}$ 每升高 $10\mu g/m^3$，心血管系统疾病住院率升高 0.56%[48]。北京安贞医院等单位的学者收集了北京市 2010—2012 年每日的冠心病新发病例，分析发现 $PM_{2.5}$ 浓度每升高 $10\mu g/m^3$，冠心病发病率升高 0.27%[49]。

综上所述，我国已有不少研究发现了大气污染短期暴露与心血管疾病发病和死亡的显著性关系。

2）长期暴露。目前我国仅 4 个回顾性队列评估了大气污染长期暴露对心血管系统疾病死亡率的影响。Zhang P 和 Dong G 等在沈阳市建立了一个大气污染回顾性队列（1998—2009 年，9941 名成年居民），结果发现 PM_{10} 和 NO_2 年均浓度每增加 $10\mu g/m^3$，心血管疾病死亡的风险比分别为 1.55 和 2.46，脑血管疾病死亡的风险比分别为 1.49 和 2.44，而 SO_2 没有显著性影响[50]。Zhang L 等在我国北方四城市（沈阳、天津、太原和日照）建立了大气污染的回顾性队列（1998—2009），纳入了 3.9 万名城市居民，结果发现 PM_{10} 每增加 $10\mu g/m^3$，对心血管系统疾病死亡率、冠心病死亡率、心衰死亡率和脑血管系统死亡率的风险比分别为 1.24、1.23、1.37、1.11 和 1.23[51]。Cao J 等基于我国高血压调查与随访研究建立了大气污染回顾性队列（1991—2000 年），最终纳入了我国 31 个城市的 7.09 万成年居民，结果发现 TSP、SO_2 和 NO_2 年均浓度每增加 $10\mu g/m^3$，心血管系统疾病死亡率分别增加 0.9%、3.2% 和 2.3%[40]。Zhou M 等基于我国男性吸烟队列，纳入了我国 25 个城市的 7.1 万名居民，建立了大气污染的回顾性队列（1990—2006 年），结果发现 TSP 和 PM_{10} 每增加 $10\mu g/m^3$，心血管疾病死亡的风险比分别为 1.010 和 1.018[41]。鉴于回顾性队列研究的固有缺陷和暴露测量的明显问题，尚难以确证我国大气污染长期暴露对心血管系统的慢性损害。

（3）对癌症的影响。大气污染对癌症的影响一般体现为长期暴露后的慢性效应。近 20 多年来，我国已有近 30 篇文献报道了大气污染与肺癌发病率或死亡率的相关性，但是几乎所有这些文献采用了横断面或生态学的研究设计，存在大量的混杂因素干扰，尤其是难免受到生态学谬误的影响。

我国目前仅两项回顾性队列研究评估了大气污染长期暴露与肺癌死亡率的影响。Cao J 等基于我国高血压调查与随访研究建立了大气污染回顾性队列（1991—2000 年），最终纳入了我国 31 个城市的 7.09 万成年居民，结果发现 SO_2 年均浓度每增加 $10\mu g/m^3$，肺癌死亡率增加 4.2%，TSP 和 NO_x 则没有显著性影响[40]。Zhou M 等基于我国男性吸烟队列，纳入了我国 25 个城市的 7.1 万名居民，建立了大气污染的回顾性队列（1990—2006 年），没有发现 TSP 和 PM_{10} 对肺癌死亡率的显著性影响[41]。

鉴于这些研究的固有缺陷和暴露测量的明显问题，尚难以确证我国大气污染长期暴露对癌症的影响。

（4）对其他系统的健康危害。大气污染除主要影响呼吸系统、心血管系统和引起癌症外，还可对人类生殖功能、儿童发育、免疫功能、神经行为功能产生不良影响。但是，我国在这些方面的研究很少，研究设计稍显粗糙，而且结果并不一致。我国的一些研究提示空气污染暴露与低出生体重、早产和死产等存在显著性关联，但尚未得到高质量流行病学研究的确证。例如，Wang 等对北京的 4671 名足月活产婴儿开展的队列研究显示，孕晚期 SO_2 暴露和婴儿低出生体重存在明显暴露 – 反应关系，SO_2 浓度每增加 $100\mu g/m^3$，低出生体重的发生风险增加 0.11 倍[52]。Jiang 等在上海的研究数据显示，PM_{10}、SO_2、NO_2 和 O_3 的八周平均浓度每增加 $10\mu g/m^3$，早产的发生率增加 4.42%、11.89%、5.43% 和 4.63%。洪新如等的相关研究提示，PM_{10} 日均值每升高 $10\mu g/m^3$，急性暴露的孕妇其分娩婴儿的死亡风险升高 3.3%；慢性暴露的孕妇其分娩婴儿死亡风险增加 4.8%[53]。

（5）敏感人群。人群中不可避免地会出现一些对大气污染健康危害更敏感的个体，识别这些敏感性的人群特征对于大气污染的个体防护和公共卫生干预具有重要的意义。我国的学者发现年龄、性别和社会经济地位等因素可能修饰人群对大气污染的反应性，但是结果很不一致。

对于急性健康效应而言，上海地区的一项时间序列研究发现在女性和老年人中大气污染物与日死亡率的关联最强，且并未在 65 岁以下年轻人中发现它们之间的显著性关系[54]。复旦大学组织的 CAPES 多中心时间序列研究中也有相同的发现，而且还进一步发现教育程度较低的人对空气污染更易感，比如初中以下文化程度的人群中 PM_{10} 与死亡率的关系比初中及以上人群中高一倍多[29]。

对于慢性健康效应，仅 Zhang L 等在我国北方四城市（沈阳、天津、太原和日照）的回顾性队列研究发现了存在某些人群易感性特征。该研究发现 PM_{10} 与死亡率的关系在老年人、男性、肥胖者、吸烟者、高收入人群和有职业暴露史的人群中更强[51]。但是，其他几项队列研究并无发现存在人群易感性因素。

（6）干预研究。从政府层面讲，通过有力的大气污染防治政策，人为减少空气污染物的排放，改善环境空气质量后，可以观察到人群健康效应出现显著的改善。例如，我国政府在 2008 年夏季奥运会期间及其前面一段时间内推行了大规模强有力的空气质量保障计划，采取了有力措施对北京及其周边的大气环境进行了干预。奥运期间（2008 年 8 月 8 日～9 月 20 日）的日平均 $PM_{2.5}$ 浓度为 61.0μg/m³，低于基线时期（2008 年 6 月 1 日～6 月 30 日，78.8μg/m³）和奥运前（2008 年 7 月 1 日～8 月 7 日，74.6μg/m³）；其他颗粒物和气态污染物在奥运期间的浓度水平也比奥运前降低了 13%～60%；奥运后各项污染物浓度均有不同程度的上升。因而，北京奥运会为开展大气污染与健康效应的干预研究提供了契机。南加州大学和北京大学的学者通过对 125 个健康年轻人的 panel 研究，比较了奥运前、奥运中和奥运后一系列亚临床指标的变化情况。结果显示，血液中炎症和凝血因子的含量在奥运中比奥运前降低了 13.1%～34.0%，收缩压在奥运中比奥运后降低了 10.7%；对呼吸系统以及尿液中的炎症指标、氧化应激指标的评估结果显示，奥运期间这些指标可比奥运前降低 4.5%～75.5%，比奥运后降低 48%～360%[34]。北京大学的学者对 36 个学龄儿童的 panel 研究显示，$PM_{2.5}$ 浓度每降低一个四分位数间距，呼出气 NO 水平将降低 18.7%，且黑碳的影响更为稳健，这表明奥运期间的空气质量改善可降低儿童的气道炎症水平[35]。北京大学的学者还通过对一组 12 名出租车司机的 panel 研究，比较了他们在奥运前、奥运中和奥运后的心率变异性指标，结果发现个体 $PM_{2.5}$ 暴露水平每降低一个四分位数间距，将会使心率变异性指标增加 2.2%～6.2%，从而促进心脏的自主神经功能[39]。复旦大学的学者通过在北京朝阳医院的生态学分析结果表明，哮喘门诊人次在奥运中显著下降，与基线时期相比，RR 值为 0.54，相当于降低了 38% 的哮喘门诊量[55]。

从个体层面，采取适当的个体防护措施，如口罩、空气净化器也能阻断空气污染的暴露途径，保护个体的健康状态。例如，北京阜外医院的干预研究显示，佩戴口罩后可使健康年轻人的收缩压水平降低 7mmHg，心率变异性指标也得到了显著的改善；可使冠心病病人的自觉症状减轻、心电图 S–T 段抑制减轻、血压和心率变异性指标改善等[56,57]。复且大学的一项室内空气净化器干预研究显示，干预48h后，气道炎症、肺功能指标有改善，血压和循环系统炎症、凝血和血管收缩标记物的水平均有所降低[42]。

以上研究提示，一方面通过人为干预短期改善空气质量，可以改善居民的健康水平，减少疾病的发病率，具有显著的公共卫生意义；另一方面也提示，大气污染物可通过系统性炎症反应、氧化应激、心脏自主功能紊乱等途径，从而产生人体急性健康效应，对于深入理解大气污染的致病机制具有重要意义。

4. 颗粒物理化特征的影响

颗粒物是我国最主要的大气污染物，其健康危害尤为值得关注。但是，颗粒物的粒径、成分和来源特征均非常复杂，这些均可影响到颗粒物的毒性和健康效应。我国在这方面的研究起步较晚，开展得还较少，但仍有一些值得关注的研究成果。

（1）粒径。一般认为，颗粒物按粒径可分为 TSP、PM_{10}、$PM_{2.5}$、$PM_{0.1}$。我国自2012年起逐步开始系统性监测 $PM_{2.5}$。颗粒物的粒径越小，越易进入呼吸或循环系统，比表面积越大，而且小粒径的颗粒物负载的毒性成分较多，因而很多人认为从理论上讲颗粒物的粒径越小，其健康危害越大。我国已有一些流行病学研究定量比较了不同粒径颗粒物的健康效应，但是结果不太一致。

复旦大学的学者对北京、上海和沈阳的多中心时间序列研究结果显示，$PM_{2.5}$ 对日死亡率的影响在控制 $PM_{2.5-10}$ 后依然显著；$PM_{2.5-10}$ 对死亡率尽管存在显著性，但在同时控制 $PM_{2.5}$，其效应明显降低，且不再具有统计学显著性[31]。因而，我国的现有研究初步表明，PM_{10} 的健康危害主要由 $PM_{2.5}$ 主导，应继续加大和完善对 $PM_{2.5}$ 的监测、防护和科学研究。

但是，对于 $PM_{2.5}$ 以下哪种粒径段对健康的危害更大，目前国际上尚无定论。我国学者进行了几项研究，但结果均不尽一致。Meng X 等在沈阳连续监测了2006—2008年间的每日 PNC（$0.25 \sim 10\mu m$），运用时间序列方法分析了多个粒径段的 PNC 与日死亡率的关系。结果显示 PNC 粒径越小，效应越强，其中 $0.25 \sim 0.5\mu m$ 的 PNC 与死亡率的关系最强。其他学者则进一步评估了更细小粒径的 PNC 与人群健康的关系[58]。Breitner 等在2004—2005年期间在北京连续监测了 $0.003 \sim 0.8\mu m$ 的颗粒物数浓度（PNC），运用时间序列方法，评估其与居民日死亡率的关系。结果显示，$0.03 \sim 0.1\mu m$ 之间的 PNC 与每日心血管疾病死亡率的关联性最强，浓度每增加一个四分位数间距，死亡率增加 7.1%[59]。Leitte 等基于同一批 PNC 监测数据，分析得到 $0.3 \sim 1\mu m$ 之间的 PNC 与北京市居民每日呼吸系统疾病死亡率的关联性最强[60]。Leitte 等还监测了更长时间的 PNC（$0.003 \sim 1\mu m$），评估了与北京市某综合性医院的呼吸道疾病急诊人次的关系，结果发现 $0.1 \sim 1\mu m$ 之间的 PNC 每增加一个四分位数间距，呼吸道疾病急诊人次增加 5%，但是 $0.05\mu m$ 以下的 PNC 则与呼吸道疾病急诊人次不存在显著性关系，提示超细颗粒物未必对呼吸系统疾病产生显著性影响[61]。他们对心血管疾病急诊人次的研究结果显示，$1 \sim 2.5\mu m$ 的颗粒物效应最强，$1\mu m$ 以下的颗粒物滞后时间较长[62]。

对于颗粒物的效应生物标志，我国学者也发现了颗粒物粒径越小效应越强的现象。Chen

等学者运用 panel 的研究设计，评估了多个不同粒径段（0.25 ~ 10μm）对健康大学生循环系统一系列亚临床指标的关系，结果进一步显示，粒径越小，PNC 对多个血液炎症因子、凝血因子和微血管收缩因子的效应越强，且 0.25 ~ 0.40μm 之间的 PNC 产生的效应最强[38]。

（2）成分。尽管我国开展的颗粒物成分解析工作已开展不少，但将颗粒物成分与健康关联的研究较少开展，但结果并不一致。Cao 等在西安连续收集了 2004—2008 年每日的 $PM_{2.5}$ 滤膜，在实验室分析了 $PM_{2.5}$ 中 OC、EC、10 种水溶性离子和 15 种元素的浓度。作者采用时间序列方法分析了 $PM_{2.5}$ 各种组分对西安市居民日死亡率的影响。结果显示，OC、EC、硫酸盐、硝酸盐、氯、氯离子和镍对日死亡率存在显著关联，而其余成分对日死亡率不存在关联[63]。Qiao 等在上海城区连续监测了 2011—2012 年期间每日的 $PM_{2.5}$ 成分，分析了这些成分与全市居民急诊就医人次的关联性，结果仅发现 OC\EC 与急诊人次具有显著性关联[64]。

对于临床和亚临床健康指标，Wu 等在北京开展的自然搬迁研究发现，$PM_{2.5}$ 中的几项金属成分，如钙、锰、锌、钒、铅、锡，主要介导了 $PM_{2.5}$ 对肺功能的影响；在该项研究中，$PM_{2.5}$ 中的 OC、EC、氯离子、氟离子、镍、锌、镁、铅、砷等成分对血压存在显著且稳健的影响；作者还分析了 $PM_{2.5}$ 成分对循环系统多种炎症、凝血生物标志的影响，但对于不同的生物标志，具有显著关联的成分并不一致[36, 37, 43]。

微生物是大气颗粒物中的成分之一，但是我国很少有研究评估了其健康意义。Cao 等学者运用微生物基因组学分析的技术，对我国 2013 年 1 月北京雾霾期间 $PM_{2.5}$ 中的微生物进行了分析，结果检测出了 1300 多种微生物，包括细菌、古生菌、真菌和病毒，其中大部分为对人体无害，但仍发现了一些致病菌和致敏原[65]。雾霾期间颗粒物中含有的这些有害微生物可能会引起人群中呼吸性疾病和过敏性疾病发病率增加。

（3）来源。目前，世界范围内很少有研究将颗粒物源解析结果直接与人体健康相关联，这方面的证据还不十分充足。我国目前仅一项这方面的研究。Wu 等在自然搬迁研究的基础上，进一步评估了 $PM_{2.5}$ 来源与心肺系统健康指标的关系。结果显示：对于循环系统炎症类生物标志，具有重要影响的来源是二次硫酸盐或硝酸盐和土壤尘；对于血压而言，具有重要影响的来源是煤炭燃烧和冶金工业排放；对于肺功能而言，具有重要影响的来源是尘土和工业排放[66]。

三、我国大气污染与健康研究与国外发展的比较及对我国的启示

（一）暴露评价

目前，我国大气污染流行病学研究主要以环境固定监测站的浓度来直接反映群体的平均暴露水平或个体的暴露水平，因而暴露评价工作尚处于初级阶段，暴露测量误差不可避免，给我国现有流行病学研究结果的解释带来较大的挑战。时间序列研究、病例交叉研究、横断面研究和回顾性队列研究均以环境固定监测站的浓度来直接反映群体的平均暴露

水平或代替该区域内个体的暴露水平。我国仅在部分 panel 研究中有个体暴露监测的运用。我国现有的队列研究均以社区或城市的固定监测站点浓度（或平均浓度）来反映研究对象个体的暴露水平，尚未有任何个体暴露模型的应用。

与之相反，在欧美发达国家，暴露评价业已发展成为一门比较成熟的学科。除 panel 研究多采用个体直接监测外，近年来，越来越多的流行病学研究采用了个体暴露评估技术，实现了对个体暴露水平的评估。这主要体现在以下几方面：

1）美国 EPA "随机化人类暴露剂量模型"（stochastic human exposure and dose simulator, SHEDS）为代表的具有高时间分辨率的个体暴露模拟技术。该模型主要用于模拟人群中个体暴露于各种环境化学物的量，可以在不同时间尺度（如每日）实现人群中对个体暴露剂量的模拟。该模型在环境监测数据的基础上，综合考虑了不同的暴露途径和多个人口学特征，充分利用了美国国家膳食普查数据和人类行为活动模式数据，以及文献报道的其他暴露参数信息（如室内外渗透系数、空气交换率等）。目前，科学家已开发出针对大气颗粒物的 SHEDS-PM 模型和针对其他空气化学性毒物的 SHEDS-ATOX 模型。SHEDS 及其衍生模型已在国外多项时间序列研究中得到了应用。

2）以卫星遥感反演为代表的高时间分辨率的 PM$_{2.5}$ 预测技术。国外已有不少研究利用卫星遥感图像获取 AOD 数据，在一定地理精度内（目前已达到至 1km×1km）反演得到具有高时间分辨率（如每日）的地面 PM$_{2.5}$ 预测值[67]。Wang 等的研究显示经温度校正的 AOD 能直接用于估计大气污染对每日居民死亡率和医院住院、门诊人次的影响[68]。Kloog 等的研究也进一步显示，AOD 反演得到的每日 PM$_{2.5}$ 浓度与日死亡率和医院心肺系统住院人次显著相关[69, 70]。

3）以土地利用回归（LUR）为代表的高空间分辨率暴露评估方法。LUR 是目前运用得最广泛的大气污染长期暴露评估方法，能在较小空间尺度（甚至小至几十米范围内）实现对大气污染长期暴露水平的估计。已在多项横断面研究和队列研究中得到了广泛应用，如 ESCAPE 队列研究[71]。

4）以 AOD 和 LUR 相结合的高时空分辨率暴露模拟方法。该方法充分利用了卫星遥感高时间分辨率和 LUR 的高空间分辨率，具有良好的应用前景。例如，Kloog 等结合了这两种方法，建立了高时空分辨率（每日，50m×50m）的 PM$_{2.5}$ 预测模型，评估了 PM$_{2.5}$ 短期和长期暴露后对死亡率的影响[72]。

5）颗粒物从室外到室内的穿透。现有的颗粒物暴露预测模型大多以家庭住址为基础，由于人绝大部分时间都在室内度过，而且颗粒物从室外到室内的穿透是一个衰减过程，因此有必要在颗粒物暴露评估时考虑这一因素。目前，世界范围内仅有 MESA-air 研究，建立了颗粒物室内外穿透模型，并应用于最终的暴露评估模型[73]。

综上所述，与国外相比，我国现有大气污染流行病研究中的暴露评价方法通常较原始、简单，存在较大的测量误差。暴露评价已成为制约我国大气污染流行病学学科发展的重要因素，因此我们应在参考发达国家的先进方法的基础上，因地制宜，完善和提高我国的暴露评价工作。

（二）毒理学

我国大气污染毒理学研究开展的时间较晚，与发达国家的方法相比，我国的研究存在下述不足，对我国未来的相关研究有启示作用。

第一，我国仍缺少亚慢性和慢性实验的研究结果。国内的研究一般多进行急性毒性研究，而缺乏相应的亚慢性和慢性毒性的研究。

第二，对于气态污染物，目前国内的研究有的缺乏污染物的暴露浓度的准确检测，有的缺乏对空气污染物长期毒性的观察。

第三，对于$PM_{2.5}$，国内一般采用气管滴注方法给大鼠进行染毒。气管染毒是呼吸毒理学试验中常见的一种染毒方法，可将染毒物质通过气管直接注入呼吸道和肺泡，其优点是方法简单、不需要特殊的仪器、剂量准确、可一次给予大剂量染毒。缺点是对动物有一定损伤、染毒物质在肺内分布可能不太均匀、且由于长期染毒对动物存在持续的机械损伤，所以不适合进行亚慢性和慢性毒性研究。所以，颗粒物动态吸入暴露装置的建立对于研究 PM 的毒性具有很重要的作用，但是目前我国的动态吸入染毒暴露装置还没有建成。它可将外界空气中颗粒物进行过滤和浓缩然后分别进入试验舱（对照舱和暴露舱）。可依据试验目的使所需粒径的颗粒物进入试验舱（一般最多的是进行细颗粒物染毒试验，所以可在进口处安装颗粒物切割头，只有空气动力学直径 ≤ 2.5μm 的颗粒物可以进入暴露舱）。经装置过滤掉$PM_{2.5}$的空气，进入对照舱中，对照舱中空气中不含有$PM_{2.5}$；经装置浓缩了$PM_{2.5}$的空气，进入暴露舱中，$PM_{2.5}$浓度可比外界空气中$PM_{2.5}$的浓度高 1 ～ 10 倍，浓缩倍数依据试验目的可自行调节，这样进入暴露舱的浓度随着外界空气中的$PM_{2.5}$浓度实时变化。

第四，我国目前尚缺乏基因缺陷动物模型的引进和建立，基因缺陷动物模型对于探索空气污染所致损伤的作用机制具有极其重要的作用，如可以使用高血压大鼠模型研究空气污染对血压的影响；可以使用糖尿病动物模型研究空气污染对糖尿病的影响；同时可以使用相应炎症相关基因、血压相关基因、免疫相关基因或血脂相关基因的基因缺陷动物进行相关的毒作用机制的研究。

（三）流行病学

1. 研究方法

从研究方法来讲，我国大气污染流行病学研究除早期的生态比较、生态趋势研究、横断面研究外，近年来涌现出大量的时间序列研究 / 病例交叉研究和一些 panel 研究，较为系统地回答了我国大气污染急性健康效应的全貌。然而，我国目前仅有几项大气污染的回顾性队列研究，尚无前瞻性队列研究开展，因而对于大气污染的慢性健康效应，我国目前尚缺乏关键性科学证据。具体来讲，与发达国家相比，我国大气污染流行病学研究在方法上存在下述差距。

第一，关于急性健康效应研究，近十多年来，虽然我国开展了大量的时间序列、病例交叉研究，但与发达国家相比，我国的研究多局限在 PM_{10}、SO_2、NO_2 三个常规监测的污染物，较少关注 $PM_{2.5}$、O_3、CO 等近年来才开始系统监测的污染物，而这些污染物产生的健康危害可能更大，已在国外得到了较多的研究。比如欧美地区已有多项大规模多中心研究分析了 $PM_{2.5}$、O_3、CO 短期暴露与日死亡率和发病率的关系。

第二，关于慢性健康效应研究，我国早期开展不少的生态学研究，但由于存在较多的方法学问题，科学价值并不大。近年来，我国学者在充分利用已有队列的基础上，匹配当地空气污染数据后，陆续开展了几项大气污染的回顾性队列研究。但是，发达国家的队列研究多为前瞻性的，而且这些研究无论在污染物的种类，暴露评价方法，还是在健康与混杂因素资料的完整度和质量控制上均优于我国的队列研究。

第三，关于健康结局种类，我国现有的研究大多集中在总死亡率、心肺系统疾病的死亡率、医院就诊人次等较粗和较末端的健康终点以及一些常见的生物标志。国外的流行病学研究则从基因、表观遗传、病理生理异常、亚临床指标到发病、死亡的临床事件均有不少研究，比较完整地解释了大气污染对人体健康效应谱的影响；即便是对于同一临床事件，也有对不同亚型的分析。

2. 研究结果

与发达国家相比，我国大气污染与人群健康效应的研究结果存在不少差距。从数量上讲，我国的大气污染流行病学研究还比较少，尤其缺乏大规模多中心研究；从质量上讲，我国的大气污染流行病学研究主要集中在横断面研究、时间序列和病例交叉研究等生态学研究，尤其缺乏因果关联说服力强的前瞻性队列研究；从污染物来讲，大部分研究集中在传统的污染物，如 PM_{10}、SO_2、NO_2，而对新型的复合型污染物如 $PM_{2.5}$、O_3 的研究还较少；从健康终点来讲，我国的大气污染流行病学研究多集中在死亡率和门急诊、住院，对亚临床健康结局的研究还较少。

以 $PM_{2.5}$ 为例，我国目前仅在北京、上海、沈阳、西安、广州五个城市开展了与日死亡率的时间序列研究。将这五个城市的 meta 合并结果与国外的多中心研究进行对比，结果如表 3 所示。

表 3　$PM_{2.5}$ 每增加 $10\mu g/m^3$，不同国家居民每日死亡率增加的百分比

研究地点	总死亡	心血管疾病死亡	呼吸系统疾病死亡
本研究 meta 分析结果	0.4（0.2，0.6）	0.5（0.2，0.7）	0.5（0.2，0.7）
美国 6 城市	1.2（0.8，1.6）	1.3（0.3，2.4）	0.6（−2.9，4.2）
美国加州 9 城市	0.6（0.2，1.0）	0.6（0.0，1.1）	2.2（0.6，3.9）
美国 27 城市	1.2（0.3，2.1）	1.0（0.0，2.0）	1.8（0.2，3.4）
美国 112 城市	1.0（0.8，1.2）	0.9（0.5，1.2）	1.7（1.0，2.3）
日本 20 城市	0.9（0.4，1.4）	—	—

从表 3 可知，与国际同类研究相比，我国大气 $PM_{2.5}$ 与日死亡率的暴露−反应关系数

相对较低，大致上只有欧美发达国家一半左右。这可能与$PM_{2.5}$浓度水平和化学成分、人群易感性和人口年龄分布有关：

（1）由于我国大气$PM_{2.5}$的浓度远远高于欧美国家发达国家，而高浓度下人群的暴露—反应曲线往往趋向平坦。这个现象在最近的国外流行病学研究中已经被证实。

（2）在美国和西欧，$PM_{2.5}$主要来源于机动车尾气排放。我国大多数城市大气$PM_{2.5}$污染呈现煤烟和机动车尾气混合型，这就使得我国的大气$PM_{2.5}$成分与发达国家存在较大差异。而毒理学和流行病学研究均显示，机动车来源的颗粒物在各种来源颗粒物中，其对人体健康影响最大；大致上，机动车排放的$PM_{2.5}$是煤炭燃烧排放$PM_{2.5}$毒性的 2 ~ 3 倍，而自然（非燃烧）来源的$PM_{2.5}$毒性较低。

（3）欧美国家老年人口，特别是高龄老年人口较多，其大气$PM_{2.5}$污染的易感人群比例也远较我国为高。比如，美国 2005 年 60 岁及以上居民占总人口的 17%；而根据《2005年全国 1% 人口抽样调查主要数据公报》，我国 60 岁及以上的人口则占总人口 11%。

四、我国大气污染与健康研究的发展趋势与对策

（一）存在的不足与重大需求

1. 暴露评价

从论文发表情况来看，依据 *Web of Science* 核心数据库，如图 1 所示，我国学者在 2011—2015 年期间在大气污染暴露评价领域的 SCI 论文发表数逐年增加，总数达到了 153 篇，相当于全球总发文量的 11%。我国的发文量相当于美国的 29%，稍微超过英国、德国、西班牙、加拿大等主要发达国家。

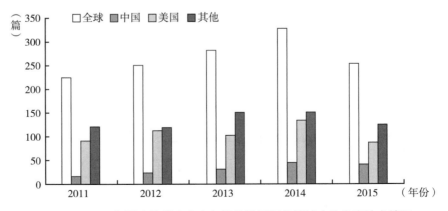

图 1　2011—2015 年国内外学者在大气污染暴露评价领域中的发表论文情况

（注：论文统计截止到 2015 年 10 月 7 日）

我国大气污染暴露评价研究尽管在数量上已赶上除美国以外的主要发达国家，但与世界

高端水平（如美国）的差距十分巨大。主要体现在以下几方面，未来应加强这些方面的工作。

（1）我国目前还是否缺乏针对各类大气污染物暴露特征和参数的研究。我国大气污染的暴露相关特征、参数和基础数据较缺乏，相关技术积累不够，制约了暴露评价工作的顺利开展。我国幅员广阔，各地的地理和社会经济特征差异较大，大气污染的特征也存在不小差异，因而对大气污染物的暴露特征和参数（如时间地点活动模式、房屋建筑学特征、开关窗模式、呼吸率等）也不尽相同。

（2）暴露相关基础数据匮乏或不易获取。由于国情的原因，高精度的土地利用信息（如交通网络和工厂分布）、卫星遥感以及人口和地理图层尚不完全齐备或难以开放获取，这就为开发我国高精度大气污染暴露评估模型（如土地利用回归模型）提供了现实困难。因此，需要我国相关政府部门和科学工作者合作，开展更多更大范围的暴露评价相关工作。

（3）我国的流行病学研究中暴露评价的方法比较简单、单一，多存在明显的暴露测量误差。我国现有的流行病学研究，除部分 panel 研究外，均直接以环境监测站的浓度来代表每个研究个体的暴露水平。污染物的浓度存在较强的时间和空间变异性，人大部分时间均在室内度过，颗粒物从室外到室内的过程存在一个衰减过程，而且我国的监测站在布点时往往避开了明显的污染源（如交通），难以反映个体的真实暴露水平。因而暴露评价是制约我国大气污染流行病学研究进一步发展的重要因素，未来需充分利用先进的暴露评价技术（如土地利用回归模型和卫星遥感技术），结合个体暴露直接测量，为我国大气污染流行病学研究提供更精准的暴露数据。

2. 毒理学

从论文发表情况来看，依据 *Web of Science* 核心数据库，如图 2 所示，我国学者在 2011—2015 年期间在大气污染毒理学领域的 SCI 论文发表数逐年增加，总数达到了 423 篇，相当于全球总发文量的 20%。我国的发文量相当于美国的 54%，明显超过英国、德国、法国、西班牙、加拿大、日本等主要发达国家。

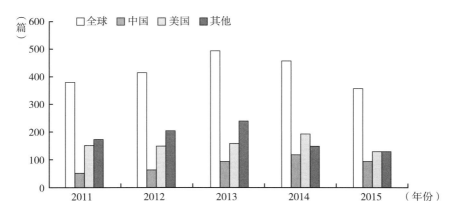

图 2　2011—2015 年国内外学者在大气污染毒理学领域中的发表论文情况

（注：论文统计截止到 2015 年 10 月 7 日）

我国大气污染毒理学研究尽管在数量上已跃居全球第二，但与欧美发达国家相比，仍存在诸多不足，与国外先进水平仍有不小的差距。主要体现在以下几方面，未来应加强这些方面的工作。

（1）缺少亚慢性和慢性实验。慢性和亚慢性实验对于探索空气污染的长期毒性或未知毒性具有重要的作用。通过慢性和亚慢性动物实验，可以发现一些空气污染所致损伤的趋势性并观察其毒性作用的机制，同时探索机体细胞或组织在长期暴露中的改变，从而为预防或治疗空气污染所致损伤提供依据，但是目前由于实验仪器设备的限制，我国对于空气污染的慢性和亚慢性实验相对较少。

（2）我国目前还没有动态吸入染毒暴露装置，难以开展模拟外界真实暴露情况的体内实验。环境与气候暴露的动态装置对于研究空气污染和气候的毒性具有重要的作用。该装置可模拟人体实际长期低剂量接触空气污染物的方式进行动物暴露试验；可通过此装置探索颗粒物对机体的急性、慢性毒性作用；暴露时长可以几天也可以是几年。通过长期试验研究，观察颗粒物对机体各系统的毒性效应，发现早期生物学效应，便于今后对颗粒物毒性进行预防和治疗。国内目前尚没有建立该暴露装置，所以今后如果能建立该装置对于研究空气污染物的毒性将有很大的益处。

（3）缺乏对一些特定疾病的动物模型研究，如高血压等心血管疾病、糖尿病、肿瘤等，以深入探讨大气污染物对这些慢性人类疾病的致病机理。我国对于一些重大疾病（如阿尔茨海默病、生殖和发育系统疾病）的健康影响机制研究尚很少见。

3. 流行病学

从论文发表情况来看，依据 *Web of Science* 核心数据库，如图 3 所示，我国学者在 2011—2015 年期间在大气污染流行病学领域的 SCI 论文发表数逐年增加，总数达到了 902 篇，相当于全球总发文量的 14%。我国的发文量相当于美国的 38%，明显超过了英国、德国、法国、西班牙、加拿大、日本等主要发达国家。

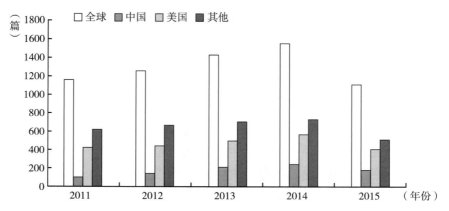

图 3　2011—2015 年国内外学者在大气污染流行病学领域中的发表论文情况

（注：论文统计截止到 2015 年 10 月 7 日）

我国大气污染流行病学研究尽管在数量上已跃居全球第二，但与欧美发达国家相比，仍存在诸多不足，与国外先进水平仍有不小的差距。主要体现在以下几方面，未来应加强这些方面的工作。

（1）缺乏对 $PM_{2.5}$、O_3、CO 的研究报道，难以反映我国大气复合型污染的健康危害特征。我国环保系统在 2000 年以前仅系统性监测 TSP、SO_2、NO_x 三种大气污染物；自 2000 后开始大规模监测 PM_{10}、NO_2；自 2012 年《环境空气质量标准》（GB3095-2012）发布后，才逐步开展对 $PM_{2.5}$、O_3、CO 的系统性监测。这三个污染物对健康的影响可能更大，比如已有前瞻性队列研究确证了 $PM_{2.5}$ 和 O_3 具有独立的慢性健康风险，因而在进行大气污染健康风险评估时也仅考虑了这两种污染物。但是，由于历史的原因，我国现有的流行病学研究结果尚难以反映我国当前大气污染健康影响的全貌。

（2）对 $PM_{2.5}$ 理化特征（粒径、成分和来源）的研究，以及对 $PM_{2.5}$ 与 O_3 交互作用的研究较少，不能满足我国当前防治大气复合型污染的需要。$PM_{2.5}$ 和 O_3 是大气复合型污染最重要的两种指示型污染物，现有资料表明我国的 $PM_{2.5}$ 可能与发达国家存在不同，因而应继续加强我国 $PM_{2.5}$ 粒径、成分和来源等特征的健康研究，以及 $PM_{2.5}$ 与 O_3 的交互作用研究，为我国防治大气复合型污染提供科学依据。

（3）研究设计较为单一，目前多为时间序列 / 病例交叉等急性效应研究。由于时间序列 / 病例交叉研究能利用既有的环境与健康常规监测体系，开展起来较为容易，因此我国近十多年来涌现出不少的时间序列 / 病例交叉研究。但是，这类研究仅能评估大气污染短期暴露对急性健康事件的效应，如疾病发作、死亡，无法用来研究构成健康危害主体的慢性健康效应。另一方面，这类研究在本质上是生态学研究，难以避免生态学偏倚，病因推断能力不高。

（4）健康结局和混杂因素资料不尽系统、完整，相关的质控系统亟待建立。我国现有的流行病学研究多为时间序列 / 病例交叉研究，以及部分横断面研究和回顾性队列研究。由于这些研究基本上都利用了现有的健康监测网络（如死亡登记系统、医院报病系统）或历史的专项调查等。由于这些数据来源不是专门为研究空气污染服务的，有可能还是多年前收集的，因而健康结局和混杂因素资料有可能不尽系统、完整。此外，由于往往缺乏专门的质控系统，数据质量参差不齐，也会影响到数据的可利用度和研究结果的说服力。

（5）目前尚无前瞻性队列研究，是我国大气污染流行病学研究最主要的不足。众所周知，前瞻性队列研究是确证大气污染健康危害因果关联的最理想研究方法之一，所获得的大气污染与死亡率的暴露—反应关系是 WHO 和各主要国家制订环境空气质量标准（或基准）和开展健康风险评估的核心依据之一。然而，我国截止到目前还没有开展这类研究，只能借鉴发达的队列研究成果，因而给我国政府在制修订环境空气质量标准和开展大气污染健康风险评估时带来了较大的挑战。例如，我国现行的标准是《环境空气质量标准》（GB3095-2012），其中对 $PM_{2.5}$ 的限值直接参考了 WHO 空气质量指导值的第一阶段过渡值。

（6）由于缺乏我国前瞻性队列研究成果，国内外多位学者在评估我国大气污染疾病负担和健康风险时，往往参考美国癌症协会等队列研究的结果评估对居民死亡的影响[1-3, 74-77]，甚至有学者直接采纳了我国生态学研究的结果，不利于我国环境健康的管理和加强对公众环境风险交流。比如，2013 年国际著名学术期刊《美国国家科学院院刊》发表了题为《空气污染对预期寿命的长期影响：基于中国淮河取暖分界线的证据》的研究引起媒体热议[77]。该报道称该研究"证实了大气污染与健康之间的因果关系""中国北方居民由于燃煤取暖导致人均期望寿命比南方居民减少 5.5 年"。但是，该文采用的研究方法是统计学上一种比较简单的回归模型，存在研究数据缺乏代表性、数据处理方法不合理、研究假设不成立等众多问题，导致研究结果可信度不高，因果推论性不强。因此，未来我国应继续加强大气与健康基础数据的积累，开展高质量的空气污染流行病学研究，为我国环境污染健康风险评估提供科技支撑。

（二）发展方向与对策

经济的持续高速增长、机动车保有量的快速增加和以煤炭为主的能源结构，使得我国当前正面临着严峻的大气污染形势，尤其是近年来我国中东部多次出现的大范围雾霾天气，更加重了人们对大气污染健康危害的忧虑。国内外多项权威研究均报道了 $PM_{2.5}$ 为代表的大气污染已成为我国最主要的环境问题和公共卫生问题之一。

在当前的大气污染形势下，一方面应积极开展大气污染毒理学研究，可为深入和全面理解大气污染物的致病机制提供科学依据，也可为据此探索相应的效应阻断或防护措施提供一些思路。另一方面，应开展更多高质量的流行病学研究，为我国大气污染的健康风险提供更精确的估计，也为我国制修订环境空气质量标准、开展健康风险评估提供更充分的依据。具体来讲，未来我们应在以下几个方面加大工作力度。

（1）从暴露评价来看，应开展基础性暴露调查或研究工作，如典型人群暴露参数数据、高精度的土地利用信息、卫星遥感以及人口和地理图层，并酌情开放获取。与此同时，充分吸收当前国际上暴露评价的先进技术，为我国的大气污染流行病学研究提供可靠的暴露评价手段。对于急性健康效应的时间序列／病例交叉研究，可参考美国 SHEDS 模型，结合我国新近完成的《中国人群暴露参数手册》等专项调查数据库，校正直接利用环境监测站数据所带来的测量误差问题。对于慢性健康效应的横断面研究和队列研究，首先可考虑结合国外高精度的卫星遥感反演技术和（或）土地利用回归模型，经地面实际监测值校正后，建立基于家庭住址的具有高时空分辨率的暴露预测模型；然后，可依据颗粒物室内外穿透系数和室内外活动时间比等信息，最终建立个体暴露的预测模型。

（2）从毒理学研究来看，第一，应加快先进分子生物学新技术的引入，如生物芯片、全基因组和表观基因组高通量测序。例如，使用 Affymetrix Mouse430 2.0 全基因组表达谱芯片可以对空气污染暴露组动物和对照组动物进行基因分析，对动物的全基因的表达情况进行筛选，找到了动物经空气污染染毒后表达上调的基因和下调的基因，为探寻空气污染所致机体基因表达的变化提供依据。第二，加强易感性研究。不同疾病的动物模型已在国外被应用于研究 PM 对患有不同疾病个体的易感性。例如，通过建立某种疾病的动物模型，在 $PM_{2.5}$ 染毒后，比较模型动物与非模型正常动物之间肺损伤或心血管毒性作用的差异，探讨机体所存在疾病是否为 $PM_{2.5}$ 致毒作用的易感性。第三，尽早建立动态吸入染毒暴露装置，开展模拟我国大气环境真实暴露情况下的动物实验。

（3）从污染物指标来看，应充分利用自新国标颁布以来国家逐步开展 $PM_{2.5}$、O_3、CO 系统性监测的契机，大力开展对这些"新型"污染物的流行病学研究，建立它们与人群健康结局的暴露反应关系。值得注意的是，未来应继续深入开展 $PM_{2.5}$ 及其粒径、成分特征的流行病学研究和 $PM_{2.5}$、O_3 交互作用的流行病学研究，以满足我国当前防治大气复合型污染的需要。

（4）开展多样化的流行病研究。我国目前的大部分流行病学研究集中在对短期暴露导致的心肺系统急性健康效应，而这些可能仅占大气污染健康损失的一小部分。一方面，我国应从短期暴露后的疾病急性发作和死亡到长期暴露后的慢性发病和死亡，从功能异常深入到蛋白因子、表观遗传和基因组等微结构的改变，从对心肺系统的影响到对生殖发育、神经行为的影响，全面阐释大气污染对我国人群的健康危害及其作用通路。因此，我国应增加对心肺系统以外其他健康结局的研究，尤其加强对慢性健康效应的研究。另一方面，结合政府部门的空气污染防控项目，积极探索开展人群干预研究，评估空气质量改善后对人体健康的保护作用，从而为进一步提高空气质量提供健康收益方面的证据。

（5）优先考虑适时开展我国大气污染的前瞻性队列研究，为我国制修订环境空气质量标准和开展大气污染健康风险评估提供切实可靠的本土科学依据。由于几乎不可能纯粹为了研究空气污染而新建一个人群队列，因而需要基于现有的队列，匹配空气污染暴露资料后，搭建空气污染队列研究。这也是国际上开展空气污染队列研究的最普遍做法。因此，建议就我国目前正在进行或即将开始的人群队列开展文献调研，遴选出适合的队列，搭建空气污染的前瞻性队列。一般而言，适合用来做空气污染的人群队列应该满足以下特征：①有足够的样本量，一般研究对象人数应在数万以上；②人群分布的地理范围应尽可能的广泛，使得其空气污染暴露水平具有足够的空间变异性；③为使研究结果具有足够的外推性，研究人群应为一般人群，而不是具有某种特征的亚人群，如老年人、病人；④队列现场应具有较长的研究时期，一般应在 10 年以上；⑤所收集的健康结局包括疾病别死亡或发病数据；⑥个体水平的混杂因素能获取，如个体的人口社会经济特征，吸烟、饮酒等行为危险因素；⑦能有确切的家庭常住住址信息，以便据此开展大气污染暴露评估。

参考文献

[1] Lim SS，Vos T，Flaxman AD et al. A comparative risk assessment of burden of disease and injury attributable to 67 risk factors and risk factor clusters in 21 regions，1990–2010：a systematic analysis for the Global Burden of Disease

Study 2010. Lancet，2012，380:2224-60.

[2] Collaborators GBDRF, Forouzanfar MH, Alexander L et al. Global, regional, and national comparative risk assessment of 79 behavioural, environmental and occupational, and metabolic risks or clusters of risks in 188 countries, 1990-2013: a systematic analysis for the Global Burden of Disease Study 2013. Lancet 2015.

[3] Lelieveld J, Evans JS, Fnais M, Giannadaki D, Pozzer A. The contribution of outdoor air pollution sources to premature mortality on a global scale [J]. Nature, 2015; 525:367-71.

[4] Wang CC, Zhou XD, Chen RJ, Duan XL, Kuang XY, Kan HD. Estimation of the effects of ambient air pollution on life expectancy of urban residents in China [J]. Atmos Environ ,2013; 80:347-351.

[5] 陈仁杰，陈秉衡，阚海东. 大气细颗粒物控制对我国城市居民期望寿命的影响 [J]. 中国环境科学，2014:2701-2705.

[6] 环境保护部. 中国人群暴露参数手册（成人卷）[M]. 北京：中国环境出版社，2013.

[7] Wenjing Ji BZ. Contribution of outdoor-originating particles, indoor-emitted particles and indoor secondary organic aerosol（SOA）to residential indoor PM2.5 concentration: A model-based estimation [J]. Building and Environment, 2015; 90:196-205.

[8] Yu Y, Li Q, Wang H et al. Risk of human exposure to polycyclic aromatic hydrocarbons: A case study in Beijing, China [J]. Environ Pollut, 2015; 205:70-77.

[9] Chen Y, Shen G, Huang Y et al. Household air pollution and personal exposure risk of polycyclic aromatic hydrocarbons among rural residents in Shanxi, China. Indoor air. 2015.

[10] Yan C, Zheng M, Yang Q et al. Commuter exposure to particulate matter and particle-bound PAHs in three transportation modes in Beijing, China [J]. Environ Pollut, 2015; 204:199-206.

[11] Yue H, Yun Y, Gao R, Li G, Sang N. Winter polycyclic aromatic hydrocarbon（PAH）-bound particulate matter（PM）from peri-urban North China promotes lung cancer cell metastasis. Environ Sci Technol. 2015.

[12] Chen L, Wang YM, Li PW et al. A land use regression model incorporating data on industrial point source pollution [J]. J Environ Sci-China, 2012, 24:1251-1258.

[13] Meng X, Chen L, Cai J et al. A land use regression model for estimating the NO2 concentration in shanghai, China [J]. Environmental research, 2015, 137:308-315.

[14] Guo JP, Zhang XY, Che HZ et al. Correlation between PM concentrations and aerosol optical depth in eastern China [J]. Atmos Environ, 2009, 43:5876-5886.

[15] Zheng JY, Che WW, Zheng ZY, Chen LF, Zhong LJ. Analysis of Spatial and Temporal Variability of PM_{10} Concentrations Using MODIS Aerosol Optical Thickness in the Pearl River Delta Region, China [J]. Aerosol Air Qual Res, 2013, 13:862-876.

[16] Wang ZF, Chen LF, Tao JH, Zhang Y, Su L. Satellite-based estimation of regional particulate matter（PM）in Beijing using vertical-and-RH correcting method [J]. Remote Sens Environ, 2010, 114:50-63.

[17] 李令军. 基于 MOPITT 数据的北京奥运前后 CO 监测分析 [J]. 大气与环境光学学报，2009，4:274-282.

[18] 余环王，宗雪梅. 奥运期间北京地区卫星监测 NO2 柱浓度的变化 [J]. 中国科学，2009，54:299-304.

[19] Lai HK, Ho SY, Wong CM, Mak KK, Lo WS, Lam TH. Exposure to particulate air pollution at different living locations and respiratory symptoms in Hong Kong-an application of satellite information [J]. Int J Environ Heal R, 2010, 20:219-230.

[20] 汪曦. MODIS 气溶胶光学厚度与近地面细颗粒物浓度和居民健康的关联性研究 [D]. 上海：复旦大学，2013.

[21] Zhao C, Liao J, Chu W et al. Involvement of TLR2 and TLR4 and Th1/Th2 shift in inflammatory responses induced by fine ambient particulate matter in mice [J]. Inhalation toxicology, 2012, 24:918-27.

[22] Wang G, Zhao J, Jiang R, Song W. Rat lung response to ozone and fine particulate matter（PM2.5）exposures [J]. Environmental toxicology, 2015, 30:343-56.

［23］ 邓芙蓉，郭新彪，陈威. 气管滴注大气 PM2.5 对自发性高血压大鼠心律的影响及其机制研究［J］. 环境与健康，2009，26:189–191.

［24］ Wang G，Jiang R，Zhao Z，Song W. Effects of ozone and fine particulate matter（PM2.5）on rat system inflammation and cardiac function［J］. Toxicology letters，2013，217:23–33.

［25］ Yun Y，Hou L，Sang N. SO2 inhalation modulates the expression of pro–inflammatory and pro–apoptotic genes in rat heart and lung［J］. J Hazard Mater，2011，185:482–8.

［26］ Li H，Han M，Guo L，Li G，Sang N. Oxidative stress，endothelial dysfunction and inflammatory response in rat heart to NO2 inhalation exposure［J］. Chemosphere，2011，82:1589–96.

［27］ Yan W，Ji X，Shi J，Li G，Sang N. Acute nitrogen dioxide inhalation induces mitochondrial dysfunction in rat brain［J］. Environmental research，2015，138:416–24.

［28］ Han M，Guo Z，Li G，Sang N. Nitrogen dioxide inhalation induces genotoxicity in rats［J］. Chemosphere，2013，90:2737–42.

［29］ Chen R，Kan H，Chen B et al. Association of particulate air pollution with daily mortality：the China Air Pollution and Health Effects Study［J］. American journal of epidemiology，2012，175:1173–81.

［30］ Chen R，Samoli E，Wong CM et al. Associations between short–term exposure to nitrogen dioxide and mortality in 17 Chinese cities：the China Air Pollution and Health Effects Study（CAPES）［J］. Environment international，2012，45:32–8.

［31］ Chen R，Li Y，Ma Y et al. Coarse particles and mortality in three Chinese cities：the China Air Pollution and Health Effects Study（CAPES）［J］. The Science of the total environment，2011，409:4934–8.

［32］ Chen R，Huang W，Wong CM et al. Short–term exposure to sulfur dioxide and daily mortality in 17 Chinese cities：the China air pollution and health effects study（CAPES）［J］. Environmental research，2012，118:101–6.

［33］ Chen R，Pan G，Zhang Y et al. Ambient carbon monoxide and daily mortality in three Chinese cities：the China Air Pollution and Health Effects Study（CAPES）［J］. The Science of the total environment，2011，409:4923–8.

［34］ Rich DQ，Kipen HM，Huang W et al. Association Between Changes in Air Pollution Levels During the Beijing Olympics and Biomarkers of Inflammation and Thrombosis in Healthy Young Adults［J］. Jama–J Am Med Assoc，2012，307:2068–2078.

［35］ Huang W，Wang GF，Lu SE et al. Inflammatory and Oxidative Stress Responses of Healthy Young Adults to Changes in Air Quality during the Beijing Olympics［J］. Am J Resp Crit Care，2012，186:1150–1159.

［36］ Wu SW，Deng FR，Wei HY et al. Chemical constituents of ambient particulate air pollution and biomarkers of inflammation，coagulation and homocysteine in healthy adults：A prospective panel study. Part Fibre，2012，9.

［37］ Wu SW，Deng FR，Huang J et al. Blood Pressure Changes and Chemical Constituents of Particulate Air Pollution：Results from the Healthy Volunteer Natural Relocation（HVNR）Study［J］. Environ Health Persp，2013，121:66–72.

［38］ Chen RJ，Zhao ZH，Sun QH et al. Size–fractionated Particulate Air Pollution and Circulating Biomarkers of Inflammation，Coagulation，and Vasoconstriction in a Panel of Young Adults［J］. Epidemiology，2015，26:328–336.

［39］ Wu SW，Deng FR，Niu J，Huang QS，Liu YC，Gu XB. Association of Heart Rate Variability in Taxi Drivers with Marked Changes in Particulate Air Pollution in Beijing in 2008［J］. Environ Health Persp，2010，118:87–91.

［40］ Cao J，Yang CX，Li JX et al. Association between long–term exposure to outdoor air pollution and mortality in China：A cohort study［J］. J Hazard Mater. 2011，186:1594–1600.

［41］ Zhou MG，Liu YN，Wang LJ，Kuang XY，Xu XH，Kan HD. Particulate air pollution and mortality in a cohort of Chinese men［J］. Environ Pollut，2014,186:1–6.

［42］ Chen R，Zhao A，Chen H et al. Cardiopulmonary benefits of reducing indoor particles of outdoor origin：a randomized，double–blind crossover trial of air purifiers［J］. Journal of the American College of Cardiology，

2015,65:2279-87.

［43］Wu S，Deng F，Hao Y et al. Chemical constituents of fine particulate air pollution and pulmonary function in healthy adults：the Healthy Volunteer Natural Relocation study ［J］. J Hazard Mater 2013；260:183-91.

［44］Wong CM，Vichit-Vadakan N，Kan H，Qian Z. Public Health and Air Pollution in Asia（PAPA）：a multicity study of short-term effects of air pollution on mortality ［J］. Environ Health Perspect，2008,116:1195-202.

［45］Shang Y，Sun Z，Cao J et al. Systematic review of Chinese studies of short-term exposure to air pollution and daily mortality ［J］. Environment international ,2013,54:100-11.

［46］Lu F，Xu DQ，Cheng YB et al. Systematic review and meta-analysis of the adverse health effects of ambient $PM_{2.5}$ and PM_{10} pollution in the Chinese population ［J］. Environmental research，2015，136:196-204.

［47］Dong GH，Zhang P，Sun B et al. Long-term exposure to ambient air pollution and respiratory disease mortality in Shenyang，China：a 12-years population-based retrospective cohort study ［J］. Respiration；international review of thoracic diseases，2012，84:360-8.

［48］Lai HK，Tsang H，Wong CM. Meta-analysis of adverse health effects due to air pollution in Chinese populations ［J］. Bmc Public Health，2013，13.

［49］Xie WX，Li G，Zhao D et al. Relationship between fine particulate air pollution and ischaemic heart disease morbidity and mortality ［J］. Heart，2015，101:257-263.

［50］Zhang P，Dong G，Sun B et al. Long-term exposure to ambient air pollution and mortality due to cardiovascular disease and cerebrovascular disease in Shenyang，China. PloS one，2011，6:e20827.

［51］Zhang LW，Chen X，Xue XD et al. Long-term exposure to high particulate matter pollution and cardiovascular mortality：A 12-year cohort study in four cities in northern China ［J］. Environment international，2014,62:41-47.

［52］Wang XB，Ding H，Ryan L，Xu XP. Association between air pollution and low birth weight：A community-based study ［J］. Environ Health Persp，1997，105:514-520.

［53］Jiang LL，Zhang YH，Song GX et al. A time series analysis of outdoor air pollution and preterm birth in Shanghai，China ［J］. Biomed Environ Sci，2007，20:426-431.

［54］Kan HD，London SJ，Chen GH et al. Season，sex，age，and education as modifiers of the effects of outdoor air pollution on daily mortality in Shanghai，China：The Public Health and Air Pollution in Asia（PAPA）study. Environ Health Persp 2008，116:1183-1188.

［55］Li Y，Wang W，Kan HD，Xu XH，Chen BH. Air quality and outpatient visits for asthma in adults during the 2008 Summer Olympic Games in Beijing ［J］. Science of the Total Environment，2010,408:1226-1227.

［56］Langrish JP，Li X，Wang SF et al. Reducing Personal Exposure to Particulate Air Pollution Improves Cardiovascular Health in Patients with Coronary Heart Disease ［J］. Environ Health Persp，2012,120:367-372.

［57］Langrish JP，Mills NL，Chan JKK et al. Beneficial cardiovascular effects of reducing exposure to particulate air pollution with a simple facemask ［J］. Part Fibre Toxicol，2009，6.

［58］Meng X，Ma Y，Chen R，Zhou Z，Chen B，Kan H. Size-fractionated particle number concentrations and daily mortality in a Chinese city ［J］. Environ Health Perspect ,2013,121:1174-8.

［59］Breitner S，Liu L，Cyrys J et al. Sub-micrometer particulate air pollution and cardiovascular mortality in Beijing，China ［J］. The Science of the total environment，2011,409:5196-204.

［60］Leitte AM，Schlink U，Herbarth O et al. Associations between size-segregated particle number concentrations and respiratory mortality in Beijing，China. Int J Environ Heal R，2012；22:119-133.

［61］Leitte AM，Schlink U，Herbarth O et al. Size-Segregated Particle Number Concentrations and Respiratory Emergency Room Visits in Beijing，China ［J］. Environ Health Persp，2011,119:508-513.

［62］Liu LQ，Breitner S，Schneider A et al. Size-fractioned particulate air pollution and cardiovascular emergency room visits in Beijing，China ［J］. Environmental research，2013,121:52-63.

［63］ Cao JJ，Xu HM，Xu Q，Chen BH，Kan HD. Fine Particulate Matter Constituents and Cardiopulmonary Mortality in a Heavily Polluted Chinese City ［J］. Environ Health Persp，2012,120:373–378.

［64］ Qiao LP，Cai J，Wang HL et al. PM2.5 Constituents and Hospital Emergency–Room Visits in Shanghai，China ［J］. Environ Sci Technol，2014,48:10406–10414.

［65］ Cao C，Jiang WJ，Wang BY et al. Inhalable Microorganisms in Beijing's PM2.5 and PM10 Pollutants during a Severe Smog Event ［J］. Environ Sci Technol，2014,48:1499–1507.

［66］ Wu S,Deng F,Wei H et al. Association of cardiopulmonary health effects with source–appointed ambient fine particulate in Beijing，China：a combined analysis from the Healthy Volunteer Natural Relocation（HVNR）study ［J］. Environ Sci Technol，2014,48:3438–48.

［67］ Hu XF，Waller LA，Lyapustin A et al. Estimating ground–level PM2.5 concentrations in the Southeastern United States using MAIAC AOD retrievals and a two–stage model ［J］. Remote Sens Environ，2014,140:220–232.

［68］ Wang ZX，Liu Y，Hu M et al. Acute health impacts of airborne particles estimated from satellite remote sensing ［J］. Environment international ,2013,51:150–159.

［69］ Kloog I，Ridgway B，Koutrakis P，Coull BA，Schwartz JD. Long– and Short–Term Exposure to PM2.5 and Mortality：Using Novel Exposure Models ［J］. Epidemiology，2013,24:555–561.

［70］ Kloog I，Nordio F，Zanobetti A，Coull BA，Koutrakis P，Schwartz JD. Short Term Effects of Particle Exposure on Hospital Admissions in the Mid–Atlantic States：A Population Estimate. PloS one，2014；9.

［71］ Lanki T，Hampel R，Tiittanen P et al. Air Pollution from Road Traffic and Systemic Inflammation in Adults：A Cross–Sectional Analysis in the European ESCAPE Project. Environ Health Perspect，2015.

［72］ Kloog I，Nordio F，Coull BA，Schwartz J. Incorporating Local Land Use Regression And Satellite Aerosol Optical Depth In A Hybrid Model Of Spatiotemporal PM2.5 Exposures In The Mid–Atlantic States ［J］. Environ Sci Technol，2012,46:11913–11921.

［73］ Allen RW，Adar SD，Avol E et al. Modeling the Residential Infiltration of Outdoor PM$_{2.5}$ in the Multi–Ethnic Study of Atherosclerosis and Air Pollution（MESA Air）. Environ Health Persp，2012，120:824–830.

［74］ Zhang MS，Song Y，Cai XH，Zhou J. Economic assessment of the health effects related to particulate matter pollution in 111 Chinese cities by using economic burden of disease analysis ［J］. J Environ Manage，2008,88:947–954.

［75］ Yu F，Ma GX，Zhang YS，Cao D，Gao F，Wang JN.［Review on studies of environmental impact on health from air pollution in China ［J］. Zhonghua yi xue za zhi，2013，93:2695–8.

［76］ 陈仁杰，陈秉衡，阚海东. 我国 113 个城市大气颗粒物污染的健康经济学评价 ［J］. 中国环境科学，2010，410–415.

［77］ Chen YY，Ebenstein A，Greenstone M，Li HB. Evidence on the impact of sustained exposure to air pollution on life expectancy from China's Huai River policy. P Natl Acad Sci USA 2013；110:12936–12941.

负责人：阚海东

撰稿人：阚海东　陈仁杰　赵金镯

大气污染治理技术研究

一、引言

我国以煤为主的一次能源消费总量大并将持续增长，重点区域单位面积煤炭消费强度高，散烧煤量大且燃烧效率低、污染治理难度大，发达国家的大气污染防治经验可借鉴但难以复制。京津冀、长三角、珠三角等重点地区的煤炭消费强度约为全国平均的 4.92 倍、美国的 15.7 倍，且仍有大量煤炭用在分散的、难以管控的、燃烧效率较低和污染治理措施落后的工业锅炉 / 炉窑、民用锅炉等燃烧上，导致单位面积污染物排放强度也远高于全国平均水平及美国、日本等发达国家水平。要实现重点地区空气质量达标，必须执行严格的排放标准，使用最先进的大气污染治理技术。

"十二五"期间，国家和地方政府高度重视大气污染治理工作，连续出台了一系列针对空气质量改善的重大举措。目前，我国已在大气污染治理技术研发方面取得了显著的进展，多项关键共性技术取得突破，有效支撑了各重点行业大气污染物排放标准的制订、修订和实施，减少了主要大气污染物的排放，并在一定程度上遏制了我国空气质量持续恶化的局面。围绕当前空气质量改善的需求，针对工业源、移动源、面源等主要大气污染源，我国正经历从末端污染控制为主向全过程污染治理转变，从单一污染物排放控制向多种污染物系统协同控制转变，从污染物达标排放向深度治理转变，并逐步构建源头削减—过程控制—末端治理的全过程大气污染治理技术体系，以支撑实现大气污染物治理能力的全面提升。

本部分主要介绍我国大气污染治理技术最新成果，重点综述了工业源、移动源、面源及室内空气等大气污染治理技术的新突破、新进展，对比分析了国内外研究进程，并展望了我国大气污染治理技术的发展趋势。

二、我国大气污染治理技术新进展

（一）工业源大气污染治理技术

电力、冶金、建材、化工等重点工业行业是我国国民经济快速发展的支柱产业，也是我国高能耗、重污染行业的典型代表。近年来，尽管我国工业行业污染防治取得了显著进步，但由于工业门类繁多，技术水平差异显著，同时面临调结构、转方式的宏观需求，现有工业全过程污染减排技术尚不能完全满足技术发展的需要，亟须深入开展工业全过程污染减排关键技术研究。

"十二五"期间，伴随着国家《大气污染防治行动计划》、重点污染源排放新标准及《煤电节能减排升级与改造行动计划（2014—2020年）》《重金属污染综合防治"十二五"规划》《挥发性有机物（VOCs）污染防治技术政策》等一系列政策和标准的相继颁布实施，进一步推动了颗粒物、SO_2、NOx、Hg、$VOCs$、二噁英等污染物治理技术，以及原辅材料和产品绿色替代技术的自主研发与创新。此外，为应对全球气候变暖，进一步推动了CO_2、CH_4和N_2O等温室气体控制技术的研发应用。

当前我国工业源大气污染物治理工作呈以下特征：从电力行业为主的污染物治理向电力、钢铁、建材、化工等重点行业全面治理转变；污染物高效脱除技术向达到特别排放限值，甚至超低排放限值的要求转变；从末端单一污染物高效脱除向多种污染物高效协同脱除转变；从常规污染物（PM、SO_2、NO_x）控制向常规及非常规污染物（SO_3、$PM_{2.5}$、Hg等重金属、$VOCs$等）协同控制的新理念转变。

1. 颗粒物治理技术

工业生产排放的颗粒物不仅来源于燃烧过程，还包括各种污染物控制设备中气态组分发生相互作用而转化和形成的颗粒物。近年来，我国颗粒物控制主要在颗粒物凝并长大动力学机理研究、基于强化细颗粒脱除的静电/布袋增效技术研究，以及多场协同作用下颗粒物高效控制新技术开发等方面取得了重大进展。

细颗粒物的凝并长大是实现传统除尘技术增效的有效手段，近年来国内学者就相关课题开展了广泛的研究，例如采用高速摄像、显微拍摄光学技术，表征了脉冲放电下颗粒物的电荷特性和声场作用下颗粒物的运动特性，发现细颗粒物在正脉冲电晕放电下荷异种电荷，存在颗粒物异极性荷电临界粒径[1]；利用离子风促进颗粒碰撞几率，强化双极凝并效果，优选开孔率与正负电压最佳匹配组合[2]；建立了声波团聚中的尾流效应理论模型，得到了任意颗粒角声场与颗粒度下的颗粒聚合速度[3,4]。针对化学团聚，运用分子动力学方法研究了Na^+、Mg^{2+}和Ca^{2+}对团聚剂性质的影响，开展了化学团聚剂对凝并效果的实验研究，发现团聚剂喷入后颗粒粒径峰值增大，颗粒形态由球状转变为颗粒团或链状现象，并综合考察了团聚剂浓度、温度等因素对其团聚性能的作用[5,6]。开展了烟气微观热质传递机制及细颗粒物的核化凝结长大方法研究，发现了大小颗粒间的水汽争夺现象，揭示了温度、数量浓度、长大时间等因素对颗粒成核及长大的影响规律，同时建立了脱硫塔内单液滴捕集颗粒物模型，模拟了温度、液滴直径和颗粒粒径对单液滴捕集过程及效率的影响规律[7,8]。目前关于细颗粒物凝并技术主要集中在试验研究阶段，仅有部分技术获得了工程示范。

针对如何提高和优化静电/布袋脱除细颗粒物能力的研究也较为广泛。采用新型电源强化细颗粒荷电是目前电除尘器增效的主要技术手段之一，基于颗粒荷电理论，开发了高频电源、脉冲电源及三相电源，极大强化了 $PM_{2.5}$ 等细颗粒的荷电量，解决了细颗粒荷电困难从而捕集效率低的难题[9-13]；此外，针对高温下电晕不稳定的问题，提出了高温负直流电晕电流的定量分析方法，获得稳定高温电晕放电的方法，建立了适用于我国煤种的飞灰比电阻预测模型[14]。并通过优化高温放电结构及静电除尘本体关键参数，在高温电除尘器颗粒物脱除增效方面取得突破[15,16]；在布袋除尘技术方面，探明了细颗粒在布袋上的分离机理，发现颗粒主要沉积在纤维前端，颗粒链生长会达到临界高度，呈现出先扩展后交汇的趋势[17-19]。

在严格的颗粒物排放标准下，电袋复合除尘技术、低低温电除尘技术和湿式静电除尘技术等多场协同作用下颗粒物高效控制新技术获得推广应用。通过颗粒带电量对过滤过程中穿透率和压降变化的影响研究，揭示了颗粒荷电量与滤料过滤效率、颗粒层平均孔隙率与过滤压降间的规律[18]。提出了电袋复合除尘器伏安特性的理论计算公式，研究了孔板参数对于伏安特性、电场分布的影响规律以及对布袋的保护作用[20,21]。低低温电除尘技术使烟温降低对粉尘荷电性能具有提升作用，研究了 SO_3 和颗粒物在电除尘器中的共同作用，建立了二者团聚的计算模型，揭示了 SO_3 含量、灰硫比对硫酸液滴的沉积影响规律[409]。针对湿式静电中水膜均布等关键问题，研究了不同喷嘴参数与喷嘴布置对液滴雾化及碰撞特性的影响规律，获得了湿式静电除尘器水膜均布的方法[22]；并进一步探究了热泳、水蒸气、水膜等对颗粒物脱除的影响规律[23,24]。目前，电袋复合除尘、低低温电除尘和湿式静电除尘关键技术均已实现国产化，完成从中小热电机组到 1000MW 燃煤电站工程示范应用。

2. 硫氧化物治理技术

近几年，基于湿法烟气脱硫的强化传质与多种污染物协同脱除机理及高效脱硫技术开发成为研究热点。针对影响二氧化硫高效脱除的溶解、吸收、氧化和固化等关键步骤[25-29]，研究了不同来源吸收剂、吸收剂特性参数、杂质离子、活性添加组分、操作参数（pH 值、温度、液气比）等对吸收剂溶解特性及污染物脱除反应活性的影响规律，并从分子尺度阐释了脱硫关键过程气液界面特性及组分扩散溶解的微观机制[29,30]；针对脱硫副产物的品质特性，通过开展温度、pH 值、溶解氧等对亚硫酸氧化的影响规律研究，获得了石膏结晶的运行参数以及浆液组分在结晶过程的作用规律，保证高脱硫效率的同时提升了石膏品质、减少了系统结垢[28,31]。为进一步强化塔内气液传质，研究了加装不同构型、开孔率等构件后塔内持液特性、压力特性及气液传质特性的变化规律，得到了强化传质塔内构件的关键设计参数，有效提高了气液两相在塔内分布的均匀性与有效接触面积[32-34]。此外发现了液相多脱副产物 SO_3^{2-}/SO_4^{2-}、NO_2^-/NO_3^-、Hg/Hg^{2+} 等的氧化、再释放路径[35-38]，为湿法脱硫实现多种污染物协同脱除提供了支撑。在此基础上开发了 pH 值分区控制、单塔/双塔双循环、双托盘/筛板/棒栅塔内构件强化传质、脱硫添加剂等系列脱硫增效关键技术，并在 50 ~ 1000MW 燃煤机组上实现了应用，脱硫效率突破了 99%，SO_2 排放浓度低于 35mg/m³；同时高效脱硫关键技术也在钢铁烧结机、玻璃炉窑、垃圾焚烧等行业得到了应用。

我国在半干法脱硫过程反应机理、温度调控、高活性钙基吸收剂制备、气固混合优化等方面的研究也取得了显著进展[39-43]。揭示了水分对含湿吸收剂颗粒蒸发和反应过程的影响与促进规律研究[44,45]；利用粉煤灰、飞灰、生石灰和添加剂的掺杂改性，制得了高活性同时脱硫脱硝吸收剂[46]。通过内构件的使用、喷嘴结构参数及反应区域流场的优化改善了气固两相流动均匀性，提升了脱硫效率[47-49]。开发了适宜温度区段的燃煤污染物高效控制反应器技术，提高了反应器空间利用率和容积净化率[50-55]；研究了多相流反应器内固、液相介质在壁面区域的流动规律，降低了反应器固、液相介质的空间迁移和再分配过程的能耗，增强了反应器的节水、节能特性[56-59]。在此基础上，发展了基于半干法的高效脱硫、脱硫除尘一体化技术、多种污染物协同脱除等关键技术，在燃煤电厂、工业锅炉、钢铁烧结机、污泥焚烧等重点行业实现了应用，脱硫效率达到了 90% 以上，粉尘排放浓度低于 20mg/m³；此外，部分关键技术已出口国外。

污染物资源化利用是大气污染控制技术的重要发展方向。近几年，国内针对活性焦法、氨法、有机胺法等可再生、资源化脱硫技术开展了研究，获得了活性焦比热容、再生反应焓以及换热性能等关键物化参数[60]，揭示了活性焦纳孔结构中硫吸附、转化与迁移规律，为改善活性焦脱硫性能、定向制备活性焦提供支撑[61-63]；通过微波加热改性、表面酸处理及掺杂 Mn、Fe、Cu、Ni、Co 等过渡金属及金属氧化物，有效提升了活性焦的脱硫性能[64-72]；针对氨法脱硫工艺存在的氨逃逸问题，通过本体反应器优化、流场优化、pH 调控以及加装湿式静电除尘器有效降低了氨逃逸量，减少了氨气溶胶的排放[73-78]；基于亚硫酸铵本征氧化动力学，发展了亚硫酸铵催化氧化方法，进一步提升了脱硫副产物品质[79]。对比研究了多种有机胺吸收剂对 SO_2 的吸收性能，获得了 pH 值、温度、SO_2 浓度、杂质及吸收液浓度等参数对 SO_2 的吸收和解吸效果的影响规律，开发了具有高选择性与良好再生性能的有机胺吸收剂配方[80-86]。目前活性焦脱硫技术与有机胺脱硫技术在国内初步实现了应用示范。

SCR 脱硝催化剂会促使 SO_2 向 SO_3 转化，SCR 脱硝装备应用后，易导致烟气中 SO_3 的浓度增加。研究了 SCR 脱硝过程中的 SO_2/SO_3 转化规律，开发了低硫转化的脱硝催化剂配方，在保证脱硝效率的同时实现了 SO_2/SO_3 转化率低于 1%，有效控制 SO_3 的生成。针对 SO_3 引起的空气预热器腐蚀及硫酸氢铵沉降堵塞问题，开展了碱性物质吸收 SO_3 的实验研究，并通过烟道喷碱降低烟气中 SO_3 的浓度[87,88]。通过在多个 300MW 及 1000MW 等级燃煤机组上进行 SO₃ 测试，初步获得了 SCR 脱硝、静电除尘、湿法脱硫、湿式静电等环保装备中 SO₃ 的转化及脱除规律，为燃煤电厂 SO₃ 高效控制技术发展及 SO₃ 排放控制策略制定提供了支撑[89, 90]。针对 SO₃ 精确测量的技术难点，开发了 SO₃ 实时在线监测方法[91]。但是，目前国内在 SO₃ 排放、控制研究基础仍较为薄弱，未来还需进一步加强。

3. 氮氧化物治理技术

"十二五"以来，我国针对烟气中 NOₓ 高效脱除的关键科学问题，在高效低氮燃烧技术、烟气脱硝系统喷氨混合、流场优化以及 SCR 催化剂配方设计、催化剂再生处置等多项基础研究和关键技术上取得了重要进展。

低氮燃烧技术工艺成熟，投资与运行费用较低，近年来我国针对不同炉型及不同负荷工况的影响条件，对低氮燃烧器做了大量改进和优化[92-95]，使其性能日趋完善。目前，低氮燃烧已成为氮氧化物控制的优选技术，常与烟气脱硝技术联用以实现 NOₓ 高效控制。

常用的烟气脱硝技术主要包括择性非催化还原（SNCR）烟气脱硝技术、选择性催化还原（SCR）烟气脱硝技术及 SNCR-SCR 耦合技术。还原剂与烟气的充分混合及有效反应，是保证烟气脱硝系统高脱除效率和低氨逃逸率的关键。针对煤粉炉、循环流化床锅炉、水泥窑炉等不同炉膛结构及燃煤锅炉大截面、短行程、突变/多变截面烟道等复杂条件下还原剂氨与烟气混合问题，通过数值模拟和冷态模化技术对 SNCR 及 SCR 系统烟道内的烟气流动特性进行了研究和优化[96-99]，并开发了系列喷氨混合装置[100, 101]，使 SNCR 和 SCR 烟气系统的混合均匀度 Cv 值降低，为烟气脱硝系统的高效稳定运行提供了关键支撑。

SCR 催化剂配方的理论及实验研究取得了重要进展。建立了基于催化剂酸性、氧化性等物理化学特性的分子轨道能量判据，获得了基于量子化学理论的催化剂关键组分功能划分方法[102, 103]；通过对 SCR 催化剂表面活性位点及中毒机理的分析[104-107]，发现平衡催化剂表面酸性和氧化还原性是保证其脱硝活性的关键[108-110]。在此基础上，通过稀土、过渡金属、类金属等元素的掺杂改性，提升了催化剂的抗中毒能力、单质汞氧化能力及低温区间的反应活性，开发了适合我国复杂多变煤质特性的高效抗碱金属/碱土金属/重金属等中毒系列催化剂配方，已在燃用复杂煤质、污泥等锅炉的催化脱硝工程上得到应用。如 Nb、Sb 等过渡金属氧化物及硫酸盐的添加可提高催化剂表面酸性并维持其氧化还原能力[103, 111, 112]，有效提高催化剂活性及抗中毒性能；通过对催化剂配方改性[113]，实现氮氧化物脱除率达到 80% ～ 90%，汞氧化率达到 50% 以上；Ce 具有良好的储氧能力和氧化还原能力，添加 Cu[114, 115]、W[116-118]、Mo[119, 120]、Nb[121]、Mn[122, 123] 等元素的 Ce 基催化剂具有良好的低温活性和抗硫中毒能力；活性炭纤维[124]、C 纳米管[125]、Ti 纳米管[126]、CeO₂-ZrO₂-Al₂O₃[127]、有序介孔碳[128-130] 等新载体的使用及制备方法的优化[131-133] 也可以不同程度地提高 Ce 基催化剂低温范围内的脱硝活性；除 Ce 基催化剂之外，实验研究发现，Mn 基[134-136]、Fe 基[137-139] 等催化剂同样具有较好的低温活性。

我国在催化剂生产制造工艺方面也取得了重大突破，形成了具有完全自主知识产权的原料、生产设备及工艺国产化的催化剂成套生产工艺及技术。目前，我国已掌握了催化剂生产的关键工艺和关键控制参数，开发了适用于国产原材料的催化剂成型配方及催化剂制备成套生产技术，形成了国产催化剂混炼、挤出、干燥和烧成工艺；实现了催化剂生产中核心设备的国产化，形成了采用国产设备的催化剂规模化生产线，改变了单纯依赖进口的现状。据中国环境保护产业协会统计，2013 年年底国内脱硝催化剂总产能已超过 35 万立方米 / 年[140]。

近年来，燃煤电厂脱硝催化剂在线运行量显著增长，大量催化剂将面临使用寿命到期、退役淘汰的境况。据中国电力企业联合会预计，2020 年后的废旧脱硝催化剂量将稳定在 20 万 ~ 25 万立方米 / 年[140]；由于煤中含有的汞、砷等重金属成分容易在 SCR 催化剂上富集，废旧催化剂处理问题十分紧迫。根据 SCR 催化剂不同的失活机理（如催化剂的中毒、烧结、堵塞等），国内开展了广泛的再生工艺方法研究[141-146]，目前已形成了具有自主知识产权的脱硝催化剂再生工艺技术及装备，并成功应用于五沙热电 300MW 机组及嘉兴电厂 1000MW 机组等催化剂再生项目。同时，针对不同再生价值的废弃脱硝催化剂，部分高校、环保骨干企业正在开展钠化焙烧—化学沉淀[147-151]或溶液溶解—离子交换[152]等手段分离提取钒、钨、钛氧化物的技术研究，提高废弃催化剂资源化回收再利用程度。

4. 汞等重金属治理技术

燃煤、有色金属等行业排放产生的重金属污染物主要包括汞（Hg）、铬（Cr）、镉（Cd）、铅（Pb）和类金属砷（As）等，具有高稳定性、神经毒性以及生物积累效应等特点，严重危害人体健康。近年来，我国以汞为代表的重金属污染物排放控制技术取得长足发展，在重金属吸附机理及吸附剂改性、Hg^0 的强化氧化等基础研究方面取得突破，基于常规污染物控制设备的重金属协同控制技术已成功实现工程应用。

汞、砷等重金属强化吸附的机理研究为改性吸附剂的研发提供了理论支撑。针对汞在活性炭上的吸附脱除问题，研究表明改性碳表面的电离助剂强化了与汞间的电子交换，提高了 Hg^0 的吸附能力[153]；$CeCl_3$[154]、Mn[155]的添加以及酸处理[156]修饰了活性炭表面结构，可提供更多的 Hg^0 反应位点。模拟煤气条件下的金属氧化物吸附脱除单质汞的机理研究也取得一定进展[157]，研究发现，助剂 Ru 在 MNO_x/TiO_2[158]、纳米氧化锌[159]等吸附剂表面与活性氧物种产生的协同效应促进了金属氧化物的汞脱除性能。针对燃煤电厂飞灰对汞的吸附，研究了飞灰中无机化学组分如 $\alpha-Fe_2O_3$、V_2O_5、Cu（110）等[160-162]对汞的吸附机理，获得了飞灰中未燃碳含量、岩相组分和微观结构形貌对脱汞性能的影响规律[163]；添加 $CuBr_2$、$CuCl_2$、$FeCl_3$、HBr 等[164,165]的改性飞灰均表现出较高的 Hg^0 脱除效率。飞灰中的磁性矿物质同样对 Hg^0 具有良好的催化氧化性能，实验结果显示，Mn-Fe 尖晶石磁性吸附剂（$Fe_{2.2}Mn_{0.8}$）$_{1-\delta}O_4$ 在 SO_2 和 HCl 存在的条件下，Hg^0 的吸附能力超过 1.5mg/g[166-168]。目前，汞的强化吸附控制技术已得到示范应用，三河电厂在汞排放浓度测试基础上，开展了飞灰基吸附剂喷射脱汞技术试验，综合脱除效率达到 75% ~ 90%。此外，CaO、Fe_2O_3、Al_2O_3 对煤燃烧高温烟气中气相砷吸附特性的研究也为气相砷吸附剂的研发提供了理论基础[169]。

过渡金属与卤素的添加，气、液等多相氧化及光催化技术的使用，有效强化了 Hg^0 到 Hg^{2+} 的氧化。实验研究发现，添加 Co[170]、Cu[171]、Mn、Fe[172] 等过渡金属的 Ti 基、Al_2O_3 催化剂 Hg^0 转化率达到 90% 以上。煤燃烧中喷射 NH_4Br[173]、煤基中添加 $CaBr_2$[174] 等卤素化合物也可以不同程度地提高 Hg^0 的氧化能力。强氧化性溶液，如 Ti[175]、Cu[176] 掺杂后的类 Fenton 试剂溶液、二过碘酸合铜（DPC）[177]、二过碘酸合镍（DPN）[178] 溶液和铁基离子溶液等均表现出了较强的 Hg^0 氧化及脱除效率，实验结果显示，由 $Fe_2(SO_4)_3$、$HgSO_4$ 和 H_2O_2 组成的复合吸收液对 Hg^0 和 Hg^{2+} 的脱除效率超过 90%。针对 Hg^0 的气相氧化技术，实验研究[179]发现 O_3 对 Hg^0 氧化效率随温度升高先增后降，在 150℃时效率最高；光催化氧化 Hg^0 也取得一定的突破，通过掺杂钒、银等过渡金属[180]并采用合适的工艺[181,182]制备的二氧化钛纳米管，在相应的光照条件下 Hg^0 的氧化率达 90% 以上。

基于常规污染物控制设备的重金属协同控制技术发展迅速，在优化除尘器设计、SCR 催化剂改性实现硝汞协同控制、湿法脱硫中强化汞的氧化和吸收以及浆液废水中汞的固化等方面取得了重要进展。重金属元素易富集在烟气中的颗粒上，研究发现袋式除尘器可有效去除颗粒汞（Hg^p）、砷（As）、铅（Pb）等重金属，平均脱除率可达 90% 以上；在商用钒基 SCR 催化剂中添加 Mo[183]、Ru[184] 等过渡金属可有效提高 Hg^0 到 Hg^{2+} 的转化，同时 Mo 和 Ru 的协同作用还可以减少氨的逃逸，提升硝汞协同控制的应用效果；湿法脱硫装置可以捕获烟气中易溶于水的 Hg^{2+} 化合物，与汞的强化氧化技术耦合使用可有效提高湿法脱硫协同脱汞的效率；针对浆液中存在 Hg^{2+} 再释放的问题，向浆液中添加有机硫 TMT 和无机硫抑制剂与 Hg^{2+} 反应形成 HgS 沉淀以及加入乙二胺四乙酸（ethylene diamine tetraacetic acid，EDTA）和重金属捕集沉淀剂（DTCR）等螯合剂[185]减少浆液中金属离子对 Hg^{2+} 的还原，可抑制 Hg^{2+} 再释放过程，实现汞的高效固化以提高脱汞效率。

工业源烟气污染物控制技术会导致汞等重金属富集于废渣、废水系统中，可能存在再释放现象造成二次污染。针对此问题，国内学者研究了重金属元素在燃烧中的迁移规律[186]、赋存分布[187]以及在脱硫石膏中的环境稳定性[188]，为重金属的全过程控制提供了理论基础。

5. 挥发性有机物（VOCs）治理技术

随着相关政策、法律法规和排放标准的发布与实施，工业源挥发性有机物（volatile organic compounds，VOCs）污染的防治已成为国内关注重点。工业源 VOCs 排放来源广泛，组成复杂，涉及工业生产和储运等各个环节。近年来，我国 VOCs 控制理论与技术不断发展，VOCs 控制正向从源头控制到末端治理的全工艺流程治理转变，以吸附技术、催化燃烧技术、生物技术、低温等离子体技术及组合技术为代表的 VOCs 控制技术得到进一步发展。

近年来，基于源头控制的泄漏检测与修复（leak detection and repair，LDAR）技术、密闭收集技术、原料替代等在工业源 VOCs 治理方面得到了推广。石化行业已开始推广 LDAR 技术[189,190]，并对生产设备进行高效密闭收集改造[191,192]；水基高固份低有机溶剂型环保涂料已在喷涂、印刷行业部分替代了有机溶剂型涂料[193,194]，这些技术和工艺从源头上减少了 VOCs 的排放，降低了末端治理的负荷。

VOCs 的末端控制分为回收技术和销毁技术。吸附技术、冷凝技术等常用回收技术的发展推动了高浓度 VOCs 的回收和资源化利用。吸附技术方面，在吸附材料的微波改性、表面活化改性及复合材料的研发方面取得突破，开发了高性能高选择性的吸附材料；通过微波改性改变了吸附剂的孔隙结构，提高了比表面积和孔容，强化了吸附容量[195,196]；通过表面活化改性，改变了表面官能团分布，实现了污染物的高效高选择性处理[197,198]；改性活性炭纤维[199]、硅藻土/MFI 型沸石[200]、$Mg^{2+}/Al^{3+}/Ni^{2+}/Fe^{3+}$ 改性活性炭[201]、介孔聚二乙烯基苯（PDVB）树脂[202]等新型吸附材料的研发与应用推进了 VOCs 的高效吸附回收；高疏水性和热稳定性的分子筛吸附材料已在实验室内成功合成[203,204]。冷凝技术方面，在工艺和结构优化方面进展较大，如通过多极压缩和复叠式制冷[205]，提高了压缩机效率，降低了蒸发温度，使系统经济性得到优化；在工程应用中，冷凝技术常作为预处理技术与其他技术耦合使用，冷凝—吸附技术已在油气储运行业实现应用，非甲烷总烃的回收效率可达到 98% 以上。

销毁技术主要包括催化燃烧技术、蓄热燃烧技术、生物技术以及等离子体技术等。氧化性催化剂的低温活性、抗硫中毒能力和热稳定性是催化燃烧技术的研究热点。通过催化剂制备方法的调变[206]和金属元素掺杂改性[207]，提升了催化剂的低温区间的反应活性、稳定性及抗中毒能力，开发了高效抗硫/氯中毒、宽温度窗口的系列催化剂配方，为高湿度、复杂成分、含硫/氯有机废气的工业化处理提供支撑。如通过金属元素掺杂，获得了具有较低起燃温度，稳定性较好的 $La_{0.9}Ca_{0.1}CoO_3/LaCo_{1-x}Mg_xO_3$ 催化剂[208]，$Co_{3-x}Mn_xO_4$ 催化剂[209]；在抗硫性抗水性催化剂研究方面，开发了 Ag/Mn– 分子筛双效催化剂[210]、Cu–V–O 氧化催化剂[211]等催化剂配方。蓄热燃烧技术在高性能蓄热材料研发及燃烧室结构优化方面得到发展，实现了 VOCs 高效高热回收效率处理。新型金属—蜂窝蓄热体和相变蓄热材料与传统蓄热材料相比，其成本和重量均有较大改善[212,213]。在实际工业应用中，催化燃烧技术常与吸附技术组合使用，沸石转轮/活性炭吸附—脱附—催化燃烧技术已在电子产品加工和汽车涂装等工艺得到推广应用[214,215]。

生物技术方面，国内学者对菌种的驯化、填料改性等[216-219]方面关注较多。疏水性有机废气的脱除一直是生物技术的研究热点，在营养液中加入特定有机溶剂形成双液相生物反应器，显著增强了气液传质过程[220]。生物技术结合化学吸收法可有效脱除含氯、含氮有机废气[221]。目前生物技术已在制药、化工、纺织、皮革、喷漆等行业的有机废气治理中得到了应用。

在等离子电源、等离子体放电形式和反应器结构优化等方面也开展了大量研究[222-224]，针对等离子体与反应器结构的匹配进行了进一步探索[225]，研究应用了不同形式的高效复合等离子体电源[226]。等离子体与催化剂协同脱除技术的相关研究取得了一定进展，研究了等离子体区域内的强化传热传质、电子能量密度分布和自由基湮灭规律[227,228]，发展了适用于等离子体环境的吸附和降解机制的在线表征手段[229]，开发了耐腐蚀、具较长使用寿命的大流量并联式双介质阻挡放电装置[230]，形成了具有高活性、高选择性和稳定性的氧化性催化剂配方[231, 232]。目前，低温等离子体催化技术已在制药、有机化工、烟草厂等行业实现了初步应用。

6. 二噁英控制技术

垃圾焚烧、钢铁冶炼等工业所排放的二噁英，作为持久性有机污染物中毒性最强的一种，对人类健康和生态环境造成严重威胁。目前针对二噁英的有效控制技术主要包括燃料分选破碎等燃烧前处理，添加抑制剂等燃烧过程控制及活性炭—布袋联用系统和催化降解等燃烧后控制。

燃烧前处理技术主要指对燃料进行分拣和回收，去除燃料中的氯源以及铜、铁等重金属从而减少二噁英的生成。目前国内主要的研究进展包括：采用真空蒸发与冷凝，实现不同重金属的分离和回收[233]；采用摩擦静电方法，实现废旧塑料颗粒的分选[234]；用于垃圾回收处理的先进垃圾破碎分选设备的设计研究[235]。

抑制剂的添加可以高效低成本地控制二噁英的生成。目前研究的抑制剂主要有碱性氧化物、含硫化合物以及含氮化合物等[236-239]。通过对燃烧过程中添加的抑制剂进行了大量的研究和筛选，开发出的新型硫氨基复合抑制技术具有显著的二噁英抑制效果[240, 241]，该技术在国内某800t/d及600t/d的焚烧炉工业应用中获得了工程示范，第三方测试结果表明实现了60%以上抑制效果。

针对燃烧后控制技术，布袋除尘器和静电除尘器通过捕集飞灰可以有效地脱除烟气中的二噁英，且效率可高达95%[238, 239]。而湿法洗涤、布袋除尘和湿法结合、干法洗涤和布袋结合技术亦被应用于烟气二噁英的脱除。在催化降解二噁英方面，研究表明，用于选择性催化还原（SCR）的 V_2O_5-WO_3/TiO_2 催化剂可高效地催化降解二噁英，对气相和颗粒相中的二噁英都有明显的消除作用，有望实现 NO_x 和二噁英的协同控制[242]。

基于水泥窑良好的燃烧条件，开发了水泥窑协同处置垃圾二噁英控制技术，可以显著减少垃圾焚烧过程中二噁英的生成[243,244]，该技术在国内已实现初步应用。

7. 温室气体控制技术

控制温室气体排放是我国积极应对全球气候变暖的重要任务，在六种典型的温室气体（CO_2、CH_4、N_2O、HFCS、PFCS、SF_6）中，CO_2排放比例与相应的温室效应贡献均居首位。因此发展 CO_2 排放控制技术，对于加快转变经济发展方式、促进经济社会可持续发展、推进新的产业革命具有重要意义。

目前我国的碳排放控制技术研究主要包括燃烧后捕集，燃烧前捕集及新型燃烧技术。燃烧后捕集技术相对成熟，分为化学吸收法、吸附法及膜分离法，适用于各类改造和新建的 CO_2 排放源，包括电力、钢铁、水泥等行业。目前针对燃烧后捕集技术的主要进展包括：新型吸收剂方面，混合胺吸收剂[245; 246]、离子液体[247]以及相变吸收剂[248]等在实验室获得了较有竞争力的测试表现，能耗可达到2.4GJ/T CO_2 以下；反应过程方面，通过新型反应器的研发以及在吸收剂中添加纳米颗粒等强化反应过程[249-251]，减小了设备体积；新型流程方面，对传统流程进行系统优化，从整体上提高系统的经济性。吸附法分离法在常见活性炭、硅胶等吸附材料的改性和开发上取得了较大进展，改性后的吸附剂可应用于超低浓度（大气）CO_2 的吸附捕集，具有广阔的应用前景[252]。膜分离法则在开发低能耗、高 CO_2 渗透性和高 CO_2/N_2 与 CO_2/CH_4 选择性的中空纤维分离膜，以及膜减压再生工艺的优化取得了突破[253]。

燃烧前捕集以及新型燃烧方式（富氧燃烧、化学链燃烧）技术是对于新建电站更为有效控制 CO_2 排放的路线之一。目前我国针对燃烧前 CO_2 捕集方面的研究进展主要集中在新型吸附剂的研究开发以及基于水合物的碳分离技术。其中，有望在热力学和动力学两方面提高 CO_2 分离性能的过渡金属吸附剂 ScPc、有机聚合物吸附剂 COPs 等先进吸附材料的研发以及基于水合物的 CO_2 吸收工艺的研究取得了相应的进展[254-257]。

截至"十二五"末，我国第一代 CCUS 技术已经具备了大规模示范的条件，并启动了华能、中石油、中石化、延长石油、神华等一批规模为 10 万 ~ 30 万吨的捕集、利用或封存的示范项目，达到了较好的碳排放控制效果，为实现工业级的大规模应用创造了良好的前提。

（二）移动源污染控制技术

近年来，移动源大气污染防治在控制传统 CO 和 HC 等单一污染物的基础上，进一步强化了对低温 HC 污染物的去除，对 NO_x 以及碳烟颗粒的协同控制；核心技术路线正逐步向适应我国油品和实际路况的高效机内净化以及后处理控制技术的精细化、集成化、系统化发展。

目前，我国船舶、工程机械等非道路移动源污染排放控制技术领域尚处于初级阶段。同时由于受到国内燃油品质较差、匹配控制技术水平较低、催化载体以及颗粒过滤材料技术不成熟等相关因素制约，移动源相应关键排放控制技术的研究突破和开发应用成为我国大气污染治理中亟待发展的重心。

1. 清洁燃料与替代技术

清洁燃料以及替代燃料的开发研究对移动源的减排有着重要意义。国内学者通过在柴油中加入纳米过渡稀土元素金属氧化物颗粒等燃油添加剂，改善燃油品质，在降低油耗的基础上可以降低发动机的 CO、PM、NO_x 等污染物排放[258, 259]，并采用制备 HPW/ZrO_2 等负载型催化剂[260]，WO_3/ZrO_2 固体超强酸[261]脱硫催化剂的方式脱除燃料中的含硫组分，结合超声强化后，氧化反应时间缩短，可显著降低燃油含硫量[262]，从而提高燃料油品，优化燃油缸内燃烧性能。目前，除了开发利用典型常规生物柴油（乙醇和生物柴油）外，已有葡萄糖水溶液乳化柴油[263]，DMF– 柴油混合燃料[264]等多种新型替代燃料。开展了微藻油脂合成[265]、酸性离子液体催化油酸酯化[262]、甲醇水相重整制氢、超临界甲醇醇解[266]等多种方式制备生物燃料的研究，分析多种因素对于生物柴油喷雾碰壁的影响[267]，探索不同生物燃料与柴油掺混后对燃烧过程的影响[268]，以求实现生物柴油经济性最优化，进而降低发动机污染物排放。

2. 机内处理技术

为满足更加严格的排放标准，高效率、低能耗、低排放发动机的研发是机动车及船舶工业发展的必然趋势。机内处理技术通过精确控制发动机工作过程、优化缸内燃烧过程，已成为发动机的重要改进方向之一。目前，降低内燃机 NO_x、PM 排放的机内技术主要包括缸内燃油直喷（GDI）、均质压燃技术（HCCI）以及废气再循环技术（EGR）等。

近年来结合柴油机电控技术的开发优化，缸内直喷技术（GDI）得到了长足发展。国内学者利用实验和仿真等手段研究汽油机直接喷油启动瞬变过程缸内混合气的混合和燃烧过程[269]，主动控制瞬变燃烧边界条件提高发动机启动条件[270]，降低污染物排放，为实现缸内直喷快速、高效和低排放的启动提供理论依据[271]。建立了直喷汽油机的模型，利用单循环采样系统研究 GDI 汽油机启动、暖机工况特殊条件下微粒生成过程基于循环的变换[272]，揭示了在启动的特殊条件下缸内直喷汽油机微粒形成、演化及排放机理[273]，实现了 GDI 汽油机分层控制及高 EGR 稀释的高效清洁燃烧方式[274]。同时，通过改造原有直喷汽油机为缸内直喷氢气预混式汽油机，发现有明显的动力提升，同时改善原机 HC 的排放[275]。结合直喷式和涡流室式柴油机的优点，利用伞状喷雾优化加速混合气形成[276]，通过喷雾、燃烧过程数值模拟和喷雾火焰结构分析的研究手段，揭示了燃烧系统涡流、湍流的空间和时间分布规律[277]，提供了降低柴油机 NO_x 和 PM 排放的新途径[278]。此外，还开展了均质压燃技术研究，针对 SI-HCCI 混合燃烧中特殊振荡等问题，通过单缸机实验、光学诊断测试等手段，探究了后期自燃过程的影响及诱发循环变动的关键因素[279,280]，分析了废气中残留的小分子碳氢组分和浓度[281]。采用重构新方法代替实测缸内压力信号[282]，研究了基于重构算法的 HCCI 燃烧反馈控制[283]。

柴油机燃油喷射雾化以及缸内机械过程优化对其燃烧和排放性能至关重要。研究者运用 PIV 结合 PLIF 技术测试近场液核区速度场和浓度场[284]，获取了喷雾的内部精细结构和剪切层非稳定性特征[285]，并运用两相流理论结合数值模拟进一步揭示了燃油喷射初次雾化机理[286]，优化了柴油机的燃烧以及排放性能。通过探测火焰中间体、主要产物的种类和浓度，提出了含颗粒混合气高温高压的化学反应机理[287]，结合化学实验，建立了改进和完善颗粒扩散、氧化与火焰传播相互影响的理论模型[288]，探索了强化柴油机碳烟缸内氧化的技术途径[289]。此外，通过仿真与实验研究了四气门发动机进气凸轮异角实时可调机构原理与动力学特性[290]，研究发现改变进气门升程差可实现对发动机缸内气体运动的调控组织[291]，进而实现对发动机燃烧性能、废气排放的全面优化[292]。同时，基于双尺度大涡模拟技术模拟了液体射流卷吸、亮相界面的相互作用，探索了湍流细节和往复机激励下冷却液传热机理[293]，解决了大功率船用柴油机活塞高效振荡冷却问题[294]。

在不损失发动机动力性的前提下，废气再循环技术（EGR）可以大幅降低机内 NO_x 生成从而降低排放。国内学者借助模拟计算和试验研究手段揭示分区 EGR 应用与时序分区燃烧过程中缸内化学氛围、热氛围能量迁移的演变规律[295]，确定了满足 EGR 分区条件下燃烧边界参数阈值范围[296]，提出了燃烧效率与有害排放协同优化准则控制下的扩展燃烧模式使用工况范围[297]。同时，将 EGR 技术与含氧燃料掺烧技术结合，可减小海拔上升导致的内燃机性能恶化程度[298]，同时解决加装 EGR 系统产生的与 NO_x 颗粒排放矛盾[299]。揭示了不同大气压力下、不同 EGR 率的生物柴油—乙醇—柴油（BED）燃料在高压共轨柴油机燃烧的变化规律，为柴油机在高原实现高效低污染的燃烧提供了理论依据[300]。通过研究 EGR 对火花点燃式甲醇发动机技术爆震抑制机理，建立了光学光速压缩机，通过采用激光粒子图像测速（PIV）技术以及高速摄影（CCD）等方法[301]，进一步揭示了 EGR 对爆震火核形成与发展的影响规律，在完善爆震理论的同时为高压缩比甲醇发动机技术的改进提供理论指导[302]。

3. 排放后处理技术

"十二五"以来，随着移动源相关法律的颁布实施以及环保标准的日益严格，移动源排放后处理技术得到进一步发展，主要包括颗粒物过滤技术（DPF）、选择性催化还原技术（SCR）、稀燃氮捕集技术（LNT）以及多污染物协同脱除技术等。目前，我国已在 DPF 再生技术、催化剂配方设计、热稳定性及抗中毒性能、催化剂涂覆工艺、催化载体及吸附材料研发、多场耦合技术等方面取得重大突破。为满足更高的排放要求，适用国 IV 和国 V 阶段的轻型柴油车的"EGR+DPF"技术，适用于中、重型柴油发动机的"燃烧优化 +SCR"和针对国 VI 阶段"EGR+DPF+SCR"技术路线等协同处理技术的研究也已逐步开展。

发动机颗粒物污染物控制技术得到大力发展，近年来我国主要针对柴油车源颗粒物生成以及排放特性、DPF 抗失效与再生问题以及多场协同作用等方面开展了机理研究。通过建立预混火焰激光测试试验平台以及激光炽光法（LII）[303, 304] 等方式开展了柴油燃烧碳烟形成和生长机理、柴油机一次颗粒排放特性以及大气条件下二次颗粒形成和一次颗粒老化的机理研究[305, 306]。同时，基于颗粒群平衡理论模拟的理论，建立了描述柴油燃烧碳烟颗粒群尺寸分布函数言表过程的颗粒群平衡方程，构建了直接模拟 Monte Carlo 算法的数值计算平台，并将已有化学反应机理与基于颗粒群平衡理论的碳烟模型进行了耦合[307, 308]。研究了不同特性的柴油机颗粒氧化反应动力学特性[309]，探索了 SOF 和干碳烟组分的协同氧化作用，开展了碳烟沉积特性[310] 以及热传递[311] 对再生性能影响规律的数值研究[311]，分析了再生过程的主要影响因素，为 DPF 再生优化提供实验和理论参考。同时，设计开发了非对称孔道微粒捕集器，通过建立沉积压降[312] 和热再生数学模型[313]，为 DPF 的抗堵塞优化研究提供了理论依据。此外，结合氧化催化剂（DOC）的 DPF 技术可以显著降低柴油机颗粒物排放[314]。研究发现通过添加 Mo、Ce 等过渡金属掺杂改性后[315, 316] 的 DOC 催化剂可大幅去除 PM 中的 SOF，从而进一步减少碳烟排放。基于被动再生的 DOC+DPF 的技术，对 DOC 要求越来越高，开发低贵金属和高抗热稳定性 DOC 配方技术已成为发展趋势。研究了结合 Ce-Mn 基[317] 等添加剂以及微波[318] 等多种复合再生方式，揭示了微粒捕集器复合再生与多场协同机理[319]、强化过滤体复合过程的传热传质以及燃烧反应等协同作用机制。同时，利用低温等离子体喷射（NTPI）协同 DPF 再生技术[320]，开展了低温等离子体技术对 NO_x 的转化规律[321]、柴油机浮碳的分解机理，以及协同纳米催化剂技术[322]的研究，采用激光拉曼光谱[323]、扫描电镜、热重分析[324]等分析处理前后的碳烟结构以及对碳烟沉积特性进行分析，为实现 DPF 高效再生提供了理论试验基础。自主研发的主动再生颗粒过滤器系统已成功应用于 ART 型柴油车，该系统通过 DOC 与 DPF，可捕获废气中的 HC、CO 和 PM，并可通过监控装置对排气系统进行在线监视；此外，利用 DOC 的氧化放热还可成功实现 DPF 再生。

移动源气态污染物中氮氧化物控制技术作为当前研究重点，正向适合我国路况的全工况脱硝、高效协同污染物控制等方向不断发展。移动源的选择性催化还原（SCR）脱硝技术在实际应用中考虑到 NH_3 的毒性、腐蚀性以及危险性，多采用尿素溶液（浓度为32.5%）代替氨气作为还原剂的尿素 SCR 技术（Urea-SCR）。Urea-SCR 技术将尿素水溶液作为还原剂 NH_3 的主要来源，尿素溶液的高分解率以及还原剂与尾气的充分混合成为关键问题。针对在实际应用中，柴油机尾气排烟温度波动较大，尿素热解率低，且易在尾部烟道产生尿素结晶等问题，采用高速摄影、可视化实验的方法，通过分析尿素喷射以及流场分布特性，探索了烟气温度[325]、喷嘴形式、喷射速率及压力[326]等对尿素分解效率的影响。同时对尿素溶液的喷雾特性与碰壁问题开展研究[327]，为移动源 Urea-SCR 系统的高效稳定运行奠定了基础。

在移动源 Urea-SCR 催化剂配方的优化改进研究中，通过 XPS、SEM、电子能谱等表征手段，探究了催化剂的构效关系，研究发现在低钒负载量的钒基催化剂中掺杂 Ce 不仅能够拓宽催化剂活性温度窗口[328]，还能促进催化剂表面氧的吸附，提升催化剂的抗硫特性[329]。此外，采用预混合滞止燃烧技术[330]、微波[331]等新型催化剂制备方式，合成高活性选择性的纳米催化剂取得较大进展。在非钒基 SCR 催化剂研究方面，Ce 具有良好的储氧能力和氧化还原能力，通过对催化剂载体的改进，实验研究发现掺杂 SiO_2 后，Ti 和 Si 混合载体的 CeO_2-WO_3/TiO_2 催化剂在低温时同样表现良好的反应活性[332]。同时在 Ce 基催化剂中掺杂 W[333]、Cu[334] 后，研究表明获得的催化剂均具有良好的低温活性。此外，Fe 基、Cu 基等催化剂也被发现在提高抗硫性能、拓宽活性温度窗口方面有独特的优势[335]。SSZ-13、ZSM-5 等沸石分子筛载体的使用提高了 Cu 基、Fe 基等催化剂 N_2 的选择性[336]和抗丙烯中毒能力[337]。针对船舶、工程机械等非道路移动源工况波动大、燃料含硫量高等特点，国内学者研究发现蜂窝状 SCR 催化剂[338]以及 Ce-Cu[339]等新型催化剂配方具有良好的低温和抗硫性能。同时，研究还发现沸石分子筛在低温段对 HNCO 水解生成氨也有良好的催化活性[340]，进而提高系统脱硝效率。除了传统的 NH_3（Urea）-SCR 技术外，国内学者对 HC-SCR、H_2-SCR 技术也展开了广泛的研究。通过实验比较发现 Mn、Co、Ni 取代的类钙钛矿催化剂在 H_2-SCR 表现良好的脱硝活性[341]，同时 Co 离子和 NO 的相互作用也被认为和富氧条件下 C_3H_8-SCR 的效率密切相关[342]。此外，利用密度泛函理论，计算发现 Ag 和 Al 间的相互作用在乙醇 SCR 过程起到关键作用[343]，为 HC-SCR 催化剂优化改性提供了理论基础。

近年来，高固含量和高流动性的分子筛涂层料液的制备技术，低钒 SCR 催化剂以及高水热稳定性、抗硫中毒性能的分子筛型 SCR 催化剂已在重型柴油车 SCR 处理系统中实现应用。同时，重型柴油机所需的大尺寸蜂窝陶瓷催化剂载体也已实现产业化生产。基于国内典型重型柴油机及尿素喷射系统开发了尿素喷射策略，通过对脱硝效果进行有效跟踪记录发行优化后的 Urea-SCR 系统完全可满足国 IV 排放法规要求。目前，我国船舶大气污染物控制尚处于初级阶段。针对沿海中小型船舶的 SCR 脱硝系统在拖网渔船（舟山浙普渔 68883 号）上成功应用，满足国际海事组织（IMO）制定的 Tier III 排放标准；针对大型船用低速机的 SCR 脱硝系统也已成功开发并即将投入应用。

针对以降低燃油消耗为目的的稀燃发动机氮氧化物排放问题，稀燃氮氧化物捕集器（Lean NO$_x$ Trap，LNT）技术通过对吸附和还原再生过程的合理搭配具有较高的催化转化效率，但其受温度、工况、燃料含硫量影响较大，尚须进一步研究。目前，国内学者对柴油机浓燃阶段产生的过量 H$_2$ 对 LNT 再生的影响展开研究[344]，建立了 LNT 催化器的 NO$_x$ 排放量、比油耗和 NO$_x$ 转化效率的人工神经网格（ANN）预测模型[345]，以及一维稀燃汽油机 LNT 模型与三维稀燃汽油机进气系统模型[346]，对稀燃发动机进行了优化和控制，考察了稀燃吸附还原催化器 LNT 的性能。目前，LNT 结合 DPF 等耦合技术已在机动车上实现产业化应用。

同时，针对汽油机排气特点开发的优化配方后的全 Pd 型三效催化剂，较同种发动机上的普通 Pd-Pt-Rh 三效催化剂可降低成本 50% 以上。通过对三效催化剂载体孔隙结构、物化性质的研究，获得了具有优异氧化还原和抗老化性能的以铈锆复合氧化物为载体的稀土基单 Pd 三效催化剂[346]。采用实验研究手段，探索了机油中磷对三效催化剂的中毒机理，为三效催化剂抗中毒优化研究提供了理论依据[347]。目前，开发的汽油车尾气低成本全 Pd 型三元催化剂具有更强的排放污染物的针对性，可严格满足国 VI 排放要求，并已成功实现工业化生产。

PM 和 NO$_x$ 污染物协同脱除技术的研究也逐渐引起了更多关注。国内学者在研究 A、B 位掺杂改性对 La$_2$NiO$_4$ 催化剂同时脱除 NO$_x$ 和 PM 性能的影响时发现氧气对于固（PM）—固（催化剂）—气（NO$_x$）反应具有重要的促进作用。研究了柴油机排气条件下钙钛矿型催化剂对 NO$_x$ 氧化反应和 NO$_x$-PM 反应的催化作用[348]，探究了 Mn、Ce、Cu、Bi 等金属元素掺杂对碳烟氧化性能的影响[349; 350]，建立了柴油机排气中 NO$_x$ 催化氧化反应及 NO$_x$-PM 反应中间产物的评价方法。此外，国内学者还广泛研究了低温等离子体（NTP）对柴油机碳烟和 NO$_x$ 的协同脱除作用[351]，并通过建立 NTP-NC 系统作用下的 NO$_x$ 和 PM 反应模型[352]，揭示了 NTP-NC 系统脱除 NO$_x$ 的催化机制及实现 PM 低温燃烧的作用机理[353]，为同时控制 NO$_x$ 和 PM 排放的技术发展提供了理论基础。

（三）面源及室内空气污染治理技术

1. 面源大气污染控制技术

近年来，随着大气污染集中攻坚行动的全面展开，面源大气污染受到政府和社会的广泛关注。面源大气污染是指由非固定点污染物排放造成的区域性大气污染，相比于点源污染其具有分散性、隐蔽性、随机性、广泛性和不易检测性，治理难度较大。针对面源污染的治理，目前我国已在煤改气及天然气锅炉低氮燃烧、生物质炉灶利用、餐饮业油烟分解、路面扬尘净化、农畜业氨排放控制等主要面源的污染物控制方面取得了一定进展。

目前我国城镇和广大农村地区在取暖和生活方面普遍采用的原煤散烧方式，是面源大气污染的主要来源之一。针对散烧煤污染新型炉灶、锅炉的研发应用并逐步扩大集中供暖、供热面积，加大"煤改气""煤改电"以及清洁煤等替代技术推进力度。通过对改气锅炉进行结构设计和燃烧器参数控制，获得优化的改气方案，提高了煤改气锅炉的运行效益[354]。同时，采用分级浓淡燃烧等技术，通过合理组织燃料和助燃空气的动力场对炉膛燃烧进行改造，研发了 NO_x 排放浓度低于 $100mg/m^3$ 的新型低氮燃气燃烧器[355]。

生物质清洁炉灶技术得到广泛关注，目前我国新型节能炉具市场呈现迅速增长趋势，中部和东部地区农村的节能减排取得显著成效。二次进风半气化燃烧是近年来采用较多的方式，通过气化燃烧和合理配风，可以实现清洁高效燃烧。通过分析不同种类生物质成型燃料的燃烧规律，设计制造的生物质炉具热效率显著提高[356]。另外，研究者利用有限元软件对燃烧炉进行模拟分析，计算进料速度等因素的优化匹配数据，对生物质颗粒燃烧炉结构进行了优化[357]。

针对餐饮油烟的净化处理，除了机械分离技术、普通过滤技术、静电沉积技术外，低温等离子技术、全动态离心油—气分离净化及节能等新型油烟净化技术得到了发展。采用催化臭氧氧化的技术，以 $Fe(OH)_3$ 作为催化剂，在酸性环境下以及氯离子的作用下和气象的有机挥发性物质发生反应，研究表明在190℃的条件下平均去除效率可达95%[358]。采用湿式介质阻挡放电协同处理的方法针对餐饮油烟种类多的问题提出气态污染物一体化净化方法，可在净化装置内同时进行废气中多种污染物的处理[359]。

地面尘土在风等外力作用下进入大气造成的扬尘是环境大气悬浮颗粒物的重要来源，目前主要治理技术包括纳膜抑尘技术、气雾抑尘技术等。纳膜抑尘采用多级滤波处理技术，将抑尘溶液和压缩空气充分搅拌，得到致密的液膜喷涂在固体材料上，具有良好的抑尘效果[360]。高压气雾降尘技术克服了传统降尘技术稳定性低、存在二次污染的缺点，节水性能良好，已在部分隧道、工地实现应用。通过对商用通风隧道内中性电解水测抑尘效果的研究，改变温度、湿度、流速等变量并调整布点位置，可有效降低粉尘浓度[361]。

对于畜牧业氨排放的控制，除了发展低氮饲料喂养技术，饲养房改造，对粪尿进行封闭储存等技术外，还构建了清洁养殖、农业生产、农村生活能源消耗、牧区牲畜粪便燃烧使用中大气污染物和温室气体减排控制技术体系，并在此体系的基础上开展了农业面源大气污染物减排关键技术定量评估体系研究和技术应用风险评价，筛选出适合于我国国情的最佳可行技术，弥补我国现有农村面源大气污染物控制技术系统的缺陷和不足。

2. 室内空气污染物净化技术

随着雾霾天气日益频繁，公众对室内空气质量的重视也日益加强。"十二五"期间，我国在室内空气净化技术方面开展了大量工作，在室内空气中的挥发性有机污染物

（VOCs）、超细颗粒物以及有毒有害微生物的防治方面取得了显著进展。

室内家具、建筑材料以及各种黏合剂持续释放的甲醛等挥发性有机污染物，是室内空气中 VOCs 的主要来源。近年来，低温下催化分解甲醛、苯等挥发性有机污染物的治理研究得到了迅速的发展。国内学者[362]所研制出的负载型贵金属催化剂，可在 170℃条件下实现苯系物的氧化分解。而在真空紫外光体系中以 MNO_x–TiO_2 复合催化剂取代 TiO_2 光催化剂，可使甲醛的转化率分别从 44.7% 提高到 77.5%[363]。此外，针对污染物停留时间短以及室内空气湿度高等问题，开发出了短时间内高效去除室内 VOCs 且抗湿性能优良的微孔 TiO_2 光催化剂[364]。在低温等离子体净化室内 VOCs 方面，典型循环"存储－放电"（cycled storage–discharge，CSD）等离子体可实现室温条件下所有湿度范围内甲醛和苯系物的完全氧化[365,366]。

室内空气中的超细颗粒物可深入人体内的呼吸道，是室内空气污染的另一主要来源。近年来，国内学者针对室内空气超细颗粒物开发出了高效空气过滤器（high efficiency particulate air，HEPA）和静电驻极体过滤器等除尘设备。研究表明，HEPA 对 0.1μm 和 0.3μm 颗粒物的脱除效率可达 99.99% 以上，是烟雾、灰尘以及细菌等污染物的高效过滤媒介。而静电驻极体过滤器可有效阻隔办公环境中粒径 0.1μm 的超细颗粒污染物[367]，在家庭及车载空调以及商用建筑领域（如鸟巢、北京饭店、首都机场三期）已获得广泛应用。

人口密集区域如医院、宾馆等公共场所的室内空气中聚集了大量有毒有害微生物，给人的健康带来很大的威胁。基于此，国内学者在分析明确室内有害微生物种类、污染特征及其动态行为的基础上，通过结构设计、界面／表面优化等方法，研制出了一系列新型高效抗菌／杀菌材料，并应用于中央空调和净化器中，在菌落数抑制上取得了显著的效果。除对传统空气净化器进行产品升级，众多研究者还开发出新型高中效空气过滤、高强度风管紫外线辐照和室内空气动态离子杀菌组合空气卫生工程技术等有害微生物净化新方法，均显示出优良的空气除菌效果。

三、国内外研究进展的比较

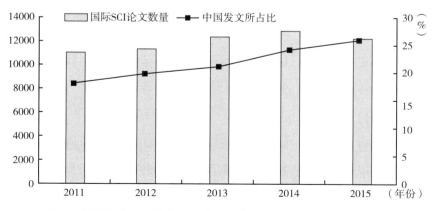

图 1　国际发表 SCI 论文量及我国所占百分比（2011—2015 年）

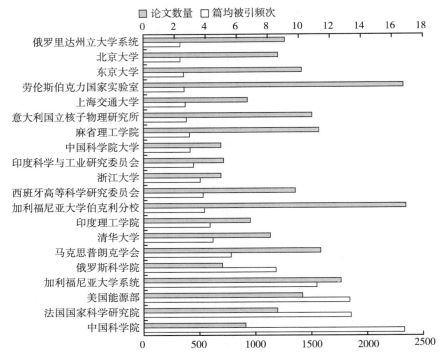

图 2　国际科研机构发表 SCI 论文量及篇均被引次数（2011—2015 年）

在 *Web of Science* 核心库中检索 2011—2015 年间大气污染治理技术研究的相关论文，历年发表文献数量及我国所占百分比如图 1 所示。可以看出，国际发表论文数随时间呈逐年增加趋势，这反映了大气污染治理领域的研究热度在不断增长。总体上来说，我国在过去 5 年间发表的 SCI 论文数占世界总论文数的百分比由 2011 年的 18% 提高到 2015 年的 26%，比例逐年上升，表明我国在大气污染治理相关领域的研究在国际占有重要地位。

进一步对各主要研究机构的 SCI 论文发表量及其篇均被引次数进行分析，由图 2 可知，国际大气污染治理方向发文量排名前三甲的研究机构依次为：中国科学院，法国国家科学研究院，美国能源部。国际排名前 20 的科研机构中，国内共有 6 所，其中中国科学院的 SCI 发文量居世界首位，清华大学、浙江大学、中国科学院大学、上海交通大学、北京大学分别位于第 7 位、第 11 位、第 13 位、第 16 位和第 19 位。

（一）工业源大气污染治理技术

1. 颗粒物治理技术

颗粒物控制一直是国内外环境学科的研究热点，研究内容涵盖从颗粒物源排放特征到颗粒物形成规律和二次转化；从颗粒物间相互作用到在外场作用下的聚并和长大；从颗粒物的单独脱除到颗粒物与其他污染物的共同脱除机制的研究。

近年来，欧美等发达国家的诸多研究机构侧重于生物质等可再生能源利用过程的源排放特征和颗粒物形成规律，如德国卡尔斯鲁厄理工学院、爱荷华州立大学、纽卡斯尔大学、西门子技术研发部等针对生物质燃烧过程颗粒物的生成与控制，提出了高温烟气静电净化方法[368-370]，并重点关注 SO_3 气溶胶的控制[371-374]；此外，在颗粒物捕集模型方面，新南威尔士大学、西安大略大学和克拉克森大学等建立了成套的颗粒动力学模型，尤其是在静电捕集模型方面较国内更为全面[410-412]。

国内近年来主要在煤燃烧过程 $PM_{2.5}$ 控制技术的基础研究和工程应用方面取得突破。获得了颗粒物在多场作用下的团聚长大规律，解决了高温电除尘器应用中遇到的一系列关键问题，电袋复合除尘和湿式静电除尘在燃煤电厂完成工程示范和推广应用，关键技术均已实现国产化，极大提升了我国环保产业的竞争力。

2. 硫氧化物治理技术

近年来，国外研究机构侧重于新型资源化脱硫及多种污染物协同脱除技术的研发，美国佐治亚州理工学院、阿克伦大学、哥伦比亚大学等对新型有机胺脱硫、离子液分离 SO_2 等开展了系列研究[375-378]。西班牙巴塞罗那自治大学、韩国庆熙大学、德国斯图加特大学、西班牙国家炭材料研究所、斯洛文尼亚 Stefan 研究所等对湿法烟气脱硫系统中汞的固化、再释放路径进行了研究[413-415]。半干法烟气脱硫在欧洲、南美等地区进一步推广应用[416,417]；美国、德国、新加坡等已制定 SO_3 排放标准，并在碱性吸收剂喷射吸收、半干法协同控制、低低温除尘器和湿式静电除尘器脱除 SO_3 方面取得一定进展[418,419]。

相对而言，国内学者主要侧重二氧化硫高效控制技术的研究，并取得了较大的突破，研发了系列脱硫增效关键技术，为 SO_2 超低排放提供了坚实基础；同时，新型资源化脱硫技术，如活性焦脱硫及有机胺脱硫技术实现了工程示范。SO_3 协同控制及监测研究已开展部分工作，研发了 SO_3 实时在线监测方法，但目前国内在 SO_3 排放、控制研究基础仍较为薄弱，未来还需进一步加强。

3. 氮氧化物治理技术

近年来，国外研究机构主要在新型低温 SCR 催化剂配方开发、反应机理及反应动力学探索、纳米材料的研究与应用等方面取得了重要进展。针对低温 SCR 催化剂的研究开发，国外学者发现过渡金属氧化物的添加[379-381]以及催化剂制备方法的改进[382-384]促进了组分间的相互作用，提高了催化剂低温活性，并通过暂态同位素示踪法结合原位红外方法[385]揭示了催化剂表面晶格氧对 NH_3 活化以及 NO 氧化的重要作用。针对 SCR 催化剂反应机理以及反应动力学的研究，国外学者建立了从宏观化学反应工程模拟到微观基元反应的全尺度计算模型。Tronconi、Bereta 等[386,387]模拟分析了宏观催化反应器内部的输运和化学反应过程，优化了反应器的设计；此外 Tronconi 等[388-390]利用第一性原理计算了催化剂组分的微观电子结构，并建立了反应动力学模型，详细研究了 SCR 的反应历程。随着对纳米粒子特性认识的加深和相关学科的发展，利用空间限域作用对组分粒子的维度、尺寸和催化特性进行有效控制已成为催化科学发展的重要方向。H_2TiO_3，Ti-Al 纳米管等作为一种优良的固体酸催化剂载体，Camposeco 等[391-393]将其应用于钒基 SCR 催化剂，研究发现，由于其本身特殊的纳米管状结构使得反应气体容易在纳米限域空间内聚集，同时其具有的高比表面积及丰富的表面酸性位点有效提高了催化剂的 SCR 脱硝活性。

国内学者[103, 110, 141, 420-422]从分子角度上揭示了催化剂碱金属 / 碱土金属 / 重金属 /SO_2、HCl 等酸性气体中毒机理，发现催化剂的酸碱性以及氧化还原性的强弱决定了催化活性、选择性以及抗中毒性能，并通过稀土金属氧化物、过渡金属氧化物以及类金属元素的掺杂改性提升了催化剂上述性能，开发了适合我国复杂多变煤质特性的高效抗中毒催化剂配方。

4. 汞等重金属治理技术

近年来，国内外汞等重金属排放控制技术研究内容主要涵盖从其源排放特征到迁移富集规律的研究，从汞等重金属的强化吸附到强化氧化原理的研究，并在活性炭喷射技术、改性飞灰吸附等专用脱汞技术，及基于常规污染物控制设备的重金属协同控制技术的开发上取得长足发展。

针对汞排放控制方面，国外学者主要关注活性炭改性、Hg^0 的氧化机理和光催化氧化等技术的研究。Morris[394]、Sun[395]等开展了新型改性活性炭和飞灰吸附剂的研究。研究揭示了 VO_x/TiO_2 催化剂催化 Hg 氧化的机理和规律、NH_3 SCR 中汞氧化的动力学机理[396]。TiO_2 及其改性催化剂的制备工艺、光照条件的研究也取得较大进展。在关注汞等重金属排放控制的同时，国外学者还重点研究了汞等痕量重金属在飞灰、脱硫石膏、废水废渣中的赋存形态和再释放特性，在提高重金属的环境稳定性方面进行了有益探索。

我国通过研究改性催化剂实现了汞的催化氧化，并开展了湿法烟气脱硫系统汞的再释放研究，在此基础上开发出了湿法高效脱硫及协同脱汞技术，可实现燃煤电厂汞的高效控制。在活性炭改性、飞灰改性等脱汞技术理论研究方面也取得一定发展，但在实际应用推广方面与国外还有一定差距。

5. 挥发性有机物（VOCs）治理技术

国外对 VOCs 治理的研究起步较早，治理技术较为成熟，已实现从原料到产品、从生产到消费的全过程减排。目前单项治理技术中的材料改性、反应机理是国外研究的热点，如用银离子交换改性处理沸石得到有良好抗菌性能的吸附材料[397]、研究确定光催化氧化过程中的中间产物[398]、研究微生物群落对生物技术脱除 VOCs 效率的影响[399]、探索等离子体处理有机物过程的反应机理[400]等。另外，国外研究者针对生物—光催化氧化技术、生物—吸附技术、吸附—光催化技术等组合治理工艺进行了大量研究，致力于降低 VOCs 处理过程中的二次污染和能耗、提高经济性[401]。

国内近年来在诸如活性炭吸附回收技术、催化燃烧技术、吸附—脱附—催化燃烧技术等主流治理技术方面取得了一定进展，但在广谱性 VOCs 氧化催化剂、疏水型的蜂窝沸石成型材料以及高强度活性炭纤维的研究方面需进一步加强。尽管我国有机废气治理技术种类繁多，但仍需加强针对不稳定负荷、高湿度、含硫、氮、氯等复杂工况的技术研究。针对生物技术、等离子体技术的应用研究有待加强，技术标准有待统一。此外，成熟可靠、成本较低的 VOCs 在线监测设备的开发也是亟待解决的重要课题。

6. 二噁英控制技术

与国外先进技术相比，我国在二噁英控制技术上尚有差距。在燃烧前处理方面，由于我国尚未完全实现垃圾分类，燃料燃烧前处理技术有待提高。芬兰等欧洲国家重视废物燃烧前处理技术，对垃圾进行了严格的分类，利用以混合城市生活垃圾为原料制成的 RDF（refuse derived fuel）和 SRF（solid recovered fuel），同时采用先进的破碎机，保证了燃料燃烧的充分性和均匀性，有效地控制了二噁英的生成。在燃烧后控制技术方面，国外基于活性炭 – 布袋联用（ACI+BF）已经开发出了双布袋控制技术系统，对二噁英脱除效率和活性炭利用率均有显著提高。此外，水泥窑协同处置固体废弃物技术在"十二五"期间虽已有所发展，但燃料替代率仍远远低于美国、欧洲等发达国家，美国的水泥厂及轻骨料厂用危险废物替代部分燃料可处理近 300 万吨危险废物，而在德国固体废物对燃料的替代率亦达到 35%。

7. 温室气体控制技术

与国外先进技术相比，我国在技术上的差距主要体现在吸收剂性能和大规模系统集成等方面，吸收剂性能包括捕集能耗、吸收剂消耗、长期运行的环境安全性等方面；就系统集成而言，国内尚缺乏大规模捕集工程涉及的系统改造和集成的设计经验，因此在工程数量以及规模上都与国外先进水平有不少的差距。因此，加强国际合作与交流，为我国同世界先进技术的交流与互相学习提供了平台。近些年来，我国同欧盟、英国、美国、澳大利亚、意大利等多个国家开展了多边的 CO_2 减排合作，例如中英近零排放项目（NZEC）、中美清洁能源研究中心—先进煤炭技术联盟（CERC-ACTC）、中澳清洁煤利用联合研究项目等、中欧 CO_2 TRIP 交流项目等。这些项目以及联合研究涵盖了化学吸收法、吸附法、膜分离法、富氧燃烧等众多 CO_2 捕集技术，在新一代低能耗的 CO_2 吸收剂和捕集材料的开发，研究并验证增压富氧燃烧、化学链燃烧等新型富氧燃烧技术等方面展开更加深入的理论分析和实验研究，实现碳捕集、利用与封存技术跨越进步。

（二）移动源大气污染治理技术

发达国家机动车排放控制技术经过数十年的发展，已从欧Ⅰ逐渐过渡到欧Ⅵ的超低排放标准，从气态污染物减排到气态污染物和颗粒物等多污染物系统控制，形成了后处理高效净化和车载诊断集成的智能控制体系。柴油机发展方向为高精度机内净化和后处理集成技术；汽油车发展方向为高效燃烧和超细颗粒物捕集技术，并进一步加强非常规污染物去除技术的研发，以满足欧六及以上的排放标准。此外，近年来欧美等发达国家调查发现机动车在实际运行情况下 NO_x 排放量与理论值尚有较大差别[402]，为此国外学者后续将开展实际行驶（real-driving emission, RDE）工况的研究，同时对已批准型号实施实际行驶排放检测。在船舶和非道路机械排放后处理技术上，逐步建立了与机动车趋同的技术体系。

我国机动车尾气排放标准体系基本沿用了欧盟标准，从国Ⅰ国Ⅱ阶段控制 CO 和 HC 污染物，到国Ⅲ阶段加强对 NO_x 控制，未来将发展超细颗粒物协同控制技术以达到满足国 VI 及以上排放标准的要求。核心技术逐渐从贵金属催化氧化 HC 技术，发展到能够同时还原 NO_x 的三效催化剂，捕集细颗粒物的过滤吸附技术。"十二五"期间我国学者还开展了汽油车高稳定耦合催化剂的研发，有望解决发动机冷启动排放难题[403-405]；研发的尿素选择性催化还原 NO_x 技术满足了重型柴油车尾气中氮氧化物排放标准，重型柴油车 SCR 脱硝技术开始步入产业化进程。

（三）面源及室内空气污染治理技术

1. 面源大气污染控制技术

国外在大气面源污染控制方面的研究起步较早，针对面源污染的发生机制、传播途径、污染效应等开展了大量的研究工作。欧美等发达国家在 20 世纪 80 年代就逐步淘汰了民用燃煤锅炉，目前燃气锅炉技术已经达到较为完善的水平。在清洁炉灶方面，欧洲的生物质成型炉具研究非常成熟，部分国家的生物质能源中约有 85% 用于家庭取暖。美国加州南岸空气质量管制区制定的法规中推荐使用催化氧化控制设备治理餐饮业油烟污染，且规定如果采用其他设备，对 PM 和 VOCs 的去除效率必须高于催化氧化控制设备[362]。关于农业畜牧业氨排放控制，国外的研究已经较为成熟，除了对减排模型和整体控制的研究，也对单个污染物的排放情况和减排技术进行了相关探讨[408]。与发达国家相比，我国在大气面源污染治理方面仍有欠缺，在散烧煤治理、生物质灶具、餐饮业油烟、农业氨排放等方面有待深入研究。

2. 室内空气污染物净化技术

在欧美等发达国家，室内空气污染物的治理已经相当成熟，空气净化器的家庭拥有率已经达到 50% 以上。美国科学家将高效空气过滤器（high efficiency particulate air，HEPA）成功应用于空气净化器上；日本学者研发的等离子体技术以及近年来发展的光催化、紫外线等净化技术，可以更高效的脱除多种室内空气污染物。

"十二五"以来，针对室内空气污染物的去除，我国学者进行了新型高效、低成本室内空气净化产品和相关技术的研制和开发，并实现了相关技术的产业化应用。针对不同浓度或组分的室内空气污染物，采用多种复合技术对室内空气进行净化，可实现室内空气污染物的完全消除。鉴于现有空气净化技术的优缺点，采用复合净化材料和集合多种净化技术的空气净化器、净化功能空调与新风系统，将成为室内空气净化装置未来发展的新趋势。

四、我国大气污染治理技术的发展趋势展望

经济新常态下我国经济结构和能源结构调整力度不断加大，燃煤、冶金、建材等行业节能减排要求不断增强，清洁能源利用比例不断提升，但污染排放总量仍然较大；交通运输规模持续增大，必须不断提高移动源的排放控制水平，降低其污染物排放负荷；面源污染物排放也不容忽视。要实现空气质量的明显改善，需确保上述主要污染源大气污染物排

放量的大幅削减。

针对当前我国大气污染减排形势和应对全球气候挑战需要，亟须加强燃煤、冶金、建材、化工等重点工业行业大气污染物全过程深度减排与协同控制技术研发，并提升温室气体协同减排的技术水平；针对移动源污染减排的技术需求，研究油品质量、机内调整与机外净化的相互关联，重点突破满足新阶段控制标准的机动车、船舶、工程机械等尾气净化关键及集成技术。同时，与新一轮的信息技术、生物技术、新能源技术、新材料技术等交叉融合，也为大气污染治理新技术和新工艺的研发提供了新机遇。

（1）工业源大气污染治理方面。颗粒物控制方面，需进一步加强可凝结颗粒物的转化与控制研究、多种污染物控制中颗粒物的高效协同控制研究、高温除尘节能与增效基础及应用研究，以及开发适应于超低浓度颗粒物的精确测量方法与仪器等；在工程应用中，进一步加强低成本、高可靠性除尘设备研发，在高效滤料、耐腐蚀极板材料等关键部件研发方面加强投入。

硫氧化物控制方面，亟须进一步提升各项技术的 SO_2 脱除效率，开发超高效烟气脱硫技术，推动脱硫副产物高效利用，强化可再生资源化脱硫技术的研究并开展示范，同时不断将高效脱硫技术由燃煤电厂向其他行业拓展，提升其适应性与稳定性。此外，还需完善 SO_3 生成及控制机理研究，解决 SO_3 检测难题，开发 SO_3 协同控制及高效脱除技术等。

氮氧化物控制方面，重点加强适合于钢铁烧结烟气的中低温 SCR 脱硝技术及脱硝协同降解二噁英类技术研发，以及水泥、玻璃和陶瓷等建材行业高尘高碱工况烟气脱硝技术的研发等。

汞等重金属控制方面，需进一步研究燃煤、冶炼过程汞等重金属生成控制与末端协同高效脱除技术，重点突破燃煤烟气重金属迁移调控与稳定化技术，及有色烟气多种重金属协同控制、高浓度重金属资源化回收技术等。

挥发性有机物控制方面，需进一步加强高浓度 VOCs 回收技术、针对不稳定负荷、高湿度、含硫、含氯、含氮等复杂工况的废气处理技术研究，及高效吸附材料与广谱性 VOCs 氧化催化剂研究，重点突破吸收、等离子体强化、催化氧化、生物处理、蓄热燃烧、吸附回收及资源化利用等 VOCs 深度治理技术。

二噁英控制方面，需进一步开发高效廉价的催化剂、吸附剂、抑制剂，及高效燃烧前处理技术，重点突破多途径耦合催化、吸附和抑制技术，全面有效地实控制二噁英的生成和排放。

温室气体控制方面，针对 CO_2 捕集技术发展需求，重点开发新一代低能耗的 CO_2 吸收剂和捕集材料，研究并验证增压富氧燃烧、化学链燃烧等新型富氧燃烧技术。

（2）移动源大气污染治理技术。机动车污染控制方面，针对柴油车污染控制，重点攻克宽温度窗口、高耐热性能新型 NO_x 选择性还原催化材料核心技术，开发高热稳定性、超低膨胀 DPF 材质及组件，实现对超细 PM 的高效捕集；针对汽油车污染控制，重点研发燃油蒸发控制、直喷汽油机颗粒物捕集器、高耐热稳定新型密耦催化剂及其匹配和集成技术，突破替代燃料车高效 HC 吸附与催化燃烧、HC 与 NO_x 协同净化及非常规污染物净化等新技术。

船舶、非道路机械污染控制方面，针对船用柴油机排气控制，在燃油品质提升的基础上，通过机内调整措施有效降低船用发动机颗粒物排放，重点开展船舶尾气后处理净化关键技术研究，开发耐硫性强与防颗粒物覆盖性能优异的 SCR 催化剂，突破尾气后处理与发动机匹配控制技术，实现 NO_x 高效净化；针对非道路机械污染控制，重点研发工程机械用柴油机及非道路通用汽油机缸内燃烧优化及尾气排放控制技术，突破高效耐久催化转化器和颗粒物捕集器及再生等关键技术。

（3）面源及室内空气污染净化技术。针对面源污染源多元化的排放特征，重点研究适用于分散式煤烟控制的民用清洁燃炉（含天然气、沼气）和节能环保技术，新型油烟分离净化技术与设备，突破生物质开放式燃烧技术瓶颈，开发生物质资源与能源化利用关键技术与设备，开发各类扬尘适用控制技术，选择典型区域示范应用农业面源与畜禽养殖排放等控制技术与产品，形成面污染源综合控制方案和技术体系。

针对治理室内与密闭空间空气污染、消除健康风险的需求，重点研究室内 VOCs 和细颗粒物等净化技术，有毒有害微生物控制技术；研制关键集成技术、高效净化设备与防护产品，突破室内亚微米颗粒（$PM_{1.0}$）、半挥发性有机物（SVOCs）、气固二次污染物治理技术等。

—— 参考文献 ——

［1］沙东辉. 细颗粒物运动特性的显微可视化研究［D］. 浙江大学，2015.

［2］CHANG Q，ZHENG C，GAO X，et al. Systematic Approach to Optimization of Submicron Particle Agglomeration Using Ionic-Wind-Assisted Pre-charge［J］. Aerosol and Air Quality Research，in press.

［3］张光学，刘建忠，王洁，等. 声波团聚中尾流效应的理论研究［J］. 高校化学工程学报，2013（02）：199-204.

［4］颜金培，陈立奇，杨林军. 燃煤细颗粒在过饱和氛围下声波团聚脱除的实验研究［J］. 化工学报，2014（08）：3243-3249.

［5］刘勇，赵汶，刘瑞，等. 化学团聚促进电除尘脱除 $PM_{2.5}$ 的实验研究［J］. 化工学报，2014（09）：3609-3616.

［6］洪亮，王礼鹏，祁慧，等. 细颗粒物团聚性能实验研究［J］. 热力发电，2014（09）：124-128.

［7］凡凤仙，张明俊. 蒸汽相变凝结对 $PM_{2.5}$ 粒径分布的影响［J］. 煤炭学报，2013（04）：694-699.

［8］王翱，宋蔷，姚强. 脱硫塔内单液滴捕集颗粒物的数值模拟［J］. 工程热物理学报，2014（09）：1889-1893.

［9］雷盼灵，曾庆军，陈峰. 静电除尘用新型脉冲高压电源研究［J］. 科学技术与工程，2014（31）：225-230.

［10］朱翔. 用于电除尘器的直流叠加高频脉冲电源的研究［D］. 北京交通大学，2011.

［11］樊兴超. 直流—交流交替式高压静电除尘技术的研究［D］. 北京交通大学，2014.

［12］ 樊兴超，姜学东，王娜．电除尘器电源交流分量对 PM_（2.5）等细微颗粒物除尘效率的影响［J］．环境工程学报，2014（03）：1145-1149.

［13］ 熊国喜．基于 DSP 控制的静电除尘三相电源研究［D］．华南理工大学，2011.

［14］ 姚伟．基于粉尘比电阻值分析的静电除尘器运行优化系统设计［D］．浙江大学，2011.

［15］ XU X, GAO X, YAN P, et al. Particle migration and collection in a high-temperature electrostatic precipitator［J］. Separation and Purification Technology，2015：184-191.

［16］ XIAO G, WANG X, YANG G, et al. An experimental investigation of electrostatic precipitation in a wire-cylinder configuration at high temperatures［J］. Powder Technology，2015：166-177.

［17］ 靳星，李水清，杨萌萌，等．高压电场内细颗粒堆积机理研究［J］．工程热物理学报，2012（03）：533-536.

［18］ 涂扬赓，宋蔷，涂功铭，等．孔板对复合电袋除尘器静电除尘性能影响的实验研究［J］．中国电机工程学报，2013（17）：51-56.

［19］ LONG Z, YAO Q. Numerical simulation of the flow and the collection mechanism inside a scale hybrid particulate collector［J］. Powder Technology，2012：26-37.

［20］ 冯壮波，龙正伟．复合式静电除尘器滤料表面的电势特性［J］．高电压技术，2014（06）：1717-1723.

［21］ 龙正伟．复合式电袋除尘器数值模拟研究［D］．清华大学，2010.

［22］ 万益，黄薇薇，郑成航，等．湿式静电除尘器喷嘴特性［J］．浙江大学学报（工学版），2015（02）：336-343.

［23］ XU Z, ZHAO H. Simultaneous measurement of internal and external properties of nanoparticles in flame based on thermophoresis［J］. Combustion and Flame，2015（5）：2200-2213.

［24］ ANIMASAUN I L. Effects of thermophoresis，variable viscosity and thermal conductivity on free convective heat and mass transfer of non-darcian MHD dissipative Casson fluid flow with suction and order of chemical reaction［J］. Journal of the Nigerian Mathematical Society，2015（1）：11-31.

［25］ 王惠挺．钙基湿法烟气脱硫增效关键技术研究［D］．浙江大学，2013.

［26］ 陈余土．湿法脱硫添加剂促进石灰石溶解以及强化 SO_2 吸收的实验研究［D］．浙江大学，2013.

［27］ 缪明烽．湿法脱硫中石灰石溶解特性的模型及实验研究［J］．环境工程学报，2011（01）：179-183.

［28］ 王宏霞．烟气脱硫石膏中杂质离子对其结构与性能的影响［D］．中国建筑材料科学研究总院，2012.

［29］ 邬成贤，郑成航，张军，等．脱硫浆液中组分扩散及 SO_2 溶解的分子动力学研究［J］．环境科学学报，2014（11）：2904-2910.

［30］ 邬成贤．湿法烟气脱硫中传质吸收强化的分子动力学研究［D］．浙江大学，2014.

［31］ 付海陆．氯化钙溶液中亚硫酸钙和硫酸钙相变与结晶转化［D］．浙江大学，2013.

［32］ SUI J C, SONG J, FAN J G, et al. Modelling and experimental study of mass transfer characteristics of SO_2 in sieve tray WFGD absorber［J］. Journal of the Energy Institute，2012（3）：176-181.

［33］ GAO H L, LI C T, ZENG G M, et al. Flue gas desulphurization based on limestone-gypsum with a novel wet-type PCF device［J］. Separation and Purification Technology，2011（3）：253-260.

［34］ WANG Z T. Experimental Investigation on Wet Flue Gas Desulfurization with Electrostatically-Assisted Twin-Fluid Atomization［J］. Environmental Engineering and Management Journal，2013（9）：1861-1867.

［35］ ZHENG C H, XU C R, GAO X, et al. Simultaneous Absorption of NOx and SO_2 in Oxidant-Enhanced Limestone Slurry［J］. Environmental Progress & Sustainable Energy，2014（4）：1171-1179.

［36］ ZHENG C H, XU C R, ZHANG Y X, et al. Nitrogen oxide absorption and nitrite/nitrate formation in limestone slurry for WFGD system［J］. Applied Energy，2014：187-194.

［37］ ZHAO Y, GUO T X, CHEN Z Y. Experimental Study on Simultaneous Desulfurization and Denitrification from Flue Gas with Composite Absorbent［J］. Environmental Progress & Sustainable Energy，2011（2）：216-220.

［38］ 许昌日．燃煤烟气 NO_x/SO_2 一体化强化吸收试验研究［D］．浙江大学，2014.

［39］LI Y R, QI H Y, WANG J. SO$_2$ capture and attrition characteristics of a CaO/bio-based sorbent［J］. Fuel, 2012（1）: 258-263.

［40］孟月. 循环流化床脱硫增效技术的研究［D］. 华北电力大学, 2014.

［41］李锦时, 朱卫兵, 周金哲, 等. 喷雾干燥半干法烟气脱硫效率主要影响因素的实验研究［J］. 化工学报, 2014（02）: 724-730.

［42］高鹏飞. 粉—粒喷动床内颗粒流动特性的 PIV 实验及数值模拟［D］. 西北大学, 2013.

［43］王长江. 喷动床反应器内循环特性试验研究［D］. 哈尔滨工业大学, 2012.

［44］卢熙宁, 宋存义, 童震松, 等. 密相塔半干法烟气脱硫塔内加湿降温及其对脱硫效率的影响［J］. 环境工程学报, 2015（06）: 2955-2962.

［45］黄永海. 密相半干法脱硫工艺中加湿问题的实验研究［D］. 内蒙古科技大学, 2015.

［46］韩颖慧. 基于多元复合活性吸收剂的烟气 CFB 同时脱硫脱硝研究［D］. 华北电力大学, 2012.

［47］刘洋. 半干法烟气脱硫压力式雾化喷嘴特性研究［D］. 哈尔滨工业大学, 2014.

［48］龚明. 粉—粒喷动床半干法烟气脱硫多相传递、反应特性与多尺度效应数值模拟研究［D］. 西北大学, 2011.

［49］高金龙. 半干法脱硫系统反应器内固体颗粒浓度分布的测量与优化［D］. 浙江大学, 2013.

［50］XIE J, ZHONG W Q, JIN B S, et al. Three-Dimensional Eulerian-Eulerian Modeling of Gaseous Pollutant Emissions from Circulating Fluidized-Bed Combustors［J］. Energy & Fuels, 2014（8）: 5523-5533.

［51］TANG Q, WANG Q, CUI P F, et al. Numerical simulation of flue gas desulfurization characteristics in CFB with bypass ducts［J］. Process Safety and Environmental Protection, 2013（5）: 386-390.

［52］LI Y R, LI F, QI H Y. Numerical and experimental investigation of the effects of impinging streams to enhance Ca-based sorbent capture of SO$_2$［J］. Chemical Engineering Journal, 2012: 188-197.

［53］ZHOU Y G, PENG J, ZHU X, et al. Hydrodynamics of gas-solid flow in the circulating fluidized bed reactor for dry flue gas desulfurization［J］. Powder Technology, 2011（1-3）: 208-216.

［54］ZHANG J, YOU C F, CHEN C H. Effect of Internal Structure on Flue Gas Desulfurization with Rapidly Hydrated Sorbent in a Circulating Fluidized Bed at Moderate Temperatures［J］. Industrial & Engineering Chemistry Research, 2010（22）: 11464-11470.

［55］CHANG G Q, SONG C Y, WANG L. A modeling and experimental study of flue gas desulfurization in a dense phase tower［J］. Journal of Hazardous Materials, 2011（1-2）: 134-140.

［56］WANG X, LI Y J, ZHU T Y, et al. Simulation of the heterogeneous semi-dry flue gas desulfurization in a pilot CFB riser using the two-fluid model［J］. Chemical Engineering Journal, 2015: 479-486.

［57］YU G B, CHEN J H, LI J R, et al. Analysis of SO$_2$ and NOx Emissions Using Two-Fluid Method Coupled with Eddy Dissipation Concept Reaction Submodel in Circulating Fluidized Bed Combustors［J］. Energy & Fuels, 2014（3）: 2227-2235.

［58］WANG S, CHEN J H, LIU G D, et al. Predictions of coal combustion and desulfurization in a CFB riser reactor by kinetic theory of granular mixture with unequal granular temperature［J］. Fuel Processing Technology, 2014: 163-172.

［59］LI Y, YOU C F. Experimental and model investigation on the mass balance of a dry circulating fluidized bed for flue gas desulfurization system［J］. Korean Journal of Chemical Engineering, 2011（9）: 1956-1963.

［60］张振, 王涛, 马春元, 等. 低氧快速热解过程中氧气体积分数对活性焦孔隙结构的影响［J］. 煤炭学报, 2014（10）: 2107-2113.

［61］ZUO Y R, YI H H, TANG X L, et al. Study on active coke-based adsorbents for SO$_2$ removal in flue gas［J］. Journal of Chemical Technology and Biotechnology, 2015（10）: 1876-1885.

［62］孙飞. 活性焦纳孔结构中 S 吸附、转化与迁移机制［D］. 哈尔滨工业大学, 2012.

［63］朱惠峰. 活性焦的制备及其烟气脱硫的实验研究［D］. 南京理工大学, 2011.

［64］ ZHANG X Y，ZHENG X R，HAN P，et al. Effects of ultrasound on the desulfurization performance of hot coal gas over Zn-Mn-Cu supported on semi-coke sorbent prepared by high-pressure impregnation method［J］. Journal of Energy Chemistry，2015（3）：291-298.

［65］ GUO J X，QU Y F，SHU S，et al. Effects of preparation conditions on Mn-based activated carbon catalysts for desulfurization［J］. New Journal of Chemistry，2015（8）：5997-6015.

［66］ GUO J X，PENG J F，CHEN J，et al. Study of Titanium Ore Blended into Activated Carbon from Walnut Shell for Desulfurization［J］. Fresenius Environmental Bulletin，2014（1a）：297-305.

［67］ YAN Z，LIU L L，ZHANG Y L，et al. Activated Semi-coke in SO_2 Removal from Flue Gas：Selection of Activation Methodology and Desulfurization Mechanism Study［J］. Energy & Fuels，2013（6）：3080-3089.

［68］ SUN F，GAO J H，ZHU Y W，et al. Adsorption of SO_2 by typical carbonaceous material：a comparative study of carbon nanotubes and activated carbons［J］. Adsorption-Journal of the International Adsorption Society，2013（5）：959-966.

［69］ 杨丹妮，郝先鹏，刘一天，等. V_2O_5 共混制备改性活性焦的脱硫性能及机理［J］. 环境工程学报，2015（04）：1916-1920.

［70］ 李兵，蒋海涛，张立强，等. 微波加热改性活性炭及其对 SO_2 吸附性能的影响［J］. 中国电机工程学报，2012（29）：45-51.

［71］ 张立强，蒋海涛，李兵，等. 微波辐照再生载硫活性炭的机理及其动力学［J］. 煤炭学报，2012（11）：1920-1924.

［72］ 张立强，崔琳，王志强，等. 微波再生对活性炭循环吸附 SO_2 的影响［J］. 燃料化学学报，2014（07）：890-896.

［73］ WANG S J，ZHU P，ZHANG G，et al. Numerical simulation research of flow field in ammonia-based wet flue gas desulfurization tower［J］. Journal of the Energy Institute，2015（3）：284-291.

［74］ 张英. 单塔氨法脱硫"氨逃逸"控制研究［D］. 武汉科技大学，2014.

［75］ 李立清，张纯，黄贵杰，等. 多组分颗粒轨道模型氨法脱硫过程仿真研究［J］. 中国电机工程学报，2014（32）：5741-5749.

［76］ 贾勇，柏家串，钟秦. 氨法脱硫工艺 S（IV）氧化动力学模型研究［J］. 环境科学学报，2014（08）：1954-1960.

［77］ 刘广林. 氨法烟气脱硫塔内气液流场及过程的数值模拟［D］. 东北电力大学，2012.

［78］ 颜金培，杨林军，沈湘林. 氨法脱硫烟气中气溶胶凝结脱除动力学［J］. 中国电机工程学报，2011（29）：41-47.

［79］ 郭少鹏. 湿式氨法烟气脱硫及结合臭氧氧化实现同时脱硫脱硝的研究［D］. 华东理工大学，2015.

［80］ SUN S Y，NIU Y X，GAO F，et al. Solubility Properties and Spectral Characterization of Dilute SO_2 in Binary Mixtures of Urea plus Ethylene Glycol［J］. Journal of Chemical and Engineering Data，2015（1）：161-170.

［81］ WEI F Y，HE Y，XUE P，et al. Mass Transfer Performance for Low SO_2 Absorption into Aqueous N,N '-Bis（2-hydroxypropyl）piperazine Solution in a theta-Ring Packed Column［J］. Industrial & Engineering Chemistry Research，2014（11）：4462-4468.

［82］ ZHANG N，ZHANG J B，ZHANG Y F，et al. Solubility and Henry's law constant of sulfur dioxide in aqueous polyethylene glycol 300 solution at different temperatures and pressures［J］. Fluid Phase Equilibria，2013：9-16.

［83］ DENG R P，JIA L S，SONG Q Q，et al. Reversible absorption of SO_2 by amino acid aqueous solutions［J］. Journal of Hazardous Materials，2012：398-403.

［84］ DENG R P，JIA L S. Reversible removal of SO_2 at low temperature by L-alpha-alanine supported on gamma-Al2O3［J］. Fuel，2012（1）：385-390.

［85］ 张宇. 有机胺在填料塔内对 SO_2 的吸收 / 解吸及传质性能研究［D］. 合肥工业大学，2014.

［86］ 陈锋. 低浓度 SO_2 烟气有机胺脱硫及再生研究［D］. 中南大学，2013.

［87］ WANG Z Q, HUAN Q C, QI C L, et al. Study on the Removal of Coal Smoke SO₃ with CaO［J］. 2011 2nd International Conference on Advances in Energy Engineering（Icaee）, 2012：1911-1917.

［88］ 王志强, 王旭江, 马春元, 等. 利用天然碱有效脱除烟气三氧化硫的装置及工艺, CN103055684A［P/OL］. 2013-04-24.

［89］ CHANG J C, DONG Y, WANG Z Q, et al. Removal of sulfuric acid aerosol in a wet electrostatic precipitator with single terylene or polypropylene collection electrodes［J］. Journal of Aerosol Science, 2011（8）：544-554.

［90］ QI L Q, YUAN Y T. Influence of SO₃ in flue gas on electrostatic precipitability of high-alumina coal fly ash from a power plant in China［J］. Powder Technology, 2013：163-167.

［91］ 张悠. 烟气中 SO₃ 测试技术及其应用研究［D］. 浙江大学, 2013.

［92］ 肖琨, 张建文, 乌晓江. 空气分级低氮燃烧改造技术对锅炉汽温特性影响研究［R］. 中国动力工程学会锅炉专业委员会 2012 年学术研讨会论文集. 2012.

［93］ 朱懿灏. 空气分级低 NOx 燃烧技术在电厂的工程应用［D］. 北京：清华大学, 2013.

［94］ 王雪彩, 孙树翁, 李明. 600MW 墙式对冲锅炉低氮燃烧技术改造的数值模拟［J］. 中国电机工程学报, 2015（7）：1689-1696.

［95］ 张长乐, 盛赵宝, 宗青松. 水泥窑分级燃烧脱硝技术优化效果分析；proceedings of the 中国水泥技术年会暨第十五届全国水泥技术交流大会论文, F, 2013［C］.

［96］ 杨梅. 循环流化床烟气 SNCR 脱硝机理和实验研究［D］. 上海：上海交通大学, 2014.

［97］ 李穹. SNCR 脱硝特性的模拟与优化［J］. 化工学报, 2013（5）：1789-1796.

［98］ 秦亚男. SNCR-SCR 耦合脱硝中还原剂的分布特性研究［D］. 杭州：浙江大学, 2015.

［99］ ZHAO D, TANG L, SHAO X, et al.：Successful Design and Application of SNCR Parallel to Combustion Modification, QI H, ZHAO B, editor, Cleaner Combustion and Sustainable World：Springer Berlin Heidelberg, 2013：299-304.

［100］ 高翔, 骆仲泱, 岑可法. 燃煤烟气 SCR 脱硝技术装备的喷氨混合装置：中国专利, CN 201586480 U［P/OL］.

［101］ 高翔, 骆仲泱, 岑可法. 一种用于 SCR 烟气脱硝装置的 V 型喷氨混合系统：中国专利, CN 202778237 U［P/OL］.

［102］ DU X S, GAO X, HU W S, et al. Catalyst Design Based on DFT Calculations：Metal Oxide Catalysts for Gas Phase NO Reduction［J］. Journal of Physical Chemistry C, 2014（25）：13617-13622.

［103］ 杜学森. 钛基 SCR 脱硝催化剂中毒失活及抗中毒机理的实验和分子模拟研究［D］. 杭州：浙江大学, 2014.

［104］ CHEN L, LI J H, GE M F. The poisoning effect of alkali metals doping over nano V₂O₅-WO₃/TiO₂ catalysts on selective catalytic reduction of NOx by NH₃［J］. Chemical Engineering Journal, 2011（2-3）：531-537.

［105］ 沈伯雄, 熊丽仙, 刘亭. 负载型 V₂O₅-WO₃/TiO₂ 催化剂的砷中毒研究［J］. 燃料化学学报, 2011（11）：856-859.

［106］ DU X S, GAO X, QU R Y, et al. The Influence of Alkali Metals on the Ce-Ti Mixed Oxide Catalyst for the Selective Catalytic Reduction of NOₓ［J］. Chemcatchem, 2012（12）：2075-2081.

［107］ PENG Y, LI J H, HUANG X, et al. Deactivation Mechanism of Potassium on the V₂O₅/CeO₂ Catalysts for SCR Reaction：Acidity, Reducibility and Adsorbed-NOₓ［J］. Environmental Science & Technology, 2014（8）：4515-4520.

［108］ PENG Y, QU R Y, ZHANG X Y, et al. The relationship between structure and activity of MoO₃-CeO₂ catalysts for NO removal：influences of acidity and reducibility［J］. Chemical Communications, 2013（55）：6215-6217.

［109］ PENG Y, WANG C Z, LI J H. Structure-activity relationship of VOx/CeO₂ nanorod for NO removal with ammonia［J］. Applied Catalysis B-Environmental, 2014：538-546.

［110］ CHANG H Z, LI J H, SU W K, et al. A novel mechanism for poisoning of metal oxide SCR catalysts：base-acid explanation correlated with redox properties［J］. Chemical Communications，2014（70）：10031–10034.

［111］ DU X S，GAO X，FU Y C，et al. The co–effect of Sb and Nb on the SCR performance of the V_2O_5/TiO_2 catalyst［J］. Journal of Colloid and Interface Science，2012：406–412.

［112］ GAO S，WANG P L，CHEN X B，et al. Enhanced alkali resistance of CeO_2/SO_4^{2-} –ZrO_2 catalyst in selective catalytic reduction of NOx by ammonia［J］. Catalysis Communications，2014：223–226.

［113］ 俞晋频. 改性 SCR 催化剂汞氧化试验研究［D］. 杭州：浙江大学，2015.

［114］ DU X S，GAO X，CUI L W，et al. Experimental and theoretical studies on the influence of water vapor on the performance of a Ce–Cu–Ti oxide SCR catalyst［J］. Applied Surface Science，2013：370–376.

［115］ DU X S，GAO X，CUI L W，et al. Investigation of the effect of Cu addition on the SO_2–resistance of a Ce–Ti oxide catalyst for selective catalytic reduction of NO with NH_3［J］. Fuel，2012（1）：49–55.

［116］ CHEN L，WENG D，SI Z C，et al. Synergistic effect between ceria and tungsten oxide on WO_3–CeO_2–TiO_2 catalysts for NH_3–SCR reaction［J］. Progress in Natural Science–Materials International，2012（4）：265–272.

［117］ SHAN W P，LIU F D，HE H，et al. A superior Ce–W–Ti mixed oxide catalyst for the selective catalytic reduction of NOx with NH3［J］. Applied Catalysis B–Environmental，2012：100–106.

［118］ JIANG Y，XING Z M，WANG X C，et al. Activity and characterization of a Ce–W–Ti oxide catalyst prepared by a single step sol–gel method for selective catalytic reduction of NO with NH_3［J］. Fuel，2015：124–129.

［119］ LI X，LI Y. Selective Catalytic Reduction of NO with NH_3 over Ce–Mo–Ox Catalyst［J］. Catalysis Letters，2014（1）：165–171.

［120］ LIU Z M，ZHANG S X，LI J H，et al. Promoting effect of MoO_3 on the NOx reduction by NH_3 over CeO_2/TiO_2 catalyst studied with in situ DRIFTS［J］. Applied Catalysis B–Environmental，2014：90–95.

［121］ QU R Y，GAO X，CEN K F，et al. Relationship between structure and performance of a novel cerium–niobium binary oxide catalyst for selective catalytic reduction of NO with NH_3［J］. Applied Catalysis B–Environmental，2013：290–297.

［122］ CHANG H Z，LI J H，CHEN X Y，et al. Effect of Sn on MNOx–CeO_2 catalyst for SCR of NOx by ammonia：Enhancement of activity and remarkable resistance to SO_2［J］. Catalysis Communications，2012：54–57.

［123］ CHANG H Z，CHEN X Y，LI J H，et al. Improvement of Activity and SO_2 Tolerance of Sn–Modified MNOx–CeO_2 Catalysts for NH_3–SCR at Low Temperatures［J］. Environmental Science & Technology，2013（10）：5294–5301.

［124］ ZHU L L，HUANG B C，WANG W H，et al. Low–temperature SCR of NO with NH_3 over CeO_2 supported on modified activated carbon fibers［J］. Catalysis Communications，2011（6）：394–398.

［125］ CHEN X B，GAO S，WANG H Q，et al. Selective catalytic reduction of NO over carbon nanotubes supported CeO_2［J］. Catalysis Communications，2011（1）：1–5.

［126］ WANG H Q，CHEN X B，WENG X L，et al. Enhanced catalytic activity for selective catalytic reduction of NO over titanium nanotube–confined CeO_2 catalyst［J］. Catalysis Communications，2011（11）：1042–1045.

［127］ CAO F，XIANG J，SU S，et al. The activity and characterization of MNOx–CeO_2–ZrO_2/γ –Al_2O_3 catalysts for low temperature selective catalytic reduction of NO with NH3［J］. Chemical Engineering Journal，2014：347–354.

［128］ CAO F F，CHEN J H，NI M J，et al. Adsorption of NO on ordered mesoporous carbon and its improvement by cerium［J］. Rsc Advances，2014（31）：16281–16289.

［129］ CHEN J H，CAO F F，QU R Y，et al. Bimetallic cerium–copper nanoparticles embedded in ordered mesoporous carbons as effective catalysts for the selective catalytic reduction of NO with NH_3［J］. Journal of Colloid and Interface Science，2015：66–75.

［130］ CHEN J H，CAO F F，CHEN S Z，et al. Adsorption kinetics of NO on ordered mesoporous carbon（OMC）and cerium–containing OMC（Ce–OMC）［J］. Applied Surface Science，2014：26–34.

［131］ LIU C X, CHEN L, CHANG H Z, et al. Characterization of CeO$_2$–WO$_3$ catalysts prepared by different methods for selective catalytic reduction of NOx with NH3［J］. Catalysis Communications, 2013: 145–148.

［132］ SHEN B X, WANG F M, LIU T. Homogeneous MNOx–CeO$_2$ pellets prepared by a one–step hydrolysis process for low–temperature NH$_3$–SCR［J］. Powder Technology, 2014: 152–157.

［133］ ZHANG T, QU R, SU W, et al. A novel Ce–Ta mixed oxide catalyst for the selective catalytic reduction of NOx with NH$_3$［J］. Applied Catalysis B: Environmental, 2015: 338–346.

［134］ WANG M X, LIU H N, HUANG Z H, et al. Activated carbon fibers loaded with MnO$_2$ for removing NO at room temperature［J］. Chemical Engineering Journal, 2014: 101–106.

［135］ LIAN Z H, LIU F D, HE H, et al. Manganese–niobium mixed oxide catalyst for the selective catalytic reduction of NO$_x$ with NH$_3$ at low temperatures［J］. Chemical Engineering Journal, 2014: 390–398.

［136］ WAN Y P, ZHAO W R, TANG Y, et al. Ni–Mn bi–metal oxide catalysts for the low temperature SCR removal of NO with NH$_3$［J］. Applied Catalysis B–Environmental, 2014: 114–122.

［137］ LIU F D, HE H, XIE L J. XAFS Study on the Specific Deoxidation Behavior of Iron Titanate Catalyst for the Selective Catalytic Reduction of NOx with NH$_3$［J］. Chemcatchem, 2013（12）: 3760–3769.

［138］ LIU F D, HE H, LIAN Z H, et al. Highly dispersed iron vanadate catalyst supported on TiO$_2$ for the selective catalytic reduction of NOx with NH3［J］. Journal of Catalysis, 2013: 340–351.

［139］ LIU F D, HE H, ZHANG C B, et al. Mechanism of the selective catalytic reduction of NOx with NH$_3$ over environmental–friendly iron titanate catalyst［J］. Catalysis Today, 2011（1）: 18–25.

［140］ 中国环境保护产业协会脱硫脱硝委员会. 我国脱硫脱硝行业2013年发展综述［R］. 2013.

［141］ PENG Y, LI J H, SI W Z, et al. Deactivation and regeneration of a commercial SCR catalyst: Comparison with alkali metals and arsenic［J］. Applied Catalysis B–Environmental, 2015: 195–202.

［142］ SHANG X S, HU G R, HE C, et al. Regeneration of full–scale commercial honeycomb monolith catalyst(V$_2$O$_5$–WO$_3$/TiO$_2$) used in coal–fired power plant［J］. Journal of Industrial and Engineering Chemistry, 2012（1）: 513–519.

［143］ 商雪松, 陈进生, 胡恭任, 等. 商用SCR脱硝催化剂K$_2$O中毒后再生:（NH$_4$）$_2$SO$_4$溶液［J］. 燃料化学学报, 2012（6）: 750–756.

［144］ 崔力文, 宋浩, 吴卫红, 等. 电站失活SCR催化剂再生试验研究［J］. 能源工程, 2012: 43–47.

［145］ JINGFANG D, WEIWEI S, QIBIN X, et al. Characterization and regeneration of deactivated commercial SCR catalyst［J］. Journal of Functional Materials, 2012（16）: 2191–2195.

［146］ YANG B, SHEN Y, SHEN S, et al. Regeneration of the deactivated TiO$_2$–ZrO$_2$–CeO$_2$/ATS catalyst for NH$_3$–SCR of NOx in glass furnace［J］. Journal of Rare Earths, 2013（2）: 130–136.

［147］ 朱跃. 从废烟气脱硝催化剂中回收金属氧化物的方法: 中国, CN 101921916 A［P/OL］. 2010.

［148］ 朱守信. 从SCR脱硝催化剂中回收三氧化钨和偏钒酸铵的方法, CN 102557142 A［P/OL］. 2012.

［149］ 吕天宝. 从废弃SCR脱硝催化剂中提取金属氧化物的方法, CN 104071832 A［P/OL］. 2014.

［150］ 裴叶舜. 废弃蜂窝状脱硝催化剂再生和资源化利用, CN 103508491 A［P/OL］. 2014.

［151］ 路光杰. 一种废弃SCR催化剂回收利用的方法, CN 103849774 A［P/OL］. 2014.

［152］ 霍怡廷. 一种SCR废烟气脱硝催化剂的回收方法, CN 103526031 A［P/OL］. 2014.

［153］ SUN X A, HWANG J Y, XIE S Q. Density functional study of elemental mercury adsorption on surfactants［J］. Fuel, 2011（3）: 1061–1068.

［154］ TAO S, LI C, FAN X, et al. Activated coke impregnated with cerium chloride used for elemental mercury removal from simulated flue gas［J］. Chemical Engineering Journal, 2012（6）: 547–556.

［155］ 游淑淋, 周劲松, 侯文慧, 等. 锰改性活性焦脱除合成气中单质汞的影响因素［J］. 燃料化学学报, 2014: 1324–1331.

［156］ MA J, LI C, ZHAO L, et al. Study on removal of elemental mercury from simulated flue gas over activated coke treated by acid［J］. Applied Surface Science，2015：292–300.

［157］ 侯文慧. 模拟煤气条件下金属氧化物吸附脱除单质汞的机理研究［D］. 浙江大学，2015.

［158］ ZHANG A，ZHANG Z，LU H，et al. Effect of Promotion with Ru Addition on the Activity and SO$_2$ Resistance of MNOx –TiO$_2$ Adsorbent for Hg0 Removal［J］. Industrial & Engineering Chemistry Research，2015：2930–2939.

［159］ 周劲松，齐攀，侯文慧，等. 纳米氧化锌在模拟煤气下吸附单质汞的实验研究［J］. 燃料化学学报，2013（11）：1371–1377.

［160］ GUO P，GUO X，ZHENG C G. Computational insights into interactions between Hg species and α–Fe$_2$O$_3$（001）［J］. Fuel，2011（5）：1840–1846.

［161］ LIU J，HE M，ZHENG C，et al. Density functional theory study of mercury adsorption on V$_2$O$_5$（001）surface with implications for oxidation［J］. Proceedings of the Combustion Institute，2011（1）：2771–2777.

［162］ XIANG W，LIU J，CHANG M，et al. The adsorption mechanism of elemental mercury on CuO（110）surface［J］. Chemical Engineering Journal，2012（34）：91–96.

［163］ 杨建平，赵永椿，张军营，等. 燃煤电站飞灰对汞的氧化和捕获的研究进展［J］. 动力工程学报，2014：337–345.

［164］ XU W，WANG H，ZHU T，et al. Mercury removal from coal combustion flue gas by modified fly ash［J］. Journal of Environmental Sciences，2013（2）：393–398.

［165］ 王家伟，滕阳，张永生，等. 改性燃煤飞灰制备烟气汞吸附剂研究；proceedings of the 能源高效清洁利用及新能源技术——2012动力工程青年学术论坛论文集，F，2013［C］.

［166］ YANG S，GUO Y，YAN N，et al. Nanosized Cation–Deficient Fe–Ti Spinel：A Novel Magnetic Sorbent for Elemental Mercury Capture from Flue Gas［J］. Acs Appl.mater.interfaces，2011（2）：209–217.

［167］ YANG S，YAN N，GUO Y，et al. Gaseous Elemental Mercury Capture from Flue Gas Using Magnetic Nanosized（Fe$_3$–xMnx）1–δ O4［J］. Environmental Science & Technology，2011（4）：1540–1546.

［168］ YANG S，GUO Y，YAN N，et al. Elemental Mercury Capture from Flue Gas by Magnetic Mn–Fe Spinel：Effect of Chemical Heterogeneity［J］. Ind.eng.chem.res，2011（16）：9650–9656.

［169］ 张月，王春波，刘慧敏，等. 金属氧化物吸附剂干法脱除气相 As$_2$O$_3$ 实验研究［J］. 燃料化学学报，2015（04）：476–482.

［170］ ZHANG A，ZHENG W，SONG J，et al. Cobalt manganese oxides modified titania catalysts for oxidation of elemental mercury at low flue gas temperature［J］. Chemical Engineering Journal，2014（2）：29–38.

［171］ XU W，WANG H，XUAN Z，et al. CuO/TiO$_2$ catalysts for gas–phase Hg0 catalytic oxidation［J］. Chemical Engineering Journal，2014（5）：380–385.

［172］ WANG P，SU S，XIANG J，et al. Catalytic oxidation of Hg0 by CuO–MnO$_2$–Fe$_2$O$_3$/γ–Al$_2$O$_3$ catalyst［J］. Chemical Engineering Journal，2013：68–75.

［173］ 陈维薇. 溴化物氧化脱除燃煤汞的实验及均相反应动力学研究［D］. 华中科技大学，2012.

［174］ 史晓宏，温武斌，薛志钢，等. 300MW 燃煤电厂溴化钙添加与烟气脱硫协同脱汞技术研究［J］. 动力工程学报，2014：482–486.

［175］ ZHOU C，SUN L，XIANG J，et al. The experimental and mechanism study of novel heterogeneous Fenton–like reactions using Fe$_3$–xTixO$_4$ catalysts for Hg0 absorption［J］. Proceedings of the Combustion Institute，2014：2875–2882.

［176］ ZHOU C，SUN L，ZHANG A，et al. Fe$_3$–xCuxO$_4$ as highly active heterogeneous Fenton–like catalysts toward elemental mercury removal［J］. Chemosphere，2015：16–24.

［177］ ZHAO Y，XUE F，MA T. Experimental study on Hg0 removal by diperiodatocuprate（III）coordination ion solution［J］. Fuel Processing Technology，2013：468–473.

［178］ YI Z，XUE F，ZHAO X，et al. Experimental study on elemental mercury removal by diperiodatonickelate（IV） solution［J］. Journal of Hazardous Materials，2013（18）：383–388.

［179］代绍凯，徐文青，陶文亮，等. 臭氧氧化法应用于燃煤烟气同时脱硫脱硝脱汞的实验研究［J］. 环境工程，2014（10）：85–89.

［180］YUAN Y，ZHAO Y，LI H，et al. Electrospun metal oxide–TiO$_2$ nanofibers for elemental mercury removal from flue gas［J］. Journal of Hazardous Materials，2012（5）：427–435.

［181］WANG H，ZHOU S，XIAO L，et al. Titania nanotubes——A unique photocatalyst and adsorbent for elemental mercury removal［J］. Catalysis Today，2011（1）：202–208.

［182］ZHUANG Z K，YANG Z M，ZHOU S Y，et al. Synergistic photocatalytic oxidation and adsorption of elemental mercury by carbon modified titanium dioxide nanotubes under visible light LED irradiation［J］. Chemical Engineering Journal，2014（7）：16–23.

［183］CHEN W，MA Y，YAN N，et al. The co–benefit of elemental mercury oxidation and slip ammonia abatement with SCR–Plus catalysts［J］. Fuel，2014（5）：263–269.

［184］YAN N，CHEN W，CHEN J，et al. Significance of RuO$_2$ Modified SCR Catalyst for Elemental Mercury Oxidation in Coal–fired Flue Gas［J］. Environmental Science & Technology，2011（13）：5725–5730.

［185］吴其荣，杜云贵，聂华，等. 燃煤电厂汞的控制及脱除［J］. 热力发电，2012：8–11.

［186］王钦. 煤燃烧过程中易挥发元素（Hg、As、Se）迁移规律研究［D］. 天津大学，2013.

［187］朱振武，禚玉群，安忠义，等. 湿法脱硫系统中痕量元素的分布［J］. 清华大学学报：自然科学版，2013：330–335.

［188］刘玉坤. 燃煤电站脱硫石膏中痕量元素环境稳定性研究［D］. 清华大学，2011.

［189］朱亮，高少华，丁德武，等. LDAR 技术在化工装置泄漏损失评估中的应用［J］. 工业安全与环保，2014（08）：31–34.

［190］丁德武，高少华，朱亮，等. 基于 LDAR 技术的炼油装置 VOCs 泄漏损失评估［J］. 油气储运，2014（05）：515–518.

［191］霍玉侠，李发荣，仝纪龙，等. 石化企业储罐区无组织排放大气环境影响及对策研究［J］. 环境科学与技术，2011（07）：195–199.

［192］张芝兰，张峰，石翔，等. 生产过程无组织排放速率的估算与削减措施［J］. 广州化工，2013（15）：164–166.

［193］王锡春. 汽车涂装的环保绿色工艺技术（一）——加速汽车涂料更新换代（低 VOC 化）［J］. 中国涂料，2011（11）：17–20.

［194］曹磊，李燚佩，冯晶，等. 2014 版水性涂料环境标志标准解读［J］. 中国涂料，2014（07）：1–4.

［195］MAO H，ZHOU D，HASHISHO Z，et al. Microporous activated carbon from pinewood and wheat straw by microwave–assisted KOH treatment for the adsorption of toluene and acetone vapors［J］. Rsc Advances，2015（45）：36051–36058.

［196］XIAO X，LIU D，YAN Y，et al. Preparation of activated carbon from Xinjiang region coal by microwave activation and its application in naphthalene，phenanthrene，and pyrene adsorption［J］. Journal of the Taiwan Institute of Chemical Engineers，2015：160–167.

［197］WANG G，DOU B，ZHANG Z，et al. Adsorption of benzene，cyclohexane and hexane on ordered mesoporous carbon［J］. Journal of Environmental Sciences–China，2015：65–73.

［198］WANG G，ZHANG Z，WANG J，et al. Study of the Influence of Pore Width on the Disposal of Benzene Employing Tunable OMCs［J］. Industrial & Engineering Chemistry Research，2015（3）：1074–1080.

［199］LIU Z–S，PENG Y–H，LI W–K. Effects of activated carbon fibre–supported metal oxide characteristics on toluene removal［J］. Environmental Technology，2014（12）：1499–1507.

［200］YU W，DENG L，YUAN P，et al. Preparation of hierarchically porous diatomite/MFI–type zeolite composites and their performance for benzene adsorption：The effects of desilication［J］. Chemical Engineering Journal，2015：

450–458.

［201］ 郭连杰，李坚，马东祝，等. 金属离子改性活性炭对分离 CH_4/N_2 性能的影响［J］. 化工进展，2013（S1）：225–228.

［202］ 黄海凤，顾勇义，殷操，等. 高分子树脂与介孔分子筛吸附－脱附 VOCs 性能对比［J］. 中国环境科学，2012（01）：62–68.

［203］ REN H–P, SONG Y–H, HAO Q–Q, et al. Highly Active and Stable Ni–SiO₂ Prepared by a Complex– Decomposition Method for Pressurized Carbon Dioxide Reforming of Methane［J］. Industrial & Engineering Chemistry Research, 2014（49）：19077–19086.

［204］ YANG P, SHI Z, TAO F, et al. Synergistic performance between oxidizability and acidity/texture properties for 1,2–dichloroethane oxidation over（Ce,Cr）$_xO_2$/zeolite catalysts［J］. Chemical Engineering Science, 2015：340–347.

［205］ 黄维秋，石莉，胡志伦，等. 冷凝和吸附集成技术回收有机废气［J］. 化学工程，2012（06）：13–17.

［206］ LUO Y, WANG K, CHEN Q, et al. Preparation and characterization of electrospun La$_{1-x}$Ce$_x$CoO$_\delta$：Application to catalytic oxidation of benzene［J］. Journal of Hazardous Materials, 2015：17–22.

［207］ SHI Z, HUANG Q, YANG P, et al. The catalytic performance of Ti–PILC supported CrO$_x$–CeO₂ catalysts for n–butylamine oxidation［J］. Journal of Porous Materials, 2015（3）：739–747.

［208］ ZHANG J, TAN D, MENG Q, et al. Structural modification of LaCoO₃ perovskite for oxidation reactions：The synergistic effect of Ca^{2+} and Mg^{2+} co–substitution on phase formation and catalytic performance［J］. Applied Catalysis B–Environmental, 2015：18–26.

［209］ CAI T, HUANG H, DENG W, et al. Catalytic combustion of 1,2–dichlorobenzene at low temperature over Mn– modified Co₃O₄ catalysts［J］. Applied Catalysis B–Environmental, 2015：393–405.

［210］ LIU Y, LI X, LIU J, et al. Ozone catalytic oxidation of benzene over AgMn/HZSM–5 catalysts at room temperature：Effects of Mn loading and water content［J］. Chinese Journal of Catalysis, 2014（9）：1465– 1474.

［211］ 黄海凤，孔娴鹏，吴婷婷，等. Cu–V–O 氧化物催化燃烧甲苯的活性和抗硫性［J］. 燃料化学学报，2013（12）：1525–1531.

［212］ CHEN L, XIAO L, YANG Y, et al.：Shenwu Integration Technology for Energy Conservation and Emissions Reduction, JIANG X, JOYCE M, XIA D, editor, 12th International Conference on Combustion & Energy Utilisation, 2015：193–196.

［213］ EYSSLER A, KLEYMENOV E, KUPFERSCHMID A, et al. Improvement of Catalytic Activity of LaFe$_{0.95}$Pd$_{0.05}$O₃ for Methane Oxidation under Transient Conditions［J］. Journal of Physical Chemistry C, 2011（4）：1231– 1239.

［214］ 窦德玉. 转轮在汽车涂装 VOC 处理技术中的应用［J］. 科技风，2014（11）：74.

［215］ 崔如. 典型电子产品加工制造企业 VOCs 排放特征与控制研究［D］. 清华大学，2013.

［216］ LI G, WAN S, AN T. Efficient bio–deodorization of aniline vapor in a biotrickling filter：Metabolic mineralization and bacterial community analysis［J］. Chemosphere, 2012（3）：253–258.

［217］ 李英. 竹基活性炭填料改性及其在生物滴滤塔中处理含 H₂S 废气实验研究［D］. 西安建筑科技大学，2012.

［218］ 秦慧娟. 泡沫陶瓷填料生物滴滤塔净化甲苯废气研究［D］. 河北科技大学，2012.

［219］ 唐沙颖稼，徐校良，黄琼，等. 生物法处理有机废气的研究进展［J］. 现代化工，2012（10）：29–33.

［220］ 徐百龙. 双液相生物反应器处理二甲苯模拟废气［D］. 浙江大学，2014.

［221］ 於建明. 真空紫外—生物协同净化二氯甲烷废气的机理研究［D］. 浙江工业大学，2013.

［222］ ZHAO K, MU Z, ZHANG J. Dielectric layer equivalent capacitance and loading performance of a coaxial dielectric barrier discharge reactor［J］. ACTA PHYSICA SINICA, 2014（18）.

［223］YAN X, ZHU T, FAN X, et al. Removal of p-chlorophenol in mist by DC corona discharge plasma［J］. Chemical Engineering Journal, 2014：41–46.

［224］XIAO G, WANG X, ZHANG J, et al. Characteristics of DC discharge in a wire-cylinder configuration at high ambient temperatures［J］. Journal of Electrostatics, 2014（1）：13–21.

［225］ZHANG C, SHAO T, YAN P, et al. Nanosecond-pulse gliding discharges between point-to-point electrodes in open air［J］. Plasma Sources Science & Technology, 2014（3）.

［226］YAO S, WU Z, HAN J, et al. Study of ozone generation in an atmospheric dielectric barrier discharge reactor［J］. Journal of Electrostatics, 2015：35–42.

［227］ZHU X, GAO X, ZHENG C, et al. Plasma-catalytic removal of a low concentration of acetone in humid conditions［J］. Rsc Advances, 2014（71）：37796–37805.

［228］吴军良. Mn/Ni/Cr基催化剂活性对低温等离子体催化氧化甲苯性能的影响［D］. 华南理工大学, 2014.

［229］杨懿. 低温等离子体催化降解甲苯的原位红外研究［D］. 华南理工大学, 2013.

［230］ZHANG H, LI K, SHU C, et al. Enhancement of styrene removal using a novel double-tube dielectric barrier discharge（DDBD）reactor［J］. Chemical Engineering Journal, 2014：107–118.

［231］ZHU X, GAO X, YU X, et al. Catalyst screening for acetone removal in a single-stage plasma-catalysis system［J］. Catalysis Today, 2015.

［232］ZHU X, GAO X, QIN R, et al. Plasma-catalytic removal of formaldehyde over Cu-Ce catalysts in a dielectric barrier discharge reactor［J］. Applied Catalysis B：Environmental, 2015：293–300.

［233］詹路. 破碎—分选废弃印刷电路板混合金属颗粒中 Pb,Zn,Cd 等重金属的真空分离与回收［D］. 上海交通大学, 2011.

［234］吴贵青. 废旧塑料颗粒摩擦静电分选［D］. 上海交通大学, 2013.

［235］任虎存. 建筑垃圾回收处理技术及破碎装备的设计研究［D］. 山东大学, 2013.

［236］RUOKOJ RVI P H, HALONEN I A, TUPPURAINEN K A, et al. Effect of gaseous inhibitors on PCDD/F formation［J］. Environmental science & technology, 1998（20）：3099–3103.

［237］CHANG M B, CHENG Y C, CHI K H. Reducing PCDD/F formation by adding sulfur as inhibitor in waste incineration processes［J］. Science of the total environment, 2006（2）：456–465.

［238］SAMARAS P, BLUMENSTOCK M, LENOIR D, et al. PCDD/F prevention by novel inhibitors：addition of inorganic S-and N-compounds in the fuel before combustion［J］. Environmental science & technology, 2000（24）：5092–5096.

［239］WU H-L, LU S-Y, LI X-D, et al. Inhibition of PCDD/F by adding sulphur compounds to the feed of a hazardous waste incinerator［J］. Chemosphere, 2012（4）：361–367.

［240］LIN X, YAN M, DAI A, et al. Simultaneous suppression of PCDD/F and NOx during municipal solid waste incinerattion［J］. Chemosphere, 2015：60–66.

［241］WU H L, LU S Y, LI X D, et al. Inhibition of PCDD/F by adding sulphur compounds to the feed of a hazardous waste incinerator［J］. Chemosphere, 2012（4）：361–367.

［242］KUO Y C, CHEN Y C, YANG J H, et al. Correcting the gas and particle partitioning of PCDD/F congeners in the flue gas of an iron ore sinter plant［J］. Journal of Hazardous Materials, 2012：402–407.

［243］YAN D H, PENG Z, KARSTENSEN K H, et al. Destruction of DDT wastes in two preheater/precalciner cement kilns in China［J］. Science of the Total Environment, 2014：250–257.

［244］CHEN T, GUO Y, LI X D, et al. Emissions behavior and distribution of polychlorinated dibenzo-p-dioxins and furans（PCDD/Fs）from cement kilns in China［J］. Environmental Science and Pollution Research, 2014（6）：4245–4253.

［245］陈颖, 赵越超, 梁宏宝, 等. 以 MDEA 为主体的混合胺溶液吸收 CO$_2$ 研究进展［J］. 应用化工, 2014（03）：531–534.

［246］ZHU D C, FANG M X, LV Z, et al. Selection of Blended Solvents for CO₂ Absorption from Coal–Fired Flue Gas. Part 1: Monoethanolamine (MEA) –Based Solvents ［J］. Energy & Fuels, 2012 (1): 147–153.

［247］ZHANG X P, ZHANG X C, DONG H F, et al. Carbon capture with ionic liquids: overview and progress ［J］. Energy & Environmental Science, 2012 (5): 6668–6681.

［248］XU Z C, WANG S J, QI G J, et al. CO₂ Absorption by Biphasic Solvents: Comparison with Lower Phase Alone ［J］. Oil & Gas Science and Technology–Revue D Ifp Energies Nouvelles, 2014 (5): 851–864.

［249］JIANG J Z, ZHAO B, ZHUO Y Q, et al. Experimental study of CO₂ absorption in aqueous MEA and MDEA solutions enhanced by nanoparticles ［J］. International Journal of Greenhouse Gas Control, 2014: 135–141.

［250］邹海魁, 初广文, 向阳, 等. 超重力反应强化技术最新进展［J］. 化工学报, 2015 (08): 2805–2809.

［251］张晶晶, 张艺晓, 许兰喜. 旋转液膜反应器内流动机理研究［J］. 北京化工大学学报（自然科学版）, 2013 (02): 117–120.

［252］FANG H J, KAMAKOTI P, ZANG J, et al. Prediction of CO₂ Adsorption Properties in Zeolites Using Force Fields Derived from Periodic Dispersion–Corrected DFT Calculations ［J］. Journal of Physical Chemistry C, 2012 (19): 10692–10701.

［253］FANG M X, MA Q H, WANG Z, et al. A novel method to recover ammonia loss in ammonia–based CO₂ capture system: ammonia regeneration by vacuum membrane distillation ［J］. Greenhouse Gases–Science and Technology, 2015 (4): 487–498.

［254］KENARSARI S D, FAN M H, JIANG G D, et al. Use of a Robust and Inexpensive Nanoporous TiO₂ for Pre–combustion CO₂ Separation ［J］. Energy & Fuels, 2013 (11): 6938–6947.

［255］XIANG Z H, ZHOU X, ZHOU C H, et al. Covalent–organic polymers for carbon dioxide capture ［J］. Journal of Materials Chemistry, 2012 (42): 22663–22669.

［256］ZHANG Y, YANG M J, SONG Y C, et al. Hydrate phase equilibrium measurements for (THF+SDS +CO₂ +N₂) aqueous solution systems in porous media ［J］. Fluid Phase Equilibria, 2014: 12–18.

［257］SONG Y C, WAN X J, YANG M J, et al. Study of Selected Factors Affecting Hydrate–Based Carbon Dioxide Separation from Simulated Fuel Gas in Porous Media ［J］. Energy & Fuels, 2013 (6): 3341–3348.

［258］嵇乾, 刘志强, 孙平, 等. 纳米燃油添加剂对柴油机颗粒物排放特性的影响［J］. 车用发动机, 2015 (01): 64–68.

［259］杜泽学, 唐忠, 王海京, 等. 废弃油脂原料 SRCA 生物柴油技术的研发与工业应用示范［J］. 催化学报, 2013 (01): 101–115.

［260］李瑞丽, 李波, 张平. 磷钨酸, 氧化锆催化剂催化氧化柴油脱硫［J］. 石油化工, 2014 (9): 1024–1030.

［261］张存, 王洪娟, 刘涛, 等. WO₃/ZrO₂ 固体超强酸催化氧化柴油深度脱硫研究［J］. 四川大学学报：工程科学版, 2011 (3): 176–181.

［262］周生学, 马梅霞, 刘世巍, 等. 微波辅助 H₂O₂–CH₃COOH 氧化脱除柴油中的硫［J］. 中国化学会第 29 届学术年会摘要集——第 28 分会：绿色化学, 2014.

［263］MA Y X, WANG D F, SUN R, et al. The Emission Characteristics of the Emulsified Fuel and its Mechanism Research of Reducing Diesel Engine NOx Formation; proceedings of the Advanced Materials Research, F, 2012 ［C］. Trans Tech Publ.

［264］ZHANG Q, CHEN G, ZHENG Z, et al. Combustion and emissions of 2, 5–dimethylfuran addition on a diesel engine with low temperature combustion ［J］. Fuel, 2013: 730–735.

［265］REN H–Y, LIU B–F, DING J, et al. Continuous photo–hydrogen production in anaerobic fluidized bed photo–reactor with activated carbon fiber as carrier ［J］. RSC Advances, 2012 (13): 5531–5535.

［266］YING X, TIEJUN W, LONGLONG M, et al. Upgrading of fast pyrolysis liquid fuel from biomass over Ru/ γ –Al₂O₃ catalyst ［J］. Energy conversion and management, 2012: 172–177.

［267］GUAN L, TANG C, YANG K, et al. Effect of di–n–butyl ether blending with soybean–biodiesel on spray and atomization characteristics in a common–rail fuel injection system［J］. Fuel, 2015: 116–125.

［268］LIU H, LI S, ZHENG Z, et al. Effects of n–butanol, 2–butanol, and methyl octynoate addition to diesel fuel on combustion and emissions over a wide range of exhaust gas recirculation（EGR）rates［J］. Applied Energy, 2013: 246–256.

［269］XIE F–X, LI X–P, WANG X–C, et al. Research on using EGR and ignition timing to control load of a spark–ignition engine fueled with methanol［J］. Applied Thermal Engineering, 2013（1）: 1084–1091.

［270］韩林沛, 洪伟, 解方喜, 等. 直喷汽油机反转启动次循环启动参数优化［J］. 西安交通大学学报, 2015（1）: 46–52.

［271］解方喜, 于泽洋, 刘思楠, 等. 喷射压力对燃油喷雾和油气混合特性的影响［J］. 吉林大学学报: 工学版, 2013（6）: 1504–1509.

［272］钟兵, 洪伟, 苏岩, 等. 点火时刻对怠速工况缸内直喷汽油机微粒排放特性的影响［J］. 西安交通大学学报, 2015（3）: 32–37.

［273］韩林沛, 员杰, 杨俊伟, 等. GDI 发动机膨胀缸辅助热机启动方式［J］. 内燃机学报, 2012（006）: 525–530.

［274］王锐, 苏岩, 韩林沛, 等. 基于启动电流判断 GDI 首次循环着火特性的测试系统开发［J］. 内燃机与配件, 2013（4）: 1–3.

［275］ZHAO L, YU X, QIAN D, et al. The effects of EGR and ignition timing on emissions of GDI engine［J］. Science China Technological Sciences, 2013（12）: 3144–3150.

［276］WEI S, WANG F, LENG X, et al. Numerical analysis on the effect of swirl ratios on swirl chamber combustion system of DI diesel engines［J］. Energy Conversion and Management, 2013: 184–190.

［277］魏胜利, 王忠, 毛功平, 等. 不同喷孔夹角的直喷柴油机涡流室燃烧系统性能分析［J］. 农业机械学报, 2012（11）: 15–20.

［278］CHEN H, WEI S L, TANG D. Numerical Simulation on the Effects of Angle of Nozzle on Combustion and Emission for Diesel Engine; proceedings of the Advanced Materials Research, F, 2013［C］. Trans Tech Publ.

［279］XIE H, LU J, CHEN T, et al. Chemical effects of the incomplete–oxidation products in residual gas on the gasoline HCCI auto–ignition［J］. Combustion Science and Technology, 2014（3）: 273–296.

［280］CHEN T, XIE H, LI L, et al. Methods to achieve HCCI/CAI combustion at idle operation in a 4VVAS gasoline engine［J］. Applied Energy, 2014: 41–51.

［281］WANG X, XIE H, LI L, et al. Effect of the thermal stratification on SI–CAI hybrid combustion in a gasoline engine［J］. Applied Thermal Engineering, 2013（2）: 451–460.

［282］YANG F, GAO G, OUYANG M, et al. Research on a diesel HCCI engine assisted by an ISG motor［J］. Applied Energy, 2013: 718–729.

［283］GAO G, YANG F, CHEN L, et al. Transient control of low–temperature premixed combustion using ISG motor dynamic torque compensation; proceedings of the Vehicle Power and Propulsion Conference（VPPC）, 2012 IEEE, F, 2012［C］. IEEE.

［284］HE Z, ZHONG W, WANG Q, et al. An investigation of transient nature of the cavitating flow in injector nozzles［J］. Applied Thermal Engineering, 2013（1）: 56–64.

［285］HE Z, ZHONG W, WANG Q, et al. Effect of nozzle geometrical and dynamic factors on cavitating and turbulent flow in a diesel multi–hole injector nozzle［J］. International Journal of Thermal Sciences, 2013: 132–143.

［286］HE Z, SHAO Z, WANG Q, et al. Experimental study of cavitating flow inside vertical multi–hole nozzles with different length–diameter ratios using diesel and biodiesel［J］. Experimental Thermal and Fluid Science, 2015: 252–262.

［287］SONG J, SONG C, LV G, et al. Effect of Suspended Particles on the Laminar Burning Velocities and Markstein

Lengths of CH$_4$ Flames［J］. Energy & Fuels, 2012（11）: 6621–6626.

［288］孙宏科, 李丹, 马贵阳, 等. 含颗粒甲烷/空气预混燃烧的 51 步简化机理［J］. 化学工程, 2013（9）: 60–64.

［289］范泽龙, 宋金瓯, 吕刚, 等. 高压共轨柴油机燃用煤制柴油, 传统柴油及其混合燃料的排放比较［J］. 燃烧科学与技术, 2013（6）: 517–523.

［290］张士强, 刘瑞林, 刘伍权, 等. 可变气门相异升程 4 气门汽油机稳态流动特性［J］. 内燃机学报, 2014: 010.

［291］ZHANG S, ZHANG X, WANG H, et al. Study on Air Flow Characteristics in Cylinders of a Four-Valve Engine with Different Lifts of Valves［J］. Open Mechanical Engineering Journal, 2014: 185–189.

［292］YAN Y, MING P-J, DUAN W-Y. Unstructured finite volume method for water impact on a rigid body［J］. Journal of Hydrodynamics, Ser. B, 2014（4）: 538–548.

［293］MING P, JIAO Y, LI C, et al. A Parallel VOF Method for Simulation of Water Impact on Rigid Structure［J］. Procedia Engineering, 2013: 306–314.

［294］ZHANG S. Optimizing the filling time and gate of the injection mold on plastic air intake manifold of engines［J］. Information Technology Journal, 2013（13）: 2473.

［295］TIAN J, LIU Z, HAN Y, et al. Numerical Investigation of In-Cylinder Stratification with Different CO$_2$ Introduction Strategies in Diesel Engines［R］. SAE Technical Paper, 2014.

［296］沈照杰, 刘忠长, 田径, 等. 高压共轨柴油机瞬变过程试验与模拟分析［J］. 内燃机学报, 2013（5）: 407–413.

［297］张龙平, 刘忠长, 田径, 等. 车用柴油机瞬态工况试验及性能评价方法［J］. 哈尔滨工程大学学报, 2014（4）: 463–468.

［298］LIU S, SHEN L, BI Y, et al. Effects of altitude and fuel oxygen content on the performance of a high pressure common rail diesel engine［J］. Fuel, 2014: 243–249.

［299］刘少华, 申立中, 毕玉华, 等. 高原缺氧环境下生物质燃料对柴油机性能和排放的影响［J］. 农业工程学报, 2014（13）: 53–59.

［300］毕玉华, 刘伟, 申立中, 等. 不同海拔下 EGR 对含氧燃料柴油机性能影响的试验研究［J］. 内燃机工程, 2015（2）: 150–156.

［301］ZHEN X, WANG Y, XU S, et al. Numerical analysis on knock for a high compression ratio spark-ignition methanol engine［J］. Fuel, 2013: 892–898.

［302］ZHEN X, WANG Y, ZHU Y. Study of knock in a high compression ratio SI methanol engine using LES with detailed chemical kinetics［J］. Energy Conversion and Management, 2013: 523–531.

［303］陈亮, 成晓北, 颜方沁, 等. 基于激光诱导炽光法的柴油喷雾燃烧碳烟生成特性［J］. 内燃机学报, 2012（5）: 390–396.

［304］CHENG X, CHEN L, YAN F. Study of the characteristic of diesel spray combustion and soot formation using laser-induced incandescence（LII）［J］. Journal of the Energy Institute, 2014（4）: 383–392.

［305］LI X, XU Z, GUAN C, et al. Particle size distributions and OC, EC emissions from a diesel engine with the application of in-cylinder emission control strategies［J］. Fuel, 2014: 20–26.

［306］XU Z, LI X, GUAN C, et al. Characteristics of exhaust diesel particles from different oxygenated fuels［J］. Energy & Fuels, 2013（12）: 7579–7586.

［307］CHENG X, CHEN L, YAN F, et al. Study on soot formation characteristics in the diesel combustion process based on an improved detailed soot model［J］. Energy Conversion and Management, 2013: 1–10.

［308］CHENG X, CHEN L, HONG G, et al. Modeling study of soot formation and oxidation in DI diesel engine using an improved soot model［J］. Applied Thermal Engineering, 2014（2）: 303–312.

［309］孟忠伟, 杨冬, 闫妍. 柴油机颗粒氧化动力学反应分析方法比较［J］. 西华大学学报: 自然科学版,

2013（1）：51-55.

[310] 孟忠伟，宋蕾，姚强，等. 柴油机颗粒捕集器内颗粒沉积结构的实验研究 [J]. 燃烧科学与技术，2012（1）：20-26.

[311] 孟忠伟，覃宗胜，付锐. 柴油机微粒过滤体内部温度梯度的数值模拟 [J]. 江苏大学学报：自然科学版，2013（3）：267-271.

[312] 龚金科，陈韬，鄂加强，等. 柴油机微粒捕集器灰烬深床沉积压降特性 [J]. 内燃机学报，2013：012.

[313] 龚金科，陈韬，鄂加强，等. 基于灰烬沉积的微粒捕集器热再生特性 [J]. 内燃机学报，2014：008.

[314] 赵思博，孙平，胡俊，等. DOC+ POC 对柴油机尾气排放的影响研究 [J]. 机械设计与制造，2014（10）：246-249.

[315] 杨铮铮，陈永东，赵明，等. 具有低 SO_2 氧化活性的 Pt/Zr $xTi_{1-x}O_2$ 柴油车氧化催化剂的制备及性能 [J]. 催化学报，2012（5）：819-826.

[316] 黄海凤，顾蕾，漆仲华，等. Mo 掺杂对柴油机氧化催化剂 Pt/Ce-Zr 的助催化作用 [J]. 高校化学工程学报，2015（4）：859-865.

[317] ZUO Q S, GONG J K, WANG S H, et al. Analysis and evaluation of active based on MNOx–CeO2 catalysts in process of particle combustion for Diesel Particulate Filter; proceedings of the Applied Mechanics and Materials, F, 2012 [C]. Trans Tech Publ.

[318] 龚金科，杜佳，鄂加强，等. 柴油机微粒捕集器微波再生模糊综合评价 [J]. 华南理工大学学报（自然科学版），2012：008.

[319] 王超. 微粒捕集器复合再生过程微粒燃烧与多场协同机理研究 [D]. 湖南大学，2013.

[320] SHI Y X, CAI Y X, LI K H, et al. Experimental Study on the DPF Regeneration Based on Non–Thermal Plasma Technology; proceedings of the Applied Mechanics and Materials, F, 2013 [C]. Trans Tech Publ.

[321] LI X H, WEI X, CAI Y X, et al. Experimental Study on NO Pre–Oxidation in C_3H_6/NO/N_2/O_2 Mixture by Non–Thermal Plasma; proceedings of the Advanced Materials Research, F, 2013 [C]. Trans Tech Publ.

[322] 蔡忆昔，雷利利，王攀，等. 低温等离子体协同纳米催化技术降低柴油机 NO_x 排放 [J][J]. 农业工程学报，2012（13）：67-71.

[323] 韩文赫，蔡忆昔，李小华，等. 柴油机 PM 在 NTP 作用下碳结构演变的拉曼光谱分析 [J]. 光谱学与光谱分析，2012（8）：2152-2156.

[324] 韩文赫，蔡忆昔，李小华，等. DNTP 对柴油机颗粒物热重特性与组织形貌的影响 [J]. 农业机械学报，2013：008.

[325] 曹圆媛，仲兆平，张波，等. 尿素溶液热解制取氨气特性研究 [J]. 环境工程，2014（7）：91-95.

[326] 赵彦光. 柴油机 SCR 技术尿素喷雾热分解及氨存储特性的试验研究 [D]. 2012.

[327] 唐韬，赵彦光，华伦，等. 柴油机 SCR 系统尿素水溶液喷雾分解的试验研究 [J]. 内燃机工程，2015（1）：1-5.

[328] CHEN L, LI J, GE M. Promotional effect of Ce–doped V_2O_5–WO_3/TiO_2 with low vanadium loadings for selective catalytic reduction of NO x by NH_3 [J]. The Journal of Physical Chemistry C, 2009（50）：21177-21184.

[329] CHENG K, LIU J, ZHANG T, et al. Effect of Ce doping of TiO_2 support on NH 3–SCR activity over V_2O_5–WO_3/CeO_2–TiO_2 catalyst [J]. Journal of Environmental Sciences, 2014（10）：2106-2113.

[330] GUAN B, LIN H, ZHU L, et al. Effect of ignition temperature for combustion synthesis on the selective catalytic reduction of NOx with NH_3 over $Ti_{0.9}Ce_{0.05}V_{0.05}O_2$-δ nanocomposites catalysts prepared by solution combustion route [J]. Chemical Engineering Journal, 2012：307-322.

[331] 邹鹏，熊志波，周飞，等. 微波制备 3V5Mn5Ce/TiO_2 烟气脱硝催化剂实验研究 [J]. 电站系统工程，2012：000.

[332] PENG Y, LIU C, ZHANG X, et al. The effect of SiO_2 on a novel CeO_2–WO_3/TiO_2 catalyst for the selective catalytic reduction of NO with NH_3 [J]. Applied Catalysis B：Environmental, 2013：276-282.

［333］ SHAN W, LIU F, YU Y, et al. High-efficiency reduction of NOx emission from diesel exhaust using a CeWOx catalyst ［J］. Catalysis Communications, 2015: 226-228.

［334］ WU S, LI H, LI L, et al. Effects of flue-gas parameters on low temperature NO reduction over a Cu-promoted CeO_2-TiO_2 catalyst ［J］. Fuel, 2015: 876-882.

［335］ QI F, XIONG S, LIAO Y, et al. A novel dual layer SCR catalyst with a broad temperature window for the control of NOx emission from diesel bus ［J］. Catalysis Communications, 2015: 108-112.

［336］ WANG J, PENG Z, CHEN Y, et al. In-situ hydrothermal synthesis of Cu-SSZ-13/cordierite for the catalytic removal of NOx from diesel vehicles by NH_3 ［J］. Chemical Engineering Journal, 2015: 9-19.

［337］ SHI X, HE H, XIE L. The effect of Fe species distribution and acidity of Fe-ZSM-5 on the hydrothermal stability and SO_2 and hydrocarbons durability in NH_3-SCR reaction ［J］. Chinese Journal of Catalysis, 2015 (4): 649-656.

［338］ 邓志鹏. 选择性催化还原法降低船舶柴油机氮氧化物排放的实验研究 ［D］. 北京工业大学, 2013.

［339］ DU X-S, GAO X, CUI L-W, et al. Investigation of the effect of Cu addition on the SO_2-resistance of a Ce Ti oxide catalyst for selective catalytic reduction of NO with NH_3 ［J］. Fuel, 2012 (1): 49-55.

［340］ YANG W, CHEN Z, ZHOU J, et al. Catalytic performance of zeolites on urea thermolysis and isocyanic acid hydrolysis ［J］. Industrial & Engineering Chemistry Research, 2011 (13): 7990-7997.

［341］ 沈玉然. 高效钙钛矿型 H_2-SCR 催化剂的制备与研究 ［D］. 华东理工大学, 2014.

［342］ 刘津, 唐富顺, 陈彦宏, 等. 富氧条件下 Co/ZSM-5 催化剂对 C3H8 选择还原 NOx 的性能 ［J］. 无机化学学报, 2014 (8): 1790-1800.

［343］ DENG H, YU Y, HE H. Adsorption states of typical intermediates on Ag/Al_2O_3 catalyst employed in the selective catalytic reduction of NOx by ethanol ［J］. Chinese Journal of Catalysis, 2015 (8): 1312-1320.

［344］ 苏庆运, 马兵, 陈家骅, 等. 柴油机 LNT 再生过程中铑表面 H_2 还原 NO_x 的详细反应机理 ［J］. 内燃机学报, 2013: 011.

［345］ 李志军, 常庆, 张洪洋, 等. 稀燃汽油机 LNT 神经网络模型的建立与应用 ［J］. 天津大学学报: 自然科学与工程技术版, 2015 (3): 234-239.

［346］ 闫朝阳, 兰丽, 陈山虎, 等. 高性能 $Ce_{0.5}Zr_{0.5}O_2$ 稀土储氧材料的制备及其负载的单 Pd 三效催化剂 ［J］. 催化学报, 2012 (2): 336-341.

［347］ 金志良, 张进龙, 刘文俊, 等. 汽油机油对汽油车三元催化器中毒老化的影响 ［J］. 内燃机学报, 2013: 013.

［348］ BIN F, SONG C, LV G, et al. Characterization of the NO-soot combustion process over $La_{0.8}Ce_{0.2}Mn_{0.7}Bi_{0.3}O_3$ catalyst ［J］. Proceedings of the Combustion Institute, 2015 (2): 2241-2248.

［349］ BIN F, WEI X, LI B, et al. Self-sustained combustion of carbon moNOxide promoted by the Cu-Ce/ZSM-5 catalyst in $CO/O_2/N_2$ atmosphere ［J］. Applied Catalysis B: Environmental, 2015: 282-288.

［350］ 吴少华, 宋崇林, 宾峰, 等. 铋取代对 $LaMnO_3$ 催化剂的结构和催化碳烟燃烧性能的影响 ［J］. 燃烧科学与技术, 2014 (2): 152-157.

［351］ 蔡忆昔, 郑荣耀, 韩文赫, 等. NTP 辅助 $LaMnO_3$ 和 $La_{0.8}K_{0.2}MnO_3$ 催化剂脱除柴油机 NOx 的试验研究 ［J］. 内燃机工程, 2013: 007.

［352］ WANG P, CAI Y, LEI L, et al. Non-thermal plasma assisted LKMO catalyst approach to NOx removal in diesel engine emissions ［J］. Materials Research Innovations, 2013 (Supplement1): 148-151.

［353］ 雷利利, 蔡忆昔, 王攀, 等. NTP 技术对柴油机颗粒物组分及热重特性的影响 ［J］. 内燃机学报, 2013 (02): 144-147.

［354］ Peng X H, XU S S, Zhong Y W. Integration design of high-effective stove-cooking utensil based on the research of enhanced heat transfer ［J］. Advanced Materials Research, 2012: 328-331.

［355］ 姬海民, 李红智, 姚明宇. 低 NO_x 燃气燃烧器结构设计及性能试验 ［J］. 热力发电, 2015 (2): 115-118.

［356］ TAN W Y, XU Y, WANG S Y. Design and performance test of multi-function stove for biomass fuel［J］. Transactions of the Chinese Society of Agricultural Engineering，2013：10–16.

［357］ 李鑫华. 生物质颗粒燃料燃烧炉的优化设计［D］. 北京工业大学，2011.

［358］ LIN B, LIAW SL. Simultaneous removal of volatile organic compounds from cooking oil fumes by using gas-phase ozonation over Fe（OH）$_3$ nanoparticles［J］. Journal of Environmental Chemical Engineering，2015（3）：1530–1538.

［359］ 高翔，郑成航，骆仲泱，等. 一种气态污染物一体化净化装置：中国，20614944.9［P］. 2014–05–28.

［360］ 徐潜，陈立民. 液膜抑尘方法：中国，10053552.8［P］. 2013–12–04.

［361］ ZHENG W C, LI B M, CAO W, et al. Application of neutral electrolyzed water spray for reducing dust levels in a layer breeding house［J］. Journal of the Air & Waste Management Association，2012（11）：1329–1344.

［362］ 张长斌. 室内空气污染物催化氧化研究［J］. 环境化学，2015（05）：817–823.

［363］ 王小艳. 光催化空气净化器的设计及甲醛降解的实验研究［D］. 重庆大学，2014.

［364］ 吕金泽. 多孔 TiO$_2$ 吸附—光催化净化室内典型 VOCs 的性能研究［D］. 浙江大学，2014.

［365］ ZHAO D Z, LI X S, SHI C, et al. Low-concentration formaldehyde removal from air using a cycled storage-discharge（CSD）plasma catalytic process［J］. Chemical Engineering Science，2011（17）：3922–3929.

［366］ 梁文俊，马琳，李坚. 低温等离子体—催化联合技术去除甲苯的实验研究［J］. 北京工业大学学报，2014（2）：315–320.

［367］ 水甜甜，沈恒根，杨学宾，等. 驻极体空气过滤器对办公环境 PM$_{2.5}$ 的净化效果［J］. 环境工程学报，2015（06）：2933–2940.

［368］ P. J. WOOLCOCK, R. C. BROWN. A review of cleaning technologies for biomass-derived syngas［J］. Biomass and Bioenergy，2013，52.

［369］ M. T. LIM, et al. Technologies for measurement and mitigation of particulate emissions from domestic combustion of biomass: A review［J］. Renewable and Sustainable Energy Reviews，2015，49.

［370］ A. K. S. PARIHAR, et al. Development and testing of plate type wet ESP for removal of particulate matter and tar from producer gas［J］. Renewable Energy，2015，77.

［371］ J. MERTENS, et al. A wet electrostatic precipitator（WESP）as countermeasure to mist formation in amine based carbon capture［J］. International Journal of Greenhouse Gas Control，2014，31.

［372］ D. PUDASAINEE, et al. Trace metals emission in syngas from biomass gasification［J］. Fuel Processing Technology，2014，120.

［373］ C. ANDERLOHR, et al. Collection and Generation of Sulfuric Acid Aerosols in a Wet Electrostatic Precipitator［J］. Aerosol Science and Technology，2015，49（3）.

［374］ J. MERTENS, et al. ELPI+ measurements of aerosol growth in an amine absorption column［J］. International Journal of Greenhouse Gas Control，2014，23.

［375］ Rezaei, F.; Jones, C. W., Stability of Supported Amine Adsorbents to SO$_2$ and NO$_x$ in Postcombustion CO$_2$ Capture. 2. Multicomponent Adsorption［J］. Ind Eng Chem Res,2014，53，（30），12103–12110.

［376］ Fan, Y. F.; Rezaei, F.; Labreche, Y.; Lively, R. P.; Koros, W. J.; Jones, C. W., Stability of amine-based hollow fiber CO$_2$ adsorbents in the presence of NO and SO$_2$［J］. Fuel，2015，160，153–164.

［377］ Miller, D. D.; Chuang, S. S. C., Experimental and Theoretical Investigation of SO$_2$ Adsorption over the 1,3–Phenylenediamine/SiO$_2$ System［J］. J Phys Chem C，2015，119，（12），6713–6727.

［378］ Lin, K. Y. A.; Petit, C.; Park, A. H. A., Effect of SO$_2$ on CO$_2$ Capture Using Liquid-like Nanoparticle Organic Hybrid Materials［J］. *Energ Fuel* 2013,27，（8），4167–4174.

［379］ BONINGARI T, PAPPAS D K, ETTIREDDY P R, et al. Influence of SiO$_2$ on M/TiO$_2$（M = Cu，Mn，and Ce）Formulations for Low-Temperature Selective Catalytic Reduction of NOx with NH$_3$: Surface Properties and Key Components in Relation to the Activity of NOx Reduction［J］. Industrial & Engineering Chemistry Research,

2015（8）：2261-2273.

［380］THIRUPATHI B，SMIRNIOTIS P G. Nickel-doped Mn/TiO$_2$ as an efficient catalyst for the low-temperature SCR of NO with NH$_3$：Catalytic evaluation and characterizations［J］．Journal of Catalysis，2012：74-83.

［381］THIRUPATHI B，SMIRNIOTIS P G. Co-doping a metal（Cr，Fe，Co，Ni，Cu，Zn，Ce，and Zr）on Mn/TiO$_2$ catalyst and its effect on the selective reduction of NO with NH$_3$ at low-temperatures［J］．Applied Catalysis B：Environmental，2011：195-206.

［382］CHA W，CHIN S，PARK E，et al. Effect of V$_2$O$_5$ loading of V$_2$O$_5$/TiO$_2$ catalysts prepared via CVC and impregnation methods on NOx removal［J］．Applied Catalysis B：Environmental，2013：708-715.

［383］CHA W，YUN S-T，JURNG J. Examination of surface phenomena of V$_2$O$_5$ loaded on new nanostructured TiO$_2$ prepared by chemical vapor condensation for enhanced NH$_3$-based selective catalytic reduction（SCR）at low temperatures［J］．Physical Chemistry Chemical Physics，2014（33）：17900-17907.

［384］PARK E，KIM M，JUNG H，et al. Effect of Sulfur on Mn/Ti Catalysts Prepared Using Chemical Vapor Condensation（CVC）for Low-Temperature NO Reduction［J］．ACS Catalysis，2013（7）：1518-1525.

［385］ETTIREDDY P R，ETTIREDDY N，BONINGARI T，et al. Investigation of the selective catalytic reduction of nitric oxide with ammonia over Mn/TiO$_2$ catalysts through transient isotopic labeling and in situ FT-IR studies［J］．Journal of Catalysis，2012：53-63.

［386］USBERTI N，JABLONSKA M，BLASI M D，et al. Design of a "high-efficiency" NH$_3$-SCR reactor for stationary applications. A kinetic study of NH$_3$ oxidation and NH$_3$-SCR over V-based catalysts［J］．Applied Catalysis B：Environmental，2015：185-195.

［387］BERETTA A，USBERTI N，LIETTI L，et al. Modeling of the SCR reactor for coal-fired power plants：Impact of NH$_3$ inhibition on HgO oxidation［J］．Chemical Engineering Journal，2014：170-183.

［388］COLOMBO M，NOVA I，TRONCONI E. Detailed kinetic modeling of the NH$_3$-NO/NO$_2$ SCR reactions over a commercial Cu-zeolite catalyst for Diesel exhausts after treatment［J］．Catalysis Today，2012（1）：243-255.

［389］COLOMBO M，NOVA I，TRONCONI E，et al. Experimental and modeling study of a dual-layer（SCR + PGM）NH$_3$ slip monolith catalyst（ASC）for automotive SCR aftertreatment systems. Part 1. Kinetics for the PGM component and analysis of SCR/PGM interactions［J］．Applied Catalysis B：Environmental，2013：861-876.

［390］COLOMBO M，NOVA I，TRONCONI E，et al. Experimental and modeling study of a dual-layer（SCR + PGM）NH$_3$ slip monolith catalyst（ASC）for automotive SCR after treatment systems. Part 2. Validation of PGM kinetics and modeling of the dual-layer ASC monolith［J］．Applied Catalysis B：Environmental，2013：337-343.

［391］CAMPOSECO R，CASTILLO S，MEJ A-CENTENO I. Performance of V$_2$O$_5$/NPTiO$_2$-Al$_2$O$_3$-nanoparticle- and V$_2$O$_5$/NTiO$_2$-Al$_2$O$_3$-nanotube model catalysts in the SCR-NO with NH$_3$［J］．Catalysis Communications，2015：114-119.

［392］MEJ A-CENTENO I，CASTILLO S，CAMPOSECO R，et al. Activity and selectivity of V$_2$O$_5$/H$_2$Ti$_3$O$_7$，V$_2$O$_5$-WO$_3$/H$_2$Ti$_3$O$_7$ and Al$_2$O$_3$/H$_2$Ti$_3$O$_7$ model catalysts during the SCR-NO with NH$_3$［J］．Chemical Engineering Journal，2015：873-885.

［393］CAMPOSECO R，CASTILLO S，MUGICA V，et al. Role of V$_2$O$_5$-WO$_3$/H$_2$Ti$_3$O$_7$-nanotube-model catalysts in the enhancement of the catalytic activity for the SCR-NH$_3$ process［J］．Chemical Engineering Journal，2014：313-320.

［394］MORRIS E A，KIRK D W，JIA C Q，et al. Roles of Sulfuric Acid in Elemental Mercury Removal by Activated Carbon and Sulfur-Impregnated Activated Carbon［J］．Environmental Science & Technology，2012（14）：7905-7912.

［395］SUN C G，SNAPE C E，LIU H. Development of Low-Cost Functional Adsorbents for Control of Mercury（Hg）Emissions from Coal Combustion［J］．Energy & Fuels，2013（7）：3875-3882.

［396］BERETTA A，USBERTI N，LIETTI L，et al. Modeling of the SCR reactor for coal-fired power plants：Impact of

NH₃ inhibition on Hg0 oxidation［J］. Chemical Engineering Journal，2014（6）：170–183.

［397］CHENG H–H. Antibacterial and Regenerated Characteristics of Ag–zeolite for Removing Bioaerosols in Indoor Environment［J］. Aerosol and Air Quality Research，2012.

［398］OURRAD H，THEVENET F，GAUDION V，et al. Limonene photocatalytic oxidation at ppb levels：Assessment of gas phase reaction intermediates and secondary organic aerosol heterogeneous formation［J］. Applied Catalysis B：Environmental，2015：183–194.

［399］RUSSELL J A，HU Y，CHAU L，et al. Indoor–biofilter growth and exposure to airborne chemicals drive similar changes in plant root bacterial communities［J］. Appl Environ Microbiol，2014（16）：4805–13.

［400］RAGAZZI M，TOSI P，RADA E C，et al. Effluents from MBT plants：plasma techniques for the treatment of VOCs［J］. Waste Manag，2014（11）：2400–6.

［401］LUENGAS A，BARONA A，HORT C，et al. A review of indoor air treatment technologies［J］. Reviews in Environmental Science and Bio/Technology，2015（3）：499–522.

［402］FONTARAS G，FRANCO V，DILARA P，et al. Development and review of Euro 5 passenger car emission factors based on experimental results over various driving cycles［J］. Science of the total environment，2014：1034–1042.

［403］刘福东，单文坡，石晓燕，等. 用于NH₃选择性催化还原NO的非钒基催化剂研究进展［J］. 催化学报，2011（7）：1113–1128.

［404］GU T，JIN R，LIU Y，et al. Promoting effect of calcium doping on the performances of MNOx/TiO₂ catalysts for NO reduction with NH₃ at low temperature［J］. Applied Catalysis B：Environmental，2013：30–38.

［405］CHEN H–Y，MULLA S，WEIGERT E，et al. Cold Start Concept（CSC™）：A Novel Catalyst for Cold Start Emission Control［J］. SAE International Journal of Fuels and Lubricants，2013（2013–01–0535）：372–381.

［406］RALPHS K，CHANSAI S，HARDACRE C，et al. Mechanochemical preparation of Ag catalysts for the n–octane–SCR de–NOₓ reaction：Structural and reactivity effects［J］. Catalysis Today，2015：198–206.

［407］MORE P M，NGUYEN D L，GRANGER P，et al. Activation by pretreatment of Ag–Au/Al₂O₃ bimetallic catalyst to improve low temperature HC–SCR of NOx for lean burn engine exhaust［J］. Applied Catalysis B：Environmental，2015：145–156.

［408］PHILIPPE F–X，CABARAUX J–F，NICKS B. Ammonia emissions from pig houses：Influencing factors and mitigation techniques［J］. Agriculture，Ecosystems & Environment，2011（3–4）：245–260.

［409］张绪辉. 低低温电除尘器对细颗粒物及三氧化硫的协同脱除研究［D］：清华大学，2015.

［410］FARIA F. P.；Reynaldo S.；Fonseca T. C. F.；et al. Monte Carlo simulation applied to the characterization of an extrapolation chamber for beta radiation dosimetry［J］Radiation Physics and Chemistry，2015，116：226–230.

［411］GUO Y. B.，Yang S. Y.，Xing M，et al. Toward the Development of an Integrated Multiscale Model for Electrostatic Precipitation［J］Industrial & Engineering Chemistry Research，2013，52（33）：11282–11293.

［412］K. ADAMIAK. Numerical models in simulating wire–plate electrostatic precipitators：A review［J］. Journal of Electrostatics，2013，71（4）：673–680.

［413］Farr，S.；Heidel，B.；Hilber，M.；Schefiknecht，G.，Influence of Flue–Gas Components on Mercury Removal and Retention in Dual–Loop Flue–Gas Desulfurization［J］. Energ Fuel 2015，29，（7），4418–4427.

［414］Rumayor，M.；Diaz–Somoano，M.；Lopez–Anton，M. A.；Ochoa–Gonzalez，R.；Martinez–Tarazona，M. R.，Temperature programmed desorption as a tool for the identification of mercury fate in wet–desulphurization systems［J］. Fuel 2015，148，98–103.

［415］Sedlar，M.；Pavlin，M.；Popovic，A.；Horvat，M.，Temperature stability of mercury compounds in solid substrates［J］. Open Chem 2015，13，（1），404–419.

［416］Kaljuvee，T.；Trass，O.；Pihu，T.；Konist，A.；Kuusik，R.，Activation and reactivity of Estonian oil shale cyclone ash towards SO2 binding［J］. J Therm Anal Calorim 2015，121，（1），19–28.

［417］ Iwanski, P.; Iglinski, B.; Plaskacz-Dziuba, M.; Buczkowski, R., Study on regeneration of a spent sorbent from semi-dry flue gas desulfurization plant［J］. Przem Chem 2015, 94,（5）, 723-727.

［418］ Vainio, E.; Lauren, T.; Demartini, N.; Brink, A.; Hupa, M., Understanding Low-Temperature Corrosion in Recovery Boilers: Risk of Sulphuric Acid Dew Point Corrosion? J-For 2014, 4,（6）, 14-22.

［419］ Sporl, R.; Maier, J.; Scheffknecht, G., Sulphur Oxide Emissions from Dust-Fired Oxy-Fuel Combustion of Coal［J］. Ghgt-11 2013,37, 1435-1447.

［420］ 姜烨. 钛基 SCR 催化剂及其钾、铅中毒机理研究［D］. 2010.

［421］ W.P. Shan, F.D. Liu, H. He, X.Y. Shi, C.B. Zhang, The Remarkable Improvement of a Ce-Ti based Catalyst for NOx Abatement, Prepared by a Homogeneous Precipitation Method, Chemcatchem 3（2011）1286-1289.

［422］ F.D. Liu, K. Asakura, H. He, W.P. Shan, X.Y. Shi, C.B. Zhang, Influence of sulfation on iron titanate catalyst for the selective catalytic reduction of NOx with NH3, Applied Catalysis B-Environmental, 2011（103）:369-377.

负责人：高　翔

撰稿人：高　翔　陈运法　李俊华　郑成航　吴　烨　陆胜勇
　　　　竺新波　张涌新　刘文彬　林晓青　王　涛　周志颖

大气环境质量管理技术与实践研究

一、引言

近年来，随着我国经济高速发展和城市化进程不断加快，化石能源被大量消耗，机动车保有量快速增长，我国大气污染特征发生了显著变化。发达国家经历了上百年的环境污染问题在我国经济发达地区短时期内集中爆发，使得我国大气污染呈现新的复杂特征，主要表现为：灰霾和光化学烟雾频繁发生；大部分城市的颗粒物浓度仍然维持高值；许多城市环境大气的二氧化氮（NO_2）浓度居高不下；酸沉降由硫酸型转变为硫酸型和硝酸型的复合污染等[1]。大气环境质量总体上进入了以多污染物共存、多污染源叠加、多尺度关联、多过程耦合、多介质影响为特征的复合型大气污染阶段。

然而，我国大气污染单因子监管以及行政条块化监管模式给大气环境质量综合管理带来了巨大困扰。面对现阶段我国大气污染特征和现状，仅仅依靠各地区各自为政的环境管理方式已无法有效解决区域性大气复合污染问题[2]。如何突破行政边界，统一协调各部门职责，成为大气环境质量管理的迫切问题。"十二五"期间，我国在管理实践和总结国际经验的基础上，不断进行大气环境质量管理思路创新。

2010年5月，环境保护部等九部委共同制定了《关于推进大气污染联防联控工作改善区域空气质量的指导意见》（以下简称《意见》），《意见》在充分吸收国内外环境管理经验的基础上，指出"解决区域大气污染问题，必须尽早采取区域联防联控措施"的思路，并提出"到2015年，建立大气污染联防联控机制，形成区域大气环境管理的法规、标准和政策体系"的工作目标。《意见》的颁布为总量控制与区域污染防治的有效结合提供了政策保障。而"国十条"的出台，正式标志着我国大气污染控制已形成总量控制与质量控制相结合、空气质量城市管理和区域联防联控相结合的大气污染管理模式。

本部分主要介绍我国大气复合污染控制理论最新成果，综述大气环境质量综合管理技术研究进展，以及在大气质量综合管理制度创新、重点城市与区域大气污染防治和重大空气质量保障行动方面的实践。

二、我国大气复合污染防治理论

研究认为，我国目前的大气污染具有明显的局地污染和区域污染相结合、污染物之间相互耦合的特征。来自不同排放源的各种污染物在大气中发生多种界面之间的理化过程，并彼此耦合而形成的复杂大气污染体系称为大气复合污染[3]。大气复合污染具有三个显著的特征：一是环境空气中存在高浓度细颗粒物（$PM_{2.5}$），致使大气能见度显著下降；二是大气氧化能力强，表现为对流层大气臭氧（O_3）浓度升高；三是空气污染呈现区域性环境影响，环境恶化趋势向整个区域蔓延。大气复合污染本质上是由于污染物之间源和汇的相互交错、污染转化过程的耦合作用和环境影响的协同效应造成的[3-5]。大气复合污染的复合性主要体现在以下两个方面：在污染源上，多种主导源排放的大气污染相互叠加，局地、区域和全球相互作用；在大气理化过程中，均相反应与非均相反应相互耦合，局地气象因子与区域天气形势相互影响[6]。

低层大气中 $PM_{2.5}$ 和 O_3 是大气复合污染的主要特征污染物。$PM_{2.5}$ 主要是由于人类活动排放造成，包括化石燃料燃烧和机动车尾气排放的颗粒物，公路交通引起的扬尘，以及建筑施工造成的粉尘等直接排放的一次颗粒物，也包括上述过程排放的气态污染物经大气化学反应生成的二次颗粒物。O_3 的形成伴随着一系列大气自由基等二次污染物的生成，如 OH、HO_2、RO、RO_2 等。细颗粒物与 O_3 之间也存在相互作用，例如，大气中的高浓度 O_3 和自由基容易造成二氧化硫（SO_2）和氮氧化物（NO_x）等一次污染物的氧化，使其转化为硫酸盐（SO_4^{2-}）和硝酸盐（NO_3^-）等二次污染物，这些二次污染物是 $PM_{2.5}$ 的重要组成部分。

当前，我国大气复合污染发生的规模和复杂程度在世界上少有先例，这一问题的控制和管理也没有成熟的经验可以借鉴。同时，我国现实国情决定了大气复合污染具有明显的特殊性。例如，清华大学基于北京密云地区的观测数据，发现其 O_3-CO 相关性曲线的斜率远低于发达国家的水平，发达国家利用 O_3-CO 相关性曲线预测 O_3 浓度的方法并不适用于中国[7]。我国面临的大气复合污染问题依靠传统的"每个问题逐一解决"的思路已经远远不够。毫无疑问，进一步减少 SO_2、NO_x 和颗粒物的排放与 VOCs、NH_3 甚至 CO_2 的削减必须同步进行，以解决空气污染对健康和环境的影响问题。针对目前形势需要，发展出一套综合排放控制规划方案，解决 $PM_{2.5}$、O_3、酸沉降和温室气体排放等多个大气环境问题，这就是大气复合污染防治理论，或称为气候友好型的空气污染控制理论[8]。

我国大气复合污染防治的总体目标是：到 2050 年，通过大气污染综合防治，大幅度降低环境空气中各种污染物的浓度，城市和重点地区的大气环境质量得到明显改善，全面达到国家空气质量标准，基本实现世界卫生组织（WHO）环境空气质量浓度指导值，满足保护公众健康和生态安全的要求[1]。我国大气复合污染控制的迫切任务是开展 SO_2、NO_x、VOC、NH_3 和颗粒物的控制，尽快构建相应的复合污染控制法规和管理体系[8]，同时，突破局地污染治理思路，开展区域性大气复合污染综合防治，实现改善城市和区域大气环境质量的目标。

大气复合污染控制战略的实施需要强有力的技术支撑，包括排放清单技术、立体观测技术和数值模拟技术等。由于工业化和城市化发展阶段与发展速度的原因，我国目前新老技术并存情况多，技术更替和土地利用变化速度快，使我国现阶段的大气污染源排放体系在世界上技术构成最复杂、时空变化最迅速。因此，大气复合污染控制需要面对构成更复杂、层次更加多元的污染问题，其支撑技术的发展面临巨大的挑战（图1）。

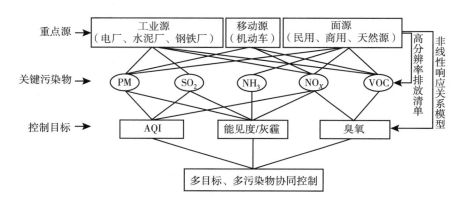

图1　大气复合污染控制理论示意图

挑战主要来自三个方面：①大气污染来源解析技术有待提高。大气复合污染控制的首要问题是对污染源进行精准解析，厘清不同区域不同行业不同污染物的贡献，建立我国主要大气污染物动态清单。②大气污染物迁移转化与非线性效应评估方法有待完善。大气污染物迁移转化与污染物本身理化性质和局部环境特征关系密切，同时又受到区域和全球大气运动影响，仅摸清污染物总量不能解决迁移转化过程中的二次非线性响应问题。③大气环境综合管理体制与规划有待创新。大气复合污染的区域性特征给大气复合污染控制决策和管理带来严峻挑战，区域间污染物相互影响已成为我国许多地市城市空气质量改善的重要障碍。

面对大气复合污染控制的诸多挑战，研究人员在近年来开展了大量工作，在许多方面都取得了重要进展。针对源排放清单的建立，开发出了基于动态过程的高分辨率排放清单技术，包括基于工艺过程的工业源排放表征技术、基于路网和行驶工况的移动源排放表征技术、基于气象过程和卫星遥感的农业源排放表征技术；集成能源利用、技术演进和污染控制建立区域污染物排放预测与控制情景的动态源清单技术方法，实现排放预测从行业到工艺技术的提升；开发了具有自主知识产权的多尺度高分辨率排放源模式，将源清单时空分辨率、化学物种辨识精度和源识别种类提高一个数量级。

针对大气污染预报预警与来源分析，建立了在线排放清单计算和网格化处理技术平台，实现多年度、多尺度、多化学组分的排放清单整合计算处理及与大气化学模式之间的无缝链接；基于三维空气质量模型的化学机制和统计学响应面理论，研发多污染物多源多区域分类减排—环境效应的非线性复杂系统模拟技术；初步发展了基于受体模型、源清单、空气质量模型的颗粒物来源解析方法，并解析了北京、上海、广州等重点城市的来源。建立了具有自主知识产权的空气质量多模式集合预报系统，空气质量立体监测预警网络技术、多模型城市空气质量监测预报系统等，已广泛应用于国家、地方环境空气质量监测预报业务化系统，支持全国 196 个城市空气质量监测预报信息联网发布。

针对区域空气质量动态调控技术，研发了中国空气污染控制成本效益与达标评估系统（ABaCAS），通过涵盖空气质量达标评估、排放控制—实时空气质量响应、空气污染控制的健康和经济效益评估、大气污染控制成本评估，初步形成基于环境效应的区域复合污染控制目标和多污染物控制方案设计技术；初步构建了重点区域大气复合污染防治的技术体系和运行机制，北京奥运、上海世博、广州亚运和 APEC 会议等重大活动空气质量保障创立了多污染物协同控制和区域联防联控的典型案例。

三、大气环境质量综合管理技术

（一）大气污染源排放清单技术

近年来，大气污染事件频发，使得政府对大气污染物的来源分析越来越重视。我国污染源技术水平跨度大、构成复杂且更替速度快，大气污染物排放随原料 / 燃料类型、工艺技术和污控设施变化显著，这给排放清单的建立工作带来了较大的难度。在国家"十一五""863"计划重大项目的技术支撑下，我国研究人员以北京奥运会、上海世博会、广州亚运会为契机进行了较为系统的排放源清单研究，取得了重要成果。接下来，从大气污染源清单建立技术、高分辨率排放源模式和大气排放源清单评估和校验技术三个方面，介绍近年来排放清单方面的研究进展。

1. 大气排放源清单建立技术

过去的排放清单多采用平均排放因子计算，导致误差很大。针对这一问题，近年来，研究者开发出基于动态过程的高分辨率排放清单技术，动态考虑能源构成、工艺过程和控制技术的变化及对污染物排放的影响。Zhang 等[9]利用这一技术估算了 2006 年亚洲各主要污染物排放清单，即 INDEX–B 清单，并得到了大量应用。清华大学在国家"863"重大项目支持下开发了 1990—2012 年中国各主要污染物排放清单，为各类大气化学模式和气候模式提供了较高精度的排放数据[10-13]。

除以上综合性研究外，不少研究者还针对特定行业的排放特征，开展了深入的研究工作，在排放清单的建立方法和准确度上都取得了重要突破。电力、钢铁、水泥等排放源往往规模较大，利用传统的按人口密度或工业产值分配工业源排放的方法建立的排放清单，空间分辨率难以满足模式模拟的要求。Zhao 等[14, 15]、Lei 等[16]建立了基于过程的水泥行业点源排放清单，大大提高了排放表征的准确度和时空分辨率。

在交通源排放清单方面，建立了基于道路和行驶工况的移动源排放表征技术[17, 18]。集成线圈流量采集系统、浮动车系统、道路遥感和 I/M 管理等大数据方法获得准确的实际道路交通流和车辆信息，耦合 TransCAD 等先进交通模型计算出面向排放计算的高分辨路段交通流。集成车载排放测试数据，提出了"宏观交通特征—微观工况分布—机动车排放"两级映射方法[19, 20]，解决了交通流信息与排放定量关联的技术瓶颈，建立了基于路段交通流信息的城市高分辨率机动车排放清单。建立包括气温、湿度、海拔、工况等参数的中国机动车排放表征模型，结合逐时气象场、机动车排放因子模型、路网信息和交通流数据，构建了全国和区域高分辨机动车动态排放清单[21-23]，将机动车排放清单的时空分辨率分别从年提升到小时、从省提高到县。

农业源排放清单的建立也非常重要。农业施肥和牲畜养殖等农业面源量大面广，且其污染物排放受气象、土壤酸碱性等条件影响，其排放表征是一大难题。此外，我国粗放式农业施肥和养殖业与发达国家的农业生产过程有显著差异，直接使用国外现有的排放因子会带来较大的不确定性。针对这一难题，建立了基于气象和卫星遥感的农业源排放表征技术[24, 25]。Huang 等[24]综合考虑气温、湿度、降水等重要气象过程参数，对施肥、养殖等过程的 NH_3 排放进行了动态估算，同时利用高分辨率农业数据和卫星遥感数据进行排放源定位，建立了全国 2006 年高精度 NH_3 排放清单。Fu 等[25]将空气质量模型 WRF/CMAQ 与农业生态模型相耦合，在线计算了农业化肥使用过程的 NH_3 排放，大大提高了排放清单的时间和空间分辨率。

过去大气污染物排放清单的研究方法主要以"自上而下"为主，该方法可以较快地掌握该地区的大气污染物排放总量，但是排放量分解落地的分辨率相对较低，一方面容易造成模型模拟的偏差，另一方面也不利于污染源排放控制措施的落地。近年来，研究者针对京津冀、长三角、珠三角等重点区域，利用"自下而上"的方法，开发了高精度本地化排放清单，大大提高了重点区域排放清单的时空分辨率。例如，Huang 等[26]、Fu 等[27]建立的长三角排放清单；Zheng 等[21]、Lu 等[28]建立的珠三角排放清单。

无组织 NMVOC 排放源数量众多、排放过程复杂，排放量的估算具有较大的不确定性。Wei 等[29]、Bo 等[30]对中国的 NMVOC 排放源进行了系统化的归类，并在系统调研本地测试数据的基础上，估算了各部门的排放量，提高了 NMVOC 排放清单的精度和时空分辨率。

由北京大学和清华大学领导的国际联合研究团队从中国的国际贸易出发，研究了国际贸易的相关经济活动对全球大气污染和传输的影响。该研究从产品消费的角度，借鉴经济学研究中的投入—产出分析方法，计算了 2000—2009 年间与中国的国际贸易相关的直接和间接经济活动（产品生产、交通运输、电力生产等）导致的污染物排放[31]。

此外，张磊[32]、Wu 等[33]分别研究了燃煤和有色金属冶炼过程大气汞的排放特征，构建了基于原料—过程的概率排放模型，计算了中国燃煤和有色金属冶炼行业的大气汞排放清单；Zhang 等[34]开发了中国大气汞排放（China atmospheric mercury emission，CAME）模型，首次利用基于工艺过程的概率排放因子法，建立了中国人为源大气汞排放动态清单，完善了基于偏态分布的清单不确定度评估方法学，通过重点源（燃煤电厂、有色金属冶炼、水泥生产、钢铁生产等）大气汞排放测试，显著降低了清单的不确定性。Tian 等[35]利用"自下而上"的方法建立了我国人为源排放的有毒重金属清单。

2. 高分辨率排放源模式

排放清单最重要的功能是为空气质量模型提供输入。但要将排放清单输入到模式中，不仅需要获得各排放源各污染物的排放量，还需将排放清单进行系统的时间和空间分配，另外还要满足空气质量模式对化学物种分辨率的要求。要完成以上任务，则需要借助高分辨率排放源模式。

时间分配是将以年为单位的排放清单分配到较精细的时间尺度（一般为小时），以满足空气质量模式对时间分辨率的要求。常用的方法是先根据月变化系数将排放分配到月，然后根据日变化系数分配到天，最后根据时变化系数分配到小时。时间变化系数主要通过调研确定[36, 37]。对于重点行业，可从统计数据中获取分月的主要产品产量，据此确定时间分配系数，从而提高时间分配的精度。对于部分与气象条件关联密切的排放源，如农业氨排放，可利用模式进行在线计算[25]。

空间分配是将以行政区为单位的排放清单分配到模拟网格中，以满足空气质量模式对空间分辨率的要求。常用的方法是根据代用参数（如城市、农村人口，一产、二产、三产的 GDP，道路网等）的空间分布，将行政区内的排放量按比例分配到模拟网格中[38, 39]。近年来，为提高清单的空间分辨率开展了大量研究。如前所述，电力、钢铁、水泥、有色等重点行业可根据每个企业的经纬度准确定位[13-16]；交通源排放可基于高分辨路段交通流进行准确计算[21-23]；农业氨排放可利用高分辨率农业数据和卫星遥感数据进行排放源定位[24, 25]；生物质开放燃烧排放可根据卫星观测的火点进行空间分配等[40]。

化学物种分配也是排放源处理的重要环节。目前空气质量模式对于物种分辨率的要求越来越高，主要的空气质量模式均要求对 NMVOC 和颗粒物的物种构成进行细分。美国环保局的 SPECIATE 数据库[41]提供了详细的分污染源的物种分配系数，但其主要基于国外测试结果，难以反映我国的源排放特征。近年来，我国的研究者综合最新的本地测试数据，建立了本地化的物种分配系数库。Wei 等[29]和 Wang 等[37]综合实测数据和美国 SPECIATE 数据库的信息，提出了我国各 NMVOC 排放源的物种分配系数；Li 等[42]将 NMVOC 的实际物种构成映射到主流的气相化学机制中，建立了适用于 CB-IV、CB05、SAPRC–99、SAPRC–07、RADM2 和 RACM2 等多种化学机制的 NMVOC 物种分配系数。Fu 等[27]系统调研实测数据，提出了适用于最新颗粒物化学机制 AE6 的详细颗粒物物种分配系数。以上物种分配系数已加入到高分辨率排放源模式中，建立了多模式机制化学物种排放的统一算法，可满足主要大气化学模式的耦合导入。

为实现上述过程的动态连续处理，研究人员还开发了高分辨率排放源模式软件平台。例如，清华大学研发了适用于中国的，包括空间、时间和化学物种分配等功能的多尺度嵌套、高时空分辨率排放源模式——中国多尺度排放清单模型（multi-resolution emission inventory for China，MEIC），使排放清单时空分辨率较之前的清单相比提高了一个数量级，时空分辨率可分别达到 1h 和 1km[43]。同时，开发了在线的动态排放清单计算、数据同化及数据推送平台，实现了多年度、不同空间尺度、多化学组分的排放清单集成计算处理及与大气化学模式之间的无缝链接（http://www.meicmodel.org/）。

在此基础上，为指导各地开展大气排放清单编制工作，环境保护部发布了九项大气污染物源排放清单编制技术指南，涉及大气细颗粒物（$PM_{2.5}$）、挥发性有机物（VOCs）、氨（NH_3）、可吸入颗粒物（PM_{10}）、道路机动车、非道路移动源、生物质燃烧源、扬尘颗粒物等方面。

3. 大气排放源清单评估与校验技术

排放清单不可避免地存在不确定性。科学评估排放清单的不确定性，对于合理使用和不断完善排放清单具有重要意义。不确定性评估是对清单参数的不确定性范围以及在清单建立过程中不确定性的传递过程进行系统评估，从而量化排放量的不确定性范围。此外，基于观测数据对清单进行校验，是确保排放清单可靠性的重要手段；通过将高分辨率源清单、模型模拟和卫星及地面观测数据集成，可同时实现排放清单的校验与改进。接下来将从不确定性评估和基于观测数据校验两个方面，详细介绍排放清单评估与校验技术的研究进展。

（1）不确定性评估。"不确定性"是常被用于评价排放清单质量的重要指标。近年来，研究者构建了以极大似然法、自展模拟、蒙特卡罗模拟、敏感性分析为核心技术的全过程排放源清单定量不确定性评估方法，将排放源清单不确定性评估从定性或半定量提升到定量水平，为评估和改进源清单提供了方法基础。总体来说，SO_2、NO_x、PM_{10}、$PM_{2.5}$ 等污染物由于目前测试结果较多，且主要来源于能源利用，活动水平多数可从统计数据中找到，因此总体不确定性相对较低，其 95% 置信区间的下限在 -39% ~ -11% 之间，上限在 +13% ~ +54% 之间[44]。对于 NMVOC、NH_3、BC、OC 等污染物，由于其活动水平或排放因子的不确定性较大，导致其不确定性相对较大，其 95% 置信区间的下限在 -60% ~ -25% 之间，上限则达到 +50% ~ +130%[22, 25, 30, 31, 44, 45]。不同排放源的不确定性差别很大，总体来说，电厂和工业部门由于相关测试较多，且活动水平多来源于统计数据，不确定性较小；民用、交通、溶剂使用等部门或排放因子测试较少，或活动水平无法直接从统计数据获取，不确定性较大；生物质开放燃烧、扬尘、自然源 VOC 等排放源活动水平和排放因子都具有较大的不确定性，因此总体不确定性最大[22, 30, 44, 46, 47]。

（2）基于观测对排放清单进行校验。基于观测对排放清单进行校验的方法，具体包括"基于卫星遥感的排放清单校验或反演（自上而下）"和"模型模拟并与观测数据对比（自下而上）"两大类。

卫星遥感的数据具有尺度大、连续性强、易获取等优点，基于卫星遥感的排放清单校验或反演技术，可实现排放清单相对宏观的校验与改善，已成为排放清单研究领域的国际和国内研究热点。

对于一次污染物，可将卫星观测的柱浓度时间变化趋势与排放清单的时间变化趋势直接进行对比，从而验证排放清单时间变化趋势的准确性。例如 Zhang 等[48, 49]、Lu 等[50]，Wang 等[12]利用 OMI、SCIAMACHY 和 GOME-2 等卫星的观测结果验证了 1995—2010 年间中国 NO_x、SO_2 的排放趋势。

利用卫星遥感数据，以大气模式为纽带，还可从观测浓度出发反向计算排放清单。该方法通过输入前置排放清单，输出观测约束反向排放清单，因而可以同时实现排放清单的验证和改善[51, 52]。清华大学还通过背景浓度拟合和非对称性拟合域选取等手段，建立了适用于中国复杂背景浓度条件下的卫星遥感反演燃煤电厂排放的新方法[53]。利用 GEOS-Chem 模型和卫星反演的 SO_2 和 NO_2 柱浓度，建立了点源排放评估方法，首次证实了 OMI 卫星可观测到中国新建电厂 NO_x 排放的增加以及电厂脱硫装置运行后 SO_2 排放的下降，为排放监管和评估工作提供了新的技术手段[50]。

此外，将排放清单作为空气质量模型的输入，自下而上的计算主要污染物的浓度，并将模型模拟结果与 OMI 和 MODIS 卫星的 NO_2、SO_2、AOD 柱浓度和地面观测网的 NO_2、SO_2、颗粒物浓度及化学组分信息进行对比分析，也是对排放清单进行校验和改进的重要方法。例如，Wang 等[37]、Zhao 等[10, 55]利用上述方法，校验并改进了全国和华北、长三角、珠三角等区域的源清单。

（二）大气污染预报预警与过程分析技术

1. 大气化学传输模型

大气化学传输模型是用于描述大气污染物在大气中的行为规律，基于污染源排放信息和实时气象资料，再现污染物在大气中的各个物理化学过程，从而对污染物浓度进行模拟。

大气化学传输模型体现了人们对于大气污染微观过程的认识，随着人们认知程度的不断深入，模式发展也在进行持续的更新换代，并且日趋成熟。自20世纪60年代起步以来，空气质量模型主要经过了三代模型的衍变[56]。第一代模型主要基于"简单线性化"模拟，第二代模型主要用于"描述单一污染问题"。实际大气中各种污染物之间的物理化学反应过程是复杂的，随着人们认知水平的提高，20世纪90年代，着眼"多尺度多污染问题"的第三代模型出现，如 CAMx（comprehensive air quality model with extensions）和 Models-3/CMAQ（community multi-scale air quality）等。中国的第三代空气质量模式以中国科学院大气物理所自主研发的嵌套网格空气质量预报模式（NAQPMS）为代表。

近年来，以"气候（气象）—污染双向耦合"为特征的新一代模型在开发、完善中，比如 GATOR-GCMOM（the Gas, Aerosol, Transport, Radiation, General Circulation,

Mesoscale，Ocean Model），WRF-Chem（the Weather Research and Forecasting/Chemistry model），MIRAGE（the Model for Integrated Research on Atmospheric Global Exchanges version 2）以及 Two-way WRF-CMAQ[57]。双向耦合的模型可以反应大气污染与气象的相互影响，更加符合大气中的实际情况。大气化学传输模型发展至今，经过其表征过程及反应机制不断细化，集合了多种污染物的复杂反应及多因素的相互作用，使得大气化学传输模型的可靠性大大提高。

2. 大气污染预报预警模型

目前国际上大气污染预报预警模型主要包括以下三种类型[58]：简单经验型预报（simple empirical approaches）、统计预报和数值预报。其中前面两种方法主要基于气象与污染物浓度的历史关系，未考虑大气中的物理化学过程。相比之下，数值预报借助于大气污化学与传输模型的数值计算，具有更高的时间空间分辨率和适用性；对于大气中的物理和化学过程有更好的描述；准确率相对较高；并不需要大量的监测数据。其不足是：数值模型的开发和改进是高难度和高成本的；计算成本高，需要大内存和存储空间的高速计算机。但随着经济和科学技术的发展，特别是计算机技术的快速发展，让更好精度和准确度的数值预报成为可能。

当前，国际上应用较多的是基于大气污化学与传输模型的数值预报。如美国国家海洋与大气管理局（National Oceanic and Atmospheric Administration，NOAA）和美国环保署（Environmental Protection Agency，EPA）联合开发的国家空气质量预报系统（National Air Quality Forecast System），所用数值模型为 NAM-CMAQ 模型[59]。欧洲开发的 LAP-AUTh 空气质量预测系统（http://lap.phys.auth.gr/gems.asp），所用数值模型为 MM5-CAMx。日本开发的化学天气预报系统（CFORS）[60]，所用模型为 RAMS。

中国最早开发使用的数值预报系统是中国气象科学研究院建立的 CAPPS 系统，在上海、江西、湖北、福建、新疆等多区域得到应用，现已发展到第三代[61, 62]。它在 ADPIC 概念的基础上通过积分建立，不需要输入污染源排放的信息，只需要前一天的污染物日均浓度值作为初始输入。优点是避免的污染源清单估算及不确定性带来的困难，缺点是其中没有考虑化学反应的影响。2001 年，中国科学院大气物理所开发了嵌套网格空气质量预报模式系统（NAQPMS）[63]，其集合了气象、排放、物理化学过程等的影响，在郑州、北京、上海、广州、沈阳、兰州、西安、哈尔滨、长春、苏州、株洲、台北等城市都得到了很好的应用[64]。随后中国科学院开发的多模式空气质量集合预报系统（EMS）[65]，以其自主研发的 NAQPMS 模式为核心，有效集合了 CMAQ、CAMx、WRF-Chem 等模式，并成功用于北京奥运会、广州亚运会、上海世博会等的空气质量预报。除此之外，还有许多单一的空气质量模型被应用于空气质量预报，如 WRF-Chem[66]、CMAQ[67]等。

3. 大气污染来源解析与过程分析技术

大气污染源解析与过程分析技术是大气污染研究的重要内容，用于估算某区域和部门的污染物排放对于空气质量的影响。现阶段，主要的污染源解析技术主要有以下 6 种，且较多的应用于颗粒物及 O_3。

（1）受体模型。受体模型是通过测定环境受体和污染源的样品的化学组分或粒径信息，定量计算受体中各污染源的分担率。目前，主要的受体模型包括：化学质量平衡模型（CMB）、因子分析模型（FA）、富集因子模型、时间序列模型等。

CMB 是目前中国应用最广泛的受体模型之一：Zheng 等[68]采用 CMB 对北京一年四季代表月份的 $PM_{2.5}$ 进行来源解析，平均解析度可达 88%。Wu 等[69]基于颗粒物浓度的监测结果，用 CMB 对浙江省部分监测点 TSP 物种贡献率进行了分析，发现具有一定的时空差异。CMB 在排放源较多时，比因子分析法更具优势[70]，但是其依然具有一定的局限性。CMB 对于排放源及受体样品的分析要求较高，工作量较大；当污染源存在共线性或排放源信息缺失时，CMB 方法将失效[71, 72]。

因子分析中最常用的是主因子分析法（PCA）和正交矩阵因子分析法（PMF）。因子分析的优势在于不用预先知道排放源的信息，但同时其也不能定量描述各排放源的贡献。

有些研究者针对 PM 及 VOC 将两类受体模型进行了比较，结果基本可以匹配[71, 72]。有些研究者尝试将多种受体模型联合使用[73, 74]，结果优于单独使用 PCA 或 CMB，这应是未来发展的趋势。

（2）拉格朗日扩散模型。对于一次污染物，可以仅考虑特定污染源的排放，直接用拉格朗日扩散模型模拟其对目标区域的影响。其中应用最多的是 CALPUFF 模式。王繁强等[75]利用 CALPUFF 模型模拟分析了黄河中上游 19 个城市间的 SO_2 相互影响以及长距离输送对北京的贡献。程真等[76]利用 CALPUFF 模型，模拟估算了长三角地区各城市间一次污染跨界输送影响。但是由于 CALPUFF 主要考虑物理转化，因此对于 O_3 等涉及化学反应的污染物具有一定的局限性。

（3）轨迹模型。后向轨迹模型是利用已知的气象场，估算某一时间特定气团从起源地到受体区域的最可能地域路径。目前，应用较多的后项轨迹模型是美国和澳大利亚联合开发的 HYSPLIT（hybrid single-particle lagrangian integrated trajectory）。赵恒等[77]分析 TRACE-P 期间香港地区大气输送特征，得到了 6 类影响香港地区的典型气团。隆永平等[78]利用 HYSPLIT 计算了上海 2008—2009 年典型霾天气的气团轨迹特征，发现本地源是霾形成的重要原因，且长三角地区污染物对上海霾污染影响远大于远距离输送。在源解析的实际问题中，为了简单清楚的表示污染源来源，后向轨迹模型常常需要与聚类分析（cluster analysis）联合使用。而改进聚类方法也成为一些研究者的关注点。

后向轨迹模型同样就有一定的局限性。首先其主要考虑了气流，忽略了一些别的因素，如辐射、湿度等对于污染物的影响[79]。同时，它基本没有考虑大气化学的影响，这对于 $PM_{2.5}$、O_3 等二次污染物的源解析会存在较大误差。另外后向轨迹模型还会受到输入气象场不确定性的影响。

（4）敏感性分析。敏感性分析是对待测因素进行一定程度的扰动，通过考察空气质量对其的响应关系来识别污染源。按照扰动变量的不同，可分为：直接敏感性分析和伴随敏感性分析。

直接敏感性分析是对排放源的变量进行扰动，适用于输入变量较少，输出变量较多的情况[80]。其中最简单的是强力法（the brute force method），即将考虑某源的排放和不考虑该源排放的模拟结果进行比较，将两者的差值作为该源的贡献量。Streets et al.[81]采用此方法对奥运前北京 PM 和 O_3 的污染进行了解析。Wang et al.[82]解析了 2013 年 1 月重霾期间不同区域、不同排放源对于河北南部城市的贡献。虽然强力法原理简单，但大气非线性的问题限制了其应用，同时其计算量较大，还易受到数值计算误差的影响。除了将特定变量直接置零外，更多的研究者着眼于用求偏导数的方法计算敏感性参数，如格林函数法[83, 84]、傅里叶幅度敏感性测试[85]、变量法[85, 86]、Fortran 自动微分技术[87]、随机方法[88, 89]、DDM（decoupled direct method）[89-91]等。另外由于在大排放量条件下，一阶敏感性分析不适用于 $PM_{2.5}$、O_3 等非线性明显的污染物[92]，因此 Hakami et al.[93]在 DDM 的基础上，开发的高阶 DDM 法（HDDM），在非线性问题的解析上有很大进步，被越来越多的研究者使用[91, 94]。

与直接敏感性分析不同，伴随敏感性分析是基于对受体变量的扰动，适用于输入变量较多，输出变量较少的情况。另外，伴随法还与很多相关的大气模型结合，如 STEM[80]、CAMx[95]、IMAGES[96]、GEOS–CHEM[97]、CMAQ[98]等。

虽然敏感性分析有了很大的发展，但遇到非线性问题时依然存在高估或低估；另外当排放源变化幅度较大时，测算结果不好。这些都在一定程度上限制了其应用。

（5）示踪技术（tracer technology）。示踪技术是对不同种类或不同区域的污染源设定示踪因子，并对其在大气中的全过程进行追踪，以筛选出重点的排放源。Yarwood et al.[99]针对臭氧建立了臭氧源解析技术（OSAT）、地区臭氧评估技术（GOAT）、臭氧前体物评估技术（OPPAT），针对颗粒物建立了颗粒物源解析技术（PSAT）。Wang et al.[100]利用 PSAT 研究了上海重污染时段外地源和本地源对 $PM_{2.5}$ 的贡献。王雪松等[95]结合 OSAT 和 GOAT 技术测算了周边地区污染源排放对北京市城近郊区臭氧污染的贡献。Mchenry et al.[101]开发了标记物种工程模型（TSEM），并在 RADM 模型中检验了颗粒态硫的源—受体关系。Lane et al.[102]建立了一种针对一次有机物（OM）和元素碳（EC）的示踪方法，并用此检验了清单的可靠性。Li et al.[103]采用 NAQPMS 模型中的示踪模块对中国东部灰霾时段跨区域的影响进行了评估。Wang et al.[104]开发了类似于 PAST 的 TSSA（tagged species source apportionment）。与 PAST 不同，TSSA 采用了"在线"的方法，与大气模型在对流、扩散等过程算法相同。Kwok et al.[105]在 TSSA 基础上建立了 ISAM（the integrated source apportionment method）。此方法基于大气化学模型，追踪了整个物理化学过程，相对较为准确，但计算量较大，计算成本高。但随着经济和科学技术的发展，这很可能会成为未来研究的一个发展方向。

（6）数学统计模型（mathematical statistical model）。统计方法很多情况下用于进行观测资料分析，尤其是对臭氧对气象参数的敏感性解析，由此构建统计模型，对未来臭氧浓度进行预测[106]以及污染源贡献定量评价。然而，也有很多针对模型的结果开展统计分析的研究，如：Carneval et al.[107]采用 GAMES 模型，基于神经网络（neural network）和神经模糊方法（neuro-fuzzy model）建立了源-受体统计模型，并应用于臭氧和 PM_{10}。随后其[108]又采用因子分离法（the factor separation technique）模拟了 PM_{10} 前体物排放及其响应关系。Baker et al.[109]基于光化学模型的模拟，建立非线性的回归模型，用分层聚类法（a hierarchical cluster analysis）实现了单个排放源的浓度影响评估。Ryoke et al.[110]依托 EMEP 臭氧模型，通过模糊规则生成方法（the fuzzy rule generation methodology）构造响应曲面（RSM）简单描述臭氧与其前体物的关系。邢佳等在美国 EPA 研究工作[111, 112]的基础上，基于 MM5/CMAQ 模型开发了臭氧 RSM 模型和颗粒物 RSM 模型，并将其应用于中国东部、长三角及珠三角地区的环境质量快速评价及优化控制方案的建立[56]。基于经验和统计方法的"简化"模型能够较为高效快速地进行污染源解析，特别是对于非线性系统。但它一定程度上会受到统计误差的影响。

总体来讲，各种技术均存在一定的优缺点，因此多技术的联合使用会是未来的一个发展趋势。

（三）大气污染多维效应综合评估技术

大气污染会在不同领域内造成外部效应损失，例如人群的健康影响、生态系统的损失、能见度下降造成的景观损失、气候效应等。并非所有效应都易于量化估值。

1. 大气污染的健康效应评估

对环境污染相关健康损失及其经济评估是制定科学有效的环境政策的重要依据。

近年来，不少机构或个人对我国的颗粒物健康影响进行了评估。2012 年，美国华盛顿大学健康指标与评估研究所、世界卫生组织（WHO）等多家机构联合联合发布《2010 年全球疾病负担评估》[113, 114]，公布我国由大气 $PM_{2.5}$ 污染导致的疾病负担位居不良饮食习惯、高血压与吸烟之后，名列第四位，2010 年导致 123.4 万人过早死亡。Chen 等[115]援引了 WHO 等研究，评估我国因室外空气污染造成每年 35 万～50 万人的死亡。Cheng 等[116]研究表明，我国因 PM_{10} 导致的早逝由 2001 年的 418000 人增长到 2011 年的 514000。当然，由于现有评估方法的限制，上述评估仍有较大的不确定性。

国际上针对大气污染控制成本效益分析方面的研究需要对控制措施所必须投入的成本和带来的效益进行货币化处理，其中就包括大气污染对人体健康的损害成本和控制效益评估。由于评估方式与健康终点的不同，评估方法包括了条件评估法（CVM）、人力资本法（HC）和疾病成本法（COI）等多种方法。其中条件评价法（CVM）通过调查居民支付意愿（WTP）确定统计生命值（VSL），是目前国际上应用最广泛的环境污染对健康经济损失评价方法。Voorhees 等[117]汇总了我国部分研究，结果显示，换算至 2010 年，研究中 VSL 的范围从 8.4 万元到 210 万元人民币，相差 25 倍。而徐晓程等[118]的荟萃分析结果显示，换算至 2008 年，我国大气污染相关 VSL 约为 86 万元，城镇 VSL 约为 159 万元，农村 VSL 约为 32 万元。而 Dekker 等[119]的 26 个国家调查结果与 Kochi 等[120]欧美国家的调查结果分别为 437 万美元和 280 万美元。与发达国家相比，我国 VSL 值相对较小。世界银行《污染的负担在中国》报告中用统计学生命价值法评估了我国颗粒物健康损失，指出我国 2003 年因城市颗粒物污染造成的健康损失为 5200 亿元人民币。

2. 大气污染的生态效应评估

大气中的污染物按其对生物的作用方式分为直接生态效应和间接生态效应。直接生态效应是污染物直接接触生物，由于浓度超过临界含量，而对生物产生毒害；间接生态效应是污染物达到一定浓度后，对生物周围的生存要素产生影响，发生不利于生物生活生长的环境改变。大气污染短期内可以使得某些生物的生理、生化过程受阻，生长发育停滞甚至导致生物死亡；大气污染的长期效应可引起生物多样性的丧失和遗传多样性的丧失。

植物是大气污染物一个重要的汇，因此城市植被的各级生理过程及其生长格局极易受到城市中严重的大气污染影响。城市大气污染日趋严重造成了城市植被的退化及其生态服务功能的下降。大气中的 O_3、紫外（UV–B）辐射、重金属、SO_2 等污染物及其复合污染从分子、细胞、个体、种群、群落和生态系统各个水平上都对城市植被造成了胁迫效应[121]。但同健康评估类似，并非所有类型的生态效应都可以做定量的评估，因此在本报告中，我们将大气污染的生态效应评估集中在大气酸沉降评估、氮沉降对森林和水域富营养化的影响评估、臭氧暴露对植被的影响评估、有毒大气污染物在生态系统中的富集评估四部分。

（1）大气酸沉降评估。酸沉降主要污染物为硫酸和硝酸，前体物分别为二氧化硫和氮氧化物。酸沉降会对敏感植物的叶片以及水生植物造成直接的毒性影响，与此同时，还会造成生态系统结构与功能上的长期影响。影响的范围涵盖了陆地生态系统和水生生态系统。对陆地生态系统而言，酸沉降会增加土壤中氢离子与强酸根（SO_4^{2-} 和 NO_3^-）的浓度，进而对陆生植物造成急性的毒性效应，或者更广泛的慢性陆地生态系统酸化，导致土壤营养不足，铝的迁移，以及生态系统产率降低、健康程度下降[122-123]。而对于水生生态系统，酸化产生的影响是通过水化学的改变介导的，包括酸中和能力的下降，铝的增加进而造成敏感物种的死亡，以及改变营养循环和生态能量流动。

（2）氮沉降对森林和水域富营养化的影响评估。氮沉降除了在生态系统酸化的作用外，还会影响氮的生物化学循环，进而影响森林和沿海生态系统。人为源对氮沉降的扰动，会造成生态系统结构与功能上的多种变化。而由于陆地和近海生态系统处于贫氮的状态，因此氮供应的增加会刺激植物与微生物的摄取，增加生物产率，造成类似施加"氮肥"的作用。然而长远来看，氮沉降在生物个体、群落、生物化学循环等不同层面造成负面影响。除了前文提到的增加土壤酸度与铝的迁移以外，还会中断植物—土壤养分传输，增加土壤温室气体的释放，增加硝酸根从生态系统向地表、地下水的输送，进而造成近海生态系统的富营养化，降低水质[124-127]。

（3）臭氧暴露对植被的影响评估。臭氧是现在已知的最强的氧化物之一[128]，会对植物产生明显损伤，造成农作物减产。Feng 等[129]综述了我国臭氧对于农作物影响到研究。与健康分析类似，此部分研究分为剂量响应关系研究，以及根据剂量响应关系在地区尺度对农作物减产的评估。剂量响应关系研究主要是通过开顶式熏气箱（open-top chamber，OTC）[130]或开放式空气臭氧浓度增高系统（freeairozone concentration enrichment system，O_3-FACE）[131]来定量研究增加 O_3 浓度之后的农作物产量响应情况。另一个方面是臭氧污染对农作物产量的影响评估。Tang 等[132]评估了 2000 年和 2020 年（预测）中国因为臭氧所造成的小麦减产情况，分别为 6.4% ~ 14.9% 和 8.1% ~ 9.4%。此外，臭氧还对森林系统造成不利影响，包括可见的叶片损伤，叶绿素含量的降低，加速叶片衰老，降低光合作用效率，增加呼吸作用，改变碳分配，改变水分平衡等[133]。这将导致冠层结构的改变，影响生态系统产率。由于这些不利影响，臭氧被称为"欧洲与北美洲最重要的植物毒性污染物"[134]。

（4）大气中重金属在生态系统中的富集评估。有毒大气污染物是一类污染物的统称，汞（Hg）是重要并且被大家广泛关注的一种，其中甲基汞是对生态系统影响最为严重的一种汞的形态。甲基汞是一种强大的神经毒素，在足够的水平下，会导致动物的神经损伤乃至死亡。除此以外，甲基汞还会影响到生物的生殖、行为与发展水平。这种损伤在哺乳动物、鸟类、鱼类、水生无脊椎动物中都有观测到[135-138]。一般而言，在动物的早期生命过程中，对甲基汞尤为敏感。在我国，Yao 等[139]和 Liu 等[140]等分别对淡水与海水鱼类体内总汞与甲基汞含量做了调研，推断与体内汞很可能与大气汞沉降有关。与此同时，部分研究分析了包括水稻在内的多种作物中总汞和甲基汞的含量[141-143]。

大气污染生态效应评价应考虑生物体与地球环境化学组成的同一性、污染物质在生物组织中分布的选择性以及生物体对化学物质的必需性。其内容包括大气污染物的毒害效应，遗传多样性的丧失，物种多样性的丧失以及生态系统结构的变化等。

（四）大气污染控制成本效益分析技术

国内大气污染控制成本效益分析方面的研究主要包括以下几个方面：

大气污染控制成本效益分析的功能和局限性方面的研究。在大气环境保护、污染防治法律规制引入成本效益分析理念，通过增加大气环境规制制定和实施的科学性和效率性，使企业自觉自愿地保护环境、防治污染，从而达到企业经济利益与环境利益的平衡。大气污染控制成本效益分析有利于提高大气环境保护的效率，识别污染控制政策的优先顺序，促进民主决策与达成理性共识。但是，大气成本效益评估也不是万能的，也暴露出一些局限，包括造成分配不公、不能量化或货币化部分大气污染控制效益、评估结果不确定以及自身成本较高等。

大气污染控制成本和效益指标构成研究。对于大气污染控制政策成本和效益的构成，目前并没有统一，一些学者认为理应具有不同的控制成本和效益构成。例如有学者将典型工业大气污染物排放标准制/修订的成本分为企业为实现污染物排放标准作用在污染物实体上的直接成本、企业间接受排放标准的影响所产生的间接成本，效益分为环境效益、经济效益和社会效益；有学者将机动车尾气控制政策的成本分为社会外部成本和企业内部成本，效益分为微、中、宏观效益。目前，大气污染控制成本效益分析方法都是对各种排放物分别考虑，没有建立统一的综合指标，有必要建立界线清楚、层次分明、概念清晰的评价指标体系。

大气污染控制成本和效益指标量化技术研究。大气污染控制成本和效益指标的量化是目前大气污染控制成本效益分析研究的重点和热点，许多学者以某一具体案例进行分析，针对某一项政策所带来的具体影响，例如氮氧化物、二氧化硫排放标准的修订对燃煤电厂成本的影响，计算某项成本或收益的变化。由于成本量化相对简单，所以目前大部分文献都是对大气污染控制成本指标的量化，运用较多的模型是线性规划模型，并进一步对影响成本的要素进行敏感性分析，得出影响成本的主要因子。在效益指标量化方面，相关研究较少，大多数文献还是基于对效益量化方法的理论阐述作定性描述，这些量化效益的方法主要借鉴了西方发达国家的技术方法，如旅行费用法等。也有一些学者采用指数法、权数法等方法对效益进行了粗略的估计。受相关技术以及基础数据的限制和影响，目前我国大多数大气污染控制成本效益定量分析研究中，许多关键参数直接引自国外，这给实际分析带来很大误差。

1. 大气环境影响货币化方法

在大气污染控制成本效益分析中，重点是对大气污染控制成本和效益的量化，而由于大气环境影响具有外部性，很多环境影响的成本和效益很难用货币来衡量，尽管如此，大气环境影响的货币量化仍然是大气污染控制成本效益分析技术的发展方向和重点。

大气环境影响货币化方法即对大气环境影响进行经济评价，大气环境损害与效益的价值评估方法可以分为3种类型：直接市场评价法、揭示偏好法、陈述偏好法。为选择合适的评价方法，可以把环境影响的方面分为4大类：生产力、健康、舒适性和环境的存在价值。针对不同的影响，需要采用不同的方法进行价值评估。对于大气污染影响的货币化来说，其影响主要集中在健康、舒适性上，并针对具体情况进行选择。

2. 大气污染控制的成本效益评估技术

近五年国内对大气污染控制成本效益分析技术的相关研究主要为清华大学、华南理工大学、美国环保署和田纳西大学联合研发的中国空气污染控制成本效益与达标评估系统（ABaCAS）（图2）（http://www.abacas-dss.com）。ABaCAS-China 是一个开放的软件平台，主要包括四个主要组成部分：①排放控制—实时空气质量响应工具（RSM/CMAQ）；②空气污染控制的健康和经济效益评估工具（BenMAP-CE）③大气污染控制成本评估工具（COST-CE）；④空气质量达标评估工具（SMAT-CE）。目前，ABaCAS-China 已经在北京、上海、广州等城市的空气污染研究与规划管理中得到应用，并为重点区域大气污染防治"十二五"规划的制定提供了技术支持。

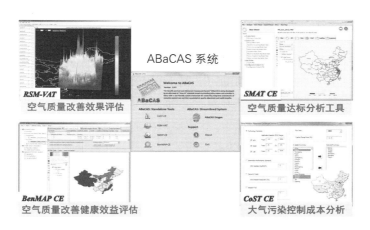

图2 空气污染控制成本效益与达标评估系统示意图

（1）排放控制—实时空气质量响应工具（RSM／CMAQ）。2011年，清华大学建立了大气污染控制效果实时评估系统（V1.0），用于评估不同排放水平下的空气质量。Zhao等[144]在此基础上开发了拓展的响应表面模型（ERSM），利用ERSM技术建立了长三角地区$PM_{2.5}$及其组分浓度与多区域、多部门、多污染物排放量之间的非线性响应关系，解析了$PM_{2.5}$及其组分的来源，并开展了$PM_{2.5}$污染控制情景分析。结果表明，长三角地区$PM_{2.5}$浓度对一次无机$PM_{2.5}$排放最为敏感。在前体物中，一月份$PM_{2.5}$浓度对NH_3的排放最为敏感，随后依次是挥发性和低挥发性有机物、一次有机颗粒物和SO_2；8月份，$PM_{2.5}$浓度对各种前体物排放均比较敏感。ERSM技术可用于重点区域$PM_{2.5}$污染控制的快速决策。

（2）空气污染控制的健康和经济效益评估工具（BenMAP-CE）。为了评估空气污染带来的健康冲击、评估健康效益，克服现有评估工具（BenMAP V4.0）计算速度缓慢等问题，杨毅等[145]设计并研发了新一代空气污染与健康效益评估工具BenMAP CE。BenMAP CE通过综合利用空间网格化的人口与空气质量信息来评估空气污染物浓度的改变对急性疾病和死亡率变化的影响，并进一步利用价值衡量函数，估计污染物浓度变化所带来的健康经济效益。BenMAP-CE目前已经由美国环保署公开发布并在多个地区应用。

（3）大气污染控制成本评估工具（COST-CE）。不少研究人员分析了各个行业的大气污染控制成本。例如，汪俊等[146]利用情景分析法建立了2010—2030年我国电力行业SO_2、NO_x、PM_{10}、$PM_{2.5}$的排放控制情景，分析了发电技术结构调整、加严及进一步加严末端控制措施（脱硫、脱硝、除尘等）的减排成本和效果。吴烨等人建立了北京市机动车排放控制措施效益评估模型（V1.0），针对北京历年机动车控制技术和控制措施的效益进行了系统的评估。

2014年，清华大学、田纳西大学和华南理工大学合作，基于将长三角的电厂污染排放及控制技术建库，开发了大气污染控制成本评估工具（CoST-CE）演示版，用以评估设定区域电厂减排目标的技术成本[147]。

（4）空气质量达标评估工具（SMAT-CE）。Wang 等[148]开发了针对 $PM_{2.5}$ 和 O_3 的空气质量达标分析工具 SMAT-CE。SMAT-CE 基于历史空气质量监测数据和不同排放情景下的空气质量模拟数据，预测未来空气质量的达标状况。

此外，还有一些低碳减排方面的一些成本效益估计，其次为少量对大气相关政策和法律法规的立法，实施成效的成本效益分析。李莉等[149]对低碳措施进行了成本效益评价方法与决策实例研究从财务经济性与减排效益角度建立量化的评价指标，包括指标的定义、计算公式、边界条件和影响因素等，并以广东为例，阐述评价过程及评价结果如何支撑政府决策。叶祖达[150]研究了低碳生态控制性详细规划的成本效益分析，提出需要对低碳城市规划和建设手段进行成本效益分析的必要性，要从科学客观角度建立低碳城市成本效益理论和方法，应用评估低碳城市规划建设政策和投资决定；并针对我国城乡规划体制内具有法定效力的控制性详细规划管理手段，提出在实施低碳生态城市控制指标时要考虑产生的经济成本与效益，以石家庄正定新区低碳生态控制性详细规划方案解释。郭谁琼等[151]认为我国比较适合在发达省份以市域或省域为单位开展成本收益评估。总体来说，没有针对某一种大气污染控制成本效益分析技术的具体研究，也没有相关的系统性研究或分析。

3. 环境法律法规成本效益分析技术

目前，我国对环境法律法规成本效益分析的专门研究较少，更多的是集中在对行政立法的成本效益分析，由于我国法律法规成本效益分析尚处在探索阶段，对环境法律法规成本效益的研究也大多限于理论研究和国外经验的介绍与学习。高敏[152]认为成本效益评估有利于提高立法的效率、识别立法项目的优先顺序、促进民主决策与达成理性共识，同时他也指出了环境立法成本效益评估的缺陷，并在此基础上提出了避免这些缺陷的建议。高敏[153]对美国环境法律法规的成本效益评估进行了详细介绍，并总结了美国 30 多年环境法律法规成本效益评估的经验。孙非亚等[154]在文中运用库伦涅茨曲线论述了经济利益与环境利益的关系，认为经济的负外部性会导致资源配置失当，并在此基础上分析了环境成本效益的内涵，阐明了环境规制引入环境成本效益分析的理论基础，并通过分析国外环境规制引入环境成本效益分析的理论和实践，提出了对我国的借鉴意义。朱琳[155]在总结我国节能减排政策制定和执行现状的基础上，基于成本——效益对我国节能减排政策的效果进行了分析，指出成本效益视角下节能减排政策存在的问题及原因，并提出了相应的政策建议。

我国环境立法的成本效益评估制度还处于探索阶段，尽管有一些尝试，但作为一项制度仍然没有建立起来，在实践中也没有明显的效果。在我国，环境法律法规成本效益分析主要存在以下几个方面的问题：①思想观念的抵制。立法成本效益分析制度在我国是一种崭新的制度，我国传统的立法观中，缺乏立法成本效益的意识。②制度保障的缺失。美国、欧盟等国依靠法律、法规等为立法成本效益分析制度的实施提供保障，而我国目前关于立法成本效益的分析仅存于一些政府规章中，如海南、四川、重庆等，而且只有海南省制定了具体的成本效益分析指引。③技术运用的难度。我国目前尚未将成本效益测算方法和技术运用到立法的成本效益分析中。④成本效益评估可能造成不公平分配。⑤成本效益评估难以量化或货币化部分环境效益。目前对生态效益的测算都无法涵盖全部的生态效益，使得一些生态效益无法通过衡量而纳入到立法的效益中去。

（五）大气环境规划技术方法与模式

1. 大气环境管理分区

在传统的属地管理模式下，大气环境管理以行政区为边界。然而，大气污染并不遵守行政边界，因此《重点区域大气污染防治"十二五"规划》（以下简称《重点区域规划》）打破了行政边界的限制，划分出"三区十群"共13个大气污染控制管理区，规划范围为京津冀、长江三角洲（简称"长三角"）、珠江三角洲（简称"珠三角"）地区，以及辽宁中部、山东、武汉及其周边、长株潭、成渝、海峡西岸、山西中北部、陕西关中、甘宁、新疆乌鲁木齐城市群，共涉及19个省、自治区、直辖市，面积约132.56万平方千米，占国土面积的13.81%。

与传统的大气污染控制管理分区以行政区为边界相比，《重点区域规划》打破了行政区限制，基于社会经济发展区域性特征划定"三区十群"，其分区与考虑大气污染特征相似性、污染累积过程相似性及污染传输相互影响等因素确定的分区基本一致。在此基础上，为了进一步根据大气污染物空间传输规律进行大气环境管理分区，把相互传输影响较大的行政区纳入一个大气环境管理分区，统一提出总体性和全局性要求，国内研究者开展了大气污染物跨界传输研究，基于CAMx空气质量模型的颗粒物来源追踪技术（PSAT）定量模拟了全国$PM_{2.5}$的跨区域输送规律，建立了全国31个省市（源）向333个地级城市（受体）的$PM_{2.5}$传输矩阵，在此基础上，建立了京津冀地区$PM_{2.5}$空间输送关系（图3）[156]。结果表明，京津冀区域约20%的$PM_{2.5}$来源于区域传输，山东、河南、山西3省对京津冀$PM_{2.5}$的贡献率分别为6%、5%、5%；研究还发现，京津冀区域与周边的山西、内蒙古、山东、河南污染特征相似，相互间存在显著的污染传输影响，宜进行整体、协同控制；从更广范围来看，整个东部区域均为$PM_{2.5}$高浓度区，应作为一个分区进行整体控制。

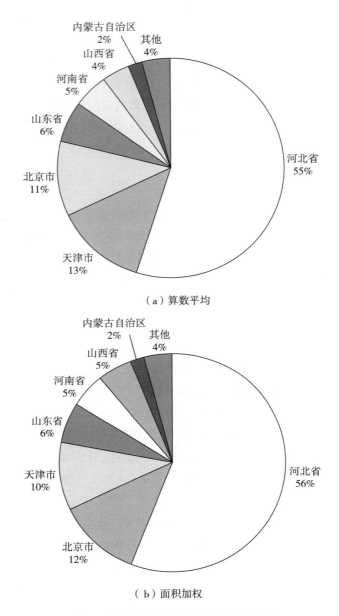

（a）算数平均

（b）面积加权

图 3　京津冀地区 PM$_{2.5}$ 空间来源解析

2. 大气环境管理模式

（1）管理模式的变迁。我国大气环境管理自 20 世纪 70 年代初起步以来，其目标和重心在不断调整与升级，相应的管理模式也在转变，呈现出明显的转型轨迹：1970—1995年的达标排放阶段，1995—2010 年的总量控制阶段，以及 2010 年以来质量改善阶段。

在"十一五"期间，总量控制指标被纳入国家约束性指标体系，总量减排上升到国家战略高度。全国总量减排目标被层层分解，并在此基础上制定核查核算方法，同时制定总量减排考核制度，通过对各省区市的定期检查、层层考核，促进各地完成年度主要污染物总量减排目标。

2012年12月，《重点区域规划》发布，明确提出"十二五"各重点区域SO_2、NO_2、PM_{10}、$PM_{2.5}$浓度改善目标。2013年9月份，《大气污染防治行动计划》（以下简称《行动计划》）发布，不仅针提出京津冀、长三角、珠三角三大区域的$PM_{2.5}$浓度改善目标，而且提出全国PM_{10}浓度改善目标，同时将空气质量改善目标分解至34个省（区、市），确定了地方政府改善空气质量的目标责任。《行动计划》的发布实施标志着我国大气环境管理的重心开始由总量控制向质量改善转变。

（2）层级管理方式。我国大气环境管理一般采取层级管理的方式，即国家确定大气污染防治总体目标、自上而下层层分解目标。如"十二五"总量控制目标的分解，由国家提出"十二五"主要大气污染物总量减排的总体思路、减排要求、减排技术路线，各省结合本省环境质量状况、经济社会发展情况及减排潜力，根据《指南》要求测算总量控制目标，提交减排项目清单；在此基础上，统筹考虑国家宏观经济政策、节能减排重大战略、产业布局和结构调整要求，对各省进行统筹协调。

3. 大气环境规划方法

（1）大气环境污染问题识别方法。

城市环境空气质量现状评价。统计近5～10年城市主要污染物年均浓度的时空分布特征；基于环境空气质量标准，分点位、分时段、分指标评估空气质量达标情况，识别城市空气质量改善的首要污染物，明确大气环境面临的主要问题。

大气污染排放特征分析。基于基准年城市主要污染排放源现状，建立包含固定源、移动源、无组织排放源等三大源类型在内的，涵盖主要大气污染物的源清单。分析污染物排放总量历史变化趋势，筛选重点排放行业、确定重点排放控制区域，评估重点源排放控制现状及控制潜力。

（2）自然环境与社会经济状况分析方法。

自然地理状况分析。总结包括城市地理位置，地形地貌，自然地理条件，风速、风向、静风频率、逆温频率及逆温层高度等气候气象条件等对大气污染物的扩散具有影响作用的相关信息，揭示城市环境自净能力和状况。分析不利气象条件可能发生的时间和频率。

社会经济状况分析。系统收集社会经济相关资料与数据，以基准年为重点，分析城市社会发展状况，包括人口、教育、民族、文化等。分析城市建设发展状况，包括城镇化水平、城镇体系结构、城市空间布局、基础设施等。分析经济和产业结构现状，包括经济发展水平、经济结构、工业产业结构和布局、资源能源供给与利用状况。

（3）污染物来源解析方法。

利用空气质量模型大气污染来源解析技术方法，依据城市需求，选择不同尺度数值模式，定量解析不同排放源对环境空气中主要污染物的贡献，确定对空气污染贡献的重要源，按重要性依次对污染源进行排序，为制定大气污染控制对策和改善方案提供依据。

（4）城市大气环境形势预测与压力分析方法。

社会经济发展水平预测。在分析城市社会经济发展演变规律的基础上，结合城市发展总体方案，经济发展目标，预测城市 GDP、能源消费量、人口等主要社会经济因素发展趋势。

主要污染物排放量预测。构建主要影响因素与大气污染物排放量之间的函数关系，基于历史数据和未来目标年社会经济发展水平预测，结合有关法规、政策及标准对新建污染源、现役污染源的污染治理要求，获得目标年主要大气污染物排放基准量。

空气质量达标压力分析。基于主要大气污染物排放量预测结果，利用 CMAQ 等空气质量模型预测未来空气质量状况，将空气质量预测结果与空气质量标准进行对比，分析各空气质量指标与标准之间的差距，确定城市空气质量达标面临的主要瓶颈与挑战。

（5）空气质量改善目标确定方法。

长远目标。以城市环境空气质量全面达标为长远目标，根据城市首要污染物的超标情况，考虑社会经济发展水平、自然环境状况、大气污染物扩散条件等因素，综合确定空气质量达标的具体期限。

阶段目标。根据达标期限，以 3 年或 5 年为一周期提出分阶段空气质量改善目标；根据城市各阶段各项大气污染物浓度目标值的要求，利用 CMAQ 模型模拟等手段，确定城市大气污染物排放总量控制目标。

（6）空气质量改善任务措施确定方法。

提出优化城市产业结构、引导城市产业合理布局的环境管理政策要求，明确重点污染物防治对策和措施，制定推动能源清洁利用、加强机动车污染防治的任务要求，提出强化环境监管和能力建设的工作方案。重点明确近期任务与措施，提出远期的任务策略。

（7）重点工程及其投资与效益分析方法。

明确重点工程项目。筛选和提出城市总体布局、产业结构体系、立体监测体系、污染控制体系、综合管理机制以及保障体系的重点项目。重点工程的选择要满足国家和城市的产业政策和环保政策，符合区域和城市空气质量改善的基本要求。

投资与效益分析。对具体的工程进行综合效益评价和全面系统的核算，包括工程成本及收益，从而评估重点任务和工程实施的成效。其中，投资规划需说明具体的投资数量和资金来源，并做出年度投资计划。效益分析主要以各项污染物的减排量作为衡量标准。

4. 国家大气污染防治规划

国家大气污染防治规划由国务院编制，在全面估量、正确判断、科学预测国内宏观经济、大气环境形势及发展趋势的基础上，提出未来五年大气污染防治的目标、战略、主要任务和政策措施。为落实五年规划，还需制定年度实施计划，确定年度目标与任务。年度计划与五年规划相衔接，保持政策和重大建设项目的连续性，并根据五年规划实施过程中出现的新情况、新问题，适时适度灵活调控。

（1）重点区域大气污染防治"十二五"规划[157]。以臭氧、细颗粒物和酸雨为特征的区域性复合型大气污染日益突出，仅从行政区划的角度考虑单个城市大气污染防治的管理模式已经难以有效解决愈加严重的大气污染问题。为推进区域空气质量改善，2012 年 10 月出台的《重点区域大气污染防治"十二五"规划》（以下简称《规划》）以京津冀、长三角、珠三角等 13 个城市群的大气污染防治工作为对象，以解决 $PM_{2.5}$ 污染问题为重点，要求严格控制主要污染物新增排放量，实施多污染物协同治理、强化多污染源综合管理，着力推进区域大气污染联防联控，切实改善环境空气质量。

规划目标。《规划》建立了以质量改善为核心的目标指标体系，到 2015 年，PM_{10}、SO_2、NO_2、$PM_{2.5}$ 年均浓度分别下降 10%、10%、7%、5%，O_3 污染得到初步控制，酸雨污染有所减轻。同时，针对京津冀、长三角、珠三角等复合型污染严重的特点，要求上述地区 $PM_{2.5}$ 年均浓度下降 6%，高于重点区域平均水平。此外，为支撑空气质量改善目标的实现，《规划》制定了多种污染物协同减排目标，即到 2015 年，重点区域 SO_2、NO_x、工业烟粉尘排放量分别下降 12%、13%、10%，重点行业 VOCs 污染防治工作全面展开。

任务措施。《规划》紧紧抓住二次颗粒物的气态前体物和一次颗粒物的大量、密集排放造成重点区域 $PM_{2.5}$ 污染日趋严重这一根源，将大幅削减各种大气污染物排放量作为规划的首要任务，出台了极为严厉的控制措施与手段。一是严格控制高污染高耗能项目建设；二是实施特别排放限值；三是实行新源污染物排放倍量削减替代；四是推行煤炭消费总量控制试点；五是加快淘汰分散燃煤小锅炉；六是强化多种污染物、多种污染源协同治理；七是开展城市达标管理。

机制创新。为推进各省（区、市）迅速有效得"联动"，《规划》提出"十二五"期间在重点区域实施五项机制创新。一是建立统一协调的区域大气污染联防联控工作机制；二是建立区域大气环境联合执法监管机制；三是建立重大项目环境影响评价会商机制；四是建立环境信息共享机制；五是建立区域大气污染预警应急机制。

（2）大气污染防治行动计划[158]。为了改善空气质量和保护公众健康，新一届政府采取了历史上最严格的大气污染治理措施，于 2013 年 9 月发布了《大气污染防治行动计划》（以下简称《行动计划》），确定十条措施，力促空气质量改善。

计划目标：经过五年努力，使全国空气质量总体改善，重污染天气较大幅度减少；京津冀、长三角、珠三角等区域空气质量明显好转。力争再用五年或更长时间，逐步消除重污染天气，全国空气质量明显改善。具体指标是：到 2017 年，全国地级及以上城市可吸入颗粒物浓度比 2012 年下降 10% 以上，优良天数逐年提高；京津冀、长三角、珠三角等区域细颗粒物浓度分别下降 25%、20%、15% 左右，其中北京市细颗粒物年均浓度控制在 60 微克 / 立方米左右。

十条任务措施：为实现以上目标，《行动计划》确定了十项具体措施：①加大综合治理力度，减少多污染物排放。全面整治燃煤小锅炉，加快重点行业脱硫、脱硝、除尘改造工程建设。综合整治城市扬尘和餐饮油烟污染。加快淘汰黄标车和老旧车辆，大力发展公共交通，推广新能源汽车，加快提升燃油品质。②调整优化产业结构，推动经济转型升级。严控高耗能、高排放行业新增产能，加快淘汰落后产能，坚决停建产能严重过剩行业违规在建项目。③加快企业技术改造，提高科技创新能力。大力发展循环经济，培育壮大节能环保产业，促进重大环保技术装备、产品的创新开发与产业化应用。④加快调整能源结构，增加清洁能源供应。到 2017 年，煤炭占能源消费总量比重降到 65% 以下。京津冀、长三角、珠三角等区域力争实现煤炭消费总量负增长。⑤严格投资项目节能环保准入，提高准入门槛，优化产业空间布局，严格限制在生态脆弱或环境敏感地区建设"两高"行业项目。⑥发挥市场机制作用，完善环境经济政策。中央财政设立专项资金，实施以奖代补政策。调整完善价格、税收等方面的政策，鼓励民间和社会资本进入大气污染防治领域。⑦健全法律法规体系，严格依法监督管理。国家定期公布重点城市空气质量排名，建立重污染企业环境信息强制公开制度。提高环境监管能力，加大环保执法力度。⑧建立区域协作机制，统筹区域环境治理。京津冀、长三角区域建立大气污染防治协作机制，国务院与各省级政府签订目标责任书，进行年度考核，严格责任追究。⑨建立监测预警应急体系，制定完善并及时启动应急预案，妥善应对重污染天气。⑩明确各方责任，动员全民参与，共同改善空气质量。

四、我国大气质量综合管理实践

（一）大气质量综合管理制度创新

1. 法律法规体系

（1）法律法规体系。1987 年 9 月 5 日，《中华人民共和国大气污染防治法》正式颁布，并于 1995 年和 2000 年进行了两次修订。2015 年 8 月 29 日，全国人大常务委员会第十六次会议修订通过《中华人民共和国大气污染防治法》，新的大气污染防治法自 2016 年 1 月 1 日起施行[159]。本次修订特点可归结为：突出大气环境质量改善主线，强化政府责任，加强标准控制，坚持抓主要矛盾和源头治理，强化重点区域联防联控和重污染天气应对，充分体现了信息公开和公众参与，加大了处罚的力度。

为保障大气污染防治法律的实施，国家陆续颁布了一系列配套的法规，如《城市烟尘控制区管理办法》《关于发展民用型煤的暂行办法》《防治煤烟型大气污染技术政策》等。为适应新法的要求，还结合管理要求，逐步制定配套法规，如《排污总量收费管理条例》《排污总量控制管理条例》《机动车污染防治管理条例》《加强城市扬尘污染控制若干规定》等。

（2）标准体系。大气环境保护标准主要包括环境空气质量标准和大气污染物排放标准。中国 1982 年首次制定实施了《大气环境质量标准》，历经 3 次修订，于 1996 年出台《环境空气质量标准》（GB 3095-1996），这些标准在我国的大气污染防治历史上发挥了积极和重要的作用，有效的引导了大气污染治理和大气环境质量的改善。2012 年 2 月 29 日，我国新的环境空气质量标准颁布，并于 2016 年开始在全国全面实施。新空气质量标准体现了对公众健康的进一步保护和对保护生态环境和社会物质财富的更加重视，增设了颗粒物（$PM_{2.5}$）浓度限值和臭氧 8 小时平均浓度限值，同时收紧了颗粒物（PM_{10}）、二氧化氮（NO_2）浓度限值。

表1　2012年新修订的环境空气质量标准浓度限值（μg/m³）

污染物	年均浓度	日均浓度	1小时平均浓度
SO_2	60	150	500
NO_2	（80[a]）→40	80	200
CO		4000	10000
PM_{10}	（100[a]）→70	150	—
$PM_{2.5}$	35[b]	75[b]	—
O_3	—	—	160[b]（8小时均值） （160[a]）→200

注：a. 修改前原标准的浓度限值；b. 2012年标准新增的指标限值；

数据来源：《大气环境质量标准》（GB3095–1982）、《环境空气质量标准》（GB3095–1996）、《环境空气质量标准》（GB3095–2012）。

《环境空气质量标准》（GB3095–2012）在实施上，考虑我国不同地区的空气污染特征不同、经济发展水平存在差异以及环境监测能力滞后等因素，采取分期实施的方式进行。从2013—2015年，分3批对全国328个地级及以上行政区开始了6项污染物的浓度监测。

大气污染物排放标准是控制大气污染源排污行为的规范，根据大气污染源存在的形式，中国大气污染物排放标准分为固定源大气污染物排放标准和移动源大气污染物排放标准。自1973年发布的第一项污染物排放标准《工业"三废"排放试行标准》（GBJ4–1973）以来，经过40年的发展，中国大气污染物排放标准体系不断完善，覆盖面逐步增加。

随着中国大气污染防治工作的推进，固定源大气污染物排放标准历经1985年前后的标准制定和1996年前后的标准整顿、清理与制修订以及2000年以后的标准制修订快速发展三个阶段，取得了长足发展（见表2）。在污染源控制上，由行业型向跨行业的综合型标准转变后再次向行业型标准侧重；在污染物项目上，由以常规污染物为主向常规污染物与高毒性、难降解污染物并重转变；在防治技术上，逐步由单一控制向综合协同控制转变；在控制要求上，由与环境空气质量功能区挂钩向与控制技术经济可行性相适应转变。这有助于提高大气环境保护工作效力，促进污染物减排与发展方式转变，实施城市大气多污染物控制。

随着标准的完善和修编，我国主要大气污染源的排放标准限值已逐步和国际水平接轨。如针对电力、水泥、钢铁等行业和工业锅炉的标准中，对SO_2、NO_x等污染物的排放限值要求已经比欧洲、美国等发达国家更加严格。除此之外，为了适应污染严重地区的污染物防治要求，在新的排放标准中都提出了要求更高的特别排放限值。

表2 中国固定源大气污染物排放标准的历史沿革

年份	1973—1989	1990—1999	2000—2011
环保需求	以排放口浓度控制为手段，防治煤烟型污染	污染物排放总量控制与排放口浓度控制相结合，防治煤烟、酸雨和颗粒物污染	空气质量管理、污染物排放总量控制与排放口浓度控制相结合，防治煤烟、酸雨、光化学、灰霾和有毒有害物质污染
主要标准类别	1项综合型标准：工业"三废"排放试行标准（GB J4-1973）；11项行业型标准：钢铁工业、重有色金属工业、水泥工业等排放标准	1项综合型标准：大气污染物综合排放标准（GB 16297-1996）；4项行业型标准：炼焦炉、危险废物焚烧、水泥工业、火电厂排放标准	1项综合型标准：大气污染物综合排放标准（GB 16297-1996）；23项行业型标准：铅、锌工业及生活垃圾焚烧、水泥工业、加油站、火电厂等排放标准
污染物项目	SO_2、CO_2、烟（粉）尘和Pb等20种污染物	SO_2、NO_x、颗粒物、Pb、Hg和苯等47种污染物	SO_2、NO_x、颗粒物、Pb、Hg、苯和二噁英等57种污染物
标准主要特点	污染物排放限值与环境空气质量功能区对应；分时段规定不同标准，但没有现有污染源达到新标准的过渡期要求；主要以浓度限值的控制为主		污染物排放限值主要根据技术经济可行性确定；现有污染源的标准实施分为两个时间段；重点行业设立大气污染物特别排放限值；规定企业厂界的排放限值

中国控制机动车（道路移动源）排气的标准化工作从20世纪80年代初期开始，通过分阶段不断加严排放标准，尤其是自2000年循着"欧洲"路线实施国家第Ⅰ阶段机动车排放标准（简称"国Ⅰ标准"）以来，有效削减了新车单车排放量（2010年的新车单车排污量比2000年下降90%以上），带动了整体在用汽车平均污染物排放因子明显下降，机动车污染物减排取得了显著成效。目前，中国机动车排放标准已推进到国Ⅴ标准阶段。

在新车标准逐步提高的同时，针对车用油品的标准也有所提高。目前，对车用汽、柴油的标准基本和新车标准接轨。

2. 管理工具和制度发展

（1）AQI与空气质量信息公开。空气质量指数（AQI）的颁布和推行是我国近年来管理实践进步的一个案例。起初，我国采用空气污染指数（API）向公众发布环境空气质量状况。近年来，我国空气质量急剧下降，API显示的空气质量与公众实际感受产生较大差距，已经远远不能满足准确表征现阶段我国空气质量的需要。世界上包括美国、韩国、日本等发达国家更多采用空气质量指数（air quality index）评价空气质量[160]。2012年，随着新修订的《环境空气质量标准》（GB3095—2012），空气质量指数（AQI）也替代了原有的空气污染指数（API），除了SO_2、NO_2和PM_{10}外，$PM_{2.5}$、O_3和CO也列入评价范围。AQI采用的标准更严、污染物指标更多，其评价结果也更加接近公众的真实感受。同时，全国已有很多城市通过互联网发布实时AQI监测数据，加强了信息公开力度。

在大数据时代，环境信息化的应用应从大数据中发现具有规律性、科学性和有价值的环境信息，建立环境数据中心，从而为环境部门的日常管理与科学研究做出贡献。利用大数据协助环保部门更好地预测未来走向和有效管理污染源企业。

大数据技术在环境数据中心建设中的应用大体上有以下几种：采用"数据众包"，建立 NoSQL 数据库，进行数据质量管理和大数据分析等。

（2）大气管理制度的相互衔接。我国的大气环境管理工作坚持"预防为主，防治结合""谁污染谁治理"和强化监督管理的原则，逐步建立并不断完善了环境影响评价、"三同时"、排污收费、限期治理、排污申报登记等一系列环境管理制度。近年来，我国环境监督管理体系和管理制度不断完善，除了对新建项目从排放浓度到排放总量进行严格控制外，许多城市结合建设规划进一步调整城市布局，将污染严重企业逐步迁出市区，集中到新工业区。对造成大气严重污染的企业执行限期治理制度，通过限期治理措施，调整不合理工业结构和布局，促进技术进步，解决重点大气污染问题。

自 1996 年，中国正式实施大气污染物排放总量控制以来，经过多年的探索和努力，制度地位在《大气污染防治法》中得到明确规定，管理与技术体系不断完善。现阶段，中国总量控制制度实施以污染源大气污染物排放在线监测、污染物减排量数据统计为基础；采用"自下而上"与"自上而下"相结合的方法制定与分解控制目标；采用工程减排、结构减排、管理减排三大措施，对二氧化硫、氮氧化物排放源进行污染治理，对生产水平落后、污染治理水平的工业企业淘汰关停，并提高污染治理设施治理效率与运行率，开展大气污染物减排工作；强化省级政府污染减排责任，对大气污染物总量控制目标完成情况进行评估，完成情况上报国务院，并向社会公开，未完成目标地区，将禁止新建增加污染排放的工程项目；配套实施了排污收费、排污权交易、脱硫电价补贴、脱硝电价补贴等经济激励政策。但是由于这些制度尚不完善，企业未成为污染减排工作的责任承担者，企业缺少主动进行污染治理的动力，总量控制政策呈现较多行政命令控制特点。

随着 $PM_{2.5}$ 污染引起的各方关注日益增加，我国在最近的大气污染防治控制政策中更加强调了 $PM_{2.5}$ 等大气污染物环境质量浓度的控制目标。这意味着除了 SO_2、NO_x 等污染物排放总量的控制要求外，大气环境质量更多地作为污染防治的最终目标被纳入了大气污染防治管理制度的设计之中。

（3）经济金融政策工具的应用。近年来，由于大气污染严重，国家针对大气质量提高出台了一系列经济金融相关的政策法规，具体包括脱硫脱硝经济政策、油品升级税费政策、排污交易相关政策、PPP 相关政策等（见表3）。其中，脱硫脱硝政策主要集中于脱硫脱硝电价及相关扶持补贴政策，油品升级税费政策主要集中于汽油等消费税的油价机制，排污交易政策主要集中于相关法律健全和行业规范，PPP 政策主要集中于引进民营资本及 PPP 模式的重点扶持行业。有些地方也已开始尝试研究和实施空气质量补偿机制。

绿色金融制度的构建也十分重要。当我国开始实施以生态文明建设为目标的绿色发展战略时，金融制度就必须进行绿色化改革。研究认为，我国绿色融资需求巨大，必须加快构建绿色金融制度体系，建立和完善绿色金融改革的法律保障，完善支持绿色金融改革的财税政策。

表3 近年来我国出台的与大气污染有关的经济金融政策

类型	时间	发布机构	政策	大气污染控制相关内容	政策效果
脱硫脱硝经济政策	2011	国务院	《国务院关于加强环境保护重点工作的意见》	①严格落实燃煤电厂烟气脱硫电价政策，制定脱硝电价政策；②对可再生能源发电、余热发电和垃圾焚烧发电实行优先上网等政策支持；③对高耗能、高污染行业实行差别电价，对污水处理、污泥无害化处理设施、非电力行业脱硫脱硝和垃圾处理设施等鼓励类企业实行政策优惠	对燃煤电厂脱硫脱硝采取特许经营机制：①有利于提高工程质量和设施投运率。②有利于加强对烟气脱硫脱硝设施运行的监管。③专业化脱硫脱硝公司承担设施的建设和运行，减轻了电厂的投资压力，减少了维护管理经验不足等问题，降低了由此产生的管理、培训、日常维护成本。④采取特许经营后，公司更专业化，服务经营范围逐步扩大，融资能力增强，有利于脱硫脱硝公司的发展壮大。同时，脱硫脱硝公司为提高经济效益，必将努力开发符合循环经济发展要求的资源化脱硫技术，并不断管理创新，这为全面提升火电厂烟气脱硫产业化水平奠定了坚实的基础
	2013	国家发展改革委	《关于调整可再生能源电价附加标准与环保电价有关事项的通知》	①将向除居民生活和农业生产以外的其他用电征收的可再生能源电价附加标准提高；②将燃煤发电企业脱硝电价补偿标准提高；③对采用新技术进行除尘设施改造、烟尘排放浓度低于 $30mg/m^3$（重点地区低于 $20mg/m^3$），并经环保部门验收合格的燃煤发电企业除尘成本予以适当支持	
	2014	国家发展改革委、环境保护部	《燃煤发电机组环保电价及环保设施运行监管办法》	①对燃煤发电机组新建或改造环保设施实行环保电价加价政策；②安装环保设施的燃煤发电企业，环保设施验收合格后，执行相应的环保电价加价；③新建燃煤发电机组同步建设环保设施的，执行国家发展改革委公布的包含环保电价的燃煤发电机组标杆上网电价	
油品升级税费政策	2012	国家税务总局	《关于消费税有关政策问题的公告》	产品符合汽油、柴油、石脑油、溶剂油、航空煤油、润滑油和燃料油征收规定的，按相应的汽油、柴油、石脑油、溶剂油、航空煤油、润滑油和燃料油的规定征收消费税	实施更严厉的排放标准，是治理 $PM_{2.5}$ 的最有效手段。以柴油机为动力的重型汽车颗粒物排放是 $PM_{2.5}$ 的重要来源。我国重型柴油机第四阶段标准实施时间也是因柴油品供应原因，推迟到2013年7月1日实施。相比欧美、日本等国，它们在制定和实施汽车排放标准时，均将车和油纳入一个系统，使汽车和油品排放标准同步实施，以确保排放技术顺利升级。我国燃油品质升级严重滞后汽车排放标准的提升，其根源并不在于技术，而在于炼油厂升级成本分摊问题的解决。因此，成品油价格机制的合理制定显得更有必要
	2013	国家发展改革委	《关于油品质量升级价格政策有关意见的通知》	①按照合理补偿成本、优质优价和污染者付费原则，根据油品质量升级成本调查审核结果，在企业适当消化部分升级成本的基础上，确定车用汽、柴油质量标准升级至第四阶段的加价标准；③有关部门和地方要完善对部分困难群体和公益性行业成品油价格改革补贴政策，适时启动油价补贴机制及油运价格联动机制	

类型	时间	发布机构	政策	大气污染控制相关内容	政策效果
排污交易相关政策	2014	国务院办公厅	《关于进一步推进排污权有偿使用和交易试点工作的指导意见》	①调整排污费征收标准，促进企业治污减排；②加强污染物在线监测，提高排污费收缴率；③实行差别收费政策，建立约束激励机制；④加强环境执法检查，主动接受社会监督	排污权交易是通过市场高效配置环境容量资源的经济手段，是能够满足环境质量要求，满足环境资源效率目标的重要途径，同时还能够节约管理成本、促进技术进步以及有利于产业结构的升级。发达国家排污权交易的成功经验也证明了这种制度在治理环境污染上的优势。我国在排污权交易制度方面进行了积极地探索和实践，形成了若干独具特色的交易模式，但由于我国的排污权交易工作仍处于试点摸索阶段，法律法规的不完善和制度的不健全，使得我国的排污权交易工作面临不少困难
	2014	发改委	《关于调整排污费征收标准等有关问题的通知》	①建立排污权有偿使用制度。严格落实污染物总量控制制度，合理核定排污权，实行排污权有偿取得，规范排污权出让方式，加强排污权出让收入管理；②加快推进排污权交易。规范交易行为，控制交易范围，激活交易市场，加强交易管理	
PPP相关政策	2014	国务院	《关于创新重点领域投融资机制鼓励社会投资的指导意见》	要在公共服务、资源环境、生态建设、基础设施等重点领域进一步创新投融资机制，充分发挥社会资本特别是民间资本的积极作用，鼓励社会资本投资运营农业和水利工程	目前，PPP项目融资在我国的发展模式主要是通过特许经营权的让渡，使用TOT、BOT、DBTO等方式引入私人资本，政府将某项公用事业的经营权授予特许经营者，由特许经营者对该项公用事业进行建设和运营，承担相应风险，并从公用事业用户的付费和项目的未来收益中获得报酬。自20世纪80年代以来，我国开始实施一大批以BOT为主的PPP项目，在高速公路、桥梁隧道、电力能源、轨道交通、供水、污水处理等多个基础设施建设领域得到广泛应用，极大地推动了基础设施建设进程。在PPP项目融资当中，特许经营权有别于一般许可，是政府对一般行政禁止的解除，政府特许经营权的让渡并不改变公共项目的公益、公用和公共的性质，只是公共工程项目建设管理的公共职能实现方式发生了变化，并不改变政府对公共项目的管理责任和拥有的强制性公共职权。目前，特许经营已成为吸引社会资本投向公用事业和基础设施建设的有效办法
	2014	财政部	《关于印发政府和社会资本合作模式操作指南（试行）的通知》	对项目识别、准备、采购、执行、移交各环节操作流程进行了规范	
	2014	发改委	《关于开展政府和社会资本合作的指导意见》	充分认识政府和社会资本合作的重要意义，准确把握政府和社会资本合作的主要原则，合理确定政府和社会资本合作的项目范围及模式，建立健全政府和社会资本合作的工作机制，加强政府和社会资本合作项目的规范管理，强化政府和社会资本合作的政策保障，扎实有序开展政府和社会资本合作	
	2014	财政部	《关于规范政府和社会资本合作合同管理工作的通知》	高度重视PPP合同管理工作，切实遵循PPP合同管理的核心原则，有效推进PPP合同管理工作	

续表

类型	时间	发布机构	政策	大气污染控制相关内容	政策效果
PPP 相关政策	2014	财政部	《政府和社会资本合作项目政府采购管理办法》	本办法所称 PPP 项目采购，是指政府为达成权利义务平衡、物有所值的 PPP 项目合同，遵循公开、公平、公正和诚实信用原则，按照相关法规要求完成 PPP 项目识别和准备等前期工作后，依法选择社会资本合作者的过程。PPP 项目实施机构（采购人）在项目实施过程中选择合作社会资本（供应商），适用本办法	
	2015	财政部、住房城乡建设部	《关于市政公用领域开展政府和社会资本合作项目推介工作的通知》	指出在垃圾处理、供热、供气等市政公用领域开展政府和社会资本合作（Public-Private Partnership）项目推介工作	

3. 国家大气污染防治的科技支撑

为实现国家中长期环境空气质量改善目标提供全面技术支撑，带动区域和城市空气质量改善，在"973""863"、环保部公益项目、国家自然科学基金等项目的支持下，实施开展了大气污染源排放清单与综合减排、空气质量监测与污染来源解析、重污染预报预警和应急调控、区域空气质量管理和环境经济政策创新等重点工作。

已经实施的项目中，"973"项目和自然科学基金项目侧重于支持研究大气污染的基础科学问题，"863"项目重点支持大气污染的重点治理技术和管理技术研发，环保部公益项目重点支持和环保管理工作密切相关的技术问题，实现了"机理－技术－应用"的全过程覆盖，针对大气环境质量管理，环保部公益性项目特别从源排放清单编制技术支撑体系，汞、气溶胶、氮氧化物、VOCs 等重点污染物控制对策，钢铁、水泥等重点行业多污染物管理方案等方面进行了支持。

重点问题：针对 $PM_{2.5}$、O_3 及其健康与生态效应等区域性环境问题，建立适合我国国情的国家空气质量管理体系，构建国家层次的空气质量监测与预警体系，建立相应的空气质量评价体系。

重点区域：重点研究"三区"复合污染问题及其控制方案，实现重点示范区域内的大气 $PM_{2.5}$、O_3 浓度显著降低、灰霾和光化学烟雾现象明显减少，为推进其他区域的大气污染防治工作提供科技支撑。

重点污染源：选择火电、交通、钢铁、有色、石化、水泥、化工等行业重点污染源，根据其环境影响及技术经济特征，筛选特征污染物和优先控制污染物，研究重点污染源的大气污染物源头削减、过程控制及末端治理综合方案。

关键污染物：研究二氧化硫（SO_2）、氮氧化物（NO_x）、挥发性有机物（VOCs）、细颗粒物（$PM_{2.5}$）、氨（NH_3）、黑炭（BC）、重金属（Hg、Pb 等）、多环芳烃（PAHs）等关键污染物的源清单、影响机理以及最佳控制措施，提出实现主要污染物的质量目标与总量指标的技术途径。

重点任务：针对大气污染源国家法规排放清单及减排措施优选、空气质量管理决策支持、大气污染防控监管、重点区域大气污染联防联控平台建设等关键技术，开展系统研究与构建，为实现空气质量改善目标提供全面技术支撑。

"十二五"期间，仅中央财政对大气污染防治科技研发投入近 30 亿元。在中央财政的大力支持下，通过国家"973"计划、"863"计划、支撑计划、公益行业科研专项等十余个科技计划、专项等的实施，国家在大气污染监测预警、区域大气污染调控、大气污染形成机制、重点污染源治理、大气污染的健康影响与防护、大气环境综合管理与控制策略等大气污染防治重点方向都做了部署。

根据《关于深化中央财政科技计划（专项、基金等）管理改革的方案》的要求，"973""863"、环保部公益项目等计划将进行整合，并针对我国大气污染管理的具体需求进行重点支持。2015 年，我国开始实施大气污染防治重点专项，拟通过 23 项专项任务构建我国大气污染精细认知—高效治理—科学监管贯通的区域雾霾防治技术体系和管理决策支撑体系，实施重点区域大气污染联防联控技术示范区，引领大气环保产业发展，形成可考核可复制可推广的污染治理技术方案，全面提升大气污染综合防治能力，支撑 2017 年实现"大气十条"空气质量目标和 2020 年京津冀等重点地区空气质量有效改善。

（二）我国重点城市与区域的大气污染防治

大气复合污染的一个显著特征是污染从局地向区域蔓延。区域大气复合污染给现行环境管理模式带来了巨大挑战，单个城市大气污染防治的管理模式已经难以有效解决当前越来越复杂的大气污染问题。因此，需要加快加强区域复合大气污染控制战略研究，制定多污染物综合控制方案，逐步建立区域协调机制和管理模式。下面简要介绍我国京津冀、长三角和珠三角三个重点区域的大气污染综合防治情况。

1. 京津冀区域

京津冀及周边地区是我国大气污染最严重的区域。奥运会后，京津冀地区机动车保有量增长迅猛，河北省钢铁产量快速增加，该区域空气污染物排放源的数量和构成均发生了较大改变。例如，Westerdahl 等[161]研究发现道路交通是北京超细粒子的主要来源。对于北京地区夏季臭氧问题，研究认为，汽车是产生臭氧前体物（VOCs 和 NO_x）的首要贡献源[162]。区域性灰霾污染问题对京津冀地区，尤其是北京城市空气质量达标和大气污染防治工作提出了严峻的挑战。例如，2013 年 1 月北京及周边地区发生了严重的雾霾，Zhang 等[163]研究分析认为主要原因有以下几点：反常的气象条件导致的逆温，较低的边界层高度强化了北京城区的 $PM_{2.5}$ 累积，同时长时间的南风将更多的污染物吹到城区上空。另有研究表明，风向风速和降水等天气条件对北京地区颗粒物质量浓度有很大影响，其中 0.5 ～ 1.0m/s 的东南风条件下大气颗粒物污染最为严重[164]。

大量研究表明，区域传输是造成北京大气复合污染的重要原因。基于监测和研究结果，北京市发布了 $PM_{2.5}$ 来源解析，认为北京市 $PM_{2.5}$ 中区域传输贡献率占 28% ～ 36%，其余为本地来源。同时，本地源中机动车、燃煤、工业生产和扬尘是主要来源（见图 4）。

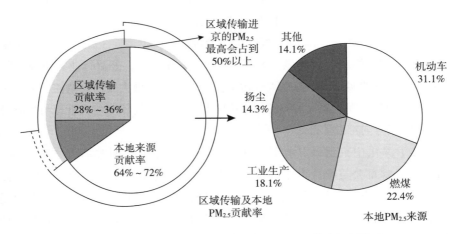

图 4　北京市 2012—2013 年度 $PM_{2.5}$ 来源综合解析结果

（来源：北京市环保局）

基于以上研究分析结果，以及奥运会空气质量保障行动提供的成功案例，京津冀等多个省市正逐步推进地区一体化，通过统一规划、统一治理、统一监管保障空气质量。2013年 9 月 17 日，环境保护部、发展改革委等 6 部门联合印发《京津冀及周边地区落实大气污染防治行动计划实施细则》。提出 "经过五年努力，京津冀及周边地区空气质量明显好转，重污染天气较大幅度减少。力争再用五年或更长时间，逐步消除重污染天气，空气质量全面改善" 的总体目标。包括强化污染物协同减排，防治机动车污染等六项重点任务。北京、河北、天津也先后公开各地方的大气污染防治行动计划。在这些行动计划中均提出了最严格的污染物排放总量控制目标和污染治理措施。同时，六省区市启动了京津冀及周边地区大气污染防治协作机制。

清华大学的研究表明，如果在 2017 年全面落实现有的减排政策，将对京津冀地区带来明显的 $PM_{2.5}$ 浓度改善。尽管北京、天津、河北的行动措施的落实将带来明显的减排效果，但依然存在北京 $PM_{2.5}$ 年均浓度达不到 $60\mu g/m^3$ 的风险，天津市与河北省的部分地区也存在 2017 年 $PM_{2.5}$ 浓度不能降低 25% 的风险[165]。此外，区域发展不平衡，补偿与激励机制没到位等问题的存在依然是京津冀联防联控协同控制大气污染面临的挑战。解决问题需要加强制度创新，着重进行产业结构布局和调整，强化污染物协同控制和公众参与等。

2. 长三角区域

长江三角洲（长三角）地区是我国经济总量规模最大、经济发展速度最快、最具有发展潜力的经济圈，同时也是人口密集、能源消耗和污染排放强度高、区域性复合型大气污染较为突出的地区之一。汽车保有量迅速增长，工业以及城市化的快速发展是长三角地区城市和区域空气质量恶化的主要原因[27]。研究显示[166]，长三角城市间一次污染跨界传输十分显著，区域尺度的大气污染协同控制显得十分必要和紧迫。高浓度 O_3 和细颗粒物污染是该地区主要大气污染问题。

Fu 等人[27]报道了 2010 年长三角地区的一次污染物排放清单，并识别出了排放污染物的主要部门。研究发现，过去的十几年长三角地区的大气污染物排放特征发生了显著变化。由于 SO_2 减排政策的实施，特别是电厂脱硫（FGD）的大力推广实施，该地区 SO_2 排放量显著下降。然而，该地区 NO_x 排放量有所增加，特别是由于目前国内对 VOC 几乎没有采取控制措施，该地区 VOC 排放增长迅速。同时，长三角地区不同季节下 $PM_{2.5}$ 的主要来源有很大变化[144]。

Cheng 等人[168]研究认为，长三角地区改善大气能见度的关键是细颗粒物的削减。而露天的生物质燃烧是长三角地区细颗粒物的重要来源，据估计，禁止露天燃烧生物质可以降低 $PM_{2.5}$ 达 47%[40]。2009 年，江苏省颁布《关于促进农作物秸秆综合利用的决定》，率先在全国制定了关于秸秆禁烧和推进综合利用的地方性法规，全面禁止露天焚烧秸秆，并引导各地采用秸秆肥料化、能源化利用、工业原料化利用、饲料化和基料化利用等方式对秸秆综合利用[169]。世博期间，上海市各级各部门建立秸秆禁烧工作责任体系，全面实施秸秆禁烧，为世博会的空气质量改善做了重要贡献。然而，世博后上海市空气污染有所反弹，主要表现为 NO_2 浓度和 PM_{10} 浓度上升明显[170]，并且两次组分对 $PM_{2.5}$ 的贡献较大[171]，说明在不采用非常规手段限制污染物排放的情况下，空气质量改善仍是一个长期的过程。根据上海市环保局公布数据显示，上海 $PM_{2.5}$ 来源中本地污染排放占 64% ~ 84%，区域影响 16% ~ 36%。$PM_{2.5}$ 作为上海市环境空气污染的首要指标，呈现冬春高、夏秋低的变化特征。上海市 $PM_{2.5}$ 化学组分复杂，以二次生成为主。

2012—2014 年，上海市政府实施了第五轮"环保三年行动计划"，基本完成"十二五"污染减排目标任务，使空气质量得到了进一步改善。2015 年启动了第六轮"环保三年行动计划"，提出了使 $PM_{2.5}$ 年均浓度比 2013 年下降 20% 左右，空气质量明显改善的目标。沪苏浙皖三省一市和国家八部委共同参与，出台实施了《长三角区域落实大气污染防治行动计划实施细则》，协调推动了十方面的协作和联合行动。

3. 珠三角区域

伴随经济的快速发展，大气污染物排放量增加，酸雨、细颗粒物和光化学烟雾等成为珠三角地区最突出的大气环境问题。国内外研究者对于该地区含碳化合物、气溶胶等污染物的来源和归趋[172, 173]、大气污染与健康[174]等方面开展了广泛的研究工作。这些研究对调控政策和控制措施的选择以及评估政策措施带来的影响具有重要意义。

由于珠三角众多的大型、特大型城市聚集在狭小的区域内，在发生大气污染时污染物在不同城市之间相互输送，造成显著的区域性污染特征。此外，该地区空气污染还呈现出复合型、压缩型等特征。研究认为，在过去 50 年珠三角所出现的 3 次大的能见度波动，分别对应着与经济发展相伴随的粉尘污染时期、硫酸盐加粉尘污染时期以及光化学过程的细粒子加硫酸盐加粉尘的复合污染时期[175]。

广东省先后制定实施了《广东省珠三角清洁空气行动计划》和《广东省大气污染防治行动方案（2014—2017 年）》，提出"构建世界先进的典型城市群大气复合污染综合防治体系，实现'一年打好基础，三年初见成效，十年明显改善'区域空气污染治理目标，使珠三角地区空气环境质量得到明显改善"的总体目标。通过火电厂污染治理工程、大气环境监测预警项目、大气治理科技支撑保障项目等工程努力实现空气质量好转。此外，广东省各城市也制定了各自的大气环境质量改善方案，如深圳市的《大气环境质量提升计划》、广州市的《空气质量达标规划》等。

粤港澳三方经过广泛调查，深入研究和充分论证，拟定了粤港澳共建优质生活圈专项规划，提出发展成为具有示范意义的绿色宜居城市群区域的目标。这个专项规划当中的一个突出内容就是加强大珠三角区域大气环境综合治理。

近年来，在国家大力支持下，珠三角地区开展了大量相关研究工作，为区域空气污染联防联控提供了科学的指导，并在亚运会、大运会空气质量保障等方面取得了许多有意义的成果。珠三角是我国率先系统研究区域灰霾天气的地区[176]。研究发现，珠三角区域 $PM_{2.5}$ 的分布存在很大的时空差异，较大的时空差异导致更高的治理要求和治理难度，而自相关性的存在表明迫切需要区域内进行协同监管和防治[177]。粤港政府自 2005 年 12 月开始联合发布区域空气质量指数（RAQI），RAQI 反映了珠三角区域内不同地区的空气质量状况，综合考虑了空气污染物总量水平。Li 等人[178]研究了香港和珠三角地区臭氧产生的机制，发现不同季节臭氧的贡献源差异非常大，并且当地排放的污染物不同季节里对臭氧生成的贡献率也显著不同。Ling 等人[179]研究认为污染物区域传输对香港当地的臭氧生成相当重要。

2007 年，国家高技术研究发展计划（"863"计划）重大项目"重点城市群大气复合污染综合防治与技术集成示范"开始实施。该项目以珠江三角洲为示范区域，重点集中在完善珠江三角洲空气质量监控，诊断区域大气复合污染的状况，合作开展诊断区域污染的现状、成因和污染来源、建立信息发布机制等。该项目的实施标志着我国大气环境科学研究及污染控制理念的重大转变和跨越，成为我国区域复合型大气污染研究的一个里程碑[180]。

（三）我国重大活动空气质量保障行动案例

1. 2008 年北京奥运会

北京奥运会空气质量保障行动是我国首个区域联防联控和多污染物协同控制的成功案例。该行动从科学分析区域大气污染特征出发，创立了跨省区市的协调机制，有针对性地制定了完整的管控实施方案，通过一系列强有力措施的实施取得了预期减排效果，保障了奥运期间空气质量，对大气复合污染控制具有重要的借鉴意义。

国内外学者通过外场观测结合数值分析研究了北京及周边地区的大气污染特征，发现该地区呈现出典型的大气复合污染特性和明显的区域性特征。在此基础上，通过建立大气污染区域联防联控机制，实现了统一规划、统一治理、统一监管。2006年，经国务院批准，环境保护部和北京、天津、河北、山西、内蒙古、山东6省（自治区、直辖市）以及解放军有关部门成立了奥运空气质量保障工作协调小组，领导协调奥运会期间空气质量保障行动。根据对北京市空气质量影响的重点地区和重点源分析结果，通过协调小组与北京市及周边地区相关政府部门的讨论，针对影响较大的重点源和重点地区，联合制定并组织实施了行动方案。

有效的控制措施、严格的管理以及区域间通力合作有效地降低了大气污染物排放总量，据估算，奥运会残奥会期间大气污染物排放量与2007年同比下降70%左右。与2008年6月相比，奥运期间（7月20日—8月6日、8月10日—27日）北京市的SO_2、NO_x、PM_{10}、CO和VOC等主要大气污染物排放量削减率分别达到41%、47%、55%、51%和57%[162]。在北京和周边地区的空气质量观测表明，与2008年6月相比，$PM_{2.5}$浓度在奥运会期间降低了40%左右[181]。Wang等[162]研究了北京奥运期间管控措施对$PM_{2.5}$中SO_4^{2-}、NO_3^-和NH_4^+的影响，研究发现全面控制措施实施后使得污染物浓度明显下降（约35%～69%），管控措施开始后的重污染主要源于北京以南地区的污染物区域传输。特别是8月3—4日期间的二次颗粒物中有超过50%由化学转化而来[182]。

数据表明，经过不懈努力，奥运期间北京市环境空气质量得到明显改善，并创造了近10年来北京市空气质量的历史最好水平[2]。奥运会空气质量保障行动为我国的大气质量管理积累了以下重要经验：第一，奥运大气环境应急管理措施拓展了我国大气环境应急管理制度的范畴，促进了我国大气环境应急管理的规范化和制度化[183]。第二，加强首都大气环境科学研究，突出以污染减排为抓手，狠抓重点污染治理。第三，突出加强环境法制建设，完善大气污染排放标准，促进污染减排和引领减排技术升级。第四，通过开展广泛宣传，扩大全社会的参与程度，社会各界的积极参与为绿色奥运营造了良好的氛围。

2. 2010年上海世博会

上海世博会是我国区域联防联控保障重大活动空气质量的另一典型案例。与持续时间较短的奥运会不同，长达数月的世博会周期对空气质量监测预警、保障措施长效施行是一个严峻考验。世博会空气质量保障为区域联动监测共享信息共创成果新模式进行了有益探索，为联防联控措施的常态化执行积累了经验。

上海及周边地区的大气污染也呈现出区域性复合型大气污染的特征。2009年开始，江浙沪两省一市联合编制启动了《2010年上海世博会长三角区域环境空气质量保障联防联控措施》，划定了以世博园区为核心、半径300km的重点防控区域，加强合作沟通，严格控制污染物排放。为保障世博会期间的空气质量，江浙沪两省一市实施六大联防举措：①联合制定联防联控措施；②联合控制高架源等重点污染源，加强燃煤电厂的脱硫脱硝建设改造。③建立信息沟通渠道，即两省一市联席会议机制，就污染物监测、机动车管理等事项进行沟通、合作。④联合控制农田秸秆焚烧。⑤开展联合监测预报。两省一市联合制定发布了"世博会期间长三角区域空气质量联动监测方案"，组成区域环境空气自动监测网络，并建立了区域环境空气质量预报会商小组，对空气质量变化趋势开展技术会商。⑥制定区域联动应急预案。为防止出现突发空气污染事件，长三角两省一市还制定了监测预警和应急方案，一旦预报出现高污染日，立即启动应急方案，减少污染物排放。

2009年12月环保部会同与上海、江苏、浙江等地有关部门联合举办了"上海世博会空气质量保障工作座谈会"，在详细评估上海市环境空气质量现状的基础上，提出了加快解决大气污染防治重点和难点问题。为确保世博会期间全面及时跟踪空气质量的变化和评估各项保障措施实施的效果，通过整合政府部门和科研机构在监测技术和科研领域的资源，初步构建区域环境空气质量联动监测协作网。2010年4月，由江浙沪9个重点城市监测部门共同开发的上海世博会长三角区域空气质量预警联动系统正式投入运行。世博期间，在该系统的支持下，共形成199份长三角日报和预报，进行区域会商50多次，在上海市及区域范围启动预警联动5次，在城市和区域范围内通过采取有针对性的减排措施，促使超标污染物排放量大幅削减，污染物浓度显著下降，空气质量明显好转[2]。

2010年上海世博会期间（5～10月），全市环境空气质量优良天数为181天，优良率为98.4%，一级天数94天，均达到历年（2001年以来）同期最高值。气象条件是影响空气质量的重要因素。通过对上海世博会期间三次污染事件的天气形势分析发现，当气象条件不利时，即使有严格的污染减排措施，大气环流的输送扩散作用仍可将污染物输入上海并导致污染事件[184]。世博期间长三角区域共享系统充分发挥了环境预警监测的公共服务能力，为区域联动监测共享信息共创成果新模式进行了有益探索，是一次跨省数据共享尝试。长三角区域空气质量自动监测网络和数据共享平台的成功搭建和有效运行，为探索长三角区域空气质量预测预警长期合作模式提供了宝贵的经验和启示[185]。

3. 2010年广州亚运会

广州亚运会空气质量保障行动突破以单一城市和常规污染物末端治理为主的控制思路，推进防、控、管、治多方面结合的大气复合污染综合控制策略，是区域联防联控的又一典型案例。

为保障广州亚运会期间的环境空气质量达标，广州市从2004年7月申亚成功开始按8个阶段推进亚运空气质量保障工作。2009年，广州市制定了《2010年第16届亚运会广州空气质量保障研究框架方案》和工作计划，并于2010年在广州成立了"亚运会空气质量保障工作协调小组"，负责统一规划和协调亚运会的空气质量保障工作，先后制定实施了《2010年第16届广州亚运会空气质量保障方案》及其配套的多套实施方案。

依据珠三角各城市环境空气质量状况和主要致污因素及污染物在城市间的相互传输通量，明确了不同城市的主要特征污染物控制策略：包括深圳市的电厂氮氧化物控制，佛山小火电、陶瓷、水泥等行业的升级改造和VOC控制，中山市强化机动车尾气管理等[2]。针对影响亚运会空气质量的重点污染源采取强制性的特殊减排措施，同时实施空气质量监测预报和预警，及时监控重点控制区域空气质量状况。建立部门联防联控长效机制，改善区域环境空气质量，确保亚运会、亚残运会期间赛区市各国控空气质量监测点以及主要亚运场馆监测点的空气质量，并尽可能减少灰霾天气现象。

由于空气污染控制措施的实施，亚运期间广州市区一次排放和二次污染均得到控制，颗粒物污染得到改善[186]。最终，2010 年广州市空气质量优良率达 97.81%，超过亚运空气质量保障设定全年达到 96% 的目标，其中，二氧化硫、二氧化氮和可吸入颗粒物浓度比 2004 年分别下降 57.1%、27.4% 和 30.3%。Liu 等[187] 的研究也指出，尽管亚运会期间主要的一次污染物均显著下降，但 O_3 的浓度并没有明显改善，说明对 NO_2 和 VOC 的控制措施仍需进一步改进。

4. 2014 年 APEC 会议

2014 年 APEC 会议期间，北京及周边地区采取了一系列措施保障空气质量。中科院综合运用地面观测、激光雷达探空和车载走航等多种手段，对 APEC 前后京津冀地区的历次灰霾污染形成过程进行了全方位观测和模拟，分析了京津冀区域大气污染物环境容量、区域输送变化以及二次气溶胶所占比例，对 APEC 期间应急控制措施的效果进行了评估[188]。数值模拟结果表明，如果不采取应急减排控制措施，会期 10 天中，轻度污染天数将由 1 天增为 6 天，中度及以上污染天数将增加 1 天，证明空气质量应急减排等保障措施具有明显效果。监测数据表明，APEC 期间的污染时段，北京气态前体物 NO_x 和 VOCs 浓度比 10 月下旬污染时段（102.7 ppb 和 60.4 ppb）分别下降了 40% 和 52%，证明北京机动车单双号行驶对 VOCs 排放大幅降低、限制 NO_x 增加起到明显作用[188]。另有研究表明，APEC 期间这些措施使得会议期间主要一次污染物浓度显著下降，$PM_{2.5}$ 浓度下降 $26.5\mu g/m^3$，取得了良好效果。

近年来，我国几次重大空气质量保障行动的经验表明，由于燃煤电厂、工业锅炉、道路扬尘排放等污染源的有效控制，一次污染物排放明显下降，空气质量均有较明显的改善。许多研究者对 2008 年北京奥运会、2010 年上海世博会和广州亚运会等事件前后的大气污染物进行了监测分析，结合空气质量模型等厘清了污染物演化规律，对保障措施的减排进行了有效评估并提出了建议，相关成果发表在国内外优秀学术期刊上，引起了广泛关注[162, 189, 190]。

北京奥运会、上海世博会和广州亚运会的空气质量保障行动留给我们的主要经验可以归结为以下几点：

（1）加强区域联防联控，建立有效的协调机制，区域内各级各地方政府积极参与，联合制定区域空气质量保障措施。

（2）积极改善能源结构，推进清洁燃料替代。

（3）严格控制污染源排放，淘汰落后产能。

（4）统一机动车排放标准，加强机动车管理。

（5）构建完善的空气质量监测和预报预警体系。

五、国内外研究进展的比较

（一）大气污染源排放清单技术

排放清单是过去 5 年间国内和国际的研究热点。在 *Web of Science* 核心库中检索的排放清单相关论文如图 4 所示。从图中可以看出，从 2010 年初到 2015 年 5 月 10 日，中国的研究机构共发表排放清单相关的 SCI 论文 1092 篇，论文数随时间总体呈增加趋势，这反映了该领域不断增长的研究热度。我国对排放清单的研究在世界上占有重要地位，我国发表的 SCI 论文数占全世界的 13% ~ 20%，且这一比例在过去 5 年间总体呈上升趋势。在中国发表的 SCI 论文中，关于源排放清单建立的论文占比高达 70%，关于高分辨率排放源模式、清单不确定性评估和清单准确性校验的论文分别占总数的 25%、9% 和 14%（由于部分论文同时属于两个或两个以上的类别，因此各类别论文占比的加和大于 100%）。

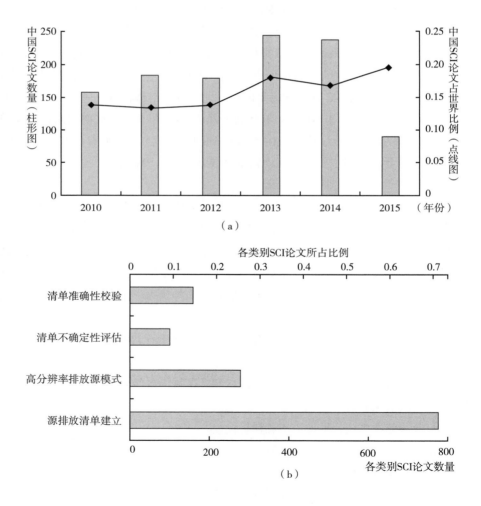

（a）

（b）

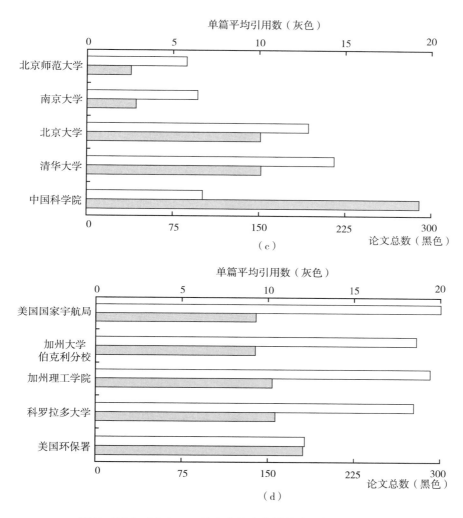

图 5　Web of Science 核心库检索的排放清单相关论文统计

（a）中国研究机构发表的 SCI 论文数量（柱形图）及其占全球 SCI 论文总数的比例（点线图），其中 2015 年仅统计了 5 月 10 日之前已上线的论文，在统计中，只要有一个作者的单位为中国的研究机构，即将该论文统计为中国的论文。（b）中国研究机构发表的 SCI 论文中，各类别的论文占论文总数的比例，因部分论文同时属于两个或两个以上的类别，因此各类别论文数量的加和大于论文总数。（c）中国发表 SCI 论文数量前 5 名的研究机构发表的论文数和单篇平均引用次数。（d）国外发表 SCI 论文数量前 5 名的研究机构发表的论文数和单篇平均引用次数

　　为将国内外的研究状况进行对比，我们分别选择了中国和国外发表论文数量排前 5 名的研究机构进行统计分析。可以看出，中国和国外前 5 名的研究机构在过去 5 年间分别发表 SCI 论文 674 篇和 768 篇，总量比较接近。但是，从单篇的平均引用次数来看，国外前 5 名的研究机构在 12 ～ 20 次之间，平均约 18 次，而我国前 5 名的研究机构在 6 ～ 14 次之间，平均仅约 9 次，可见，我国发表的论文质量与发达国家尚存在一定的差距。

　　国外对高分辨率排放源模式的研究已经比较成熟，其中最有代表性的是基于美国

的国家排放清单（NEI）设计的 SMOKE（sparse matrix operator kernel emissions modeling system）。NEI 排放清单的空间分辨率精确到县一级。当 SMOKE 应用于中国时，排放清单的精度往往不能满足 SMOKE 的要求。另外，还需要将当地的排放清单按排放源代码转换成 NEI 的 IDA 格式。这些问题很大程度上限制了 SMOKE 模式在中国的应用。

总体来说，中国在排放清单研究领域已达到或接近国际先进水平。研究机构已系统的编制了全国和重点地区的排放清单并动态更新；对于重点部门则采用最新的基于动态过程的清单技术提高了其准确性；在高分辨率排放源模式和清单的评估和校验技术方面，也基本达到国际先进水平。但是，在部分前沿的研究方向上，我国仍与发达国家存在差距。例如，发达国家的排放清单多以县为单位编制，空间分辨率高，而我国的排放清单除部分大点源外，多以省为单位编制，在重点地区一般以地级市为单位编制，空间分辨率尚待提高；对一些研究较少的部门，如植被土壤排放、农业氨排放、油气输运排放等，和一些复杂的污染物，如半挥发性和中等挥发性有机物，我国的研究仍落后于国际领先水平；在排放清单的卫星校验、基于卫星观测的反向模式计算等方面，我国也总体落后于国际领先水平。

（二）大气污染控制成本效益分析技术进展比较

在环境法律法规成本效益分析方面，美国率先实行了环境法律法规的成本效益分析。从 20 世纪 70 年代后的 20 年里，美国法律逐渐建立起了一套有关法规建设的全新规则体系，即成本效益默认原则，环境法律法规的制定必须遵守该原则。根据《经济分析指南》和《规制分析》的要求，美国环境法规的成本效益评估应当包括法规草案必要性的陈述、可替代方案审查、成本和效益的测量、分配影响分析等内容。美国的实践证明，环境法律法规成本效益分析除了要制定统一的评估标准、内容和方法外，还要建立独立的审查机制，即评估机构与审查机构相分离，使成本效益评估结果能够实质性地影响规制决策。

我国环境立法的开始于建国后，直至 2004 年，国务院颁布的《全面推进依法环境实施纲要》提出"积极探索对政府立法项目尤其是经济立法项目的成本效益分析制度。"这是我国首次提出环境法律法规需要进行成本效益分析。此后，各省市也纷纷根据各自权限开始了地方环境立法的规范化、制度化进程。

总体来讲，国际上在大气污染控制成本效益分析方面的研究主要集中在对控制措施所必须投入的成本和带来的效益进行货币化处理，主要量化的方面包括大气污染控制对人体健康的损害成本和效益评估、空气质量评估和生态环境价值评估，还有很大一部分是对大气污染控制政策的研究。相比之下，我国在这方面的研究还存在相当大的差距。

（三）大气环境规划技术方法与模式

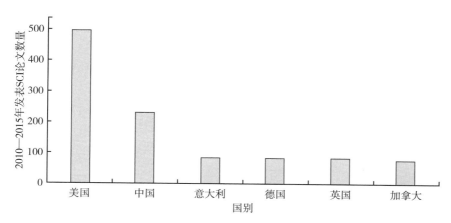

图 6　2010-2015 年大气污染防治规划方面不同国家 SCI 论文发表情况统计

在 Web of science™ 核心数据库检索的不同国家发表的相关 SCI 论文情况如图 5 所示。从数据可以看出，2010—2015 年我国共发表大气污染防治规划相关的 SCI 论文 231 篇，仅次于美国居世界第二位，说明近年来我国大气污染防治规划的研究已处于世界前列，但与世界最先进的美国相比还有不少差距。

从规划技术在管理上的应用来看，我国与发达国家还存在着明显差距。发达国家已经在规划工具得到的结论基础上，建立起定量化制定和调整管理目标，以及监测管理进展的工作机制。以欧盟为例，其第六次环境行动计划（EAP）的大气污染主体战略就是降低 $PM_{2.5}$ 对健康的危害，在此战略中确立的目标为：到 2020 年使暴露于颗粒物浓度超标地区（存在预期寿命降低风险）的人口减少 47%。为实现这一目标主要污染物在 2000—2020 年必须实现大幅削减，因此，欧盟发展了一系列行之有效的政策和指令。欧洲颗粒物污染防治的政策体系如图 6 所示。

总结起来，欧盟在颗粒物控制方面的经验有以下几点：一是制定可接受、可实现的颗粒物污染标准；二是设置总量排放上限，开展多污染物协同控制；三是成员国政策制定具有灵活性；四是综合运用多种手段，有效实现污染物的减排；五是注重控制方案的科学性及可行性，科学评估是颗粒物控制政策制定与更新的必要条件。因此，欧盟一直致力于建立灵活和综合的信息收集机制，统一的排放清单，排放与空气质量预测模型，成本效益分析模型及综合评价模型等。

除此之外，我国在"十二五"期间开始试图建立的区域联防联控机制早在 20 世纪 70 年代就已在美国和欧洲的大气污染控制管理中运行起来，并取得了显著的效果。典型的实践包括南加州海岸空气质量管理（South Coast Air Quality Management Distri，SCAQMD）、臭氧传输区域（OTR）等[2]。这些实践提供的宝贵经验主要有三个方面[191]：一是扎实的科学研究基础。二是制度保障有力。如最初是利益受损方对现状不满积极推行相关制度，最终得益于联邦政府以及州政府对既定政策的强制推行，使得各方利益得到均衡。三是注重权力制衡和利益协调。

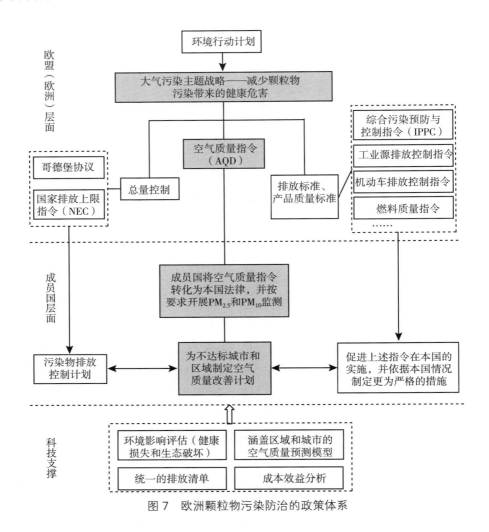

图 7 欧洲颗粒物污染防治的政策体系

六、我国大气环境管理的发展趋势展望

我国的大气环境污染新老问题在短时间内集中出现，形成区域大气复合污染，说明我国大气污染防治进入全面攻坚新阶段，对大气污染防控的科学理论、工程技术和监管体系提出了全新要求。实践证明，传统的总量控制模式在控制污染、保护生态环境等方面作出了积极的贡献。但是，传统总量控制模式仍然存在以下缺陷：一是缺乏区域综合发展公平性考虑；二是控制复合污染损害的能力不足，重一次污染物而忽视二次污染带来的损害；

三是缺少合作，总体控制成本高昂[191, 192]。

我国现有大气环境质量管理技术还难以支撑空气质量持续改善和污染物高效减排的目标，其技术水平距发达国家还有相当的差距。首先，欧美国家在大气污染治理政策评估、污染全方位监管和空气质量分区管理制度上建立了较为完备的技术支撑体系，在相关法规标准的制修订过程中形成了规范的环境基准研究、健康及生态影响评估、情景费效分析、社会经济综合评估等技术方法体系，空气质量管理进入以风险管理为特征的新阶段。我国大气质量管理决策在科学评估、配套技术和调整机制等方面还较为薄弱，亟需开展空气质量标准制修订与达标关键技术、污染源全方位监管的关键技术体系、大气污染防治制度与政策体系等研究，构建区域大气质量改善管理决策支持体系和长效机制，进而建立基于风险管理的多目标多污染物协同防治技术体系。

其次，在大气污染联防联控研究方面，欧美及部分亚洲国家纷纷致力于推行不同层次的清洁空气行动计划，这些计划通过建立基于"识别污染问题—诊断污染来源—确定减排目标—实施控制方案—评估防治计划"的区域空气质量管理机制与支撑技术体系，实现了科学与决策的高效互动，引领了监测预警技术和污染治理技术的快速发展，有效解决了酸沉降和可吸入颗粒物污染问题，提供了区域联防联控解决大气环境问题的范例。国内许多学者开展了城市间大气污染物相互影响、大气污染来源解析等方面的研究，为大气复合污染防治奠定了理论基础。我国在空气质量监测预警、排放清单技术和大气环境质量调控管理方面的创新性成果在京津冀、长三角和珠三角等区域污染防治的实践中得到充分应用，为我国节能减排及未来经济与城市化的健康发展提供了重要技术储备。目前该领域与国际领先国家的研究水平仍存在较大差距，不仅体现在单个技术的示范应用上，还体现在集成技术的联合应用上。比如源解析技术和区域调控定量分析技术尚存在较大的不确定性。因此，针对我国特有的研究现状，应逐步调整研究重点，强化集成技术的研究，提高技术的实用化。

综合近年来大气环境质量管理方向的研究进展，为解决我国大气复合污染问题，迫切需要在以下几个方面开展研究[193]：

（1）空气质量标准制修订与达标关键技术。从保障空气质量需求出发，重点开展中国大气污染物环境基准评估、典型区域和全国的健康及生态风险评估、优先控制大气污染物名录及浓度限值等关键问题研究，建立空气质量标准制修订的科学方法体系；针对我国急需制定中长期空气质量改善路线图的需求，重点开展"总量—质量"相衔接的大气质量改善目标、空气质量监管和污染物减排方案等关键问题研究，提出分区域、分阶段的空气质量改善路线图和达标减排路径。

（2）大气污染防治费效分析技术。针对我国大气污染防治重大政策措施的科学评估需求，重点开展政策评估的情景费效分析模型、法规空气质量模型等关键技术研究，构建支撑大气污染防治政策全过程评估的技术平台，综合评估大气污染防治政策对国民经济和公众健康的影响。开展我国大气环境资源价格与排放指标有偿使用政策研究，提出长效经济激励机制和推进大气污染控制产业发展的政策措施。

（3）大气污染源全方位监管的关键技术体系。基于环境、技术、经济性能分析，开展工业锅炉、机动车等重点领域的实际排放水平调查、减排技术和潜力分析，综合评估各行业排放标准；对上述排放源开展法规控制污染物、监测分析方法和排放限值研究，为制订更严格的排放标准提供关键技术支撑；针对重要工业源、移动源、农业面源、森林草场等自然源和无组织源排放，研究建立污染源卫星遥感监测技术和减排关键技术的定量评估和风险评价新技术方法；开展卫星遥感、物联网等方面的监管技术体系研究，研究大气重要风险污染源环境健康防护距离限值，重点突破用于各类污染源现场执法检查和排放监管的快速检测方法和技术规范，建立支撑大气污染源排放标准制修订和全方位监管的关键技术体系，为提高我国环保部门的监管能力提供核心技术支撑。

（4）基于大数据的大气污染源实时解析集成技术。针对传统源解析技术对二次污染物解析能力弱、时效性差、不确定性大的技术瓶颈，利用大数据研究大气污染源解析融合集成新技术，重点突破基于数值模拟的二次颗粒物和臭氧来源标记与实时追踪技术、基于高分辨率在线监测的$PM_{2.5}$实时源解析技术、在线观测和多模式模拟联合集成源解析技术、有机物来源解析技术、大气重金属溯源技术等关键技术，研发排放源清单、源追踪数值模拟和受体模型多种技术融合的动态源解析集成技术和系列工具包。

（5）区域空气质量动态调控技术。针对区域大气污染联防联控对污染减排精确调控的技术需求，研究区域经济联合发展过程中的大气污染防治动态调控技术，重点突破针对经济社会动态发展过程的排放预测技术、大气环境演变与污染来源识别技术、基于多源监测预报的重污染天气应急决策技术、应急动态调控综合效益分析技术、区域经济—能源—空气质量的动态响应模拟技术、区域大气污染联防联控综合方案设计与优化技术、区域大气污染控制健康—生态—气候多维效应动态评估等关键技术，研究适用于不同地区的污染源精确调控措施以及区域社会经济发展与空气质量改善一体化的管理决策支撑技术，基于大数据和物联网技术建立大气质量动态调控和决策支持系统，构建"总量—质量—健康—风险—生态"相衔接的大气污染控制体系和空气质量管理体系，形成与国家社会经济新常态发展相适应的空气质量改善整体解决方案。

（6）空气质量管理制度与政策体系。针对我国大气污染防治的重大需求，重点开展大气污染防治法律法规研究，提出解决无法可依、有法不依问题的技术方案和对策；针对区域联防联控的体制机制建设需求，重点开展空气质量管理区划、区域协作和统一监管机制、部门协调发展机制研究，建立支撑区域联防联控的关键技术方法体系；研究移动污染源、民用生活源等领域的大气污染防治制度与政策体系，提出强化上述领域环保执法和监管的法律要求、行政管理机制和经济政策等；研究构建以排污许可证制度为核心的环境管理政策体系和监督监管体系。

（7）重点区域大气污染联防联控技术集成与应用示范。以细颗粒物和臭氧污染防治为核心，选择中国东部（京津冀鲁豫、长三角和珠三角）、成渝城市群、华中城市群和陕宁蒙能源金三角等重点地区，建设大气污染联防联控技术示范区。集成面向区域联防联控的空气质量立体监测预警技术、大气污染来源识别技术、大气污染防治综合决策技术等，构建区域经济、能源利用与空气质量的响应机制和动态关系；结合产业结构调整和布局，建立大气污染深度净化技术的产业聚集区，开展区域重点源治理规模化示范及产业园区和典型行业全过程控制技术示范；研究区域大气污染联防联控机制与法律法规，结合环保、气象等国家级和区域现有业务平台，建立全国统一的大气质量调控评估会商关键技术支撑平台；探索建立国家大气科学研究中心和区域大气科学中心，构建以大数据分析技术为核心的信息共享平台，为区域及重点城市的环境空气质量的持续改善提供关键科技支撑，推动区域社会经济和大气环境的协调发展。

<h2 style="text-align:center">—— 参考文献 ——</h2>

[1] 郝吉明，程真，王书肖. 我国大气环境污染现状及防治措施研究 [J]. 环境保护，2012，（9）：17–20.

[2] 柴发合，云雅如，王淑兰. 关于我国落实区域大气联防联控机制的深度思考 [J]. 环境与可持续发展，2013，（4）：5–9.

[3] 朱彤，尚静，赵德峰. 大气复合污染及灰霾形成中非均相化学过程的作用 [J]. 中国科学：化学 2010，40（12）：1731–1740.

[4] 谢邵东. 建立区域大气复合污染防治技术体系 [N]. 中国环境，2011–07–14（2）：3.

[5] 朱彤. 城市与区域大气复合污染 [M]. // 戴树桂. 环境化学进展. 北京：化学工业出版社，2005：2–22.

[6] 贺克斌，杨复沫，段凤魁，等. 大气颗粒物与区域复合污染 [M]. 北京：科学出版社，2011.

[7] Wang Y. X., Hao J. M., McElroy M. B., et al. Year round measurements of O_3 and CO at a rural site near Beijing: variations in their correlations [J]. Tellus Series B–Chemical and Physical Meteorology, 2010, 62（4）：228–241.

[8] Wang S. X., Hao J. M. Air quality management in China: Issues, challenges, and options [J]. Journal of Environmental Sciences–China, 2012, 24（1）：2–13.

[9] Zhang Q., Streets D. G., Carmichael G. R., et al. Asian emissions in 2006 for the NASA INTEX–B mission [J]. Atmospheric Chemistry and Physics, 2009, 9（14）：5131–5153.

[10] Zhao B., Wang S. X., Dong X. Y., et al. Environmental effects of the recent emission changes in China: implications for particulate matter pollution and soil acidification [J]. Environ Res Lett, 2013, 8（2）：10.

[11] Zhao B., Wang S. X., Liu H., et al. NO_x emissions in China: historical trends and future perspectives [J]. Atmospheric Chemistry and Physics, 2013, 13（19）：9869–9897.

[12] Wang S. X., Zhao B., Cai S. Y., et al. Emission trends and mitigation options for air pollutants in East Asia [J]. Atmospheric Chemistry and Physics, 2014, 14（13）：6571–6603.

[13] Lei Y., Zhang Q., He K. B., et al. Primary anthropogenic aerosol emission trends for China, 1990–2005 [J]. Atmospheric Chemistry and Physics, 2011, 11（3）：931–954.

[14] Zhao Y., Wang S. X., Nielsen C., et al. Establishment of a database of emission factors for atmospheric pollutants from Chinese coal–fired power plants [J]. Atmospheric Environment, 2010, 44（12）：1515–1523.

[15] Zhao Y., Wang S. X., Duan L., Lei Y., et al. Primary air pollutant emissions of coal–fired power plants in China: Current status and future prediction [J]. Atmospheric Environment, 2008, 42（36）：8442–8452.

[16] Lei Y., Zhang Q. A., Nielsen C., et al. An inventory of primary air pollutants and CO_2 emissions from cement

production in China, 1990-2020 [J]. Atmospheric Environment, 2011, 45 (1): 154.

[17] Zhang S. J., Wu Y., Hu J. N., et al. Can Euro V heavy-duty diesel engines, diesel hybrid and alternative fuel technologies mitigate NO_x emissions? New evidence from on-road tests of buses in China [J]. Applied Energy, 2014, 132: 118-126.

[18] Huo H., Yao Z. L., Zhang Y. Z., et al. On-board measurements of emissions from light-duty gasoline vehicles in three mega-cities of China [J]. Atmospheric Environment, 2012, 49: 371-377.

[19] Liu H. A., He K. B., Barth M. Traffic and emission simulation in China based on statistical methodology [J]. Atmospheric Environment, 2011, 45 (5): 1154-1161.

[20] Zhang S. J., Wu Y., Liu H., et al. Real-world fuel consumption and CO_2 emissions of urban public buses in Beijing [J]. Applied Energy, 2014, 113: 1645-1655.

[21] Zheng J. Y., Zhang L. J., Che W. W., et al. A highly resolved temporal and spatial air pollutant emission inventory for the Pearl River Delta region, China and its uncertainty assessment [J]. Atmospheric Environment, 2009, 43 (32): 5112-5122.

[22] Lang J. L., Cheng S. Y., Wei W., et al. A study on the trends of vehicular emissions in the Beijing-Tianjin-Hebei (BTH) region, China [J]. Atmospheric Environment, 2012, 62: 605-614.

[23] Zheng B., Huo H., Zhang Q., et al. High-resolution mapping of vehicle emissions in China in 2008 [J]. Atmospheric Chemistry and Physics, 2014, 14 (18): 9787-9805.

[24] Huang X., Song Y., Li M. M., et al. A high-resolution ammonia emission inventory in China [J]. Global Biogeochem Cycles, 2012, 26.

[25] Fu X., Wang S. X., Ran L., et al. Estimating NH_3 emissions from agricultural fertilizer application in China using the bi-directional CMAQ model coupled to an agro-ecosystem model [J]. Atmospheric Chemistry and Physics, 2015, 15:6637-6649.

[26] Huang C., Chen C. H., Li L., et al. Emission inventory of anthropogenic air pollutants and VOC species in the Yangtze River Delta region, China [J]. Atmospheric Chemistry and Physics, 2011, 11 (9): 4105-4120.

[27] Fu X., Wang S. X., Zhao B., et al. Emission inventory of primary pollutants and chemical speciation in 2010 for the Yangtze River Delta region, China [J]. Atmospheric Environment, 2013, 70: 39-50.

[28] Lu Q., Zheng J. Y., Ye S. Q., et al. Emission trends and source characteristics of SO_2, NO_x, PM10 and VOCs in the Pearl River Delta region from 2000 to 2009 [J]. Atmospheric Environment, 2013, 76: 11-20.

[29] Wei W., Wang S. X., Chatani S., et al. Emission and speciation of non-methane volatile organic compounds from anthropogenic sources in China [J]. Atmospheric Environment, 2008, 42: 4976-4988.

[30] Bo Y., Cai H., Xie S. D. Spatial and temporal variation of historical anthropogenic NMVOCs emission inventories in China [J]. Atmospheric Chemistry and Physics, 2008, 8: 7297-7316.

[31] Lin J., Pan D., Davis S. J. et al. China's international trade and air pollution in the United States. Proceedings of the National Academy of Sciences, 2014, 111 (5): 1736-1741.

[32] 张磊. 中国燃煤大气汞排放特征与协同控制策略研究 [博士学位论文]. 北京: 清华大学环境学院, 2012.

[33] Wu Q. R., Wang S.X., ZhangL., et al.. Update of mercury emissions from China's primary zinc, lead and copper smelters, 2000-2010. Atmos. Chem. Phys., 2012, 12: 11153-11163.

[34] Zhang, L.; Wang, S. X.; Wang, L.; et al. Updated Emission Inventories for Speciated Atmospheric Mercury from Anthropogenic Sources in China, Environmental Science & Technology, 2015, 49 (5): 3185-3194.

[35] Tian H. Z., Zhu C. Y.,Gao J. J., et al.Quantitative assessment of atmospheric emissions of toxic heavymetals from anthropogenic sources in China: historical trend,spatial distribution, uncertainties, and control policies [J]. Atmospheric Chemistry and Physics, 2015, 15, 10127-10147.

[36] Huo, H., Lei Y., Zhang Q., et al. China's coke industry: Recent policies, technology shift, and implication for energy and the environment [J]. Energy Policy, 2012, 51: 397-404.

［37］ Wang S. X., Xing J., Chatani S., et al. Verification of anthropogenic emissions of China by satellite and ground observations［J］. Atmospheric Environment, 2011, 45（35）: 6347-6358.

［38］ 张强. 中国区域细颗粒物排放及模拟研究［D］. 北京: 清华大学, 2005.

［39］ Streets D. G., Bond T. C., Carmichael G. R., et al. An inventory of gaseous and primary aerosol emissions in Asia in the year 2000［J］. J Geophys Res-Atmos, 2003, 108（D21）.

［40］ Cheng Z., Wang S., Fu X., et al. Impact of biomass burning on haze pollution in the Yangtze River delta, China: a case study in summer 2011［J］. Atmospheric Chemistry and Physics, 2014, 14（9）: 4573-4585.

［41］ 美国环保局 SPECIATE 数据. http://www. epa. gov/ttnchie1/software/speciate/.

［42］ Li M., Zhang Q., Streets D. G., et al. Mapping Asian anthropogenic emissions of non-methane volatile organic compounds to multiple chemical mechanisms［J］. Atmospheric Chemistry and Physics, 2014, 14（11）: 5617-5638.

［43］ Zhang Q. Study on Regional Fine PM Emissions and Modeling in China［D］. Beijing: Tsinghua University, 2005.

［44］ Zhao Y., Nielsen C., Lei Y., et al. Quantifying the uncertainties of a bottom-up emission inventory of anthropogenic atmospheric pollutants in China［J］. Atmospheric Chemistry and Physics, 2011, 11（5）: 2295-2308.

［45］ Zheng J. Y., Yin S. S., Kang D. W., et al. Development and uncertainty analysis of a high-resolution NH_3 emissions inventory and its implications with precipitation over the Pearl River Delta region, China［J］. Atmospheric Chemistry and Physics, 2012, 12（15）: 7041-7058.

［46］ He M., Zheng J. Y., Yin S. S., et al. Trends, temporal and spatial characteristics, and uncertainties in biomass burning emissions in the Pearl River Delta, China［J］. Atmospheric Environment, 2011, 45（24）: 4051-4059.

［47］ Zheng J. Y., He M., Shen X. L., et al. High resolution of black carbon and organic carbon emissions in the Pearl River Delta region, China［J］. Science of the Total Environment, 2012, 438: 189-200.

［48］ Zhang Q., Geng G. N., Wang S. W., et al. Satellite remote sensing of changes in NO_x emissions over China during 1996-2010［J］. Chinese Sci Bull, 2012, 57（22）: 2857-2864.

［49］ Zhang Q., Streets D. G., He K., et al. NOx emission trends for China, 1995-2004: The view from the ground and the view from space［J］. J Geophys Res-Atmos, 2007, 112（D22）.

［50］ Lu Z., Streets D. G., Zhang Q., et al. Sulfur dioxide emissions in China and sulfur trends in East Asia since 2000［J］. Atmospheric Chemistry and Physics, 2010, 10: 6311-6331.

［51］ Lin J. T., McElroy M. B., Boersma K. F. Constraint of anthropogenic NO_x emissions in China from different sectors: a new methodology using multiple satellite retrievals［J］. Atmospheric Chemistry and Physics, 2010, 10: 63-78.

［52］ Kurokawa J., Yumimoto K., Uno I., et al. Adjoint inverse modeling of NO_x emissions over eastern China using satellite observations of NO_2 vertical column densities［J］. Atmospheric Environment, 2009, 43（11）: 1878-1887.

［53］ Wang S. W., Streets D. G., Zhang Q. A., et al. Satellite detection and model verification of NO_x emissions from power plants in Northern China［J］. Environ Res Lett, 2010, 5（4）.

［54］ Wang S. W., Zhang Q., Streets D. G., et al. Growth in NO_x emissions from power plants in China: bottom-up estimates and satellite observations［J］. Atmospheric Chemistry and Physics, 2012, 12（10）: 4429-4447.

［55］ Zhao B., Wang S. X., Wang J. D., et al. Impact of national NO_x and SO_2 control policies on particulate matter pollution in China［J］. Atmospheric Environment, 2013, 77: 453-463.

［56］ 邢佳. 大气污染排放与环境效应的非线性响应关系研究［D］. 北京: 清华大学, 2011.

［57］ Zhang Y. Online-coupled meteorology and chemistry models: history, current status, and outlook［J］.

Atmospheric Chemistry and Physics, 2008, 8（11）: 2895–2932.

［58］ Zhang Y., Bocquet M., Mallet V., et al. Real–time air quality forecasting, part I: History, techniques, and current status［J］. Atmospheric Environment, 2012, 60: 632–655.

［59］ Stajner I., Davidson , Daewon B., et al. US national air quality forecast capability: expanding coverage to include particulate matter［A］. 31st NATO/SPS International Technical Meeting on Air Pollution Modeling and its Application: 2012: 379–384.

［60］ Uno I., Carmichael G. R., Streets D. G., et al. Regional chemical weather forecasting system CFORS: Model descriptions and analysis of surface observations at Japanese island stations during the ACE–Asia experiment［J］. J Geophys Res–Atmos, 2003, 108（D23）.

［61］ 徐大海, 朱蓉. 大气平流扩散的箱格预报模型与污染潜势指数预报［J］. 应用气象学报, 2000, 11（1）: 1–12.

［62］ 朱蓉, 徐大海, 孟燕君, 等. 城市空气污染数值预报系统 CAPPS 及其应用［J］. 应用气象学报, 2001, 12（3）: 267–278.

［63］ Wang Z. F., Maeda T., Hayashi M., et al. A nested air quality prediction modeling system for urban and regional scales: Application for high–ozone episode in Taiwan［J］. Water Air and Soil Pollution, 2001, 130（1–4）: 391–396.

［64］ 王自发, 王威. 区域大气污染预报预警和协同控制［J］. 科学与社会, 2014, 4（2）: 31–41.

［65］ 王自发, 吴其重, GBAGUIDIA, 等. 北京空气质量多模式集成预报系统的建立及初步应用［J］. 南京信息工程大学学报（自然科学版）, 2009, 1: 19–26.

［66］ Wang T. J., Jiang F., Deng J. J., et al. Urban air quality and regional haze weather forecast for Yangtze River Delta region［J］. Atmospheric Environment, 2012, 58: 70–83.

［67］ Wu Q., Xu W., Shi A., et al. Air quality forecast of PM10 in Beijing with Community Multi–scale Air Quality Modeling（CMAQ）system: emission and improvement［J］. Geoscientific Model Development, 2014, 7（5）: 2243–2259.

［68］ Zheng M., Salmon L. G., Schauer J. J., et al. Seasonal trends in PM2.5 source contributions in Beijing, China［J］. Atmospheric Environment, 2005, 39（22）: 3967–3976.

［69］ Jian W., Wen C., Weijun W., et al. Study on pollution characteristics and source apportionment of atmospheric particulates in Zhejiang province［R］. Lushan, China: 2011 International Conference on Electric Technology and Civil Engineering（ICETCE）, 2011.

［70］ 金蕾, 华蕾. 大气颗粒物源解析受体模型应用研究及发展现状［J］. 中国环境监测, 2007（01）: 38–42.

［71］ Morino Y., Ohara T., Yokouchi Y., et al. Comprehensive source apportionment of volatile organic compounds using observational data, two receptor models, and an emission inventory in Tokyo metropolitan area［J］. J Geophys Res–Atmos, 2011, 116.

［72］ Rizzo M. J., Scheff A. Fine particulate source apportionment using data from the US EPA speciation trends network in Chicago,Illinois: Comparison of two source apportionment models［J］. Atmospheric Environment,2007,41（29）: 6276–6288.

［73］ Demir S., Saral A., Erturk F., et al. Combined Use of Principal Component Analysis（PCA）and Chemical Mass Balance（CMB）for Source Identification and Source Apportionment in Air Pollution Modeling Studies［J］. Water Air and Soil Pollution, 2010, 212（1–4）: 429–439.

［74］ Shi G. L., Liu G. R., Peng X., et al. A Comparison of Multiple Combined Models for Source Apportionment, Including the PCA/MLR–CMB, Unmix–CMB and PMF–CMB Models［J］. Aerosol and Air Quality Research, 2014, 14（7）: 2040–U341.

［75］ 王繁强, 徐大海, 时进刚, 等. 黄河中上游 19 城市 2007 年 SO_2 排放相互影响及其对北京贡献的数值预测分析［J］. 科技导报, 2011,（16）: 25–29.

［76］ 程真，陈长虹，黄成，等. 长三角区域城市间一次污染跨界影响［J］. 环境科学学报，2011，（04）：686-694.

［77］ 赵恒，王体健，江飞，等. 利用后向轨迹模式研究 TRACE-P 期间香港大气污染物的来源［J］. 热带气象学报，2009，（02）：181-186.

［78］ 隆永平，束炯. 上海市典型霾天气团后向轨迹分析［R］. 中国浙江嘉兴：第七届长三角气象科技论坛，2010.

［79］ Davis R. E., Normile C., Sitka L., et al. A comparison of trajectory and air mass approaches to examine ozone variability［J］. Atmospheric Environment, 2010, 44（1）: 64-74.

［80］ Sandu A., Daescu D. N., Carmichael G. R. Direct and adjoint sensitivity analysis of chemical kinetic systems with KPP: Part I – theory and software tools［J］. Atmospheric Environment, 2003, 37（36）: 5083-5096.

［81］ Streets D. G., Fu J. S., Jang C. J., et al. Air quality during the 2008 Beijing Olympic Games［J］. Atmospheric Environment, 2007, 41（3）: 480-492.

［82］ Wang L. T., Wei Z., Yang J., et al. The 2013 severe haze over southern Hebei, China: model evaluation, source apportionment, and policy implications［J］. Atmospheric Chemistry and Physics, 2014, 14（6）: 3151-3173.

［83］ Dougherty E. P., Kwang J. T., Rabitz H., Further developments and applications of the Green's function method of sensitivity analysis in chemical kenetics［J］. J. Chem. Phys., 1979, 71: P1794-1808.

［84］ Hwang J. H., Dougherty E. P., Rabitz S, et al. The Green's function method of sensitivity analysis in chemical kinetics［J］. J. Chem. Phys., 1978, 69: 5180-5191.

［85］ Koda M., Dogru A. H., Seinfeld J. H. Sensitivity Analysis of parial–differential equations with application to reaction and diffusion processes［J］. Journal of Computational Physics, 1979, 30（2）: 259-282.

［86］ Ibrahim A. H., Tiwari S. N. Variational sensitivity analysis and design optimization［J］. Computers & Fluids, 2009, 38（10）: 1887-1894.

［87］ Costanza V., Seinfeld J. H. Stochastic senitivity analysis in chemical–kinetics［J］. Journal of Chemical Physics, 1981, 74（7）: 3852-3858.

［88］ Lucchese R. R. Stochastic sensitivity analysis applied to gas–surface scattering［J］. Journal of Chemical Physics, 1985, 83（6）: 3118-3128.

［89］ Dunker A. M. The decoupled direct method for calculating sensitivity coeffcients in chenmical–kunetics［J］. Journal of Chemical Physics, 1984, 81（5）: 2385-2393.

［90］ Koo B., Dunker A. M., Yarwood G. Implementing the decoupled direct method for sensitivity analysis in a particulate matter air quality model［J］. Environmental Science & Technology, 2007, 41（8）: 2847-2854.

［91］ Napelenok S. L., Cohan D. S., Odman M. T., et al. Extension and evaluation of sensitivity analysis capabilities in a photochemical model［J］. Environ. Modell. Softw., 2008, 23（8）: 994-999.

［92］ Dunker A. M., Yarwood G., Ortmann J., et al. Comparison of source apportionment and source sensitivity of ozone in a three–dimensional air quality model［J］. Environmental Science & Technology, 2002, 36（13）: 2953-2964.

［93］ Hakami A., Odman M. T., Russell A. G. High–order, direct sensitivity analysis of multidimensional air quality models［J］. Environmental Science & Technology, 2003, 37（11）: 2442-2452.

［94］ Tian D., Cohan D. S., Napelenok S., et al. Uncertainty Analysis of Ozone Formation and Response to Emission Controls Using Higher–Order Sensitivities［J］. Journal of the Air & Waste Management Association, 2010, 60（7）: 797-804.

［95］ 王雪松，李金龙，张远航，等. 北京地区臭氧污染的来源分析［J］. 中国科学（B辑：化学），2009，（06）：548-559.

［96］ Muller J. F. S., T. Inversion of CO and NO_x emissions using the adjoint of the IMAGES model［J］. Atmos. Chem. Phys., 2005, 5: 1157-1186.

［97］ Henze D. K., Hakami A., Seinfeld J. H. Development of the adjoint of GEOS-Chem ［J］. Atmospheric Chemistry and Physics, 2007, 7（9）: 2413-2433.

［98］ Hakami A., Henze D. K., Seinfeld J. H., et al. The adjoint of CMAQ ［J］. Environmental Science & Technology, 2007, 41（22）: 7807-7817.

［99］ Zhang Y., Vijayaraghavan K., Seigneur C. Evaluation of three probing techniques in a three-dimensional air quality model ［J］. J Geophys Res-Atmos, 2005, 110（D2）: 21.

［100］ Wang Y., Li L., Chen C., et al. Source apportionment of fine particulate matter during autumn haze episodes in Shanghai, China ［J］. J Geophys Res-Atmos, 2014, 119（4）: 1903-1914.

［101］ McHenry J. H., Binkowski F. S., Dennis R. L., et al. The Tagged Species Engineering Model （TSEM）［J］. Atmospheric Enviroment, 1992, 26A: 1427-1443.

［102］ Lane T. E., Pinder R. W., Shrivastava M., et al. Source contributions to primary organic aerosol: Comparison of the results of a source-resolved model and the chemical mass balance approach ［J］. Atmospheric Environment, 2007, 41（18）: 3758-3776.

［103］ Li J., Wang Z., Huang H., et al. Assessing the effects of trans-boundary aerosol transport between various city clusters on regional haze episodes in spring over East China ［J］. Tellus Series B-Chemical and Physical Meteorology, 2013, 65.

［104］ Wang Z. S., Chien C. J., Tonnesen G. S. Development of a tagged species source apportionment algorithm to characterize three-dimensional transport and transformation of precursors and secondary pollutants ［J］. Journal of Geophysical Research-Atmospheres, 2009, 114: 17.

［105］ Kwok R. H. F., Napelenok S. L., Baker K. R. Implementation and evaluation of PM2.5 source contribution analysis in a photochemical model ［J］. Atmospheric Environment, 2013, 80: 398-407.

［106］ Davis J. M., Speckman P. A model for predicting maximum and 8 h average ozone in Houston ［J］. Atmospheric Environment, 1999, 33（16）: 2487-2500.

［107］ Carnevale C., Finzi G., Pisoni E., et al. Neuro-fuzzy and neural network systems for air quality control ［J］. Atmospheric Environment, 2009, 43（31）: 4811-4821.

［108］ Carnevale C., Pisoni E., Volta M. A non-linear analysis to detect the origin of PM10 concentrations in Northern Italy ［J］. Science of the Total Environment, 2010, 409（1）: 182-191.

［109］ Baker K. R., Foley K. M. A nonlinear regression model estimating single source concentrations of primary and secondarily formed PM2.5 ［J］. Atmospheric Environment, 2011, 45（22）: 3758-3767.

［110］ Ryoke M., Nakamori Y., Heyes C., et al. A simplified ozone model based on fuzzy rules generation ［J］. European Journal of Operational Research., 2000, 122（2）: 440-451.

［111］ US EPA Technical Support Document for the Proposed PM NAAQS Rule: Response Surface Modeling; Office of Air Quality Planning and Standards: Research Triangle Park ［Z］. NC: 2006.

［112］ US EPA Technical Support Document for the Proposed Mobile Source Air Toxics Rule: Ozone Modeling; Office of Air Quality Planning and Standards: Research Triangle Park ［Z］. NC: 2006.

［113］ Murray C. J. L., Ezzati M., Flaxman A. D., et al. GBD 2010: design, definitions, and metrics ［J］. The Lancet 2012, 380（9859）, 2063-2066.

［114］ Lim S. S., Vos T., Flaxman A. D., et al. A comparative risk assessment of burden of disease and injury attributable to 67 risk factors and risk factor clusters in 21 regions, 1990-2010: a systematic analysis for the Global Burden of Disease Study 2010 ［J］. The Lancet, 2012,380（9859）, 2224-2260.

［115］ Chen Z., Wang J.N., Ma G.X., et al. China tackles the health effects of air pollution ［J］. The Lancet, 2013,382（9909）, 1959-1960.

［116］ Cheng Z., Jiang J., Fajardo O., et al. Characteristics and health impacts of particulate matter pollution in China （2001-2011）［J］. Atmospheric Environment 2013,65, 186-194.

［117］ Voorhees A. S., Wang J. D., Wang C. C., et al. Public health benefits of reducing air pollution in Shanghai：A proof-of-concept methodology with application to BenMAP［J］. Science of The Total Environment,2014,485-486, 396-405.

［118］ 徐晓程，陈仁杰，阚海东，等. 我国大气污染相关统计生命价值的 meta 分析［J］. 中国卫生资源，2013，（1），64-67.

［119］ Dekker T., Brouwer R., Hofkes M., et al. The Effect of Risk Context on the Value of a Statistical Life：a Bayesian Meta-model［J］. Environ Resource Econ,2011,49（4）, 597-624.

［120］ Kochi I., Hubbell B., Kramer R. An Empirical Bayes Approach to Combining and Comparing Estimates of the Value of a Statistical Life for Environmental Policy Analysis［J］. Environ Resource Econ, 2006,34（3）, 385-406.

［121］ 崔胜辉，于裕贤，宋晓东，等. 大气污染对城市植被的生态胁迫效应综述［J］. 生态科学,2009,28（6）: 562-567.

［122］ Huang Yongmei, Kang Ronghua, Ma Xiaoxiao, Qi Yu, Mulder J, Duan Lei. Effects of calcite and magnesite application to a declining Masson pine forest on strongly acidified soil in Southwestern China. Science of the Total Environment, 2014, 481: 469-478.

［123］ 段雷，马萧萧，余德祥，等. 模拟氮沉降对森林土壤有机物淋溶的影响［J］. 环境科学, 2013, 34（6）: 359-364.

［124］ 李化山，汪金松，刘星，等. 模拟 N 沉降对太岳山油松人工林和天然林草本群落的影响［J］. 生态学报, 2015, 35（11）: 3710-3721.

［125］ 袁颖红，樊后保，刘文飞，等. 模拟氮沉降对杉木人工林（Cunninghamia lanceolata）土壤酶活性及微生物群落功能多样性的影响［J］. 土壤, 2013, 45（1）: 120-128.

［126］ 于贵瑞，高扬，王秋凤. 陆地生态系统碳-氮-水循环的关键耦合过程及其生物调控机制探讨［J］. 中国生态农业学报, 2013, 21（1）: 1-13.

［127］ Fenn M., Poth M., Aber J., et al. Nitrogen excess in North American ecosystems：a review of predisposing factors, geographic extent, ecosystem responses and management strategies［J］. Ecological Applications,1998,8: 706-733.

［128］ Long S., Naidu S. Effects of oxidants at the biochemical, cell and physiological levels, with particular reference to ozone［J］. Air pollution and Plant life, 2002, 2: 69-88.

［129］ Feng Z. W., Hu E., Wang X., et al. Ground-level O_3 pollution and its impacts on food crops in China：A review［J］. Environmental Pollution, 2015, 199（0）: 42-48.

［130］ Wang X., Zhang Q., Zheng F., et al. Effects of elevated O_3 concentration on winter wheat and rice yields in the Yangtze River Delta, China［J］. Environmental Pollution, 2012, 171（0）: 118-125.

［131］ Feng Z., Tang H., Uddling J., et al. A stomatal ozone flux-response relationship to assess ozone-induced yield loss of winter wheat in subtropical China［J］. Environmental Pollution, 2012, 164（0）: 16-23.

［132］ Tang H., Takigawa M., Liu G., et al. A projection of ozone-induced wheat production loss in China and India for the years 2000 and 2020 with exposure-based and flux-based approaches［J］. Global Change Biology,2013,19（9）: 2739-2752.

［133］ Karnosky D. F., Skelly J. M., Percy K. E., et al. Perspectives regarding 50 years of research on effects of tropospheric ozone air pollution on US forests［J］. Environmental Pollution, 2007, 147（3）: 489-506.

［134］ Treshow M., Bell J. 2 Historical perspectives［J］. Air Pollution and Plant Life, 2002, 5.

［135］ Wiener J., Spry D. Toxicological significance of mercury in freshwater fish［M］. //Beyer W. N., Heinz G. H., Redmon-Norwood A. W. Environmental contaminants in wildlife: interpreting tissue concentrations. WI: CRC Press, 1996: 297-339.

［136］ Eisler R., Mercury hazards to living organisms［M］. Florida: CRC Press, 2006.

［137］ Boening D. W. Ecological effects, transport, and fate of mercury: a general review［J］. Chemosphere, 2000, 40（12）：1335–1351.

［138］ Beckvar N., Dillon T. M., Read L. B. Approaches for linking whole body fish tissue residues of mercury or DDT to biological effects thresholds［J］. Environmental Toxicology and Chemistry, 2005, 24（8）：2094–2105.

［139］ Yao H., Feng X. B., Yan H. Y., et al. Mercury concentration in fish body in Hongjiadu Reservoir of Guizhou Province［J］. Shengtaixue Zazhi, 2010, 29（6）：1155–1160.

［140］ Liu J. L., Xu X. R., Yu S., et al. Mercury pollution in fish from South China Sea: Levels, species–specific accumulation, and possible sources［J］. Environmental Research., 2014, 131: 160–164.

［141］ Meng B., Feng X., Qiu G., et al. Localization and Speciation of Mercury in Brown Rice with Implications for Pan–Asian Public Health［J］. Environmental Science & Technology, 2014, 48（14）：7974–7981.

［142］ Zhang H., Feng X., Jiang C., et al. Understanding the paradox of selenium contamination in mercury mining areas: High soil content and low accumulation in rice［J］. Environmental Pollution, 2014, 188: 27–36.

［143］ Cui L. W., Feng X. B., Lin C. J., et al. Accumulation and Translocation of（198）hg in four crop species［J］. Environmental Toxicology and Chemistry, 2014, 33（2）：334–340.

［144］ Zhao B., Wang S.X., Xing J., et al. Assessing the nonlinear response of fine particles to precursor emissions: development and application of an extended response surface modeling technique v1.0, Geoscientific Model Development, 2015, 8（1）：115–128.

［145］ 杨毅，朱云，Jang C., et al. 空气污染与健康效益评估工具 BenMAP CE 研发［J］. 环境科学学报，2013，33（9）：2395–2401.

［146］ 汪俊，赵斌，王书肖，等. 中国电力行业多污染物控制成本与效果分析［J］. 环境科学研究，2014，27（11）：1316–1324.

［147］ Sun J., Schreifels J., Wang J., et al. Cost estimate of multi–pollutant abatement from the power sector in the Yangtze River Delta region of China. Energy Policy, 2014, 69:478–488.

［148］ Wang H., Zhu Y., Jang C., et al. Design and demonstration of a next–generation air quality attainment assessment system for $PM_{2.5}$ and O_3. Journal of Environmental Sciences–China, 2015, 29, 178–188.

［149］ 李莉廖，黄莹，赵黛青. 低碳措施成本效益评价方法与决策实例研究［J］. 改革与战略，2013，（08）：61–63.

［150］ 叶祖达. 低碳生态控制性详细规划的成本效益分析［J］. 城市发展研究，2012，（01）：58–65.

［151］ 郭谁琼，黄贤金. 气候变化经济学研究综述［J］. 长江流域资源与环境，2012，（11）：1314–1322.

［152］ 高敏. 环境立法成本效益评估的功能与局限［J］. 中国环境法治，2011，（02）：154–161.

［153］ 高敏. 美国环境法规的成本效益评估［J］. 岭南学刊，2012，（04）：80–85.

［154］ 孙非亚，王学利. 论环境规制引入环境成本效益分析［J］. 环境与生活，2014，（06）：164–167.

［155］ 朱琳. 基于成本—效益的节能减排政策执行效果分析［D］. 天津：天津师范大学，2014.

［156］ 薛文博，付飞，王金南，等. 中国 PM2.5 跨区域传输特征数值模拟研究［J］. 中国环境科学，2014，34（6）：1361–1368.

［157］ 环境保护部. 重点区域大气污染防治“十二五”规划［Z］. 环境保护部，2012.

［158］ 大气污染防治行动计划［Z］. 国务院，2013.

［159］ 《中华人民共和国大气污染防治法》. http://www.npc.gov.cn/npc/xinwen/lfgz/flca/2014-12/29/content_1891880.htm.

［160］ 张轶男，李倩倩，罗运阔，等. 珠三角区域空气质量指数（RAQI）的研究［J］. 环境科学与技，2010，33（3）：9–13.

［161］ Westerdahl D., Wang X., Pan X., et al. Characterization of on–road vehicle emission factors and microenvironmental air quality in Beijing, China［J］. Atmospheric Environment, 2009, 43（3）：697–705.

［162］ Wang S., Zhao M., Xing J., et al. Quantifying the Air Pollutants Emission Reduction during the 2008 Olympic

Games in Beijing〔J〕. Environmental Science & Technology，2010，44（7）：2490–2496.

〔163〕 Zhang L.，Wang T.，Lv M.，et al. On the severe haze in Beijing during January 2013：Unraveling the effects of meteorological anomalies with WRF–Chem〔J〕. Atmospheric Environment，2015，104：11–21.

〔164〕 Wang L. L.，Wang S. L.，Wang X. F.，et al. Characteristics of particulate matter pollution during August 2009 in Beijing〔J〕. China Environmental Science，2011，31（4）：553–60.

〔165〕 贺克斌，等. 京津冀能否实现 2017 年 PM2.5 改善目标？〔R〕. 北京：2014.

〔166〕 程真，黄成，黄海英，等. 长三角区域城市间一次污染跨界影响〔J〕. 环境科学学报，2011，31（4）：686–694.

〔167〕 Zhao B.，Wang S. X.，Xing J.，et al. Assessing the nonlinear response of fine particles to precursor emissions：development and application of an extended response surface modeling technique v1. 0〔J〕. Geoscientific Model Development，2015，8：115–128.

〔168〕 Cheng Z.，Wang S.，Jiang J.，et al. Long–term trend of haze pollution and impact of particulate matter in the Yangtze River Delta，China〔J〕. Environmental Pollution，2013，182：101–110.

〔169〕 丁铭，刘志宏，丁光远. 江苏省秸秆焚烧污染现状及防治对策〔J〕. 环境监测管理与技术，2012，24（5）：72–74.

〔170〕 黄嫣旻，魏海萍，段玉森，等. 上海世博会环境空气质量状况和原因分析. 中国环境监测，2013，29（5）：58–63.

〔171〕 周敏陈，王红丽，黄成，等. 上海市秋季典型大气高污染过程中颗粒物的化学组成变化特征〔J〕. 环境科学学报，2012，32（1）：81–92.

〔172〕 Yue D. L.，Hu M.，Wang Z. B.，et al. Comparison of particle number size distributions and new particle formation between the urban and rural sites in the PRD region，China〔J〕. Atmospheric Environment，2013，76（0）：181–188.

〔173〕 Zhang Y.，Shao M.，Lin Y.，et al. Emission inventory of carbonaceous pollutants from biomass burning in the Pearl River Delta Region，China〔J〕. Atmospheric Environment，2013，76（0）：189–199.

〔174〕 Liu T.，Li T. T.，Zhang Y. H.，et al. The short–term effect of ambient ozone on mortality is modified by temperature in Guangzhou，China〔J〕. Atmospheric Environment，2013，76（0）：59–67.

〔175〕 吴蒙吴，范绍佳，陈慧忠，等. 珠江三角洲城市群大气污染与边界层特征研究进展〔J〕. 气象科技进展，2014，4（1）：22–28.

〔176〕 吴兑. 近十年中国灰霾天气研究综述〔J〕. 环境科学学报，2012，32（2）：257–269.

〔177〕 徐伟嘉，何芳芳，李红霞，等. 珠三角区域 PM2.5 时空变异特征〔J〕. 环境科学研究，2014，27（9）：951–957.

〔178〕 Li Y.，Lau A. K. H.，Fung J. C. H.，et al. Systematic evaluation of ozone control policies using an Ozone Source Apportionment method〔J〕. Atmospheric Environment，2013，76（0）：136–146.

〔179〕 Ling Z. H.，Guo H.，Zheng J. Y.，et al. Establishing a conceptual model for photochemical ozone pollution in subtropical Hong Kong〔J〕. Atmospheric Environment，2013，76（0）：208–220.

〔180〕 高健，柴发合. 我国大气颗粒物污染研究及其对控制对策的支撑〔J〕. 环境保护，2014，42（11）：32–34.

〔181〕 Xin J.，Wang Y.，Wang L.，et al. Reductions of $PM_{2.5}$ in Beijing–Tianjin–Hebei urban agglomerations during the 2008 Olympic Games〔J〕. Advances in Atmospheric Sciences，2012，29（6）：1330–1342.

〔182〕 Gao X.，Nie W.，Xue L.，et al. Highly Time–Resolved Measurements of Secondary Ions in $PM_{2.5}$ during the 2008 Beijing Olympics：The Impacts of Control Measures and Regional Transport〔J〕. Aerosol Air Qual. Res.，2013，13（1）：367–376.

〔183〕 楚道文. 如何完善我国大气环境应急管理法律制度——以《奥运空气质量保障措施》的长效制度构建为分析样本〔〔J〕. 法学杂志，2011，32（9）.

［184］陈敏，马雷鸣，魏海萍，等.气象条件对上海世博会期间空气质量影响［J］.应用气象学报，2013，24（2）：140–150.

［185］刘娟.长三角区域环境空气质量预测预警体系建设的思考［J］.中国环境监测，2012，28（4）：135–140.

［186］胡伟胡，唐倩，郭松，等.珠江三角洲地区亚运期间颗粒物污染特征.环境科学学报，2013，33（7）：1815–1823.

［187］Liu H.，Wang X. M.，Zhang J. P.，et al. Emission controls and changes in air quality in Guangzhou during the Asian Games［J］. Atmospheric Environment，2013，76：81–93.

［188］刘建国，谢品华，王跃思，等.APEC 前后京津冀区域灰霾观测及控制措施评估［J］.中国科学院院刊，2015，30（3）：368–377.

［189］王红丽，陈长虹，黄海英，等.世博会期间上海市大气挥发性有机物排放强度及污染来源研究［J］.环境科学，2012，33（12）：4151–4158.

［190］Yao Z. L.，Zhang Y. Z.，Shen X. B.，et al. Impacts of temporary traffic control measures on vehicular emissions during the Asian Games in Guangzhou，China［J］. Journal of the Air & Waste Management Association，2013，63（1）：11–19.

［191］刘大为.区域大气污染联防联控研究［D］.西安：西北大学，2011.

［192］王书肖，赵斌，吴烨，等.我国大气细颗粒物污染防治目标和控制措施研究［J］.中国环境管理，2015（2）：37–43.

负责人：王书肖

撰稿人：王书肖　常化振　雷　宇　蓝　虹　赵　斌　王建栋　付　晓　宁　森

ABSTRACTS IN ENGLISH

Comprehensive Report

Status and Prospect of Atmospheric Environmental Science and Technology

During the 12th Five-Year Plan, the situation of economic development and environmental protection has changed significantly, which has raised new directions for environmental science and technology development. As one of the key contents of environmental science, atmospheric environmental science and technology has achieved great development in recent years. The research scope extends from natural science to interdisciplinary fields of engineering, technology, and sociology. The research focus is ranging from conventional atmospheric pollutants to simultaneous control of conventional and unconventional atmospheric pollutants. The methodology has been broaden from traditional methods to new methods such as Big-Data Analysis to promote scientific and technological innovation. With the support of National High-tech R&D Program of China（863 Program）, Key Projects in the National Science & Technology Pillar Program, National Science Fund for Distinguished Young Scholars, National Program on Key Basic Research Project（973 Program）, breakthroughs of a series of key technologies in atmospheric environmental science and technology have been made. Demonstrations of advanced and applicable technologies have been promoted and industrialization applications of important research achievement have been realized. By strengthening original, integrated and imitation innovations, a preliminary system of air pollution control technology and equipment has been built up with international competitiveness, some key generic technologies of which reached international leading level, providing strong support for the

"Going Out" strategy of atmospheric protection equipments. The transformation and application promotion of advanced technology achievements have effectively reduced atmospheric pollutants emission in key industries, providing critical scientific support for atmospheric pollution control.

Sources of air pollution and transport law: Fundamental researches on atmospheric environment includes emission characteristics of pollution sources, causes of the atmospheric pollution mechanism, air pollution and environmental health effects and pollution control measures. Predictions were made on pollutants emission control policy and environment-economic effects evaluation, to provide guidance for deep control of various pollutants. In recent years, multi-level researches on the physical/chemical process of atmosphere environment were made from multiple perspectives using field observation, laboratory simulation and numerical model. The main focus of the problem includes, research on the source of atmospheric pollution, the oxidation process and the source of atmospheric pollution and atmospheric pollution transfer. Atmospheric pollution source inventory compile technique which is suitable for our country was built, based on the rapid increase of social economy. It was widely used in the fields of air pollution, meteorology, energy and control decision making. Atmospheric oxidation processes including photochemical smog and acid precipitation, grey haze problem were studied intensively. Great achievements have been achieved on the field observation of HO_x free radicals. A variety of new theoretical assumptions about the studies on OH and HONO radicals were put forward. The key factors of atmospheric visibility were mastered by using particle optical properties closing study method. Chemical composition of micron grade particulate could be measured online, and the new features of new particles formation under atmospheric pollution condition were discovered. The characteristics and causes of regional pollution were revealed to provide the scientific basis for effective particle control by research on atmospheric pollution transfer.

Health effects of air pollution: exposure assessment is the basis of environmental management, health risk assessment and epidemiological studies. The publication of "China's population exposure parameter Handbook" provides the basic data for the development of air pollution exposure assessment in our country. The gradual introduction of advanced exposure assessment techniques such as Land Usage Regression Model and Satellite Remote Sensing technology provides a new direction for the development of high temporal and spatial resolution of air pollution simulation. On the basis of laboratory research, the toxicological mechanism of air pollution health hazard is studied. In recent years, a large number of *in vitro* and *in vivo* experiments have been carried out in our country to study the effects of air pollutants on the body and tissues; for instance, through the research on the respiratory system, the relationships between $PM_{2.5}$ and several related inflammatory factors were found, and the molecular mechanisms of $PM_{2.5}$ induced pulmonary inflammatory reaction and immune response mechanism were revealed. Epidemiological studies can directly tell the relationship between air pollution exposure and human health, which could provide the most direct scientific basis for the health hazard of air pollution. From the methods point of view, the research on "New" Ecology, which is represented by time series and case-crossover study, the longitudinal research on fixed groups, the cohort research on retrospective cohort, as well as research on intervention, have been further developed in China in recent years; from the range point of view, research have been carried out progressively from a single city to collaborative research in many cities, which effectively avoided the problem of publication bias, making the research results more convincing. Researchers found particulate matters as one of China's most important air pollutants, and the complicated features including origin, composition and size spectra, etc., made the health effect of particulate matters different.

In recent years, China has built a technical system to meet the needs of conventional monitoring services. The conventional environmental monitoring technology has been improved, and a number of technologies have made breakthroughs. As for the aspects of air pollution monitoring technology, the on-line monitoring system of SO_2 and NO_2 using differential absorption spectrometry has been established, so has the calibration technology system. In the field of on-line monitoring of pollution sources, the performance of the existing pollution sources is improved through continuous technological upgrading, and the application of the existing technology in the field of ultra-low emission is promoted. Multi-platform-based atmospheric environment remote sensing monitoring technology has been developed. With respect to the ground-based remote sensing, the improvement of the hardware and algorithm for the ground-based radar increases the detection accuracy of aerosol composition, further reducing the blind spot of detection, and it has been applied in the sandstorm and haze detection. In airborne remote sensing, researches on the airborne laser radar, airborne differential absorption spectrometer and airborne multi-angle polarimetric radiometer have been made and flight tests have been conducted in Tianjin and Tangshan areas. For the spaceborne remote sensing monitoring, research and development of atmospheric trace gas differential absorption spectrometer, atmospheric greenhouse gas monitor and atmospheric aerosol multi angle polarimeter have been obtained. The implementation of aerial platform for air pollution, greenhouse gas and aerosol particles distribution of remote sensing monitoring has been achieved. A number of emergency monitoring technologies have achieved breakthroughs. Domestic research and development of the Fourier transform infrared spectroscopy scanning imaging system can be used for the qualitative and quantitative analysis of atmosphericemergency monitoring.

Air pollution control technologies for key polluting sources: In terms of industrial pollution control, lots of research focused on the following aspects. Mechanisms of particle coagulation and growth kinetics, increasing the efficiency of electrostatic/cloth-bag dust removing technologies based on enhancing fine particles removal, new technology development of high efficiency control of particulate matter under multi field synergy. As for the sulfur oxides treatment technology, significant efforts have been taken into the research of wet flue gas desulfurization, semi-dry process desulfurization, and pollutants resourceful disposal. Meanwhile, researches on the control of SO_3 has drawn more and more attention. For nitrogen oxides control technologies, great progress have been made in high efficiency low nitrogen combustion technology, flue gas denitrification system, flow field optimization and SCR catalyst design, catalyst regeneration, etc. In China, benefit from the exploration of heavy metal adsorption mechanism,modification of absorbent and enhanced oxidation of Hg^0, the heavy metal pollutant emissions control technology has made considerable development, and heavy metal control based on conventional pollutant control equipment has been successfully applied. At the same time, with the development of VOCs control theory, the policies of VOCs control have changed to the management of the source and the process control in the whole life cycle. Adsorption, catalytic combustion, bio-technology, low temperature plasma and integrated technologies have been further improved. The control of air pollution from mobile source is changing from the control of traditional pollutants like CO and HC to the simultaneous removal of HC, NOx and soot particles at low temperatures. The core technology route is gradually developing to adapt to the oil and the real working conditions of high efficiency internal machine control, with the trends of refinement, integration and systematization of the post purification system. Research on the coupling of various processing techniques has also been carried out, while the control technology of off-road mobile source pollution, such as ships and engineering machines, is still in the early stage. Great process has been made for the control of the nonpoint sources and indoor air pollution, especially for the technology in burning gas instead of coal, low nitrogen combustion of natural gas boiler, use of biomass stove, fumes decomposition of catering industry, purification of road dust, and the control of ammonia emissions from livestock industry. For the purification technology of indoor air pollutant, the focus of study is on the control of volatile organic compounds（VOCs）, submicron-sized particulate, and poisonous and harmful microorganism.

Air quality management and decision-making support technology: The current status of air pollution in China requires comprehensive emission control plans, which shall integrate the solutions to fine particles, ozone, acid deposition, greenhouse gas emissions and other environmental problems. The development and implementation of comprehensive emission control plan need strong technical supports, including high-resolution emissions inventory, integrated observation,air quality forecast and process analysis, and dicision-making support platform, etc. During the 12th Five-Year Plan, breakthroughs of a series of key technologies in air quality management and decision-making supporting have been made. Significant progress on emission inventory development include the methodology of process-based emission inventories, high-resolution online emission data processing model, verification and calibration of emissions by uncertainty analysis, satellite data and numerical models. Air quality forecasting system based on single model such as NAQPMS,CMAQ, WRF-Chem, and multiple models（EMS）have been developed and applied in many cities. The response surface models addressing the non-linear relationship between primary emissions and $PM_{2.5}/O_3$ concentrations were also developed and applied in East China, Yangtze River Delta and Pearl River Delta. The Air Benefit and Cost and Attainment Assessment System（ABaCAS）were established and piloted in key areas such as Yangtze River Delta and Pearl River Delta.

Demonstrations and applications of typical technologies. Continuous innovation of comprehensive air quality management system has been carried out in recent years in China. The government has enacted a new version of "Law of the People's Republic of China on the Prevention and Control of Atmospheric Pollution" and successively promulgated a series of supporting regulations and standards. The revised "Ambient Air Quality Standard"（GB3095-2012）has implemented Air Quality Index（AQI）and a series of relevant economic and financial policies and regulations have been issued. Meanwhile, National Key R&D program has initiated a key project on "Air Pollution Prevention and Control". Regional joint prevention and control coordination mechanism is gradually set up. Based on the successful cases from air pollution control action for Olympic Games and APEC, Beijing, Tianjin, Hebei and surrounding provinces have promoted regional joint air pollution by unified planning, management and supervision. In addition, recent experiences of several major air quality protection action indicate that the emission of primary pollution has been significantly reduced and the air quality has obviously improved through the effective control of pollution sources, such as coal-fired power plant, industrial boiler and road dust emission.

Clean Air Industry: China's energy conservation and environmental protection industries are developing rapidly with the establishment of environmental regulations, policies and standards for environmental protection, increasing diversification of environmental investment and finance. Now, China has formed a relatively complete category of production system, and have a number of advanced technology and equipment which can basically meet the needs of the domestic market. Besides, a number of key components and materials for environmental pollution prevention research has made breakthroughs and industrial service capabilities have been further strengthened, service contents have been further perfected, and service quality have been further improved.

Development of atmospheric environmental disciplines. In recent years, the education and teaching of environmental science and engineering specialty gradually becomes mature and stable, and it has form a network with other disciplines. State environmental protection key laboratory and engineering technology center is developing rapidly. During "The Twelfth Five-Year Plan", 8 key laboratories have been accepted and another 17 have been approved for the construction; 7 engineering technology centers have been accepted and another 19 have been approved. Research on academic journals shows that the diffusion index of discipline is rising, which indicates that the integration of environmental science and other disciplines is increasing, and so does the interdisciplinary research. In addition, according to incomplete statistics, awarded programs of atmospheric environmental science and technology are in a considerable proportion of the environment field, which shows that there are a large number of high-quality results in recent years, and the development of atmospheric environmental science and technology is stable.

Based on the study, this paper reviews recent progress in the field of atmospheric environment science and technology at home and abroad, comments the status of the sub-disciplines of the atmospheric environment science and technology; and then prospects the development trends of atmospheric environment science and technology.

Written by Gao Xiang, Shao Miu, Liu Jianguo, Wang Shuxiao, Kan Haidong,
Zheng Chenghang, Li Yue, Zhu Xinbo, Zhang Yongxin, Gui Huaqiao, Chang Huazhen,
Chen Renjie, Yang Yudong, Huang Guancong, Zhou Zhiying, Li Bohao, Zhang Xin

Reports on Special Topics

Advances in Basic Researches on Atmospheric Environment

With the rapid development of economy and urbanization, the atmospheric environment in China has been suffering high level of ground ozone in summer and serious haze episodes from ultrafine particles in almost all seasons, which attracted more and more concerns from the public. The air pollution here presents significant regional and complex characteristics. Coupled effects of multiple pollutants and transportation across cities and regional boundaries pose great challenges for the air quality management. Prompt by the continuous deteriorating and spreading of air pollution, policy makers have been promoted improving air quality to a very important national fundamental strategy.

The basic researches on atmospheric chemistry have been aimed at the emission characteristics of pollutants sources, the formation mechanisms of atmospheric pollutions and their health effects. Besides, it also prospectively predicted the effects of pollution control measures, reduction policy and evaluated the environmental and economic comprehensive effect, offering instructive suggestions to the further regulations of more pollutants.

Local scientists have conducted multi-level researches on both physical and chemical processes using three major approaches including field observation, laboratory simulation and numerical simulation. These studies focus on the formation of the complex air pollution, the oxidizing process and the transmission of atmospheric pollutants. An accurate, speciated and temporal dynamic source inventory is urgently required for both scientific research and administrative regulation. The Multi-resolution Emission Inventory for China (MEIC) has classified and summarized most of the existing anthropogenic sources. It can provide basic scientific support for air quality management and even climate change analysis. Lots of research institutes measured the local source profiles with the domestic emission characteristics. In last 5 years, lots of studies have been carried out focusing on the source apportionment of particles, volatile organic compounds using receptor methods such as CMB, PMF and ME-2.

The atmospheric oxidation process, especially atmospheric oxidation capacity has been a research hotspot. It has great significances on most of the atmospheric affairs, such as photochemical smog, haze problem and acid deposition. To ground level ozone problem, the chemical loss of VOCs and quantification of HO_x radical chemistry have been explored in depth. Exploring the temporal and spatial trends of VOCs, NO_x and ozone, the non-linear relationship has been investigated and it implicated that in some situations, our emission control policy has not reduced ground level ozone or even increased ozone concentration. The measurement of VOCs reactivity and the quantification of chemical conversions of VOCs suggested conventional observed VOCs are insufficient to explain the chemical processes in ozone photochemical production and rapid growing of Secondary Organic Aerosol (SOA) in pollution episode. These results indicated that studies on Oxygenated Volatile Organic Compounds (OVOCs) and Semi-volatile Organic Compounds (SVOCs) should be established immediately.

The closure study of particle is basis of the characteristics and formation mechanism research. It includes studies about the physical properties such as optical and hygroscopic characteristics, as well as chemical properties, such as chemical composition and oxidation state.

The pollution transportation can help to explain the regional air pollution. Studies about regional or even global transportation of mercury and POPs, such as PAHs and PCBs applying observations or models have been continuous progressing. Meanwhile, there are also researches focused on the transportation of ozone and its precursors across the region boundaries. It has been estimated that a highly oxidative pool is gradually taking shape in Eastern China. In certain conditions the transportation of ozone and its precursors may contribute to over half the ground level ozone in urban area. Transportation of $PM_{2.5}$ has also been investigated. Lots of studies indicate that the transportation in and across regions plays an important role in haze formation in both Beijing-Tianjin-Hebei（BTH）region and PRD region. Air quality models, backward trajectory method, footprint analysis, source apportionments and observation results has provided solid evidence on it.

The understanding of relationship between meteorological processes and atmospheric chemistry promotes numerical simulation and lays a better foundation of pollution forecast. Lately, atmospheric monitoring network, forecast and alarming systems have been build up and well operated in BTH, YRD and PRD regions.

In conclusion, lots of basic researches on atmospheric science have been promoted in multi-aspects and multi-level to provide an important basis of study the pollution formation mechanisms and to develop control strategies. However, when compared to the international researches, defects such as low quality, homogeneous and iterative work, lack of database reveal. Hence we still need to reinforce the top-layer design, collaborative innovation, cooperation between research and technology application, to support both scientific management of air quality and the development of ecological civilization.

Written by Shao Min, Lu Sihua, Wang Xuemei, Tian Hezhong, Wang Ming,
Li Yue, Yang Yudong, Wang Baolin, Niu He, Huabg Guancong,
Fang Jingyao, Li Bohao, Chen Zhongming, Zhu Chuanyong

Advances in Atmospheric Environmental Monitoring Technology

Driven by strong national and local scientific demands, significant progress has been made in research of national atmospheric environmental monitoring technology.

In terms of online monitoring technology of gaseous contaminant, differential absorption technique and gas (SO_2 & NO_2) online monitoring standard have been established, and calibration technology system has been completed. In terms of particle online monitoring technology, domestic main stream β-ray method has undergone continuous completion and improvement. In terms of instrument performance index and convenient daily operation, higher level has been achieved and advanced network quality control technical system has been established. In the field of pollutant source online monitoring, domestic vendor has undergone continuous technical upgrade. While improving monitoring instrument performance of current pollutant source, the current technology has been driven towards application of ultra-low emission field.

Due to complex components and high corrosion characteristics of waste incineration smoke, multi-component online measuring based on Fourier Transform Infrared Spectrometer has been adopted. Mobile pollution source represented by automotive vehicle develops the remote measuring technology of automotive vehicle exhaust gas represented by NDIR. In atmosphere oxidizability（NO_3 and OH radical）monitoring field, research and development of online monitoring technology system of atmosphere NO_3 radical has been completed. Single Particle Aerosol Mass Spectrometer and Atmosphere Particle Laser Radar have been successfully researched and developed, which are applied widely in Beijing-Tianjin-Hebei comprehensive observing experiment.

In terms of airborne remote sense, the airborne laser radar, airborne differential absorption spectrometer and vehicle-mounted multi angle polarized radiometer have been researched and developed, which have undergone flight test in Tianjin and Tangshan. While getting effective information of atmosphere composition including atmospheric aerosol, cloud physical characteristics, atmosphere composition, pollutant gas and particle, they mutually completed each other and jointly describe real-time status of atmospheric environment. In 2014, atmospheric environment monitoring load of stratosphere participates in trial flight of airship platform, realizing remote measuring of atmospheric environment of ship-borne platform. In terms of satellite-borne remote sense monitoring, China has researched and developed atmospheric trace differential absorption spectrometer, major atmosphere greenhouse gas monitor and atmosphere aerosol multi angle polarized radiometer, realizing remote monitoring of pollution gas（SO_2 and NO_2）, greenhouse gas（CO_2, CO, etc）and aerosol particle distribution on an aviation platform.

Besides, there are more and more scientific research institutions and companies engaging in research of chromatography mass spectrometer, achieving series breakthrough in core technology and product such as rectangular ion trap technology, digital ion trap technology, array ion trap technology, time-of-flight mass spectrometer, chromatography-quadrupole rod mass spectrometer, chromatographic instrument, etc.

In the coming five years, it is urgent to focus on research and development of online monitoring technology for source emission of key pollutants（ultra-fine particle, VOCs, NH_3 and Hg）in typical industry, of dilution sampling and rapid online monitoring technology for major source wide size, and of monitoring technology for atmosphere heavy metal, isotope and biology aerosol；break through measuring technology for atmosphere radical, chemical component of atmosphere new particle and atmosphere organic matter（full-component）；integrate supervision technology such as vehicle-mounted, flight-mounted detection and satellite-mounted and comprehensive detection technology of atmospheric boundary layer physical structure；establish atmosphere monitoring technology system such as comprehensive monitoring of atmosphere pollution source emission, stereopsis of atmosphere compound pollution and its precursor and atmosphere monitoring quality control. Besides, it is urgent to establish advanced innovation and research platform of atmosphere environment monitoring technology, and to conduct monitoring research of perpendicular volume and profile for atmosphere fine particle gas precursor such as SO_2, NOx and HCHO as well as $PM_{10}/PM_{2.5}$. Meanwhile, it is urgent to establish domestic atmosphere detection and simulation experiment research facilities, to uncover formation mechanism of atmosphere compound pollution in cities and regions, and establish relevant pollution modes conforming to Chinese characteristics. In this case, predicate national atmosphere compound pollution and the development trend of its environment effect under various regional backgrounds, and bring forward its control ideas, providing scientific supporting to the establishment of effective national and regional control strategy.

Written by Liu Jianguo, Gui Huaqiao, Xu Jin, Chen Zhenyi, Hu Renzhi,
Wei Xiuli, Tong Jingjing, Gan Tingting, Zhang Shuai, Xie Pinhua

Advances in Atmospheric Environment and Health

Despite there was a late start, China has achieved significant progresses in the methodology and outcomes of exposure assessment, toxicology and epidemiology of ambient air pollution in the last five years

1. Exposure assessment

Studies on exposure biomarkers were available mostly for polyaromatic hydrocarbon. A clear progress in the last 5 years was the publication of Exposure Parameter Manual for Chinese Population, which provided key parameters on inhalation rate, behaviors and characteristics relevant to air pollution. There were some studies on land use regression model, satellite remote sensing, outdoor/indoor penetration modelling. However, these investigations were preliminary and there was a lack of application in epidemiological studies. These limitations lead to challenges whenexplaining the existing epidemiological findings and implementation of further high-quality epidemiological studies. Therefore, China should introduce and localize more advanced techniques on exposure assessment, and further apply these techniques to obtain exposure data with high spatial-temporal resolution which can be used in epidemiological studies.

2. Toxicology

Chinese researchers have conducted many *in vitro* and *in vivo* experiments to observe the respiratory, cardiovascular, nervous, immunologic, genetic and carcinogenic effects after a exposure to air pollutants. The interactions between particulate matter and ozone have been also evaluated. However, there were few omics and sub-chronic/chronic toxicological studies. A lack of dynamic inhalation device and animal models limited a deep investigation on the biological mechanisms of a natural exposure to air pollutants. Therefore, China should introduce animal models, dynamic inhalation device and advanced molecular biological approaches including genomic, epigenetics, and metabolomics in further toxicological studies. The biological pathway of air pollutants affecting diabetes, brain and reproduction should be validated in toxicological studies. Further studies are also needed to explore the differentiated toxicological effects of components of particulate matter.

3. Epidemiology

The most prominent progress on epidemiological studies was a number of time-series and case-crossover studies on the short-term association between air pollution and daily mortality/morbidity. Several panel studies have linked acute exposure to air pollutants with a change in an array of subclinical or biological markers. Besides, several retrospective cohort studies reported an association between long-term exposure to air pollution and increased rates of mortality. Another important progress was the publication of several intervention studies, providing robust motivation to better air quality (for example, through governmental intervention on air quality, and the use of air purifiers and facemask) and robust evidence regarding the health effects of air pollutants. As the most important pollutant, particulate matter was more widely investigated and a small number of studies have evaluated the size- and component- dependent effects. Nevertheless, there were a lack of studies on $PM_{2.5}$ and O_3, especially prospective cohort studies on these pollutants. In the future, China should a) expand studies on $PM_{2.5}$ and O_3, and human-based biological studies from omics, genetics, epigenetics, biomarkers to functional and systematic changes; b) support more health studies (both short-term and long-term) on size, components and sources of PM; and c) initiate prospective cohort studies as soon as possible to establish the long-term association between air pollutants and adverse health outcomes, which could provide solid evidence to revise China's ambient air quality standards and perform a health risk assessment.

Written by Kan Haidong, Chen Renjie, Zhao Jinzhuo

Advances in Air Pollution Control Technology

In recent years, with the sustainable and stable economic growth in China, the primary energy consumptions (coal in majority) is increasing rapidly. Currently, China is facing a severe air pollution situation, especially in key regions with high coal consumption intensity and low coal centralized utilization. As a result, the experiences in air pollution control of developed countries could be referenced but not copied in China's case. To reach the goal of air quality improvement in key regions, the most advanced pollution control technologies and the most stringent emission standards should be applied. During the "12th Five-Year Plan", Chinese government established a series of national policies to encourage and support the researches in the field of atmospheric environmental protection and for the industrial applications of related technologies.

Industrial pollution control technology: Air pollution control in key industries showed the following characteristics. It has been expanded from electricity industries to other high-energy consumption industries such as steel, building materials and petrochemical. High efficient pollution control technology is developed to meet the latest emission standards, ever ultra-low emission standards. It also shifts from single end-pipe treatment to simultaneous control technology for various pollutants. The research focus is ranging from conventional gaseous pollutants (PM, SO_2 and NO_x) to the simultaneous control of both conventional and unconventional atmospheric pollutants (SO_3, $PM_{2.5}$, heavy metals and VOCs). Mechanisms of particle coagulation and growth kinetics, enhanced electrostatic/cloth-bag de-dust technology and wet electrostatic precipitator technology are significantly improved . As for the sulfur oxides control technologies, significant efforts have been taken into the research of wet flue gas desulfurization, semi-dry desulfurization process and pollutants resourceful disposal. Meanwhile, researches on the control of SO_3 has drawn more attention. For nitrogen oxides control technologies, great progress have been made in high efficiency low-NO_x combustion technology, SCR denitrification technology, SNCR denitrification technology and SNCR-SCR denitrification technology, etc. In China, the heavy metal (Hg) pollutant emissions control technology has made considerable development, and heavy metal control based on conventional pollutant control equipment has been successfully applied. Meanwhile, with the development of VOCs control theory, the policies of VOCs control have changed to the management of the source and the process control in the whole life cycle. Adsorption, catalytic combustion, bio-technology, low temperature plasma and integrated technologies have been further improved.

Control technology of mobile source air pollution: It's changing from the control of traditional pollutants including CO and HC to the simultaneous removal of HC, NO_x and soot at low temperatures. The core technology route is gradually developing to adapt to the oil and the real working conditions of high efficiency control inside the engine, with the trends of refinement, integration and systematization of the post purification system. Research on the coupling of various processing techniques has also been carried out, while the pollution control technology for off-road mobile sources, such as vessels and engineering machines, is still in the early stage. The clean fuel and fuel substitution technology has been further applied, and the fuel injection timing and after-treatment technology has been further developed. The breakthrough of core technologies and industrial upgrading support the implementation of Chinese emission standard from phase I to phase IV.

Control technology of the nonpoint sources and indoor air: Progress has been made in the pollution control of the nonpoint sources, especially in coal to gas conversion in boilers, low-NO_x combustor, use of biomass stove, fumes decomposition of catering industry, purification of road dust, and the control of ammonia emissions from livestock industry. For the purification technology of indoor air pollutants, the focus of current study is on the control of volatile organic compounds（VOCs）, submicron-sized particulate, and poisonous/harmful microorganism.

Since the "12th Five-Year Plan", China has initially built up a technology system for air pollution control based on its own situations, especially in high energy consumption regions. However, there are still gaps in air pollution control technology system between China and developed countries. Aiming at the current technology demands of air quality improvement in China, we have to focus on the technological integration and innovation in the fields of information, biology, materials, etc. to achieve major breakthrough in key technologies, which will continuously contribute to the improvement of air pollution control technology system in China.

Written by Gao Xiang, Chen Yunfa, Li Junhua, Zheng Chenghang, Wu Ye, Lu Shengyong, Zhu Xinbo, Zhang Yongxin, Liu Wenbin, Lin Xiaoqing, Wang Tao, Zhou Zhiying

Advances in Techniques and Practices of Air Quality Management

China is facing the serious problem of regional air pollution complex, which propose big challenge for air quality management. The development and implementation of comprehensive emission control planneed strong technical supports, including high-resolution emissions inventory, integrated observation,air quality forecast and process analysis, and dicision-making support platform, etc. During the 12th Five-Year Plan, researcher has proposed the control theory of multiple pollutants/ multiple sectors and made significant progress in air quality management techniques.

1.Emission inventory of air pollutants

Large amounts of studies on emission inventory have been conducted. Emission inventory development has largely relied on bottom-up approaches that aggregate activity data and emission factors. The emission factors database and speciation database have been preliminarily established based on a number of emission tests. Process-based emission inventory model has been developed for large point sources. Mobile emissions have been quantified based on the traffic flow, road networks and driving circles. NH_3 emissions from agricultural fertilizer application were estimated using an agricultural fertilizer modeling system which couples a regional air quality model and an agro-ecosystem model.Tsinghua University has developed Multi-resolution emission inventory for China（MEIC）, which is a regional emission processing system to convert annual emission inventory to model-ready emission data.

2.Air quality forecast and process analysis

Community air quality models, including CMAQ, WRF-Chem, and CAMx, have been widely applied in Chinese cities and regions. Institute of Atmospheric Physics, Chinese Academy of Sciences,has developed a nested air quality prediction modeling system（NAQPMS）, which is a tool to study air pollution across a regional and urban scale and is widely used in several cities including Beijing, Shanghai, Zhengzhou, Shenzhen, and others, as a real time forecasting model of air quality. Air quality forecasting system based on multiple models such as EMS is developed and applied in many cities. Tsinghua University has developed the response surface models addressing the non-linear relationship between primary emissions and $PM_{2.5}/O_3$ concentrations and applied it in East China, Yangtze River Delta and Pearl River Delta.

3.Air quality management and decision-making supporting system

The regional air pollution complex calls for integrated decision-making supporting system based on cost-benefit analysis. Recently, the studies have been conducted to evaluate the impacts of air pollution on health and ecosystem as well the cost of air pollution control techniques. The Air Benefit and Cost and Attainment Assessment System（ABaCAS）has been developed to provide scientists and policy makers with a user-friendly system framework for conducting integrated assessments of air pollution emissions control cost and their associated health and economic benefits and air quality attainment. The "ABaCAS" system includes five key components:（1）Streamlined edition for integrated cost/benefit and attainment assessment - specifically developed for policy analysis（ABaCAS-SE）;（2）Control cost estimate and analysis tool（CoST-CE）;（3）Real-time air quality response to emissions control tool（RSM-VAT/CMAQ）;（4）Air quality attainment assessment tool（SMAT-CE）;（5）Health and economic benefit tool（BenMAP-CE）. These tools were piloted in key areas such as Yangtze River Delta and Pearl River Delta.

The severe haze in China requires not only further understanding in atmospheric sciences and control technologies but also a good supervision system of atmospheric pollution prevention and control. Practice has proved that traditional total emission control policy has made good efforts in air pollution control. However, the conventional total emission control policy lacks comprehensive considerations in regional development equity, as well as the ability to control the secondary pollutants. Besides,it usually has high overall control costs.

The air quality guarantee work of Olympic Games, World Expo and the Asian Games proved the effectiveness of the regional joint prevention and control in addressing regional air pollution issues. However, these actions are more considered as short-term behavior during the important events. In order to solve the air pollution problems in China, it is urgent to carry out research in the following areas:（1）cost-benefit analysis techniques of air pollution prevention and control;（2）a full range of key supervision technology system of air pollution sources;（3）a real-time source apportionment technology based on big-data;（4）an integrated decision-making system for regional air pollution control;（5）the institution and policy system of air quality management;（6）the integration and application demonstration of joint air pollution prevention and control technology in key regions.

Written by Wang Shuxiao, Chang Huazhen, Lei Yu, Lan Hong, Zhao Bin,

Wang Jiandong, Fu Xiao, Ning Miao

附　录

表 1　《普通高等学校本科专业目录》环境类专业更新对照表

1998 年修订版			2012 年修订版		
学科门类	专业类	专　业	学科门类	专业类	专　业
理　学	环境科学类	环境科学 生态学 资源环境科学	工　学	环境科学 与工程类	环境科学与工程（基本） 环境科学（基本） 环境工程（基本） 环境生态工程（基本） 环境设备工程（特设） 资源环境科学（特设） 水质科学与技术（特设）
工　学	环境与 安全类	环境工程 环境科学与工程 环境监察			
农　学	环境生态类	农业资源与环境 水土保护与荒漠化防治 园林	农　学	自然保护与 环境生态类	农业资源与环境（特设） 水土保持与荒漠化防治（特设） 野生动物与自然保护区管理（特设）
经济学	经济学类	环境资源与发展经济学	经济学	经济学类	资源与环境经济学（特设）
理　学	地理科学类	资源环境与城乡规划管理	理　学	地理科学类	自然地理与资源环境（基本）
理　学	海洋科学类	海洋生物资源与环境	理　学	海洋科学类	海洋资源与环境（特设）
工　学	能源动力类	能源与环境系统工程	工　学	能源动力类	能源与环境系统工程（特设）
工　学	土建类	建筑环境与设备工程	工　学	土木类	建筑环境与能源应用工程（基本）
工　学	农业工程类	农业建筑环境与能源工程	工　学	农业工程类	农业建筑环境与能源工程（特设）

　　注：在 2012 年修订版专业目录中将专业划分为基本专业和特设专业两大类。其中，基本专业是学科基础比较成熟、社会需求相对稳定、布点数量相对较多、继承性较好的专业；特设专业是针对不同高校办学特色，或适应近年来人才培养特殊需求设置的专业。

表2 2010—2013年"全国优秀博士学位论文"环境科学技术类摘选

年份	论文题目	作 者	导 师	学位授予单位
2010	中国燃煤电厂大气污染物排放及环境影响研究 *	赵 瑜	郝吉明	清华大学 – 北京协和医学院（清华大学医学部）
2010	煤中有害元素溶出分配规律及其地球化学控制	王文峰	秦 勇	中国矿业大学
2010	Cu/Zn 在土 / 液界面上的基本能量参数及其环境化学行为研究	王玉军	周东美	中国科学院南京土壤研究所
2011	饮水型砷暴露人群砷甲基化模式及其与机体氧化应激状态关系的研究	徐苑苑	孙贵范	中国医科大学
2011	好氧颗粒污泥的培养过程、作用机制及数学模拟	倪丙杰	俞汉青	中国科学技术大学
2011	量子化学方法研究典型有毒有机污染物的形成与降解机理	屈小辉	王文兴	山东大学
2011	地下水中污染物运移随机模型的研究与应用	史良胜	杨金忠	武汉大学
2011	铅镉联合对大鼠肾脏的毒性研究	王 林	刘宗平	扬州大学
2012	中国多环芳烃的排放、大气迁移与肺癌风险 *	张彦旭	陶 澍	北京大学
2012	单晶和多晶钙钛矿型氧化物可控制备及挥发性有机物催化氧化性能研究	邓积光	戴洪兴	北京工业大学
2012	高价态锰、铁氧化降解水中典型有机物的特性与机理研究	江 进	马 军	哈尔滨工业大学
2013	掺硼金刚石膜电极电化学氧化难降解有机污染物机理及废水处理研究	朱秀萍	倪晋仁	北京大学

注：* 指与大气环境学直接相关的研究论文。

表3 2011—2015年国家环境保护重点实验室（大气环境科学技术相关）建设情况

所处阶段	重点实验室名称	依托单位	批准时间
通过验收	国家环境保护卫星遥感重点实验室	中国科学院遥感应用研究所、环境保护部卫星环境应用中心	2011 年 9 月 20 日
通过验收	国家环境保护环境光学监测技术重点实验室	中国科学院合肥物质科学研究院	2011 年 10 月 28 日
批准建设	国家环境保护环境规划与政策模拟重点实验室	环境保护部环境规划院	2012 年 3 月 28 日
批准建设	国家环境保护区域空气质量监测重点实验室	广东省环境监测中心	2012 年 5 月 29 日
批准建设	国家环境保护环境影响评价数值模拟重点实验室	环境保护部环境工程评估中心	2012 年 12 月 7 日
批准建设	国家环境保护环境监测质量控制重点实验室	中国环境监测总站	2013 年 1 月 10 日
批准建设	国家环境保护大气复合污染来源与控制重点实验室	清华大学	2013 年 2 月 16 日

续表

所处阶段	重点实验室名称	依托单位	批准时间
批准建设	国家环境保护大气物理模拟与污染控制重点实验室	国电环境保护研究院	2013 年 9 月 3 日
批准建设	国家环境保护机动车污染控制与模拟重点实验室	中国环境科学研究院	2013 年 12 月 6 日
批准建设	国家环境保护城市大气复合污染成因与防治重点实验室	上海市环境科学研究院	2014 年 2 月 19 日
批准建设	国家环境保护污染物计量和标准样品研究重点实验室	中日友好环境保护中心	2014 年 3 月 14 日

表 4　2011—2015 年国家环境保护工程技术中心（大气环境科学技术相关）建设情况

所处阶段	工程技术中心名称	依托单位	批准时间
通过验收	工业污染源监控工程技术中心	太原罗克佳华工业有限公司	2015 年 1 月 12 日
通过验收	危险废物处置工程技术（天津）中心	国环危险废物处置工程技术（天津）有限公司	2015 年 1 月 12 日
通过验收	污泥处理处置与资源化工程技术中心	北京机电院高技术股份有限公司	2015 年 2 月 16 日
批准建设	监测仪器工程技术中心	聚光科技（杭州）股份有限公司	2011 年 2 月 12 日
批准建设	垃圾焚烧处理与资源化工程技术中心	重庆钢铁集团环保投资有限公司	2011 年 3 月 2 日
批准建设	纺织工业污染防治工程技术中心	东华大学	2011 年 8 月 19 日
批准建设	燃煤工业锅炉节能与污染控制工程技术中心	山西蓝天环保设备有限公司	2011 年 11 月 28 日
批准建设	工业炉窑烟气脱硝工程技术中心	江苏科行环保科技有限公司	2013 年 4 月 19 日
批准建设	畜禽养殖污染防治工程技术中心	青岛天人环境股份有限公司	2013 年 4 月 19 日
批准建设	国家环境保护汞污染防治工程技术中心	中国科学院高能物理研究所	2014 年 2 月 25 日
批准建设	石油石化行业挥发性有机物污染控制工程技术中心	海湾环境科技（北京）股份有限公司	2015 年 7 月 24 日

表 5　2011—2014 年大气环境科学技术所获国家最高科技奖励

年份	第一完成人及完成单位	题　目	奖　项	等　级
2012	安芷生（中国科学院地球环境研究所）	黄土和粉尘等气溶胶的理化特征、形成过程与气候环境变化	国家自然科学奖	二等奖
2012	庄国顺（复旦大学）	中国大气污染物气溶胶的形成机制及其对城市空气质量的影响	国家自然科学奖	二等奖
2011	贺泓（中国科学院生态环境研究中心）	室温催化氧化甲醛和催化杀菌技术及其室内空气净化设备	国家技术发明奖	二等奖
2013	郭蓉（中国石油化工股份有限公司抚顺石油化工研究院）	含空间位阻的大分子硫化物脱除关键技术及相关催化材料创制	国家技术发明奖	二等奖

年份	第一完成人及完成单位	题　目	奖　项	等级
2014	汪华林（华东理工大学）	重大化工装置中细颗粒污染物过程减排新技术研发与应用	国家技术发明奖	二等奖
2014	宁平（昆明理工大学）	黄磷尾气催化净化技术与应用	国家技术发明奖	二等奖
2011	冯伟忠（上海外高桥第三发电有限责任公司）	百万千瓦超超临界机组系统优化与节能减排关键技术	国家科学技术进步奖	二等奖
2011	郝吉明（清华大学）	我国二氧化硫减排理论与关键技术	国家科学技术进步奖	二等奖
2011	刘文清（中国科学院合肥物质科学研究院）	大气环境综合立体监测技术研发、系统应用及设备产业化	国家科学技术进步奖	二等奖
2011	王桥（环境保护部卫星环境应用中心）	环境一号卫星环境应用系统工程	国家科学技术进步奖	二等奖
2011	常宏岗（中国石油天然气股份有限公司西南油气田分公司）	大型高含硫气田安全开采及硫磺回收技术	国家科学技术进步奖	二等奖
2011	刘有智（中北大学）	化工废气超重力净化技术的研发与工业应用	国家科学技术进步奖	二等奖
2012	沈捷（广西玉柴机器股份有限公司）	节能环保型柴油机关键技术及产业化	国家科学技术进步奖	二等奖
2012	高翔（浙江大学）	湿法高效脱硫及硝汞控制一体化关键技术与应用	国家科学技术进步奖	二等奖
2013	白照广（航天东方红卫星有限公司）	环境与灾害监测预报小卫星星座 A、B 卫星	国家科学技术进步奖	二等奖
2013	赵立欣（农业部规划设计研究院）	秸秆成型燃料高效清洁生产与燃烧关键技术装备	国家科学技术进步奖	二等奖
2014	贺泓（中国科学院生态环境研究中心）	重型柴油车污染排放控制高效 SCR 技术研发及产业化	国家科学技术进步奖	二等奖
2014	黄炜（福建龙净环保股份有限公司）	电袋复合除尘技术及产业化	国家科学技术进步奖	二等奖

索 引